EXPERIMENTELLE PFLANZENSOZIOLOGIE

BERICHT ÜBER DAS
INTERNATIONALE SYMPOSIUM IN RINTELN
1965

DER INTERNATIONALEN
VEREINIGUNG FÜR VEGETATIONSKUNDE

HERAUSGEGEBEN VON

REINHOLD TÜXEN

Springer-Science+Business Media, B.V. — 1969

ISBN 978-94-011-7602-6 *ISBN 978-94-011-7601-9 (eBook)*
DOI 10.1007/978-94-011-7601-9

Ursprünglich erschienen bei Dr. W. Junk N.V. Publishers, The Hague 1969
Softcover reprint of the hardcover 1st edition 1969

Koninklijke Drukkerij Van de Garde N.V., Zaltbommel

WILLEM CAREL DE LEEUW

PRÄSIDENT
DER INTERNATIONALEN
VEREINIGUNG FÜR VEGETATIONSKUNDE
VON 1947 BIS 1965

DEM MENSCHENFREUNDE UND WOHLTÄTER
IN DANKBARKEIT

INHALT

TEILNEHMERVERZEICHNIS

Aegypten

WAIEL ABOU EL FADLE, z. Zt. Tierärztliche Hochschule, 3 Hannover.

ČSSR

HUSOVÁ, Frau Dr. Miroslava, Geobotanisches Institut ČSAV, Průhonice u Prahy.

Chile

BUTENDIECK, Dr. H., Valdivia, N-Austral, Casilla 567, z. Zt. 3 Hannover.

Columbien

SCHRIMPF, E. Dipl. rer. hort., Bogotá-2/Columbia. Apdo. aéreo 11010.

Deutschland

ALLGAIER, Horst, Dipl. rer. hort., 7313 Neuhausen/F., Hardthäuserstr. 51.

ALTEHAGE, Carl, Mittelschullehrer i. R., 45 Osnabrück, Lerchenstr. 101.

BAILLY, Dr., Institut für Bodenkunde, 3 Hannover, Herrenhäuserstr. 2.

BAUCH, Erika, cand. rer. nat., Botanisches Institut, 33 Braunschweig, Humboldstraße.

BEYER, Edith, cand. rer. nat., 2887 Rodenkirchen (Oldenburg), Rotdornweg.

BIELENBERG, Dr. ing. H., Architekt, 3 Hannover, Baumstr. 6.

BÖGER, Henning, Revierförster, Staatl. Forstamt, 4962 Obernkirchen.

BÖHME, Elisabeth, Mittelschullehrerin, 483 Gütersloh, Arndtstr. 6.

BÖTTCHER, Hans, Dipl. Gärtn., Arbeitsstelle für Theoretische und Angewandte Pflanzensoziologie, 3261 Todenmann ü. Rinteln.

BORN, Gerhard, Lehrer, 483 Detmold, Feldstr. 58.

BOSSE, Dr. Jürgen, Forstmeister, 3253 Hess.-Oldendorf, Forstamt.

BRACKER, Dr. Heinrich, 225 Husum, Schobüllerstr. 36.

BURRICHTER, Dr. Ernst, Oberkustos, Botanisches Institut, 44 Münster, Schloßgarten 3.

DAMMANN, Dr. Hildegard, Studienrätin, 314 Lüneburg, Wilschenbrucherweg 87.

DAPPER, Dr. Heinrich, Staatl. Ingenieurakademie f. Gartenbau Berlin-Dahlem, 1 Berlin 33, Königin-Luise-Str. 22.

DIERSCHKE, Dr. Hartmut, Systematisch-Geobotanisches Institut, 34 Göttingen, Untere Karspüle 2.

DÜRHOLT, Heinz, Dipl. hort., 3 Hannover, Saarstr. 31.

EGERSDÖRFER, Helmut, Dipl. hort., 8 München, Max Weber Platz 9.

EISERT, Rainer, Dipl. hort., 3 Hannover.

ERDNISS, Paul, Stud. Rat i. R., 326 Rinteln, Josua Stegemannwall 2.

ERNST, Dr. Wilfried, Botanisches Institut, 44 Münster, Schloßgarten 3.

FEISE, Dr. Jürgen, Oberlandwirtschaftsrat i. R., 29 Oldenburg i. O., Sodenstich 115.

FEISE, Frau Irmgard, 29 Oldenburg i. O., Sodenstich 115.

FRERKING, Dr. H., Tierärztliche Hochschule, 3 Hannover.

FRIEDERICHS, Prof. Dr. Karl, 34 Göttingen, Am Sölenborn 14.

GALONSKE, Dieter, Dipl. hort., 62 Wiesbaden, Etzelstr. 16.

GEORGI, Dagmar, Dipl. hort., 3 Hannover-Herrenhausen, Morgensternweg 88.

GLAHN, Dr. Hellmut von, 314 Lüneburg, Springintgut 48.

GLINKA, Edda geb. Gerstenbauer, Lehrerin, 4134 Rheinberg, Barnburgerstr. 2.

GÖRS, Dr. Sabine, Landesstelle für Naturschutz und Landschaftspflege, 714 Ludwigsburg, Favoriteschloß.

GRIEPENTROG, Irmtrud, cand. päd., 4816 Senne II, Gerhard Hauptmannweg 13.

GÜNZEL, Reinhard, Dipl. hort., 3012 Langenhagen/Hann. Veilchenstr. 84.

HABER, Prof. Dr. Wolfgang, Institut für Landespflege, 805 Freising-Weihenstephan.

HAHN, Dr. J., Tierärztliche Hochschule, 3 Hannover.

HERMS, Raimund, Dipl. hort., 2420 Eutin, Plönerstr. 73.

HÖLL, Dr. Karl, 325 Hameln, Kreuzstr. 16.

HÖNIGSEN, Hartmut, cand. rer. nat., Botanisches Institut, 23 Kiel, Düsternbrookerweg 17.

HOLTZ, Friedrich, Lehrer, 422 Dinslaken, Bismarckstr. 1.

HORSTMEYER, Dieter, 4811 Sende, Feldweg 32.

JANIESCH, Peter, stud. rer. nat., 326 Rinteln, Bäckerstr. 39.

KELLE, Prof. Dr. August, 29 Oldenburg i. O., Eicke von Repkowstr. 25.

KNAUER, Dr. Norbert, Dozent, Institut für Pflanzenbau, 23 Kiel, Olshausenstr. 40–60.

KOHLER, Dr. A., Institut f. Landschaftspflege, 805 Freising-Weihenstephan.

KONERMANN, Dr. H., Tierärztliche Hochschule, 3 Hannover.

KRAUSE, Albrecht, 3 Hannover, Limburgstr. 9.

Frau D. KRAUSE, 3 Hannover, Limburgstr. 9.

KULLMER, Hannsjörg, Dipl. rer. hort., 3 Hannover, Hölscherstr. 21.

LUCHTERHANDT, J., Dipl. Ing., Abteilungspräsident i. R., 56 Wuppertal-Elberfeld, Müllerstr. 107.

LUX, Dr. Hans, Ministerium für Ernährung, Landwirtschaft und Forsten, 23 Kiel.

MILBRADT, Frau Ilse, Nieders. Amt für Bodenforschung, 3 Hannover-Buchholz, Alfred Benz-Haus.

MÜLLER, Günther, Oberstudienrat, 326 Rinteln, Eichendorffstr. 14.

MÜLLER, Dr. Theo, Landesstelle für Naturschutz und Landschaftspflege, 714 Ludwigsburg, Favoriteschloß.

MÜLLER-STOLL, Prof. Dr. Wolfgang, Institut für Kulturpflanzenforschung, X 15 Potsdam-Sanssouci, Maulbeerallee 2.

PFEIFFER, Dr. Hans, 28 Bremen, Wilhelmstraße 7.

PHILIPPI, Dr. Georg, Landessammlungen für Naturkunde, 75 Karlsruhe, Erbprinzenstr. 13.

Frau PHILIPPI, 75 Karlsruhe.

PIONTROWSKI, Hans-Ullrich, cand. rer. nat., Bot. Institut, 23 Kiel, Düsternbrookerweg 17.

PREISING, Prof. Dr. Ernst, Baudirektor, Nieders. Landesverwaltungsamt, Naturschutz und Landschaftspflege, 3 Hannover, Leisewitzstr. 2.

RADKE, Gert, 4045 Kleinenbroich, Backstr. 7.

RAPP, Hilde, Tierärztliche Hochschule, 3 Hannover.

REZNIK, Prof. Dr. H., Botanisches Institut, 44 Münster, Schloßgarten 3.

RÖDEL, Hellmut, Mittelschullehrer, 3 Hannover, Tannenberg Allee 16.

ROEMER, Hans, Dipl. hort., z. Zt. Victoria, B. C. 994 Tulip Ave., Canada.

RÖPKE, Friedrich-Wilhelm, cand. rer. nat., Botanisches Institut, 23 Kiel, Düsternbrookerweg 17.

ROMANOWSKI, Dr. K., 28 Bremen-Lesum 1, Marßel.

RUNGE, Dr. Fritz, Museum für Naturkunde, 44 Münster, Himmelreich-Allee 50.

SCHÄFER, Dr. Ernst, Kustos, Landesmuseum, 3 Hannover.

SCHNEIDER, Dr. Siegfried, 3 Hannover, Hedwigstr. 18.

SCHREITLING, Dr. Karl-Th., 3011 Gehrden, Langrederstr. 1.

SCHROER, Olaf, 326 Rinteln, Waldkaterallee 15 c.

SCHÜTZ, Gisela, Lehrerin, 493 Detmold, Willi Hofmannstr. 40.

SCHWERDTFEGER, Dr. G., Oberbaurat, Staatl. Ingenieurschule f. Wasserwirtschaft u. Kulturtechnik, 3113 Suderburg, Schulstr. 5.

SEIBERT, Dr. Paul, Oberreg. Rat, Dozent, 8 München 61, Höslstr. 9.

SEIDEL, Dr. Käthe, Limnolog. Station Niederrhein der Max Planck-Gesellschaft, 415 Krefeld-Hülserberg.

SIOLI, Prof. Dr. Harald, Max-Planck Institut für Limnologie, 232 Plön/Holst.

SPEIDEL, Dr. Berthold, Wiss. Rat, Staatl. Lehr- und Versuchsanstalt für Grünlandwirtschaft und Futterbau, 643 Bad Hersfeld, Eichhof.

STEGMANN, Klaus, stud. päd. 4812 Brackwede/W., Hauptstr. 100.

STEUBING, Frau Prof. Dr. Lore, 63 Gießen, Senckenbergstr. 17–19.

STOEVESANDT, Wilhelm, Fabrikant, 326 Rinteln, Hafenstr. 21.
TÜXEN, Fritz, Gartenbauingenieur, 5806 Dahl, in der Asmecke 17.
TÜXEN, Dr. Jes, 29 Oldenburg, Haarenfeld 26a.
TÜXEN, Prof. Dr. Drs. h.c. Reinhold, 3261 Todenmann über Rinteln.
ULLRICH, Prof. Dr. Christian, Pädagogische Hochschule, 58 Hagen/Westf., Stirnband 10.
WEBER, D. W., cand. rer. nat., 33 Braunschweig, Querrunnerstr. 42.
Frau Ellen WEBER, 33 Braunschweig.
WINTER, Rudolf, Dipl. Ing., † Landtagsabgeordneter.
WOLFF-STRAUB, Dr. Rotraud, Bot. Institut, 53 Bonn, Nußallee 13.
WOLTERS, Horst, 326 Rinteln, Bahnhofstr. 11.
ZEIDLER, Prof. Dr. Hans, Institut für Vegetationskunde, 3 Hannover Nienburgerstraße.

England

APINIS, Prof. Dr. A. E., Chilwell Notts., 15 Cumberland Avenue.
THURSTEN, Miss T. M., B. Sc., Rothamsted Experimental Station, Harpenden, Herts.

Frankreich

DÉBAZAC, Dr. E. F., Nancy, 14 rue Giradet.
LINDER, Prof. Dr. Robert, Institut Botanique de l'Université, Lille, B. P. 36.

Indien

GUPTA, Dr. Shrish C., Lecturer, University of Delhi 6.

Irland

MOORE, Dr. John J., Pater S.J., Dozent, Department of Botany, University College, Dublin 2.
O'SULLIVAN, Dr. Austin, The Agriculture Institute, Johnstown Castle Agriculture College, Wexford/Irland.

Italien

LUZATTO, Prof. Dr. Gina, Milano, Via Canova 7.
PEDROTTI, Prof. Dr. Franco, Istituto Botanico Universita, Camarino (Madrata).
PEDROTTI, Dr. Carmela, Istituto Botanico Universita, Camarino (Madrata).

Japan

OKUTOMI, Dr. K., Biol. Institut der Fukuoka University of Education Munakata Fukuoka.

Jugoslavien

GLAVAČ, Dr. Vlado, Bundesanstalt für Vegetationskunde, Naturschutz und Landschaftspflege, 532 Bad Godesberg, Heerstr. 110.
MARINČEK, Lojze, Biro za gozdarske naertovanje, Ljubljana, Cesta na loko 4.

Niederlande

BAKKER, Dr. P. A., RIVON Zeist, Laan v. Beek en Royen 40/41.

BARKMAN, Dr. J. J., Dozent, Biol. Station Wijster (Dr.), Kampsweg 29.

BEEFTINK, Dr. Ir. W. G., Hydrobiol. Instituut Kon. Nederlandse Akademie van Wetenschappen, Yerseke, Vierstraat 28.

BERGH, van den, Dr. I. P., Wageningen, Englaan 2.

BERGH, Mevrouw, van den, Wageningen.

BERGMANN, L. Mej., Labor. voor Plantensociologie, Baarn, Huneklaan 3.

TER BORG, Mejuffrouw, Dr. S. J., Labor. v. Plantenoecologie, Haren (Gr.) Rijksstraatweg 78d.

DIEMONT, Dr. Ir. W. H., Landforstmeister, Maastricht, Gr. von Waldeckstraat 41.

FREIJSEN, Dr. A. H. I., Biologisch Station „Weevers Duin", Oostvoorne, Duinen 11.

GROEN, Dr. I., Groningen, Paterswoldseweg 337/6.

Ter HOEVE, Dr. J., Zeist, Hogeweg 41.

KOP, Ir. L. A., Proefstation voor Akker- en Weidebouw, Wageningen, Bornsesteeg 45.

LONDO, Dr. G., RIVON, Zeist, Laan v. Beek en Royen 40/41.

OTZEN, D., Groningen, Hora Siccamasingel 235.

PLASTERK, K. J., Direktor, Verlag Dr. W. Junk N.V., Den Haag, van Stolkweg 13.

SCHROEVERS, Dr. P. J., RIVON, Zeist, Laan van Beek en Royen 40/41.

SCHROEVERS, Mevrouw, M.

SISSINGH, Dr. Ir. Gert, Oberforstmeister, Arnhem, Kempersbergerweg 69.

STOFFERS, Dr. A. L., Bot. Instituut Kathol. Universiteit Nijmegen, Driehuizerweg 200.

THIJSSEN, Ir. W., St. Michielsgestel, Akeleilaan 22.

WESTHOFF, Prof. Dr. V., Bot. Laboratorium Kathol. Universiteit Nijmegen, Driehuizerweg 200.

WOLTERSON, I. Direktor, Stichting Bosbouwproefstation „De Dorskamp", Wageningen, Domeinweg 1.

Schweden

JOHNSON, Göran, cand. rer. hort., Billdal, P. B. 587.

Schweiz

SCHMID, Dr. Karl, Bern, Hochfeldstr. 115.

WATTENDORF, Dr. J., Bot. Institut der Universität, Fribourg.

ERÖFFNUNG DES SYMPOSION

von

REINHOLD TÜXEN

Das diesjährige Symposion über „Experimentelle Pflanzensoziologie", zu dem ich alle hier wieder in so großer Zahl aus zahlreichen Ländern zusammengekommenen Freunde und Kollegen herzlich begrüßen darf, findet unter veränderten Bedingungen statt.

Wir haben die traurige Pflicht, unseres am 3. September 1964 verstorbenen verehrten Präsidenten

Herrn Dr. WILLEM CAREL DE LEEUW

zu gedenken.

Unsere Internationale Vereinigung für Vegetationskunde verliert durch den Tod dieses Mannes eine überragende Persönlichkeit von lauterer Gesinnung, von hohem Mut und starkem Verantwortungsbewußtsein und steter, nie versagender Hilfsbereitschaft. Wenn der Verstorbene auch seit längerem nicht mehr aktiv an der Forschung, und nur in einem gewissen Grade an unserer Arbeit in der Internationalen Vereinigung teilnehmen konnte, so verdankt unsere Wissenschaft seinem unaufdringlichen, aber kraftvollen Wirken in der Stille entscheidende Impulse, die er auch auf viele andere Bereiche ausstrahlte. Wir werden dem verehrten Freunde, der Jahrzehnte lang die internationale pflanzensoziologische Forschung geleitet hat, ein dankbares und ehrenvolles und treues Gedenken bewahren.

Äußere Umstände zwingen uns, das Versprechen, das ich im vorigen Jahre gegeben habe, daß im kommenden Jahre ein neues Symposion stattfinden werde, ein klein wenig zu modifizieren. Das Symposion hat begonnen, aber nicht in Stolzenau, weil es uns dort, nach der Verlegung der Bundesanstalt für Vegetationskartierung an der notwendigen wissenschaftlichen Basis fehlen würde. Wir haben uns daher hier selbst geholfen und eine kleine, aber arbeitsfähige Arbeitsstelle im nahen Todenmann eingerichtet, welche, wie wir hoffen, die alte Bundesanstalt für unsere Zwecke ersetzen möge. Wir haben in überraschender, und ich möchte fast sagen in überwältigender Weise hier in Rinteln, in dieser schönen alten und freundlichen Stadt für die Überwindung der Schwierigkeiten, die eine internationale Veranstaltung mit sich bringt, sowohl von den Behörden von Kreis und Stadt als auch von der Bevölkerung freundliches Entgegenkommen und wirksame Hilfe gefunden. Dafür möchten wir allen Beteiligten auf das herzlichste danken.

Rinteln hat 10 000 Einwohner. Es war fast 200 Jahre bis 1809 eine Unversitätsstadt. Viele alte schöne Häuser zeugen noch von dieser und sogar früherer Zeit.

Wir sind sicher, daß wir alle, die wir in dieser ruhigen Stadt Gäste sein dürfen, uns hier sehr wohl fühlen werden, und daß sie für unsere Arbeit eine ähnliche Besinnung erlauben wird wie das stille Stolzenau es seit jeher getan hat.

Wir haben als Rahmenthema den Problemkreis der experimentellen Pflanzensoziologie gewählt. Ich war zunächst ein wenig besorgt, als die Meldungen zu den Referaten eingingen und als darunter nur wenige Themen waren, die sich im engeren Rahmen dieses Komplexes bewegten. Aber alsbald stellte sich doch heraus, daß man den Begriff der experimentellen Pflanzensoziologie gar nicht so eng fassen sollte, wie ich es ursprünglich hatte tun wollen. Wir werden ihn in seiner ganzen Breite behandeln, wenn wir von rein theoretischen und von praktischen Fragen hören werden, wenn wir von speziellen pflanzensoziologischen, von physiologischen, ökologischen oder auch dynamischen Problemen und bis in das andere Grenzgebiet von der Tierhaltung, von der Tierzüchtung über das Ernährungsproblem Vorträge entgegennehmen dürfen. Und wir werden zuletzt auch mit dem Menschen zu tun haben, mit dem Menschen, der in geistiger Hinsicht über die Lehre sich mit der experimentellen Pflanzensoziologie auseinandersetzen muß oder der Nutznießer wird von dem, was wir mit dem Experimentieren mit den Pflanzengesellschaften im Pflanzensoziologischen Garten in Hannover gefunden und gemacht haben. So greift also auch unsere Problematik in der Unterricht der Schulen, von den Volksschulen bis zu den Hochschulen hinüber.

Leider erhielten wir aus mehreren Ost-Ländern in letzter Minute Absagen, so auch von den besonders willkommenen russischen Kollegen, so daß der mit Spannung erwartete Vortrag von Prof. V. SOTCHAVA: „La Phytocénologie expérimentale et les problèmes de la transformation de la nature" ausfallen muß.

Aber wir haben dafür die Freude festzustellen, daß das Durchschnittsalter, wenn ich einmal forstlich sprechen darf, unseres „Bestandes" recht gering ist. Ich möchte gerade die Jugend unter uns besonders willkommen heißen. Daß so viel Jugend hier unter uns ist, beweist, daß wir um unsere schöne Wissenschaft nicht zu bangen brauchen. Wer die Jugend hat, hat die Zukunft!

Meine Damen und Herren, lassen wir uns jetzt von unserer wissenschaftlichen Arbeit begeistern, wie immer, wenn wir hier – früher in Stolzenau, jetzt hier in Rinteln – zusammen waren in echter wissenschaftlicher Freundschaft, die über alles hinweg die Treue gehalten hat. In diesem Sinne darf ich Ihnen einen anregenden Verlauf der nächsten drei Tage und reiche Ergebnisse wünschen.

Oberkreisdirektor DISCH †:
Meine sehr verehrten Damen und Herren! Die Stadt Rinteln und der Landkreis Grafschaft Schaumburg heißen Sie alle hier auf das herzlichste willkommen. Wir sind alle glücklich darüber, daß Herr Prof. TÜXEN, einer der Senioren der Pflanzensoziologie, der langjährige Betreuer der ehemaligen Bundesanstalt für Vegetationskartierung und Sekretär Ihrer Internationalen Vereinigung für Vegetationskunde, seinen Ruhesitz, oder um mit Ihren Worten zu sprechen, seinen „Standort" in unserem Land-

kreis und in dem schönen Dorf Todenmann auf den Weserbergen genommen hat. Wir beginnen erst allmählich zu begreifen, welcher Gewinn dieser Mann für uns bedeutet. Aber ebenso glücklich und ebenso stolz sind wir, daß in unserer Kreishauptstadt Rinteln, ich kann wohl sagen zum ersten Mal in der über 700-jährigen Geschichte dieser alten Weser-Stadt, ein wissenschaftlicher internationaler kleiner Kongreß stattfindet, an dem 15 Nationen beteiligt sind. Die alte Stadt Rinteln hat schon viel in ihren Mauern an Geschehnissen erlebt. Sie haben gehört, daß sie fast zwei Jahrhunderte bis in den Beginn des 19. Jahrhunderts hinein Universität gewesen ist, worauf ihre Einwohner und mit ihnen diejenigen des Kreises noch heute stolz sind. Ich glaube, daß wir allen Grund haben, Sie so herzlich und gut hier aufzunehmen und zu behandeln, daß Sie außerhalb des wissenschaftlichen Zweckes, der Sie hier zusammengeführt hat, das Bedürfnis verspüren, recht bald wiederzukommen und die alte geistige Tradition von Rinteln fortzusetzen.

Ich wünsche Ihnen, daß Sie in Ihrer Arbeit viel Erfolg haben und Befriedigung finden. Ich wünsche Ihnen aber auch, daß Sie soviel Zeit haben möchten, nicht nur die alte Stadt, sondern auch ihre Umgebung ein wenig betrachten zu können. Sie befinden sich hier mitten im Herzen Deutschlands, in dem von Wäldern, Wiesen und Äckern bedeckten und vom Weserfluß durchzogenen Weserbergland. Darüber hinaus darf ich Ihnen wünschen, daß auch dieses 9. Symposion für Experimentelle Pflanzensoziologie einen Erfolg haben möge, der jeder internationalen Tagung beschieden sein sollte, nämlich Verständnis unter den Völkern über alles Trennende hinweg zu finden.

Ich hoffe, meine Damen und Herren, daß wir uns morgen Abend alle, wenn die Stadt Rinteln und der Landkreis Grafschaft Schaumburg sich die große Ehre geben, Sie als ihre Gäste zu einem kleinen Empfang zu bitten, im Ratskeller hier in Rinteln wiedersehen werden.

V. Westhoff:
Es ist mir eine ganz besondere Ehre als erster das Präsidium Ihrer Sitzung übernehmen zu dürfen. Ich möchte dem Herrn Oberkreisdirektor, besonders im Namen der ausländischen Gäste, herzlich danken für den Empfang, den wir alle hier in Rinteln genießen.

Meine Damen und Herren, Sie werden mir nicht verübeln, wenn ich jetzt Herrn Prof. Tüxen recht herzlich gratuliere und zugleich auch herzlich danke, daß wir unsere Symposien haben fortsetzen können. Sie wissen ja alle, daß die Stolzenauer Symposien ein Weltbegriff geworden sind. Sie sind in vielen Ländern und in allen Kontinenten bekannt. Sie haben ganz wesentlich beigetragen zur Entwicklung unserer Wissenschaft und zu der heutigen Lage, in welcher die Vegetationskunde sich befindet. Es war für uns eine ganz große Sorge, daß wir Stolzenau in der weiteren Entwicklung unserer Wissenschaft entbehren sollten. Wir sind daher ganz besonders dankbar, daß trotz seines sogenannten Ruhestandes, der aber nur ganz scheinbar ist, unser Freund Tüxen die Kraft und die Begeisterung gefunden hat, um hier die Symposien-Reihe fortzusetzen und uns wieder zu empfangen.

Ehe ich das Wort jetzt dem ersten Redner übergeben, noch ein Wort über die Universitas. Rinteln hatte eine Universität, die es leider seit mehr als einem Jahrhundert nicht mehr gibt. Ich bitte Sie alle, diesen Geist der Universitas, der Universalität hier beizubehalten. Das bedeutet nicht geistige Einstimmigkeit, das ist nicht geistige Universitas; da kann man sich recht gut streiten und Meinungsverschiedenheiten äußern, das gehört eben dazu. Die Universitas ist der Geist der Ehrfurcht von der Allgemeingültigkeit der Naturgesetze, die unsere Grundlage sein soll. Wir wollen uns immer bemühen, diese Ehrfurcht vor den Naturgesetzen vor der Wahrheit, der inneren Wahrheit der Wirklichkeit treu zu bleiben: das ist der wahre Geist der Universität.

ÜBER DIE ÖKOLOGISCHE KENNZEICHNUNG DER PFLANZENARTEN

von

A. E. APINIS, Nottingham

Da dieses Symposion Fragen der experimentellen Pflanzensoziologie gewidmet ist, werde ich versuchen über die Ökologie der Arten zu sprechen, weil diese die Grundelemente der Pflanzengesellschaften bilden und die Kenntnis über ihr ökologisches Verhaltens uns verhelfen würde die Lebensverhältnisse der Pflanzen unter menschenbedingten oder natürlichen Verhältnissen zu beleuchten. Bis jetzt hat eine ungeheuer große Anzahl von Arbeiten auf verschiedenen Gebieten der Biologie und der angrenzenden Naturwissenschaften das Verhalten und die Ansprüche der Pflanzen geklärt und Erkenntnisse über die Beziehungen ihrer Lebensprozesse zur Umwelt niedergelegt. Ungeachtet dessen, gibt es heute keine umfassende Zusammenfassung über die Ökologie der Pflanzenarten. Bei der Unzahl von Veröffentlichungen verschiedener Art ist die Möglichkeit einer Wiederentdeckung schon in Vergessenheit geratener Ergebnisse ziemlich groß.

Doch in der Masse der ökologischen Erkenntnisse fehlt es auch an einem starken Hauptgerüst, so daß die Angliederung neuer Tatsachen erschwert und ein wissenschaftlicher Fortschritt behindert wird.

Wir begegnen den Pflanzen und anderen Lebewesen als einer sich ändernder Formenfülle. RUSSELL (1945) spricht von einem Zwang („directiveness") des Lebens ein Endresultat, eine Ganzheit zu erreichen, indem die Organismen sich fortpflanzen und den nächsten Generationen die ererbten Formgestalten und andere Eigenschaften weitergeben. In diesem Vorgang sieht WADDINGTON (1957) eine Zeitverbundenheit, indem die Evolution der Formen die längste Zeitspanne, die ontogenetische Entwicklung dagegen eine viel kürzere Zeit braucht, während die periodischen Erscheinungen im Lebenslauf noch kürzer sind, und die physiologischen Lebensvorgänge die kürzesten Zeiten beanspruchen. Die Form und Funktion der Pflanzen ist auch durch verschiedene Anpassungen mit der Umwelt verbunden. Nach WALTER (1950) soll den harmonischen und kausalen Verhaltensproblemen der Pflanzen auch das Zweckmäßigkeitsproblem der Ökologie angegliedert werden; jedoch wird dieses Prinzip von einigen modernen Ökologen als antropomorph und teleologisch betrachtet. Dementsprechend begegnet man bei der heutigen Ökologie der Pflanzen folgenden Grundproblemen:

1. Das ökologische Sippenproblem.
2. Das Wuchsformenproblem.
3. Ökologie der Entwicklung, Fortpflanzung und Verbreitung.

4. Verhalten zu anderen Organismen, einschließlich Biocoenosen.
5. Ernährungsweise und Verhalten zu Klima und Boden.

Das *ökologische Sippenproblem* hat eine a priori-Bedeutung in allen Fragen der beschreibenden oder experimentellen Ökologie. Dies hängt davon ab, daß das ökologische Verhalten der Arten vor allem sehr eng mit der phylogenetischen Organisationshöhe der Pflanzen verbunden ist. Daher ist die Benutzung von taxonomischen Einheiten ganz unentbehrlich. Die Arten der Sippensystematik haben sich auch als ökologische Grundeinheiten seit längerer Zeit gut bewährt und viel zu einer allgemeinen wissenschaftlichen Stabilität beigetragen. Doch mit der schnellen Entwicklung der Genetik, Cytologie und experimentellen Ökologie in diesem Jahrhundert, haben sich viele neue Tatsachen und Entdeckungen einen Weg neuer Auffassungen gebahnt, die scharf der klassischen Sippensystematik entgegentreten und sogar zu einer ganz neuen grundverschiedenen Einstellung, insbesondere in der Klassifikation der Arten und niederen Einheiten führen (Böcher 1963, Clausen, Keck & Hiesey 1940–1960, Ehrendorfer 1951, 1954, Gilmour 1939, 1963, Gregor 1956, 1960, Marsden-Johnes & Turrill 1930–45, Sinskaja 1930–60, Turesson 1922–1938, u. a.).

Die von Turesson (1922–1931) vertretene Auffassung, daß die Arten unter verschiedenen natürlichen Verhältnissen als genetisch spezifische Populationen, sogen. *Ökotypen* auftreten, hat breiten Boden gewonnen (vgl. Clausen, Keck & Hiesey 1940–1960, Gilmour 1960, Gregor 1956, Gregor & Watson 1961, Marsden-Johnes & Turrill 1930–45, McMillan 1956, Mützing, Tedin & Turesson 1931, Sinskaja 1930–1960, Wilkins 1960) und auch weitere Anwendung bei experimentellen Untersuchungen, insbesondere bei den genökologischen Untersuchungen der Arten der natürlichen Vegetation (vgl. Böcher l. c., Clausen, Keck

Tabelle 1. Ökologische und taxonomische Grundeinheiten

Ökologische		Taxonomische	
Turesson (1920–31) Gen-ökologische Nomenklatur	Gilmour & Gregor (1939) Gregor (1960) „Deme" Terminologie	Int. Code Bot. Nomencl. (1961)	Im allgemeinen Gebrauch
		Genus	Gattung
		Subgenus	
Coenospecies	Coenogamodeme	Sectio	
		Subsectio	
		Series	
		Subseries	
		Species	Art
Ecospecies	Hologamodeme	Subspecies	
Agamospecies	Agamodeme		Ökotyp, Rasse,
Ecotype	Genoecodeme	Varietas	Sorte, Varietät
Population	Ecodeme, Topodeme		
Ecophene	Phenodeme	Subvarietas	
		Forma	Form
Ecad	Plastodeme	Subforma	Modifikation
Phyton	Deme	Specimen, Typus	Pflanze

& HIESEY l. c., EHRENDORFER 1951, GRANT & HUNTER 1962, TURRILL 1946, ZAMELIS 1931) gefunden. Eine ausführliche Betrachtung des Artenproblems anläßlich der Neubearbeitung der Flora Europaea wurde kürzlich in einem Buch von DAVIES und HEYWOOD (1963) zusammengefaßt. Aus den erwähnten Tatsachen geht hervor, daß die jetzigen Phanerogamen-Arten allgemeine Anwendung finden, aber bei exakten ökologischen Arbeiten kausaler Natur einen mehr oder weniger *relativen* Wert besitzen (vgl. Tab. 1).

Im allgemeinen scheint es, daß mit der absteigenden Organisationshöhe in verschiedenen Kryptogamen-Klassen des Pflanzenreiches der sippensystematische Art-Begriff in mehr oder weniger eingeschränktem Sinne angewandt wird, wobei die Neigung immer stärker auftritt, neben den morphologischen Merkmalen der vegetativen und Fortpflanzungsorgane auch anatomische (strukturelle), physiologische und sogar biochemische Merkmale heranzuziehen.

Die phylogenetische Organisationshöhe der Pflanzen bildet das Hauptgerüst der ökologischen Wuchsformen-Klassifikation, wobei die Arten als Typen der entsprechenden (Klassifikations-)Einheiten benutzt werden.

Die komplexe Frage der Lebensformen wurde seit langer Zeit von Biologen und Geographen diskutiert, aber sehr verschieden gedeutet. Eine kritische Darlegung der früheren Systeme ist von GAMS (1918), DU RIETZ (1930) und SCHMITHÜSEN (1959) gegeben worden. Es scheint, daß die frühere ökologische Definition der Pflanzenformen, die auf einzelne Merkmale oder einzelne Umweltsfaktoren gegründet war, sich ökologisch nicht als zufriedenstellend erwies. Das System von DRUDE (1888, 1890, 1913) hat schon seinen Anfang bei KERNER, GRISEBACH und REITER. Es scheint das umfassendste und neben dem erweiterten ökologischen System von RAUNKIAER (vgl. auch BRAUN-BLANQUET 1928, GAMS 1918, SCHMITHÜSEN 1959 und WARMING 1908) als das allgemein brauchbarste. Die ökologische Wuchsformenfrage hat erneut eine Erweiterung und Vertiefung erfahren (vergl. BÖCHER 1963, GIMMINGHAM & BIRSE 1959, KNAPP & KNAPP 1955, MEUSEL 1952, PÉNZES 1960, REGEL 1921, RICHARDS 1930, WEIHE 1963).

Da die höheren Pflanzen einem ständigen oder periodischen Formwechsel und Wuchstum unterliegen, die eng mit bestimmten Klimafaktoren verbunden sind, bieten jene einen fast unausschöpfbaren ökologischen Fragen-Komplex des Entwicklungsvorganges der einzelnen Arten (vgl. APINIS 1940, AZZI 1956, BRINK 1962, MÜLLER-STOLL 1965, LINKOLA 1930, SINNOT 1960, STEUBING 1929, WAREING 1963), insbesondere unter bestimmten phytocoenotischen oder Standortsverhältnissen (vergl. auch GLÜCK 1905–1924, GOEBEL 1928–1959, LANG 1964, MELCHERS 1961, MÜLLER-STOLL 1965). Das eben gesagte gilt auch für die Biologie der Blüten (vergl. u.a. PALMGREN 1928, LEPPIK 1957 und PIJL 1960–61), sowie für Reproduktions- und Verbreitungsökologie (vgl. AZZI 1956, DAUBENMIRE 1959, RIDLEY 1930 u.a.).

Bei verschiedenen Kryptogamen-Klassen ist die Entwicklung der Arten mit einem mehr oder weniger ausgesprochenen Wechsel der Generationen verbunden (vgl. BREED et al. 1957, CAMPBELL 1918, GÄUMANN

1926 und FRITCH 1959), der durch spezifische Anpassungen der Generationen und in den Entwicklungsphasen morphologisch-physiologisch-biochemischer Art mit den Umweltsverhältnissen (spezifische Energiequellen der Substrata, der Strahlung, sowie bei spezifischen Anpassungen an andere Organismen) zum Vorschein kommt.

Das Verhalten der Pflanzen zueinander beruht auf spezifischen Anpassungen (BORNKAMM 1961, ELLENBERG 1952, HALLWORTH 1958, HARLEY 1963, GÄUMANN 1945, KNAPP & KNAPP 1953) über die wir zur Zeit noch verhältnismäßig wenig Grundsätzliches wissen.

ODUM (1963) unterscheidet folgende Verhaltensmöglichkeiten zweier Artpopulationen:

1. Neutralität; 2. Wettbewerb; 3. Mutualismus (obligate Symbiose); 4. Protokooperation (günstig für beide aber nicht obligatorisch); 5. Kommensalismus; 6. Amensalismus (Antibiose oder aequivalent zu Allelopathie, vergl. GRÜMMER 1961); 7. Parasitismus und 8. Predatorismus (gleich Tierfraß oder Karnivorie der Pflanzen).

Im Pflanzenreich kann das biotische Verhalten sehr verschiedene Formen annehmen, die von einer positiven autotrophen Ernährungsweise bis zu einem extrem negativen Parasitismus reichen (vgl. APINIS 1963, DAUBENMIRE 1959, HARLEY 1952, 1963, und MOTHES 1959). Auch das Verhalten der Mikroorganismen zu Blatt- und Wurzeloberfläche ist von Bedeutung (vgl. KRASILNIKOV 1958, MACURA & VANCURA 1965 und RUSSELL 1952).

Tabelle 2. Versuchsresultate mit sandigem Keupermergel-Lehmboden zu dem 2% getrocknetes, zerkleinertes *Ascophyllum nodosum* verschiedener Korngröße zugegeben war. Versuchspflanze: Radieschen Sorte "French Breakfast". Versuchsdauer 61 Tage (Mai–Juli 1957). Keimzahlbestimmung am Ende des Versuches am 23. Juli 1957.

Korngröße des zerkleinerten *A. nodosum* mm ∅	Mittleres Trockengewicht einer Pflanze g	Gewichtverhältnis Wurzel : Spross	Zahl der Mikroorganismen in 1 g Boden 10^3
> 4.8	0.28	0.55	96.687
2.1–4.7	0.29	0.53	189.257
1.1–2.0	0.28	0.55	235.476
0.6–1.0	0.24	0.92	120.414
0.2–0.5	0.22	0.83	448.657
< 0.2	0.14	0.86	529.511
Kontrolle	0.24	1.40	60.846

Diese Verhältnisse zwischen Wurzeln und Bodenmikroflora sind komplexe Konkurrenz- und Symbiose-Erscheinungen, die einerseits von der ökologischen Konstitution der Pflanzenart abhängig sind, andererseits durch die Mikroflora des Bodens, wie auch durch den Bodentypus und durch die Anwesenheit organischer Stoffe bedingt sind. Dies Verhalten wird durch das in Tabelle 2 niedergelegte Versuchsresultat illustriert. Verschiedene Konkurrenzstufen der Bodenmikroorganismen wurden durch Zugabe von getrockneten, zerkleinerten *Ascophyllum nodosum* verschiedener Korngröße ausgelöst, wodurch die Intensität des mikrobiellen Stoffabbaues durch die erhöhte Mikroorganismenzahl zum Vorschein kommt, die von der Größe der organischen Partikel abhängig ist (vgl. NEAL, BOLLEN & LU 1965).

Die Resultate bezeugen, daß die Versuchspflanze durch eine Zugabe von getrocknetem *Ascophyllum* begünstigt wurde, wenn dieses eine Korngröße von ca. 1.0–5.0 mm hatte (Gehalt in % an Protein 8.8, Fette 3,3. Kohlenhydrate 62.8, anderen Stoffen 3.2, Asche 21.9). Dagegen weisen die Versuchspflanzen, die einen Zusatz von gleicher Menge von *Ascophyllum*, aber von < 0.2–0.5 mm Korngröße erhielten ein stark reduziertes Wachstum und einen ausgesprochenen Stickstoffmangel auf, der durch eine sehr starke Vermehrung der Bodenmikroorganismen, insbesondere Bakterien, Aktinomyceten, und auch Pilze verursacht wurde, weil diese einen starken Verbrauch beim Abbau von *Ascophyllum* vom Bodenstickstoff auslösten (Das C/N-Verhältnis von *Ascophyllum* war ca. 35/1). Dabei ist das Verhältnis Wurzel/Sproß der Versuchspflanze starken Änderungen unterworfen.

Die erwähnte Neigung der Pflanzen zur Ausbildung von verschiedenen Symbiose-Formen erreicht eine weitere mehr komplexe Stufe des Kommensalismus, der durch die Phytocoenosen- oder Biocoenosen-Bildung gekennzeichnet ist. Zurzeit liegen verhältnismäßig wenige Ergebnisse vor über die exakten ökologischen Verhältnisse der entsprechenden Arten unter natürlichen Bedingungen in Phytocoenosen. Doch bestehen sehr umfangreiche pflanzensoziologische Tabellen, sowie auch analytisches und experimentelles Versuchsmaterial der Forst- und Landwirtschaftlichen Institute, die eine kritische ökologisch-physiologische Auswertung benötigen. Nicht selten wird geäußert (vgl. ELLENBERG 1952, HARPER 1964, WALTER 1956, 1964), daß die experimentellen Grenzen und Optima einer Art nicht ganz denen der natürlichen Verhältnisse entsprechen. Vielleicht ist dies dadurch zu erklären, daß eine heterogene Art-Population zum Vergleich herangezogen war, oder daß in einem solchen Experiment die ernährungsökologisch wichtigen Umweltsverhältnisse so stark unter experimentellen Bedingungen abgeändert wurden (vgl. MOTHES 1959), daß ein Vergleich unmöglich wird, da die Ernährungsverhältnisse einer höheren Pflanze stark von Symbiose- und Rhizosphären-Verhältnissen abhängig sind, und diese gewöhnlich durch einen experimentellen Eingriff stark gestört werden. Auch eine experimentell gefundene ökologische Amplitude der Pflanze ist stark von der Faktorenkombination abhängig, die unter experimentellen Bedingungen keineswegs dieselbe ist wie am natürlichen Standort. Doch ist es allerdings wichtig durch entsprechend angestellte Versuche das ökologische Verhalten der Arten in den Pflanzengesellschaften richtig zu deuten, damit die Brücke zwischen Ökologie und Pflanzensoziologie eine fruchtbare Verbindung bleibt.

Es bestehen noch heute zwei grundverschiedene Gesichtspunkte in der Betrachtung der pflanzlichen Beziehungen zu Klima und Boden.

Erstens: die Vegetation mit ihren vielen Pflanzenarten wird als ein Produkt der Umweltverhältnisse betrachtet und die Arten werden ökologisch nach verschiedenartigen Faktoren des Klimas und Bodens gruppiert. Eine solche ökologische Betrachtungsweise der Pflanzen war früher berechtigt oder am Anfang einer ökologischen Arbeitsweise sogar unbedingt unerläßlich. Doch bald müssen die ökologischen Ansprüche (Eigenschaften) der Pflanzen befragt und geprüft werden, ob die angenommenen Beziehungen tatsächlich bestehen, was leider häufig nicht geschieht. Diese Betrachtungsweise der Pflanzen hat neuerdings bei der Klassifikation der Biotope (Standortsverhältnisse) wieder eine umfangreiche Anwendung gefunden, die gewissen praktischen Zielen der Land- und Forstwirtschaft dienen soll (vgl. EMBERGER 1959, GAUSSEN 1961, LEGRIS a. VIART 1961). Eine ähnliche Behandlung der Standortsfaktoren bei Verwendung von ökologischen Koordinaten ist von BAKUZIS (1959), POGREBNJAK (1955) und VOROBJOV (1955) für die Klassifikation der Waldtypen benutzt worden. Eine andere, ähnliche Arbeitsweise ist auch in der heutigen ökologischen Literatur zu finden, wo die Fragen der Energie und des Stoffkreislaufs der Ökosysteme studiert werden (vgl. DAPPER 1964, GREIG-SMITH 1964, KLAUSING 1961, OVINGTON 1962, POORE 1964 und PEARSALL 1964).

Zweitens: die heutige Vegetation mit ihren zahlreichen Pflanzensippen kann als ein Produkt einer langen phylogenetischen Entwicklung unter wechselnden Umweltsbedingungen angesehen werden. Diese Auffassung stellt die Pflanzen als Gegenstand in den Mittelpunkt ökologischer Betrachtung, wie das schon seit DE CANDOLLE (1818), DRUDE (1913), GRIESEBACH (1875), HULT (1881) und WARMING (1884, 1923) üblich war, und wie dies auch heute noch in der Pflanzensoziologie (vgl. BRAUN-BLANQUET 1928, RAPAICS 1931, TÜXEN 1954, 1955, WESTHOFF 1965) beim Studium der heutigen Vegetation der Fall ist. Auch bei einem autökologischen Studium der Pflanzenarten sollte diese fundamentale Einstellung beibehalten bleiben, damit nicht die Beziehungen der Ökologie zu anderen biologischen Nachbarwissenschaften verloren gehen.

Das Verhalten der Pflanzen zu den Umweltsfaktoren wird durch Anpassungen verschiedener Art gewährleistet, zu denen *„irgendein Charakter des ganzen Organismus oder eines Teiles davon gehört, der von bestimmtem Wert ist und dem Organismus ermöglicht unter Bedingungen seines Standortes zu existieren"* (DAUBENMIRE 1959).

Die zahlreichen morphologischen, anatomischen und physiologischen Anpassungen, wie auch die meisten Anpassungen an periodisch wechselnde Umweltsfaktoren, sind mehr oder weniger tief in der Konstitution der Pflanzen verankert. Häufig treten auch nichtvererbte Modifikationen auf (vgl. TURESSON 1961), die durch unterschiedliche Standortsbedingungen hervorgerufen sind. Jedoch läßt sich heute keine scharfe Grenze zwischen „vererbten" und „nichtvererbten" Anpassungen ziehen (vgl. BÖCHER 1963 und BRINK 1962). Nach VEGIS (1956) soll die Entstehung einer Ruheperiode der Knospen und Samen durch zu hohe Temperatur am Standort hervorgerufen worden sein, der die entsprechenden Zellen von Knospen und Samen-Embryos ausgesetzt sind, und wo gleichzeitig die Sauerstoffzufuhr durch die anliegenden Gewebe verhindert war. Bezüglich der sehr mannigfaltigen Anpassungen an verschiedene Licht-, Temperatur- und Wasserverhältnisse, muß ich auf die ausführlichen Darlegungen von MELCHERS (1961) und PIRSON (1960), wie auch auf LUNDEGÅRDH (1954), STOCKER 1956 und WALTER 1931 verweisen. Die Kalkfrage und die Bodenazidität wurden ausführlich von ELLENBERG (1958) zusammengefaßt. Ebenso gründlich sind die Fragen der Physiologie und Ökologie der Mineralstoffernährung der Pflanzen von MICHAEL (1958) erörtert worden.

Bei der vergleichenden Betrachtung der Anpassungsmerkmale der Arten verschiedener phylogenetischer Klassen tritt eine merkwürdige Erscheinung scharf hervor, die meines Erachtens noch nicht eine genügende ökologische Beachtung gefunden hat. Bei einem allgemeinen Vergleich der Verhaltensweise der Arten zur Azidität (vgl. APINIS & LACIS 1936, APINIS 1939, 1940, ELLENBERG 1958), Feuchtigkeit (vgl. APINIS 1964, STOCKER 1956 und WALTER 1931) und zu den Temperaturverhältnissen (APINIS 1963, KERNER 1855, MELCHER 1961) läßt sich klar erkennen, daß sich die Arten aus verschiedenen phylogenetischen Pflanzengruppen nicht gleichartig zu den entsprechenden Faktoren verhalten. Die Arten der niederen Kryptogamen (Aktinomyzeten, Bakterien, niedere Pilze) verhalten sich bei vegetativem Wachstum einheitlich gegen bestimmte Umweltsbedingungen und sind öfters befähigt einfache temperatur- und trockenheitresistente Zustände (Gemmen, verschiedene Sporen) auszubilden. Schon bei höheren Pilzen und Moosen tritt eine stärkere ökologische Phasenbildung in der Entwicklung auf. So vollzieht sich die Sporenkeimung und Protonema-Ausbildung bei Moosen in einem viel weiteren Aziditätsbereich als die Ausbildung der höher organisierten Moospflanze (APINIS 1939) deren pH-Bereich den natürlichen Verhältnissen der Standorte entspricht. Andererseits weisen die Phanerogamen ein sehr komplexes ökologisches Verhalten gegen die Azidität (vgl. auch APINIS 1940), wechselnde Feuchtigkeitsverhältnisse und Temperaturen auf, wie das aus vielen Anpassungen verschiedener Art zu erkennen ist. Im Vergleich mit niederen Pilzen (vgl. APINIS 1964, KOUYEAS 1964, WALTER 1931), deren Verhalten zur Feuchtigkeit einfach durch die osmotischen Grenzwerte definiert wird, ist das Verhalten einer höheren Pflanze sehr kompliziert (vgl. STOCKER 1956) und wesentlich abweichend. Diese ökologische stufenartige Verschiedenheit, die man auch, im Gegensatz zu einer ökologischen Homologie, als eine ökologische Analogie bezeichnen kann, ist häufig in der Entwicklung und Funktion der Organe bei Arten verschiedener phylogenetischer Klassen zu beobachten. Es scheint, daß ein ökologisch vergleichbares, homologes Verhalten der Arten zu Umweltsfaktoren nur in genetisch verwandten Sippengruppen existiert, wie z. B. in einigen phylogenetischen und Wuchsformen-Klassen. Ob alle phylogenetische Klassen der Kryptogamen ökologisch vergleichbare (homologe) Arten aufweisen, wie z. B. Algen und Pilzen, muß für eine weitere Diskussion in der Zukunft offen bleiben.

Der heutige reiche Inhalt der Ökologie, Physiologie und Biocoenologie läßt sich kaum mehr in allen Einzelheiten, jedoch wohl noch grundsätzlich übersehen, so daß man zu diesem Zeitpunkt eine mehr oder weniger vollständige ökologische Kennzeichnung der Art wagen darf.

Es gibt schon frühere Beispiele dafür (vgl. vor allem bestimmte Literaturangaben im Handbuch für Pflanzenphysiologie unter ELLENBERG 1958, MICHAEL 1958, MOTHES 1959, STOCKER 1956 und auch APINIS & LACIS 1936, APINIS 1940, HÜBL 1962, OBERDORFER 1949 u.a.), wenn sie auch immer mehr oder weniger stark begrenzt sind. In England besteht seit längerer Zeit eine starke Neigung zu einer autökologischen Arbeitsrichtung. Die vor vielen Jahren durch die British Ecological Society angeregte Erarbeitung von ökologischen Art-Monographien der Britischen Inselflora wird heute rege fortgesetzt. Bis jetzt sind schon Monographien von ca. 100 Arten der höheren Pflanzen veröffentlicht worden und die Ökologie von ca. 130 weiteren Arten ist in Bearbeitung begriffen. Der Plan dieser ökologischen Arbeitsweise ist in Tabelle 3 kurz wiedergegeben. Es ist ein praktisches Programm, beschränkt auf ein mittelgroßes Inselgebiet, wo die meisten Pflanzensippen der Flora ihre natürlic..en Arealgrenzen weit hinaus über die Grenze des Untersuchungsgebietes haben.

Tabelle 3. Plan einer biologischen Flora der Britischen Inseln (cf. J. Ecol. 46: 495–506. 1958)

Name, taxonomische Beschreibung, Variation und Standort der betr. Art.

I. Geographische und Höhenverbreitung.
II. Standort: a. Klimatische und topographische Eigentümlichkeiten. b. Substrat, Muttergestein, Bodenprofil, Grundwasser, Humus (Abbau und Zersetzungsgrad), $CaCO_3$ und andere chemische Daten (K, P, N, NO_3, Cl) sowie mechanische Analysendaten.
III. Pflanzengesellschaften (Artenliste und Frequenz).
IV. Verhalten gegen biotische Faktoren (Rodung, Brand, Mahd, Beweidung, Tritt, Düngung, Bodenbearbeitung u.a.).
V. a. Soziabilität; b. Verhalten auf verschiedenen Standorten; c. Frost , Trocken- u.a. Witterungsschäden.
VI. a. Morphologie: Wurzel, Spross, Zahl der Stomata u.a. morphologische Merkmale von ökologischer Bedeutung; b. Mykorrhiza; c. Überwinterung, Reproduktion, Raunkiaers Lebensformen, Alter, Periodizität der Samenreproduktion und Anwesenheit der Keimlinge; d. Chromosomenzahl; e. Physiologie: Transpiration, osmotische Werte und andere physiologische Eigenschaften.
VII. Phaenologie.
VIII. a. Blütenbiologie; b. Hybride; c. Samenproduktion und Samenverbreitung; d. Keimfähigkeit; e. Morphologie der Keimlinge; f. Effektive Reproduktion, relative Bedeutung der vegetativen Reproduktion und der durch Samen.
IX. a. Tierfraß und Tierparasiten; b. Pflanzliche Parasiten: Pilze oder andere Pflanzen, welche die Art als Wirtspflanze benutzen; c. Krankheiten.

Ein ähnlicher, auf den schon erwähnten Tatsachen begründeter Plan ist in Tabelle 4 niedergelegt. Für die ökologische Beschreibung (Definition) der Arten werden der gen-ökologische Charakter, die Ökologie der Entwicklung, die Wuchsformen, verschiedene Symbiose-Formen, das Verhalten in Coenosen, sowie verschiedene Anpassungen an Klima und Boden herangezogen. Die Arten verschiedener Kryptogamen-Klassen werden nach einem etwas abgeänderten Schema behandelt, wo man mehr die biochemischen und physiologischen Anpassungen, bezw. die mit dem Generationswechsel verbundenen Anpassungen berücksichtigt.

Für eine allgemeine ökologische Anordnung der Arten und des entsprechenden Tatsachenmaterials sind folgende Grundlagen in einer solchen Klassifikation (vgl. Gilmour & Walters 1964) von Bedeutung:

1. Klassen oder Unterklassen wie beim phylogenetischen System (vgl Du Rietz 1921).
2. Entwicklung, Fortpflanzung und Verbreitung.
3. Wuchsformengruppe und Wuchsform.

4. Ernährungsweise; symbiotische und biocoenotische Eigenschaften und Anpassungen.
5. Morphologisch-anatomische und physiologische Anpassungen (auch verschiedene Periodismen) an Klima und Boden.

Tabelle 4. Plan einer ökologischen Definition der höheren Pflanzen

I

Taxonomische Stellung, Gliederung und Areal. Gen-ökologischer Charakter, Verwandtschaft und Schicksal. Rekombinationssystem.

II

Samenkeimung und Entwicklung. Blütenbiologie. Samenproduktion und Verbreitung. Vegetative Reproduktion. Alter. Photoperiodizität u.a. Ökotypische oder phaenetische Anpassungen (Merkmale) der verschiedenen Populationen der Art unter verschiedenen geographischen Verhältnissen. Definition (Beschreibung) der Wuchsform.

III

Biotische Verhältnisse und Anpassungen: a. Verhalten zu anderen Pflanzen (Antagonisten, Epiphyten, Parasiten, Saprophyten, Symbionten u.a.). b. Verhältnisse zum Tierreich (Parasiten, Tierfraß, Verbreitung u.a.). c. Abhängigkeit von menschlicher Tätigkeit (Bewässerung und Entwässerung, Bodenbearbeitung, Düngung, Mahd, Nutzung, Rauch, Rodung, Schädlingsbekämpfungsmittel, Tritt, Weide u.a.).

IV

Phytocoenotische und syngenetische Bedeutung und Verhalten. Phytocoenotischer Zeigerwert. Verhalten in entsprechenden Phytocoenosen: Mengenverhältnisse, Soziabilität, Vitalität; ökotypische oder phaenetische Anpassungen. Produktionswert, sowie Beteiligung an Energie und Stoffkreislauf der entsprechenden Biocoenosen.

V

Ernährungsweise (autotrophe, heterotrophe oder autoheterotrophe). Amykotrophie und Mykotrophie sowie Bakterien-Symbiose. Charakter der Phyllo- und Rhizophäre.

VI

Verhalten zu Klimafaktoren: Strahlung, insbesondere Licht und Temperatur, als auch zu Niederschlägen, Luftfeuchtigkeit, Wind, Luftkohlensäure-Gehalt. Makro- und mikroklimatische Eigentümlichkeiten des Standortes. Anatomische, morphologische und physiologische Anpassungen der Art-Populationen an den Verlauf der Klimafaktoren. Phänologie.

VII

Verhalten zu Bodenfaktoren (Wasser, Stickstoff, Nährsalze und Spurenelemente, $CaCO_3$, Kochsalz, Azidität, organische Verbindungen, Bodenluft und Durchlüftung u.a.). Beziehungen des Wurzelsystems zum Bodenprofil und die Beteiligung der Art an der Bodenbildung am Standort. Verhältnisse zur Bodenmikroflora. Morphologisch-anatomische und physiologische Anpassungen der Art an die Bodenfaktoren. Ökologischer Zeigerwert.

Die ökologische Kennzeichnung der Pflanzen kann man als ein Hauptziel der Pflanzen-Ökologie betrachten, das das Verständnis der Existenz und des Schicksals der Pflanze unter verschiedenen Umweltsbedingungen anstrebt.

Der Wert einer solchen ökologischen Beschreibung liegt hauptsächlich in der Feststellung um was für ein ökologisches Tatsachenmaterial es sich handelt und wie dieses den ökologischen Grundproblemen eingegliedert wird.

ZUSAMMENFASSUNG

Die Grundprobleme einer ökologischen Kennzeichnung der Pflanzenarten wird in Beziehung zum Artenproblem zur Entwicklung, zu den Wuchsformen, zu den biocoenotischen Verhältnissen und zum Verhalten zu Klima- und Bodenfaktoren im allgemeinen besprochen. Ein Plan für eine ausführliche ökologische Beschreibung (Definition) der höheren Pflanzen wird vorgeschlagen, sowie die folgenden Einteilungsgrundlagen einer ökologischen Klassifikation der Arten und der verschiedenen Anpassungen vorgelegt: I. Phylogenetische Organisationshöhe. II. Entwicklung und Fortpflanzung. III. Wuchsform. IV. Ernährungsweise; symbiotische und biocoenotische Eigenschaften und Anpassungen. V. Verhalten zu Klima und Boden.

SUMMARY

Basic problems of an ecological description of plant species are briefly discussed in relation to species problem, development, life form, biocoenotic relations and dependance upon climate and soil. A concise plan for the comprehensive ecological description (definition) of higher plants is proposed. The following fundamental features for an ecologic classification of species and their adaptations (characters) are indicated: I. Phylogenetic level of constitution. II. Development, reproduction and dispersal. III. Life form. IV. Nutrition; symbiotic and biocoenotic characters and adaptations. V. Relations to climate and soil.

LITERATUR

ALSTON, R. E., u. B. L. TURNER: Biochemical Systematics. – Prentice-Hall Inc., Englewood Cliffs, N.J. 1963.

APINIS, A.: Data on the Ecology of Bryophytes. III. Significance of Hydrogen-Ion Concentration on Germination of Spores and Development. – Acta Hort. Bot. Univ. Latv. **11/12**: 1–22. Riga 1939.

— Untersuchungen über die Ökologie der Trapa L. I. Systematische Zugehörigkeit, Geschichte, Standortsverhältnisse und die Verbreitung der Pflanze in Lettland, pp. 1–83. II. Bedingungen der Keimung und Entwicklung der Pflanze, pp. 84–145. – Ibid. **13**: 1–45. Riga 1940.

— Der Wert der Vegetationskarte für die grundlegenden bodenmikrobiologischen Untersuchungen. – Bericht über das Internationale Symposion für Vegetationskartierung vom 23.–26. 3. 1959. Hrsgb. R. Tüxen. Weinheim 1963.

— Occurrence of thermophilous microfungi in certain alluvial soils near Nottingham. – Nova Hedwigia **5**: 57–78. Weinheim 1963.

— Concerning occurrence of Phycomycetes in alluvial soils of certain pastures, marshes and swamps. – *Ibid* **8**: 103–126. Weinheim 1964.

APINIS, A., a. L. LĀCIS: Data on the Ecology of Bryophytes. II. Acidity of the Substrata of Musci. – Acta Hort. Bot. Univ. Latv. **9/10**: 1–100. Riga 1936.

Arrhenius, O.: Kalkfrage, Bodenreaktion und Pflanzenwachstum. – Leipzig 1936.
Azzi, G.: Agricultural Ecology. – London 1956.
Bakuzis, E. V.: Synecological coordinates in forest classification and in reproduction studies. – Ph.D. thesis University of Minnesota, U.S.A. 1959.
— Structural Organization of Forest. – The Minnesota Academy of Science, **27**: 97–103. Minnesota 1959.
Böcher, T. W.: The study of ecotypical variation in relation to experimental morphology. – Regn. Veg. **27**: 10–16. 1963. Utrecht.
Bornkamm, R.: Zur quantitativen Bestimmung von Konkurrenzkraft und Wettbewerbsspannung. – Ber. deutsch. bot. Ges. **74**: 75–83. Berlin 1961.
Braun-Blanquet, J.: Pflanzensoziologie. – 3 Aufl. Wien 1964.
Breed, R. S., E. G. D. Murray a. N. R. Smith: Bergey's Manual of Determinative Bacteriology. – London 1957.
Brink, R. A.: Phase change in higher plants and somatic cell heredity. – Quart. Rev. Biol. **37**: 1–22.
Campbell, D. H.: The Structure and Development of Mosses and Ferns. – The MacMillan Co. New York 1918.
Clausen, J., Keck, D. D. a. Hiesey, W. M.: Experimental studies on the nature of species. I. – Carnegie Inst. Wash. Publ. No. 520. Washington 1940.
—, —, — Experimental studies on the nature of species. III. – *Ibid.* No. 581. Washington 1948.
— a. Hiesy, W. M.: Experimental studies on the nature of species. IV. – *Ibid.* 615. 1958.
— A simple method for the sampling of natural populations. – Scottish Pl. Breeding Station Report 1960: 69–84. Edinburgh 1960.
Clements, F. E.: Plant Indicators. – Carnegie Inst. of Washington 1920.
Dapper, H.: Der Kreislauf des Chlorids, dargestellt an einem binnenländischen Halophytenstandort. – Diss. Giessen 1964.
Daubenmire, R. F.: Plants and Environment. – London 1959.
Davis, P. H. a. Heywood, V. H.: Principles of Angiosperm Taxonomy. – Edinburgh and Rome 1963.
Drude, O.: Die Ökologie der Pflanzen. – Die Wissenschaft **50**. Braunschweig 1913.
Du Rietz, G. E.: The fundamental units of biological taxonomy. – Svensk. bot. Tidskr. **24**: 333–428. Stockholm 1930.
— Life forms of terrestrial flowering plants. I. – Acta phytogeogr. suec. **3**: 1–95. Uppsala 1931.
Ehrendorfer, F.: Cytotaxonomische Beiträge zur Genese der mitteleuropäischen Flora und Vegetation. – Ber. deutsch. bot. Ges. **64**: 137–152. Berlin 1951.
— Gedanken zur Frage der Struktur und Anordnung der Lebensgemeinschaften. – Festschr. Erwin Aichinger **1**: 151–167. Angewandte Pflanzensoziologie. Wien 1954.
Ellenberg, H.: Physiologisches und ökologisches Verhalten derselben Pflanzenarten. – Ber. deutsch. bot. Ges. **65**: 350–361. Berlin 1952.
— Bodenreaktion (einschließlich Kalkfrage). Die Bedeutung der Mineralstoffe für die pflanzliche Besiedlung des Bodens. – Handbuch der Pflanzenphysiologie **4**: 638–708. Berlin-Göttingen-Heidelberg 1958.
Emberger, L.: Une classification biogéographique des climats. – Recueil des Travaux des Laboratoires de Bot., Geol. et Zool. Univ. Montpellier **7**. Montpellier 1955.
Fritsch, F. E.: Reproduction of the Algae. I and II. – Cambridge 1959.
Gams, H.: Prinzipienfragen der Vegetationsforschung. – Vierteljschr. naturf. Ges. Zürich **63**: 293–493. Zürich 1918.
Gäumann, E.: Vergleichende Morphologie der Pilze. – Jena 1926.
— Pflanzliche Infektionslehre. – Basel 1945.
— Über Abwehrreaktionen bei Pflanzenkrankheiten. – Experientia **12**: 411–418. Basel 1956.

Gaussen, H., Legriss, P. a. Viart, M.: Notes on the Sheet Cape Comorin. – Trav. Sect. Sci. et Techn. Inst. français de Pondichery 1961.
Geiger, R.: The Climate near the Ground. – Harvard University Press 1950.
Gimingham, C. H. a. Birse, E. M.: Ecological studies on Growth-Form in Bryophytes. I. Correlations between Growth-Form and Habitat. – J. Ecol. **45**: 533–545. Oxford 1957.
Gilmour, J. S. L. a. J. W. Gregor: Demes: a suggested new terminology. – Nature **144**: 333–334. London 1939.
— The deme terminology. – Scottish Pl. Breeding Station Report **1960**: 99–105. Edinburgh 1960.
— a. Walters, S. M.: Philosophy and Classification. – Vistas in Botany **4**: 1–22. Ed. W. B. Turrill. Oxford-London-New York-Paris 1964.
Grümmer, G.: The role of toxic substances in the inter-relationships between higher plants. – Symp. Soc. Exp. Biol. **15**: 219–228. London 1961.
Glück, H.: Biologische und morphologische Untersuchungen über Wasser und Sumpfgewächse. I–IV. – Jena 1905–1924.
Goebel, K.: Organographie der Pflanzen. 3. Aufl. I–III. – Jena 1928–1939.
Grant, S. A. a. Hunter, P. F.: Ecotypic differentiation of Calluna vulgaris L. in relation to altitude. – New Phytol. **61**: 44–55. Cambridge 1962.
Greig-Smith, P.: Quantitative Plant Ecology. – Academic Press Inc. Publ. New York 1964.
Gregor, J. W.: Adaptation and ecotypic components. – Proc. roy. Soc. London. Ser. B. **145**: 333–337. London 1956.
— a. Watson, P. J.: Ecotypic differentiation: observations and reflections. – Evol. **15**: 166–173. Lancaster Pa. 1961.
Hallworth, E. C. (Ed.): Nutrition of Legumes. – London 1958.
Harley, J. L.: Associations between micro-organisms and higher plants. (Mycorrhiza). – Ann. Rev. Microbiol. **6**: 367–386. Palo Alto, California 1952.
— Mycorrhiza. – Vistas in Botany. Ed. R. C. Rollins a. Sir G. Taylor. **3**: 79–103. London 1963.
Harper, J. L.: The individual in the population. – British Ecological Society Jubilee Symposium, London, 28–30 March 1963: 149–158. Oxford 1964.
Heywood, V. H.: Biosystematics and Classification. – Scottisch Pl. Breeding Station Report 1963: 1–7. Edinburgh 1963.
Hübl, E.: Zur Autökologie und Soziologie einiger Pflanzen in den Wäldern des Leithagebirges. – Verh. zool.-bot. Ges. Wien **101**: 101–142. Wien 1962.
— Vergleichende Beobachtungen des stomatären Verhaltens verschiedener Pflanzen in Trockenrasen und Laubwäldern am Alpenostrand. – Österr. bot. Z. **110**: 556–607. Wien 1963.
Hundt, R.: Ein vegetationskundliches Verfahren zur Ermittlung des Ertragspotentials im Grünland. – Z. f. Landeskultur **6**: 61–85. Berlin 1965.
Kerner v. M.: Über den Einfluss der Temperatur des Quellwassers auf die im Rinnsale der Quellen vorkommenden Pflanzen. – Verh. zool.-bot. Ges. Wien **5**. Wien 1855.
Klausing, O.: Wasserzustand und Wasserbilanz von Vegetation und Boden an Standorten bestimmter Pflanzengesellschaften des Mittelwesergebietes. – Angew. Pflanzensoziologie **18**. Stolzenau 1961.
Knapp, G. u. Knapp, R.: Über die Möglichkeit der Durchsetzung und Ausbreitung von Pflanzenindividuen auf Grund verschiedener Wuchsformen. – Ber. deutsch. bot. Ges. **67**: 410–419. Berlin 1955.
Kouyeas, V.: An approach to the study of moisture relations of soil fungi. – Plant and Soil **20**: 351–363. Hague 1964.
Krasilnikov, N. A.: Soil Microorganisms and Higher Plants. – Acad. Sci. U.S.S.R. Moscow 1958.
Lang, A. (Red.): Differenzierung und Entwicklung. – Handbuch der Pflanzenphysiologie **15**. Berlin-Göttingen-Heidelberg-New York 1964.
Legris, P. a. Viart, M.: Bioclimates of South India and Ceylon. – Trav. Sect. Sci. et Techn. Inst. français de Pondichery 1961.
Leppik, E. E.: Evolutionary relationship between entomophilous plants and anthomophilous insects. – Evol. **11**: 466–481. Lawrence, Kansas 1957.

Linkola, K.: Über das Vorkommen von Samenkeimlingen bei Pollakanthen in den natürlichen Pflanzengesellschaften. – Ann. Soc. zool.-bot. fennicae Vanamo **11**: 150–172. Helsinki 1930.

— Über die Dauer und Jahresklassenverhältnisse des Jugendstadiums bei einigen Wiesenstauden. – Acta for. fenn. **42**: 1–56. Helsinki 1935.

Linstow, von O.: Bodenanzeigende Pflanzen. – 2. Auflage. Hrsg. Preussischen Geologischen Landesanstalt. Berlin 1929.

Lundegårdh, H.: Klima und Boden. – Stuttgart 1954.

Macura, J. a. Vancura, V. (Ed.): Plant Microbe Relationships. Proceedings of a Symposium on Relationships between Soil Microorganisms and Plant Roots held in Prague Sept. 24–28, 1963. – Czech. Acad. Sci. Prague 1965.

Mansfeld, R.: Zur Frage der Behandlung nur physiologisch, aber nicht morphologisch verschiedener Sippen in der botanischen Systematik. – Taxon **7**: 41–43. Utrecht 1958.

Marsden-Jones, E. M. a. Turrill, W. B.: Reports on the transplant experiments of the British Ecological Society at Potterne, Wilts. – J. Ecol. **18**: 352–378; **21**: 268–293; **23**: 443–469; **25**: 189–212; **26**: 359–389; **33**: 57–81. Oxford 1930–1945.

McMillan, C.: Ecotypes and community function. – Amer. Nat. **94**: 245–255. Arizona State University, Arizona 1956.

Melchers, G. (Red.): Außenfaktoren in Wachstum und Entwicklung. – Handbuch der Pflanzenphysiologie **16**. Berlin-Göttingen-Heidelberg 1961.

Meusel, H.: Über Wuchsformen, Verbreitung und Phylogenie einiger mediterran-mitteleuropäischer Angiospermen. – Flora **139**: 333–393. Regensburg 1952.

Michael, C. (Red.): Die mineralische Ernährung der Pflanze. – Handbuch der Pflanzenphysiology. **4**. Springer-Verlag. Berlin-Göttingen-Heidelberg 1958.

Mothes, K. (Red.): Heterotrophie. – Handbuch der Pflanzenphysiology **2**. Berlin-Göttingen-Heidelberg 1959.

Müller-Stoll, W. R.: Samenkeimung und Keimlingsentwicklung in Trockenrasengesellschaften. – Bericht über das Internationale Symposion für Experimentelle Pflanzensoziologie vom 12.–15. April 1965, in Rinteln. Den Haag 1969.

Mützing, A., Tedin, O. a. Turesson, G.: Field studies and experimental methods in taxonomy. – Hereditas **15**: 1–12. Lund 1931.

Neal, F. L., Bollen, W. W. a. Lu, K. C.: Influence of particle size on decomposition of red alder and douglas fir sawdust in soil. – Nature **205**: 991–993. London 1965.

Oberdorfer, E.: Pflanzensoziologische Exkursionsflora. – Ludwigsburg 1949.

Odum, E. P.: Fundamentals of Ecology. – Philadelphia and London 1963.

Ovington, J. D.: Quantitative ecology and the woodland ecosystem concept. – Advances in Ecological Res. **1**: 103–192. London-New York 1962.

Palmgren, P.: Zur Synthese pflanzen-und tierökologischer Untersuchungen – Acta zool. fenn. **6**: 1–51. Helsinki 1928.

Pearsall, W. H.: The development of ecology in Britain. – British Ecological Society Jubilee Symposium London, 28–30 March 1963: 1–12. Oxford 1964.

Pénzes, A.: Über die Morphologie, Dynamik und zönologische Rolle der sprosskolonienbildenden Pflanzen (Polycormone). – Fragm. Flor. Geobot. Krakow. Ann. **4**: 501–515. Krakow 1960.

Pijl, L. van der: Ecological aspects of flower evolution. I a. II. – Evol. **14**: 403–416; **15**: 44–59. Lancaster, Pa. 1960–1961.

Pirson, A. (Red.): Die CO_2-Assimilation. – Handbuch der Pflanzenphysiologie **5** (1/2). Berlin-Göttingen-Heidelberg 1960.

Pogrebnjak, P. S.: Osnovi lesnoj tipologii. – Akad. Nauk. Ukrainskoi SSR. Kiev 1955.

Poore, M. E. D.: Integration in the plant community. – British Ecological Society Jubilee Symposium London, 28–30 March 1963: 213–226. Oxford 1964.

RAPAICS, R.: Versuch einer Gesellschaftslehre der Pflanzen. – Forsch. z. Völkerpsych. u. Soziologie. **10**. Leipzig 1931.
RAUNKIAER, C.: The Life Forms of Plants and Statistical Plant Geography. – Oxford Univ. Press. Oxford 1934.
REGEL, K.: Die Lebensformen der Holzgewächse an der polaren Baumgrenze. – Sitzungsber. nat. Ges. Univ. Dorpat **28**. Tartu (Dorpat) 1921.
RICHARDS, P. W.: The Tropical Rain Forest. – Cambridge 1952.
RIDLEY, H. N.: Dispersal of Plants throughout the World. – Kent 1930.
RUSSELL, E. J.: Soil Conditions and Plant Growth. – London 1952.
RUSSELL, E. S.: The Directiveness of Organic Activities. – Cambr. Univ. Press 1945.
SCHIMPER, A. F. W.: Pflanzengeographie auf physiologischer Grundlage. 3. Aufl. – Hrsg. F. C. Faber. Jena 1935.
SCHMITHÜSEN, J.: Allgemeine Vegetationsgeographie. – Berlin 1959.
SINNOT, E. W.: Plant Morphogenesis. – New York, Toronto, London 1960.
SINSKAJA, E. N.: Investigation in the composition of ecotypical and varietal populations. A brief survey of some of our works published in Russian. – Report Scottisch Pl. Breeding Station 1960: 31–40. Edinburgh 1960.
STEBBINS, G. L.: Aridity as an evolutionary stimulus. – Amer. Nat. **86**: 33–44. Arizona State University 1952.
STEUBING, L.: Beiträge zur Ökologie der Wurzelsysteme von Pflanzen des flachen Sandstrandes. – Z. Naturf. **46**: 114–123. Wiesbaden 1949.
— Untersuchungen über die Beziehungen zwischen Bodenmikroflora, Pflanzengesellschaft und Pflanzenart. – Bericht über das Internationale Symposion für Experimentelle Pflanzensoziologie vom 12.–15. April 1965 in Rinteln. Den Haag 1969.
STOCKER, O. (Ed.): Pflanze und Wasser. – Handbuch der Pflanzenphysiologie **3**. Berlin-Göttingen-Heidelberg 1956.
TANSLEY, A. G. a. CHIPP, T. F.: Aims and Methods in the Study of Vegetation. – London 1926.
TURESSON, G.: The species and variety as ecological units. – Hereditas **3**: 100–113. Lund 1922.
— The genotypical response of the plant species to the habitat. – Ibid. **3**: 211–350. Lund 1922.
— The plant species in relation to habitat and climate. – Ibid. **6**: 147–236. Lund 1925.
— Zur Natur und Begrenzung der Arteneinheiten. – Ibid. **12**: 323–334. Lund 1929.
— The geographical distribution of the alpine ecotype of some Eurasiatic plants. – Ibid. **15**: 329–346. Lund 1931.
— Die Pflanzenart als Klimaindikator. – Kungl. Fysiografiska Sallskapets i Lund Förhandlingar **2**: 1–35. Lund 1932.
— Chromosome stability in Linnean species. – Ann. Agric. Coll. Sweden **5**: 405–416. Uppsala 1938.
— Habitat modifications in some widespread species. – Bot. Notiser **14**: 435–452. Lund 1961.
TURRILL, W. B.: The ecotype concept. – New Phyt. **45**: 34–43. Oxford 1946.
— Plant taxonomy, phytogeography and plant ecology. – Vistas in Botany **4**: 187–224. Oxford-London-New York-Paris 1964.
TÜXEN, R.: Pflanzengesellschaften und Bodenprofil. — 8 Congr. Int. Bot. Paris. Paris 1964.
— Experimentelle Pflanzensoziologie. – Arch. Soc. zool.-bot. fenn. „Vanamo", **9** *Suppl.*: 381–386. Helsinki 1955.
VAARTAJA, O.: Photoperiodic ecotypes of trees. – Canad. J. Bot. **32**: 392–399. Toronto 1954.
VEGIS, A.: Formation of the resting condition in plants. – Experientia **12**: 94–99. Basel 1956.
WADDINGTON, C. H.: The Strategy of the Genes. – London 1957.
WALTER, H.: Die Hydratur der Pflanzen. – Jena 1931.
— Grundlagen des Pflanzenlebens. – Stuttgart 1950.

— Die heutige ökologische Problemstellung und der Wettbewerb zwischen der mediterranen Hartlaubvegetation und den Sommergrünen Laubwäldern. – Ber. deutsch. bot. Ges. **69**: 263–273. Berlin 1956.
WALTERS, S. M.: Generic and specific concepts in the European Flora. - Preslia **34**: 207–226. Prag 1962.
WARDLAW, C. W.: Phylogeny and Morphogenesis. London 1952.
WAREING, P. F.: The Germination of Seeds. – Vistas in Botany. Ed. R. C. Rollins and Sir G. Taylor **3**: 195–227. Oxford-London-New York-Paris 1963.
WARMING, E.: Om Planterigets Livsformer. – Festskr. udg. of Univ. Kjöbenhavn. Kopenhagen 1908.
WEIHE, v., K.: Beiträge zur Ökologie der mittel- und westeuropäischen Salzwiesenvegetation (Gezeitenküsten). I. Methodik, Standorte und vergleichende morphologische Analyse (SO-Nordsee, SW-Frankreich). – Beitr. Biol. Pfl. **39** (2): 189–237. Berlin 1963.
WESTHOFF, V.: Plantengemeenschappen. – In „Uit de Plantenwereld" 1965: 288–349. Zeist-Arnhem.
WILKINS, D. A.: Recognizing adaptive variants. – Proc. Linn. Soc. Lond. **171**: 122–126. London 1960.
ZAMELIS, A.: Bedeutung der Genetik in der Systematik und Geographie der Pflanzen. – Genetica **13**: 151–182. 's-Gravenhage 1931.

W. MÜLLER-STOLL:

Es ist ein sehr schweres und komplexes Problem, das uns Herr Kollege APINIS hier an den Anfang gestellt hat, und ich glaube, es steckt auch eine ganze Menge Naturphilosophie hinter diesen verschiedenen Bewertungsfragen für objektiv feststellbare Prozesse und Erscheinungen morphologischer und physiologischer Art. Zu einigen wenigen Fragen will ich versuchen, eine Diskussionsbemerkung zu machen, wobei zu berücksichtigen ist, daß es nur aus dem Stegreif geschehen kann, weil zu einem sehr gründlichen Durchdenken man das Material vorher hätte haben müssen. Herr Kollege APINIS hat das Problem „ökologisches und physiologisches Verhalten" angeschnitten. Es ist häufig beobachtet worden, daß eine Art in der natürlichen Umgebung ein etwas anderes, zum Teil erheblich anderes Verhalten zeigt, als wenn man sie aus ihrer natürlichen Umgebung herausnimmt und unter streng kontrollierten Bedingungen als Einzel-Individuum hält. In vielen Fällen ist eine plausible und wahrscheinliche Erklärung für die beobachteten Differenzen zu finden gewesen. Ich bin davon überzeugt, daß das physiologische Experiment unter streng kontrollierten Bedingungen das Verhalten der Pflanze widerspiegelt, das ihrer genetisch bedingten konstitutiven Veranlagung entspricht. Das ökologische Verhalten ist die Modifikation, welche durch das Milieu, in dem die Pflanze in der Natur existenzfähig ist, unter Einbeziehung aller übrigen biotischen, auch abiotischen, nicht nur der natürlichen Faktoren zustande kommt, unter sehr starker Beteiligung des Konkurrenzfaktors. Der Konkurrenzfaktor entscheidet, welchen Ausschnitt aus ihrer konstitutionell möglichen Bewältigung natürlicher Entwicklungsbedingungen sie unter den gegebenen Daseinsbedingungen auf der Erde auswählen kann. Das ist meine Meinung zu dem Problem „ökologisches und physiologisches Verhalten". Unter ökologischen Bedingungen kann eine Art nur einen Teil der Möglichkeiten ausnützen, die ihr physiologisch-konstitutionell gegeben sind. Wenn z.B. eine Ausrottung bestimmter Arten aus einer

Gesellschaft erfolgt, – das kann man an den Ackerunkräutern sehen, – dann bekommen die übrig bleibenden Arten neue erweiterte Chancen. Sie können jetzt mehr aus ihrer arteigenen Konstitution heraus sich entwickeln, weil gewisse Konkurrenten fehlen, die ihre ökologische Amplitude eingeengt haben.

Immer wieder wird ein Organismus als Produkt der Umweltsverhältnisse herausgestellt. Ich habe nichts dagegen, das so zu sagen, wenn das nicht zu mechanistisch oder zu wörtlich verstanden wird. Nicht die Umweltsbedingungen, die Existenzbedingungen produzieren den Organismus und seine Eigenschaften. Unter gar keinen Umständen halte ich das für möglich. Ich glaube, man muß es so sehen: die Organismen entwickeln sich, sie entwickeln sich auf der Grundlage der ihnen innewohnenden Entwicklungs-Potenzen. Diese Entwicklungs-Potenzen sind unabhängig von der Umwelt. Es gibt Sippen, die eine sehr starke evolutionistische Aktivität besitzen; es gibt Sippen, die in ihrem Evolutionsverhalten ausserordentlich konservativ sind. *Gingko biloba* z.B. hat sich seit dem frühen Tertiär in keiner Weise mehr evolutionär verändert. Die Art ist völlig starr. Demgegenüber gibt es evolutionär völlig plastische Sippen, die einen starken autonomen Entwicklungstrend aufweisen. Die Umwelt selektioniert nur. Es kommt nun dazu, daß unter den aus den genetisch evolutionären Prozessen neu entstehenden Eigenschaften sich diejenigen behaupten, die besser angepaßt sind an bestehende Verhältnisse immer unter Einschluß des Konkurrenzgeschehens zu anderen Organismen. Im weitesten Sinne, nicht nur zwischen höheren Pflanzen, auch gegenüber Tieren und gegenüber Parasiten, gegenüber der Mykoflora usw.

Das ist der große prinzipielle Irrtum, der uns leider so sehr gestört und geschadet hat, daß man die Vorstellung entwickelt hat, die Umwelt schaffte die Organismen. Sie schafft sie nicht, die Organismen entstehen aus sich durch ein autonomes Entwicklungsgeschehen, das in den einzelnen Bereichen durchaus verschieden entwickelt ist und in den verschiedenen Zeitaltern der Entstehung der Organismen, der Geschichte der Organismen ganz verschiedene Schwerpunkte gehabt hat. Was die Umwelt tut, ist Auslese aus dem, was die Evolution anbietet. Und in diesem Sinne bin ich einverstanden, wenn man die Pflanzen als ein Produkt der Umwelt betrachtet und bezeichnet, aber ich bin nicht einverstanden damit, wenn man die Umwelt als die Ursache der Eigenschaften der Pflanzen ansieht. Das ist nicht wahr. Sondern viele äußere Umstände sind im Tertiär und in der Kreidezeit und im Jura genau so gewesen wie heute. Temperatur und Feuchtigkeit und Strahlung zeigten sicher nur sehr geringe Differenzen. Aber die Geschichte der Organismen-Entwicklung hat einen ganz anderen Stand gehabt, und ihr Erbe ist das Primäre: die Evolution und das evolutionäre Geschehen, das im jeweiligen Zeitalter des Organismen-Reiches in einem bestimmten Querschnitt durch den Entwicklungsablauf uns bei der Betrachtung des Verhältnisses zwischen Umwelt und Organismus als Angepaßtsein in Erscheinung tritt. Die Anpassung ist m.E. der Zustand, der sich im jeweiligen Entwicklungsabschnitt als Gleichgewicht zwischen Evolution und Existenz oder Milieu herausstellt.

Ich glaube auch, das möchte ich als kritische Bemerkung noch sagen, daß es nicht möglich ist, von einer unscharfen Grenze zwischen vererbten und nicht vererbten Anpassungen zu sprechen. Ich glaube, wenn man die Frage so stellt, ob es nicht vererbte Anpassungen gibt, dann kommt man auch in die Gefahr eines Lysenkismus. Vererbt wird ja nicht die Anpassung, und vererbt wird ja auch nicht die Eigenschaft, sondern vererbt wird die Fähigkeit unter dem Einfluß der Umweltsbedingungen innerhalb einer bestimmten Breite – oder Enge – eine Eigenschaft auszubilden. Vererbt wird die Eigenschaft durch die Nachkommenschaft, durch den Samen, wird die Fähigkeit bestimmte Eigenschaften auszubilden, wobei nun aber diese Eigenschaftsausbildung variabel ist, und von den jeweiligen Existenz-Milieu-Einflüssen des Individuums abhängt. Also das Einzelindividuum macht aus der gleichen genetischen Ursache etwas sehr verschiedenes, je nachdem wie die Eigenschaft sich unter dem Einfluß des Milieus manifestiert, was wir ja bekanntlich Modifikation nennen.

V. WESTHOFF:
Ich glaube, daß jeder wohl einverstanden sein wird mit dem Prinzip, wie Prof. MÜLLER-STOLL es klar dargestellt hat: daß es nicht die Umwelt ist, welche die Sippen schafft, sondern daß sie aus sich heraus entstehen, und Prof. APINIS hat auch das Gegenteil gewiß nicht gemeint. Es bleibt aber eine kritische Frage, wie man den Unterschied zwischen der wirklich in der Natur wahrgenommenen und der experimental festgestellten ökologischen Amplitudo deuten soll. Das ist ein Problem worüber man ganz verschiedener Meinung sein kann. Ich bin doch mehr mit Herrn APINIS einverstanden. Das Experiment kann in gewisser Hinsicht als ein Störungseingriff betrachtet werden. Es hängt nämlich ganz davon ab, welche Fragen man mit dem Experiment an die Pflanze stellt und ob das Ergebnis dann wirklich etwas ergibt, das sich von Natur aus auch ergeben würde. Es kann z.B. sein, daß für eine Pflanze nicht ein gewisser Faktor oder eine Faktoren-Kombination bezeichnend ist, sondern ein gewisser Faktoren-Wechsel, der experimentell sehr schwer zu fassen ist. Es mag sein, daß eine Pflanze gar nicht trockenheitsliebend oder feuchtigkeitsliebend ist, sondern daß sie einen gewissen Wechsel zwischen extrem naß und extrem trocken braucht. Der Experimentator kommt vielleicht gar nicht auf diesen Gedanken. Er hat nur in statischen Vorstellungen gedacht und hat gelernt von der Physiologie, daß man konstante Bedingungen schaffen soll. Die schafft er also, und da findet er eine gewisse ökologische Amplitudo, und dann sagt er: das ist die Wirklichkeit, das ist mein Experiment, und das nur ist richtig.

Meine Damen und Herren, GOETHE hat gesagt, die Natur hat immer recht. Ich glaube nicht, daß wir von vornherein sagen können, der Experimentator hat recht.

R. TÜXEN:
Wenn ich mir erlaube, hier das Wort zu nehmen, so geschieht das mehr, um Sie, meine Damen und Herren anzuregen, auch zu diesen Fragen zu sprechen, als daß ich selbst etwas Bedeutendes beizutragen hätte. Ich möchte nur im Anschluß an das, was die Herren MÜLLER-STOLL und WESTHOFF eben gesagt haben, das Problem noch ein wenig ausweiten. Man studiert die Pflanze, vielleicht auch das Tier, unter bestimmten

konstanten Bedingungen. Man studiert die Organismen, – und das ist zum Thema unseres Symposion zu sagen – herausgerissen aus ihrer Biozönose und wundert sich dann, wenn sich diese Lebewesen, ganz anders verhalten, als man es draußen, innerhalb der Biozönose zu sehen gewohnt ist. Ich glaube, hier ist die Fragestellung falsch. Denn seit RAPAICS wissen wir, daß kein Lebewesen auf der Erde, sei es Pflanze, Tier oder Mensch, für sich allein existiert, sondern, daß alle in Gesellschaften leben. Wenn wir also das normale Verhalten eines Organismus, einer Art, studieren wollen, so können wir das nur innerhalb einer Biozönose tun. Ich glaube also, man sollte die Pflanzen in ihrer Lebensgemeinschaft, in ihrer Biozönose studieren und nicht aus diesen herausnehmen.

Merkwürdigerweise wird bei den ökologischen Experimenten nur nach dem Einfluß bestimmter abiotischen Faktoren gefragt. Man fragt: wie verhält sich die Art gegen die Temperatur, gegen den Wasserfaktor gegen das Licht, die Nährstoffe, das pH usw. Aber man fragt gar nicht, wie verhält sich die Art gegenüber ihrer Gesellschaft. Ich pflege hier zwei Faktorengruppen zu unterscheiden: die exogenen, die also von außen kommen, wie alle abiotischen Faktoren, und die endogenen, die aus der Gesellschaft heraus kommen. Das Verhalten der Pflanzen gegenüber den endogenen Faktoren ist zwar von Herrn APINIS und auch von Herrn MÜLLER-STOLL erwähnt worden, aber es ist nur ein Faktorenkomplex, die Konkurrenz, genannt worden. Die Konkurrenz ist aber nur ein einziger und vielleicht nicht der entscheidende oder der bedeutendste endogene Faktorenkomplex, der im Leben der Biozönose eine Rolle spielt. Viele Arten konkurrieren nämlich gar nicht mit den anderen. Die *Anemone*, die jetzt bei uns in den Buchenwäldern blüht, konkurriert gewiß nicht mit der Buche, sondern sie nutzt einfach eine zeitliche und andererseits eine räumliche, konkurrenzlose Nische, einen konkurrenzlosen Raum zeitlich oder räumlich aus, um auf diese Weise ihre Lebensvorgänge durchführen zu können. Sie kann gar nicht konkurrieren mit den Bäumen. Ich kann andererseits Beispiele dafür anführen, daß die kleinsten Moose in unserem Buchenwald auf einem indirekten Wege auf die Lebenskraft der Bäume wirken, was man auch nicht als Konkurrenz bezeichnen kann. Sondern hier spielt sich ein sehr komplexer Wirkungs-Kreislauf, über viele Stufen ab, wobei endogene und exogene Faktoren zusammen wirken. Wir sollten also stärker als bisher die endogenen Wirkungskreise mit in unsere Betrachtungen einbeziehen.

V. WESTHOFF:
Ich danke Herrn Prof. TÜXEN besonders für seine Ausführungen. Ich bin völlig mit ihm einverstanden. Ich möchte ihn nur darauf aufmerksam machen, daß die Überschätzung des Konkurrenzfaktors glücklicherweise nicht immer geschieht. Es gibt allerdings Leute, die alles auf Wettbewerb zurückführen wollen, und wir sollten uns dagegen wehren. Aber das wird auch manchmal getan.

Ich glaube, Herr Prof. MÜLLER-STOLL hat gar nicht gemeint, daß nur die Konkurrenz allein wesentlich sei. Es gibt auch im Pflanzenreich Zusammenarbeit. Wenn man nun sagt, Zusammenarbeit sei ein anthropomorphes Wort, so kann man erwidern, daß Wettbewerb und Konkurrenz genau so anthropomorph sind, daß Pflanzen natürlich auch konkurrieren in dem Sinne, wie die Geschäftsleute in Rinteln konkurrieren, aber auf eine ganz andere Weise. Das Wort Kooperation darf m.E. genau so verwendet werden wie das von russischen Forschern schon vor Jahrzehnten getan worden ist.

Wir dürfen nicht nur einseitig auf den Wettbewerb sehen. Es ist aber das Charakteristische des Experimentes, daß es immer den Wettbewerb betont.

Wenn man mit verschiedenen Arten experimentiert, die man zusammen in Kulturen züchtet, so ist das Konkurrenzverhältnis der Arten dasjenige, was herauskommt. Die anderen endogenen Kräfte, die Nicht-Wettbewerbsfaktoren, kommen bei den Experimenten nicht klar heraus. Damit sei aber allerdings nicht gesagt, daß wir keine Experimente machen sollen, sondern daß Experimente uns nur helfen sollen, um bestimmte Vorgänge in der Natur besser verstehen zu können. Aber sie können nicht die einzige Antwort geben auf das, was wir draußen finden.

Die wichtige Erscheinung, daß eine Pflanze im Experiment eine andere ökologische Amplitude zeigt, als im Gelände, ist wohl nicht nur so zu deuten, daß in beiden Fällen verschiedene Ökotypen vorliegen. Vielmehr ist die sogenannte aktuelle ökologische Amplitude (im Gelände) von der potentiellen (im Experiment) daher verschieden, weil die Arten in der Pflanzengesellschaft einander beeinflussen (Konkurrenz und Kooperation) und daher ihre Amplituden gegenseitig abändern. Dieses ist auch ein Grund, weshalb der Wert von Laboratoriumsversuchen mit Bezug auf das Verhalten der Arten im pflanzensoziologischen Gefüge nur von sehr beschränktem Wert ist. Das Experiment ist hier nicht als ausschlaggebend zu betrachten.

W. Müller-Stoll:
Ich freue mich, daß über die Frage – ökologisches und physiologisches Verhalten der Pflanzen – eine so lebhafte Diskussion in Gang gekommen ist, weil sie in der Tat ein sehr wichtiges Problem ist. Man darf nicht vergessen, daß die experimentelle Biologie auf dem botanischen Sektor weit mehr als die Hälfte physiologisch experimentiert. Mit sehr guten Gründen nämlich. Weil es sich darum handelt, Naturgesetze zu erarbeiten, die zunächst einmal analytisch aufgebaut werden müssen. Nämlich von einfachsten Fragen her, und aufbauend zu immer komplizierteren Dingen. Also schon wissenschafts-methodologisch ist die Forderung unerläßlich, daß das gelenkte Experiment, zumindest in der gegenwärtigen Phase der Biologie in der zweiten Hälfte des zwanzigsten Jahrhunderts so arbeiten muß. Aber auch aus einem anderen Grunde; weil nämlich die menschliche Ernährung und Industrie, soweit sie sich biologischer Produktion bedient, im wesentlichen auf einer künstlich gelenkten und veränderten Produktion beruht. Wenn ich z.B. mit Hefe arbeite, und bekanntlich ist die Hefe-Zelle eine Kulturpflanze, die nur unter streng gelenkten kontrollierten Bedingungen gehalten wird – das gilt auch für einen Rinderstall – so liegen hier eben Verhältnisse vor, die uns zwingen, auch entsprechende exakte Experimente durchzuführen. Ich will dabei keinen Unterschied machen zwischen exakten und nicht exakten Experimenten. Den gibt es nicht.

Sondern es gibt nur Unterschiede zwischen einer einfachen und einer komplizierteren Fragestellung. Das physiologische Experiment ist nichts anderes als eine exakt gestellte kleine Frage, eine ganz kleine Frage nur an die Natur. Und sie wird beantwortet, mit ja oder mit nein, so ist es oder so. Sobald ich in kompliziertere Systeme hineingehe, habe ich eine viel größere Parameter-Koordinate, die vieldimensional wird. Ich kann dann keine exakten, oder sagen wir eindeutigen Fragen mehr stellen und bekomme im Experiment kein eindeutiges Ergebnis mehr. Und jetzt beginnt die Kombination und die Deutung. Nur durch das Zusammenarbeiten und Vergleichen verschiedener physiologischer und ökologischer Methoden kommen wir der Natur der Dinge näher.

Nach meiner Überzeugung zeigt das physiologische Experiment immer nur einen ganz winzig kleinen Ausschnitt der Fähigkeiten, die der Organismus hat. Wenn man eine bestimmte Frage stellt, gibt das Experiment eine ganz bestimmte Antwort. Die Antwort ist abhängig von der Frage. Ich bin der Meinung, daß alles, was bisher gefunden wurde bezüglich des Nicht-Übereinstimmens darauf beruht, daß unter isolierten künstlichen Bedingungen sich gezeigt hat, daß der Organismus mehr kann, als in der Natur realisiert wird. Die berühmte pH-Amplitude, die Ernährungs-Amplitude, die Licht-Amplitude sind größer, die Pflanze ist in der Lage, einen höheren Kohlensäuregehalt assimilatorisch auszunutzen, als er in der Natur gegeben ist. Sie wäre tatsächlich in der Lage, mit der eingestrahlten Lichtenergie viel mehr zu produzieren, wenn die Luft mehr Kohlensäure enthalten würde. Der Assimilationsapparat ist tatsächlich dazu fähig. Aber in Wirklichkeit kann das nicht passieren, weil die Erde nur eine geringe Kohlensäuremenge produziert. Also das physiologische Experiment zeigt, daß der Organismus mehr kann, als er unter natürlichen Daseinsbedingungen ausnützen kann.

Das physiologische Experiment zeigt in vieler Hinsicht auch noch etwas anderes. Viele Erscheinungen, die wir in physiologischen Experimenten als ganz klare naturgesetzliche Eigenschaften eines Organismus finden, spielen in der freien Natur offenbar keine Rolle. Es gibt viele Dinge, die wir im Experiment feststellen, die aber unter natürlichen Umständen für die Existenz des Organismus offenbar nichts Wesentliches bedeuten. Ich werde bei meinem eigenen Vortrag noch darauf zurückkommen. Die Umwelt vernichtet, selektioniert Pflanzen oder andere Organismen, die Eigenschaften haben, welche der Selektion unterliegen, die also ausgemerzt werden, weil sie Eigenschaften haben, die den Umständen nicht entsprechen. Aber Eigenschaften, die der Selektion nicht unterliegen, bleiben latent erhalten. Sie verschwinden nicht. Die Organismen haben viel mehr Eigenschaften, als sie brauchen, um zu existieren.

V. Westhoff:

Herr Prof. Müller-Stoll, es freut uns, daß Sie Ihre Anschauungen in einem Sonder-Vortrag noch vorbringen wollen, damit wir dann noch die Gelegenheit haben, darüber zu diskutieren. Denn es ist noch immer nicht so, daß wir uns einig sind.

Im Vortrag von Prof. Apinis hat mich besonders das verschiedene Verhalten der Arten aus verschiedenen phylogenetischen Klassen gegenüber primären Standortsfaktoren berührt. Hier liegt vielleicht ein bisher nicht als solcher beachteter Grund für die Sonderbetrachtung der Kryptogamen-Flecken innerhalb der Phanerogamengesellschaften. Wenn ihr ökologisches Verhalten grundverschieden ist, sollten wir ihnen auch syntaxonomisch vielleicht eine Sonderbetrachtung einräumen, wie wir das seit längerer Zeit schon zu tun gewohnt sind. Tüxen und Barkman haben uns davon Beispiele gegeben. Hier scheint ein gewisser ökologischer Grund vorzuliegen, der bisher nicht so klar betrachtet wurde.

A. Apinis:
Mein Vortrag war eigentlich zu kurz für die Probleme, die ich angeschnitten hatte. Darum möchte ich noch einige Bemerkungen über das ökologisch-physiologische Verhalten machen. Als junger Mann von 25 Jahren hatte ich die Zuversicht, die Fragen in der Ökologie durch Experimente zu lösen, besonders durch Experimente, bei denen man genau die Faktoren physikalisch-chemisch messen kann.

Nach vielen Jahren bin ich zu einer anderen Überzeugung gekommen, daß sich durch die physikalisch-chemischen Umweltsfaktoren nicht alles erklären läßt, denn die meisten Gründe sind in die Pflanze selbst gelegt. Darin stimme ich ganz Prof. Müller-Stoll bei, daß ein physiologisches und ein ökologisches Experiment eine bestimmte Antwort erteilen. Oft ist im ökologischen Experiment kein klares Nein oder Ja. Man muß viel Erfahrung haben, um die Resultate richtig zu deuten.

Das andere Prinzip ist der sogenannte Selektionsfaktor oder die Selektion, die von den klassischen Genetikern sehr oft benutzt wurde und auch jetzt benutzt wird. Dies ist eigentlich ein Phänomen, über dessen Charakter wir nicht viel Bestimmtes wissen. Was ist eigentlich eine Selektion? Besonders unter natürlichen Verhältnissen?

Das Wort „Konkurrenz" war ja ein Schlagwort aus den Zeiten des Darwinismus und wird auch jetzt noch in manchen Teilen der Welt viel benutzt. Aber auch "Konkurrenz" ist eine Umschreibung von Dingen, über die wir eigentlich sehr wenig wissen. Vielleicht gibt es, wie schon Prof. Tüxen geäußert hat, bei Pflanzen in einigen Fällen gar keine Konkurrenz. In vielen Fällen, etwa bei mikrobiologischen Vorgängen des Bodens, bei der Symbiose usw. wissen wir gar nicht, wie eigentlich eine Konkurrenz oder eine Selektion zustande kommt.

Ich bin zu der Überzeugung gekommen, daß es eigentlich keinen Unterschied zwischen einem ökologischen und einem physiologischen Experiment gibt. Die Anstellung des heutigen physiologischen Experimentes kann oft sehr kompliziert sein. Die Auswertung dieser Resultate kann jetzt sehr genau durch verschiedene Rechenmaßnahmen vorgenommen werden. Grundsätzlich kann ich diesen Unterschied nicht sehen. Es hängt alles davon ab, wie das Resultat des pflanzenphysiologischen Experimentes gedeutet ist. Alles kommt auf die Definition der Pflanzenphysiologie an. Die Pflanzenphysiologie Deutschlands hat in der Welt eine Tradition in dieser Richtung gezeigt. Sie ist eine ökologische Pflanzenphysiologie im strengsten Sinne der Definition des Wortes. Manche Physiologen, ich weiß nicht, ob sie recht haben oder nicht, meinen, daß nur die Lebensprozesse auf biochemischer, chemischer und physikalischer Basis der eigentliche Gegenstand der Pflanzenphysiologie sind. Was im Zusammenhang steht mit Außenweltsfaktoren, z.B. Wärme oder Licht, fällt in das Gebiet der experimentellen Ökologie. Aber jedenfalls hat die deutsche Pflanzenphysiologie sehr viel zu ökologischen Grundkenntnissen beigetragen. Auch die Phytocoenologen können ja sehr klar den experimentellen Weg auf diesem Gebiet finden, weil die Pflanzenphysiologie eigentlich an der Wiege der modernen Ökologie und auch der Pflanzensoziologie steht.

Dr. Westhoff hat eine sehr interessante Frage aufgeworfen über das gleichartige und das verschiedenartige Verhalten von Arten verschiedener Sippen-Klassen. Dies Problem ist viel zu wenig diskutiert, als daß wir heute zu einem Schluß kommen könnten. Aber es scheint dieses fundamental in der Pflanzensoziologie zu sein, da die Kryptogamen-Gesellschaften doch meistens in einem Gerüst der Phanerogamen-Gesellschaften existieren und mit diesen in Zusammenhang stehen. Ich glaube, daß manche abhängige Einschicht-Assoziationen der Kryptogamen keine besondere Einheiten höheren Ranges darstellen, weil die Pflanzengesellschaften nicht auf einer ökologischen Gleichartigkeit der Arten aufgebaut sind. Sondern das Gegenteil entspricht vielmehr der Wahrheit: die Arten der Pflanzengesellschaften weisen ein außerordentlich verschiedenartiges ökologisches Verhalten auf. Damit ist der eigentliche ökologische Inhalt einer Pflanzengesellschaft gegeben. Auch eine Symbiose kommt dadurch zustande, daß zwei ökologisch ungleiche Organismen zusammen kommen und zusammen leben.

Eine andere, hier aufgeworfene interessante Tatsache ist das Verhalten der Arten zu den Umweltsfaktoren. Ich habe mich vor 20 Jahren über die Ökologie geäußert und die Klima- und Bodenfaktoren an der Spitze des ökologischen Programmes genannt. Heute bin ich zu der Überzeugung gekommen, daß sie bei einer ökologischen Charakterisierung der Pflanzensippen an letzter Stelle genannt werden müssen.

R. Tüxen:
Ich möchte eine kleine Ergänzung geben zu dem, was Freund Apinis eben gesagt hat. Er sagte, das Wesen der Vergesellschaftung sei, daß sich Arten mit verschiedenen Ansprüchen zusammenfinden. Das ist gewiß richtig unter optimalen Verhältnissen. Aber wenn die Lebensbedingungen einseitiger werden und schließlich an die Grenze der Existenz, der Lebensfähigkeit kommen, dann werden die Biozönosen, die Pflanzengesellschaften, einartig, wie wir seit langem wissen. Ein Salicornietum besteht nur aus einer einzigen Art. Alle Individuen dieser Gesellschaft haben die gleichen ökologischen Ansprüche, während ein Querco-Carpinetum natürlich die verschiedensten Formen mit den verschiedensten Ansprüchen in sich vereinigt. Ich glaube also, daß wir diese letzte Formulierung von Herrn Apinis ein wenig abwandeln müssen, da sie nicht allgemein gelten kann.

V. Westhoff:
Es ist ganz richtig, wie Prof. Apinis gesagt hat, daß die deutsche Pflanzenphysiologie durch ihre ökologischen Fragestellungen einen ganz wesentlichen Beitrag zu unserer ökologischen Wissenschaft gegeben hat, was ich als Ausländer ausdrücklich bestätigen möchte.

ACKERUNKRAUTGESELLSCHAFTEN ALS ZEIGER EINES GESUNDEN HUMUSHAUSHALTES NORDWESTDEUTSCHER ACKERBÖDEN

von

J. Feise, Oldenburg i.O.

„Alles wirkt auf alles" – so auch die Pflanzensoziologie auf die Lehre vom Landbau. In der Grünlandwirtschaft verdanken wir Landwirte den Pflanzensoziologen eine Einteilung der Wiesenbestände, die uns Erfahrungen und Versuche ordnen läßt. Im Ackerbau könnten ähnliche Aufgaben die Unkrautgesellschaften übernehmen. Es ist aber schwieriger, weil sie sich durch die Unkrautbekämpfung nicht voll entwickeln können und deshalb schwerer zu bestimmen sind. Weiter genügt nicht ein Jahresablauf, sondern erst der Umlauf einer Fruchtfolge, die sich meist über 3 bis 7 Jahre, oft sogar noch länger, erstreckt.

Als Beispiel geben wir eine dreijährige Fruchtfolge, wie sie in Mähdruschbetrieben durchgeführt wird.

1. *Jahr:* Wechsel-Gerste, danach Sommer-Raps. Dieser soll das Sonnenlicht völlig ausnutzen, der Kleemüdigkeit steuern und die Bodenfauna anregen.
2. *Jahr:* Hafer, der den Boden anders beschattet als die Gerste.
3. *Jahr:* Winterroggen mit Untersaat von Kleegras, um zugleich Luftstickstoff zu gewinnen und den Boden tiefer zu durchwurzeln.

Daß man nur in der Fruchtfolge gleichgestellte Früchte miteinander vergleichen kann, zeigt vielleicht der Bodenwiderstand in 10 cm Tiefe einer fünffeldrigen Fruchtfolge auf Sand (Pseudogley).

1. Jahr:	Kartoffeln	14 kg	4. Jahr:	Winterroggen	22 kg
2. Jahr:	Runkelrüben	16 kg	5. Jahr:	Kleegras	34 kg
3. Jahr:	Hafer	18 kg			

Die gestellte Aufgabe: „Ackerunkrautgesellschaften als Zeiger eines gesunden Humushaushaltes nordwestdeutscher Ackerböden" ist nicht ohne weiteres zu lösen. Das weite Nordwestdeutschland, etwa von der Porta Westfalica bis zur See hin, ist trotzdem zunächst zu klein, um die wesentlichen Unterschiede zu erkennen.

Unter Ackerböden verstehen wir regelmäßig gepflügte Ländereien, auch wenn sie zeitweilig als Ackerweide genutzt werden oder Grünfutter tragen. „Gesunder Boden" sei, wenn gleiche oder steigende Erträge ohne Raubbau möglich sind und der Boden nach Möglichkeit reifer und besser wird. Unkräuter brauchen nicht unbedingt gemeingefährlich zu sein, wichtiger als sie zu bekämpfen ist in der Regel unsere Kulturpflanzen so günstig zu stellen, als wenn sie „im Paradiese" wären. Der hohe und sichere Ertrag von großer Güte ist wichtiger als etwa „glasreine" Bestände. Wo wir so stark die Gräser in unserem Ackerbau bevorzugen, sind die zweikeimblättrigen und tief wurzelnden Unkräuter oft wichtig für die Erhaltung der Bodengare.

Humus ist ein Sammelbegriff für den Abbau organischer Stoffe. Uns Landwirte interessiert dabei die Menge, die Verteilung im Bodenprofil und die Güte. In PASSARGES "Idealer Kontinent" finden wir am Polarkreis große Humusmengen trotz schwachen Pflanzenwuchses, aber bei nur geringem Abbau. Dieser Humus, meist arm an Stickstoff ist vor allem in den oberen 20 cm zu finden. Nach Süden zu wird der Abbau lebhafter, der Stickstoffgehalt steigt, und der Humus findet sich auch im Unterboden. Zu den Tropen hin ist oft gar keine Anreicherung mehr möglich, vor allem, wenn die nötige Feuchtigkeit ausbleibt. Den Standort in der nördlichen, gemäßigten Zone kann man grob nach der Länge der Vegetationszeit bestimmen und nach ihrem Regenfaktor, etwa der Meeresnähe entsprechend. Die nach HAUDE nutzbaren Niederschläge geben ein besseres Bild, denn die Verdunstung schwankt bei uns zwischen 400–600 mm im Jahre. In gleichen bodenklimatischen Lagen ist der Humusgehalt weiter abhängig von der Nähe zum Marktort (vgl. THÜNENS „Isolierter Staat"). Je näher, desto intensiver ist die Bodennutzung und der Humusumsatz. So ist der Wert unserer Lößböden in den letzten 50 Jahren gesunken. Weiter ab von der Stadt wird der Gartenbau abgelöst von Hackfrüchten und später von Getreide bis schließlich unter Weiden und Wald Humus sich ansammeln kann. Ob man sich dem Markte nähert, kann man verschieden ablesen, z.B. an den Preisen, an der Bevölkerungsdichte oder an Intensitätsziffern bezogen auf Getreide = 100.

Der Landwirt hat die organischen Masse im Boden nötig, weil sie die Bodenbestandsteile zu Krümeln vereinigen kann. Dann können die Wurzeln wachsen, Luft und Wasser eindringen und gespeichert werden. Der Humus kann die Sandkörner zusammenkleben und die kleinen Tonteilchen voneinander trennen und dadurch die Bodenstruktur bestimmen und die so erzeugte Gare erhalten. Nach der Chemie unterscheiden wir Dauerhumus, schwer zersetzliche Kugelkolloide, auch die sog. „Alte Kraft" und den Nährhumus zur Versorgung des Bodenlebens. Der Dauerhumus ist zugleich ein Nährstoffspeicher, während auch der Nährhumus fadenförmigen Aufbau aufweisen kann und den Boden aufbauen hilft. Die von Menschen zugeführte organische Masse wird schnell als Nährhumus verbraucht und nicht einmal 1/10 wird in der Regel im Boden zu Dauerhumus aufgebaut. Die Feststellung des Dauerhumus im Laboratorium ist schwierig und kostspielig. Für unsere Zwecke genügt meistens als Gütemaß das Verhältnis Kohlenstoff zu Stickstoff: C/N. Es schwankt von 54–9. Der stickstoffarme, oft saure Humus kann Nährstoffe kaum speichern, wohl aber ein stickstoffreicher, milder Humus, der ebenso Wasser aufnehmen kann und den Pflanzen wieder zur Verfügung stellt.

Als Maß der Bodentiefe ist das Auswaschen der Wurzeln recht umständlich. Eine gute Anschauung gibt aber schon der Gehalt an pflanzenaufnehmbarer Phosphorsäure in der Oberkrume, Unterboden und Untergrund; denn von Haus aus ist diese Phosphorsäure nicht im Boden, sondern nur durch die Düngung des Menschen und die Tätigkeit von Pflanzen und Tieren in den Unterboden gelangt. Aus der Krumentiefe, dem Bodengewicht und dem Stickstoffgehalt einer Bodenprobe können wir ungefähr den verfügbaren Stickstoffvorrat ermitteln. Wenn wir den zugeführten Stickstoff und den Entzug durch die Ernten zusammenstellen, erhalten wir eine Zahl von dem Stickstoffumsatz des Bodens im v. Hdt. des Bodenvorrats, etwa zwischen 0,05 und 5,0% schwankend. Dieser Wert ist ein wichtiger Anhalt bei der Beurteilung der Fruchtbarkeit der Böden. Es ist mühevoll, „mit Hebeln und mit Schrauben" zu einer Anschauung vom Humushaushalt unserer Ackerböden zu kommen, billiger, sicherer und wertvoller wäre uns die Ansprache über die Ackerunkräuter.

Neben Versuchen aller Art, die über das ganze Gebiet verstreut sind, bearbeitet die Landwirtschaftskammer Weser-Ems auch Fruchtfolge-Beispiele auf Versuchsfeldern in den verschiedenen bodenklimatischen Lagen. Die Durchschnittserträge schwanken zwischen 15 bis 90 dz/ha Getreidewerten. Quer zu den einzelnen Schlägen liegen Teilstücke mit verschiedener Humusversorgung, denn ständig muß organische Masse für das Bodenleben zugeführt werden, ständig muß auch der Dauerhumus nach seinem Abbau wieder ergänzt werden. Das kann durch Stallmist, Gülle, Wurzelrückstände, Stroh oder Gründüngung geschehen, läßt sich aber je nach Bodenklima und Bewirtschaftungsweise nur langsam bis zu einem vorläufigen Gleichgewichtszustand steigern. Auch wird in trockenen Jahren mehr Kohlenstoff verzehrt als in feuchten. Die Nährstoffe des Stallmistes lassen sich meistens durch Handelsdünger ersetzen, Nebenwirkungen sind jedoch schon nach Fängen von Regenwürmern und Käfern zu vermuten, ebenso nach dem Auftreten von Pflanzenkrankheiten und Schädlingen, z.B. Älchen in Maiglöckchenkulturen oder auf Weiden die Eingeweidewürmer der Rinder und Pferde u.a.

Jes Tüxen konnte ich vor einigen Jahren einige Kartoffelschläge vor der Ernte zeigen. Er hat die Unkrautgesellschaften beschrieben und aus seiner Erfahrung heraus auch die fehlenden Arten beurteilt, denn nicht die Unkräuter als solche geben uns die nötigen Aufschlüsse, sondern der Zustand der jeweiligen Gesellschaft.

In zwei Feldern war die „Hühnerhirse-Ackerspörgel-Gesellschaft" (Panicum crus-galli-Spergula arvensis-Ges.) zu Haus. Beide hatten humosen Sand mit rund 5% Humus, C/N = 21, pH 5,5, 25 mg P_2O_5, 14 mg K_2O, waren also gut versorgt. Auch der Stickstoffgehalt schwankte nur zwischen 0,135 und 0,145%. Das 500 bis 1000 Jahr alte Feld ist um 10 cm tiefer in der Ackerkrume und bringt 72 dz/ha Getreidewerte („Ackerstufe"), das 50 bis 100 Jahr alte der „Rodungsstufe" nur 55 dz/ha bei gleicher Düngung. Der N-Vorrat war dort 5800 kg mit einem Umsatz von 1%, hier aber nur 3400 kg mit einem Umsatz von 0,5%. In der Rodungsstufe fanden wir nur die Verbandskennarten, in der Ackerstufe einige Zeigerarten. Mit der besseren Humusversorgung blieben aus: *Centaurea cyanus, Vicia angustifolia, Viola arvensis*, dagegen stellten sich ein: *Sonchus asper*, bei Düngung mit Hühnermist sogar *Solanum nigrum* und *Urtica urens*.

Auf einem Felde der „Ackerspörgel-Saatwucherblumengesellschaft" (Spergula arvensis-Chrysanthemum segetum-Ges.) traten als Zeiger der mit Stallmist reicher versorgten Teilstücke auf: *Sonchus asper* und *Sonchus oleraceus*, *Galinsaga parviflora* und *Matricaria suaveolens*. Das C/N-Verhältnis war etwas weiter geworden, von 16,8 auf 17,5. Die Bodensonde zeigte größere Lockerung, der Stickstoffumsatz war höher, bei sonstigen Schwankungen zwischen 1,5 bis 2,5%. Auf dieser basenarmen Braunerde waren bei einem niedrigen Regenfaktor, besonders im Herbst, die Wirkung der Zwischenfrüchte gering, die der Strohdüngung gut, die Krume etwas vertieft, als wenn sich schwarzerdiger Steppenboden bilden wollte.

Noch ein Beispiel aus den Marschen: Unsere Brackwassermarschen werden selten geackert und zeigen dann meistens die Gesellschaft des Bunten Hohlzahn (Galeopsetum speciosae), während die jüngeren Marschen zur Erdrauch-Ackerehrenpreis-Gesellschaft (Fumario-Veronicetum agrestis) gehören. Mit der Strohdüngung fand sich als Zeigerart schon Hellerkraut (*Thlaspi arvense*) ein, bei gleichzeitiger Stallmistgabe noch Hundspetersilie (*Aethusa cynapium*) und Kleine Brennessel (*Urtica urens*). Wurde der Stickstoff als Kalkstickstoff gegeben, verringerte sich die Artenzahl, besonders um den Huflattich (*Tussilago farfara*). Schon die Strohdüngung vergrößerte die Artenzahl: Hirtentäschel (*Capsella bursa-pastoris*), Sonnen-Wolfsmilch (*Euphorbia helioscopia*) und Vogel-Knöterich (*Polygonum aviculare*) – ein Beleg für die Reifung des Bodens und die Sicherung der Ernten.

So ist die Pflanzensoziologie zwar kein „Nürnberger Trichter", sondern bleibt eine vielumworbene Tochter der „scientia amabilis".

ZUSAMMENFASSUNG

Die Fruchtbarkeit nordwestdeutscher Ackerböden ist abhängig vom genügenden Gehalt an stickstoffreichen Humus mit hoher Umsatzfreudigkeit. Das zeigen Fruchtfolge-Versuche mit verschiedener Zufuhr organischer Masse. Dabei verändern sich die Unkrautgesellschaften in den einzelnen bodenklimatischen Lagen. Ihre Kenntnis vermag die physikalischen und chemischen Bodenuntersuchungen zu sichern und kann uns Hinweise geben auf eine naturgemäße und deshalb aufwandarme und ertragreiche Nutzung unserer Böden.

SUMMARY

In Northwest Germany fertility of arable soil depends on satisfactory value of humus, rich in nitrogen and with quick transformation. That is demonstrated by experiments of crop rotation with a different supply of organic mass. At the same time weed associations change in the different countrysides. The knowledge is adapted to give firmness to physical and chemical analyses and may teach how to utilize our soil according to nature and therefore without great expenses.

V. WESTHOFF:
Es ist sicher, daß viele ganz unschuldige Arten nur bekämpft werden, weil die Industrie die Mittel dazu gibt und die Bauern nicht altmodisch sein wollen.

Es liegt kein ökonomischer Grund vor, die Unkräuter auszurotten, und es ist ganz gut, daß Sie einmal den positiven Wert dieser Vegetation, dieser notwendigen soziologischen Beimischung des Getreides dargestellt haben.

R. TÜXEN:
Ich möchte das, was Freund WESTHOFF eben gesagt hat, ganz stark unterstreichen. Ich bin tief beeindruckt, daß ein Landwirt, ein richtiger Oldenburger Bauer, so für die „Unkräuter" eintritt. Ich möchte mir eine nomenklatorische Bemerkung erlauben: Erinnern wir uns an das Symposion 1961, wo Herr BRÜLL das Wort Unkräuter vermieden wissen wollte und dafür „Wildkräuter" sagte. Das bringt ganz das zum Ausdruck, über das Herr FEISE gesprochen hat: nicht von „Unkräutern", von schlechten, sondern von wilden Kräutern, deren Wirkung wir offenbar nicht immer richtig einschätzen können. Was wir eben gehört haben, daß ein gewisser Unkrautbestand die Ertragssicherheit garantiert – so haben Sie doch gesagt – und daß Sie einen Horror vor ganz „spiegelblanken Beständen" haben, wo gar keine „Unkräuter" mehr sind, das hat schon Prof. RADEMACHER in Hohenheim vor einiger Zeit veröffentlicht. Er fand in achtjährigen Versuchen, daß Erbsen und *Linum usitatissimum*, in Reinkultur gezogen, schlechtere Erträge hervorbrachten und anfälliger gegen Krankheiten waren, als wenn sie mit den normalen Begleitunkräutern zusammen wuchsen. Das ist genau das, auf exakten autökologischen Versuchen über acht Jahre hindurch aufgebaut, was uns eben Herr Dr. FEISE gesagt hat. Ich möchte hinzufügen, daß eine allgemeine Formulierung vielleicht so heißen könnte: eine vielseitige Biozönose, die gut „gepuffert" ist, (um ein chemisches Bild zu brauchen), funktioniert viel sicherer als ein künstlich erzeugter Reinbestand.

N. KNAUER:
Ich möchte das, was Herr Prof. TÜXEN zuletzt sagte von einer etwas anderen Seite unterstützen. Die vielseitige Biozönose muß nicht nur in demselben Jahr vorhanden sein, sondern auch im Nacheinander der Jahre. Ein Acker sollte auch in der Zeit (d.h. in der Jahresfolge) vielseitig belebt sein durch die Fruchtfolge. Wir kranken heute daran, daß dieses gesunde Nacheinander nicht mehr vorhanden ist, weil aus dem gesunden Nacheinander eine Monokultur-Folge geworden ist. Sie erwähnten einleitend die dreifeldrige Fruchtfolge, mit drei mal Getreide als Beispiel.

Zum Humus möchte ich bemerken, daß die Ansichten von Herrn Prof. KÖHNLEIN über den standorttypischen Humusspiegel nicht ohne weiteres zu widerlegen sind. Man muß den Humusspiegel verändern, bevor man dem Humusgehalt dauerhaft beikommen kann. Man kann den Humusgehalt kurzfristig verändern durch hohe Stallmistzufuhr, aber damit verändert man nicht den Humusspiegel. Um diesen zu verändern, muß man den Standort verändern: man muß etwa seine Wasserverhältnisse ändern.

Das wirkt sich automatisch auf den Humusspiegel aus. Man macht z.B. eine nasse Mulde im nordwestdeutschen Raum trocken und senkt dadurch den Humusspiegel und den Humusgehalt. Der Rest wird abgebaut.

Herr Feise stellte dar, daß gewisse Unkräuter eine Bedeutung zur Kennzeichnung eines gesunden Humushaushaltes hätten. Er meinte damit, daß nur dann, wenn bestimmte Unkräuter aufzufinden sind, mehr Humus vorhanden sei, daß also Humus im Vergehen wirke, und auf das möchte ich hinweisen. Es hätte eine große Bedeutung, wenn es wirklich allgemein gültig gelänge, Unkräuter zu finden, mit denen man nachweisen kann, daß sehr viel mehr Humus da ist und daß dieser im Vergehen wirkt. Man wird den Humus im Bestehen, den Dauer-Humus, der den Humusspiegel manifestiert nicht mit bestimmten Unkraut-Arten feststellen können, weil dieser dann konstant für einen Standort gegeben ist.

J. Feise:
Bei einem Anbau von Weißkohl brachten die bis zur Ernte gehackten Teilstücke weniger als solche, wo besonders Vogelmiere (*Stellaria media*) Gare und Feuchtigkeit gehalten hatte. Man sollte Unkräuter nur bekämpfen, wenn Mehrerträge wirklich den Aufwand lohnen. Unkrautvernichtungsmittel haben oft unliebsame Nebenwirkungen, selbst wenn man sie vorschriftsmäßig anzuwenden weiß. – Die Unkräuter bilden nämlich auch Humus, oft mehr und billiger als Stoppelsaaten zur Gründüngung. Man möchte dabei die Herbstsonne ausnutzen und fährt deshalb mit den oft zu schweren Maschinen zu schnell, erzielt zwar große Hohlräume, während die dem Schälpflug angehängten Eggen tänzelnd die Grobporen zerquetschen. – Untersaaten im Getreide sind günstiger, weil das Bodenleben ungestört bleibt; vor zu starkem Sonnenlicht kann eine schwache Decke von Strohhäcksel schützen. Nur sollten nicht stets Schmetterlingsblütler verwendet werden, die auftretende Kleemüdigkeit wird durch Einschalten von Kreuzblütlern behoben.

Humusfragen können wir nur klären in Fruchtfolgen über viele Jahre hinweg. Von den vielen „Tücken des Objektes" abgesehen, muß der Versuchsleiter sich bezähmen und darf nicht inzwischen neue Erkenntnisse in den einmal festgelegten Versuchsplan einbauen. Die Wissenschaft bleibt eben immer der Irrtum von heute.

SAMENKEIMUNG UND KEIMLINGSENTWICKLUNG IN TROCKENRASENGESELLSCHAFTEN

von

W. MÜLLER-STOLL, Potsdam

(Manuskript nicht eingegangen)

R. TÜXEN:
Ich möchte Herrn Kollegen MÜLLER-STOLL herzlich zu diesen außerordentlichen Ergebnissen gratulieren. Ich bin auch ganz einverstanden mit *dieser* Art von Experimenten, die wirklich den Mechanismus der Verjüngung und der Selbsterhaltung der Gesellschaften klären können. Zur Definition der Pflanzengesellschaft gehört ja, daß sie sich selbst regeneriert. Da haben wir einen Einblick in diesen Vorgang und auch in seine Physiologie erhalten. Ich möchte zweitens sagen, daß Herr MÜLLER-STOLL, vielleicht ohne es zu wollen, ein eindrucksvolles Beispiel gegeben hat dafür, daß nicht alles Konkurrenz ist, was sich im Leben der Pflanzengesellschaft abspielt. Denn wenn die Keimlinge sich in den kleinen Moospolstern oder in den kleinen Flechtenrasen der Bunten Flechten-Gesellschaft erhalten, so konkurrieren sie ja nicht gerade mit den Moosen und Flechten oder jene mit diesen, sondern sie helfen sich gegenseitig. Das ist nun etwas anderes als die Konkurrenz. Ich bin gerade für dieses Beispiel sehr dankbar und werde das gewiß weiter verbreiten, um zu beleuchten, daß innerhalb der Biozönose auch andere Dinge als der „Kampf ums Dasein" stattfinden.

A. APINIS:
Ich möchte die Frage nach der Erhaltung der Samen während dieses Dauerexperimentes stellen. Diese Samen wurden doch im Laboratorium aufbewahrt und haben nicht am natürlichen Standort im Boden gelegen. Das ist ökologisch ein wichtiger Punkt, der in unsere Fragen der experimentellen Ökologie fällt. Wir experimentieren einerseits unter strengen Laboratoriumsverhältnissen mit einem Vorgang der Entwicklung und Keimung und wissen andererseits nicht was mit den Samen im Boden an ihren Standorten geschieht. Wäre es nicht möglich, sie am natürlichen Standort aufzubewahren und ihr Schicksal dann dort zu untersuchen?

V. WESTHOFF:
Prof. TÜXEN hat schon gestreift, daß diese Experimente und Ergebnisse von großer Wichtigkeit sind für die Frage der Selbsterhaltung und Regenerierung der Gesellschaften. Nun haben Sie mit verschiedenen Lebensformen gearbeitet: mit Therophyten, mit Hemikryptophyten und Chamaephyten, vielleicht auch mit Geophyten. Es ist klar, daß für die Selbsterhaltung der Gesellschaft mit Therophyten deren Keimlinge sich zu

reifen Pflanzen entwickeln müssen. Denn sonst würden sie ja aussterben. Wie ist es aber mit den mehrjährigen Pflanzen?

Haben Sie Ihre Versuche vielleicht auch einmal populationsökologisch ausgewertet, indem Sie sie weiter verfolgt haben, wie lange die Pflanzen eigentlich leben oder inwieweit die Verjüngung der Chamaephyten und Hemikryptophyten auch wesentlich zur Verjüngung der ganzen Gesellschaft beiträgt? Oder sind alle diese Keimlinge dazu verurteilt, in zwei oder drei Jahren doch zu sterben? Oder sind sie in den Trockenrasen nicht wesentlich von Bedeutung? Ich denke dabei an die interessanten Ergebnisse von Prof. TAMM aus Schweden, vorgetragen am Intern. Botanikerkongreß in Edinburgh (1964), die zeigten, daß die Hemikryptophyten einer Waldgesellschaft sich überhaupt nicht verjüngen, so lange der Wald da ist, daß sie also dasselbe Alter wie die Bäume erreichen. In Trockenrasengesellschaften mögen diese Verhältnisse aber anders liegen.

W. MÜLLER-STOLL:
Es gibt Fragen und Probleme, die man gerne bearbeiten möchte, deren technische Durchführung und genaue Kontrolle aber so große Schwierigkeiten macht, daß sie nicht funktioniert. Dazu gehört z.B. die Lagerung von Samen am Standort. Wie soll man unter den natürlichen Witterungsverhältnissen Samen-Individuen, deren Herkunft wir zur Zeit der Reife genau kennen, im Boden fixieren und wiederfinden? Unsere Versuche sollten zeigen, daß wir sehr große Verschiedenheiten im Keimlingsverhalten bei den einzelnen Arten haben: ansteigende Keimung, abfallende Keimung, lange Keimfähigkeit bei Aufbewahrung, kurze Keimfähigkeit. Aber alles dies spielt gar keine Rolle in den Gesellschaften. Da ist nur die Herbstkeimung entscheidend, ganz gleich, ob das eine anfangs schlecht oder anfangs gut keimende Art ist. Immer sind nur die im Herbst erscheinenden Keimlinge diejenigen, die zur Regeneration und Erhaltung der Gesellschaften beitragen können. Evolutionistisch und selektionsmäßig gesehen ist das so: trotzdem immer nur im Herbst keimende Pflanzen in den Gesellschaften zur Entwicklung und später zur Reife kommen, findet ganz offensichtlich keine Veränderung ihrer endogenen Eigenschaften hinsichtlich des Keimverhaltens statt. Neben den normalen bleiben die eine Nachreife-Periode durchmachenden Pflanzen erhalten, obwohl nach unseren Beobachtungen diese Nachreife-Perioden in der Regeneration der Gesellschaft keine Rolle spielen. Wir haben an einer ganzen Reihe von Arten beobachten können, daß bestimmte Individuen in das Frühstadium eingetreten sind, die wir von den Keimlingen her verfolgt haben. Ich will an einem Beispiel zeigen, wie sich *Salvia pratensis* in einem Stipetum auf Geschiebesand verbreitet. Sie wandert mit sehr kleinen Schritten im Bestand nach außen, und die Pflanzen brauchen etwa 6–7 Jahre, bis sie blühen. Dies ist ein ungewöhnliches Beispiel, daß eine dieser Arten so lange braucht, bis sie in die Fruchtreife eintritt. Die Entwicklungsdauer bis zur Blütenreife ist sehr verschieden. Aber gerade unter den Steppenpflanzen gibt es sehr langsam sich entwickelnde Pflanzen. Dazu gehört neben *Salvia pratensis*, die 100 Jahre alt werden kann, auch *Adonis vernalis*, die mehr als ein Menschenalter erreicht.

UNTERSUCHUNGEN ÜBER DIE BEZIEHUNGEN ZWISCHEN BODENMIKROFLORA PFLANZENGESELLSCHAFT UND PFLANZENART

von

LORE STEUBING, Gießen *

In dem Maße, in dem die Ansprüche einzelner Pflanzengesellschaften an bestimmte Bodenverhältnisse klarer hervortreten, wird immer häufiger nicht nur eine floristische Charakteristik einer Assoziation, sondern auch eine bodenökologische Kennzeichnung gegeben. Infolge des starken Interesses, das von landwirtschaftlicher Seite solchen Arbeiten entgegengebracht wird, sind eine Reihe derartiger Untersuchungen in Grünlandgesellschaften vorgenommen worden (FELDMANN 1957, HABER 1959, JAGNOW 1958, KOVÁCS 1964, STEUBING 1958). Vergleichende bodenökologische Analysen, die wir in Rasengesellschaften des kroatischen Karstgebietes durchführten, ergaben, daß sich schon bei unmittelbar aneinander angrenzenden Assoziationen die Bodenmikroorganismen und deren biochemische Leistungen erheblich voneinander unterschieden. Darüberhinaus zeigte sich, daß jedoch auch innerhalb einer Pflanzengesellschaft zwischen der Rhizosphärenflora verschiedener Testpflanzen größere Abweichungen bestehen können als zwischen der Bodenmikroflora zweier verschiedener Pflanzengesellschaften.

Ähnliche Untersuchungen wie in den Karst-Rasengesellschaften wurden auch in einem bei Gießen gelegenen Lolio–Potentilletum anserinae durchgeführt. Über diese Ergebnisse sei hier berichtet.

UNTERSUCHUNGSSTANDORT UND METHODIK

Das untersuchte Lolio–Potentilletum stockte auf einem Pseudogley. Das freigelegte Bodenprofil (Abb. 1) ergab einen 15 cm mächtigen Oberboden aus staubschluffigem Lehm, mäßiger Bröckelstruktur, auf den

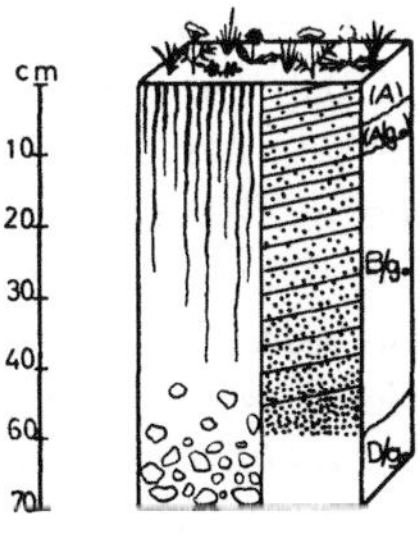

Abb. 1. Bodenprofil im Lolio–Potentilletum anserinae (zunehmende Dichte der Punktierung: zunehmende Bodenverdichtung; zunehmende Dichte der Schraffierung: zunehmender Humusgehalt)

* Der technischen Assistentin, Fräulein MARIANNE NEVE, sei für ihre Mithilfe herzlich gedankt.

ein vergleyter, staubschluffiger Lehm mit zunehmender Bodenverdichtung und abnehmendem Humusgehalt folgte.

Innerhalb dieses Lolio–Potentilletum wurden bestimmte Stellen zur Bodenprobenentnahme ausgewählt:

1) Leerparzelle, d.h. eine etwa 3 m^2 große Fläche, die das ganze Jahr über pflanzenfrei gehalten wurde
2) Kontrollboden, ergab sich aus Bodenmischproben im Lolio–Potentilletum
3) Rhizosphäre von *Achillea millefolium*
4) Rhizosphäre von *Chrysanthemum vulgare*
5) Rhizosphäre von *Colchicum autumnale*

Zur ökologischen Kennzeichnung des Bodens (2–5 cm Tiefe) dienten:

a) orientierender Bakterienschnelltest nach PRIMAVESI (1965)
b) Bakteriengehalt (Plattengußverfahren); Azotobactertest (Biotest nach GLATHE und AHRENS 1963)
c) Algentest (Krümeltest, STEUBING 1965)
d) CO_2-Abgabe von Bodenproben (ISERMEYER 1952)
e) Zellulosetest mit Watte (UNGER 1960)

BODENÖKOLOGISCHE UNTERSUCHUNGEN

Eine erste Orientierung über die Art des Mikroorganismenbesatzes an den einzelnen Standorten innerhalb des Lolio-Potentilletum wird nach PRIMAVESI (1965) durch die Färbung und anschließende Fixierung der im wäßrigen Bodenauszug befindlichen Bakterien ermöglicht. Im mikroskopischen Bilde wird das Aussehen der ausgeflockten Bakterienverbände beurteilt, das erste Rückschlüsse auf die Soziabilität der Mikroorganismen erlaubt. Die Anwendung dieses Testes ergab auffällig verschiedenartige Bilder: So fand sich in der Leerparzelle ein geringer Bakterienbesatz mit nur wenigen, spitzenartigen Verbänden, im Kontrollboden waren der Besatz und die Verbandsdichte weitaus höher. Eine besonders hohe Soziabilität der Bakterien zeigte sich durch große, dichte Verbandsbildung an den *Achillea*-Standorten, während die Bodenproben aus der Rhizosphäre von *Chrysanthemum* und *Colchicum* schwächer besetzt waren.

Den zur Zählung von Mikroorganismen verwendeten Kulturverfahren kommt infolge der zwangsläufigen Selektionierung bestimmter Gruppen zwar ein begrenzter Wert zu, doch gewinnt man brauchbare Vergleichswerte für die Biomasse an den einzelnen Meßstellen. In Übereinstimmung mit dem optischen Bakterientest besaß die Leerparzelle die geringste, die Rhizosphäre von *Achillea millefolium* die größte Bakterienmenge. Die Rhizosphären von *Chrysanthemum vulgare* und *Colchicum autumnale* blieben zahlenmäßig hinter derjenigen von *Achillea* zurück (Tab. 1). Differenziert man nun zwischen dem Bakterien-Besatz der Rhizosphäre und dem der Wurzeloberfläche, so bestätigte *Achillea* bei der am 28.III.65 durchgeführten Messung die weit verbreitete Anschauung einer Bakterienzunahme an der Wurzeloberfläche; für *Chrysanthemum vulgare* wurde dagegen das gegenteilige Ergebnis erhalten. Gerade diese beiden gegen-

Tab. 1. Bakteriengehalt verschiedener Boden- und Wurzelproben am 28.III.65

Probenentnahme	Bakterien pro 1 g Trockensubstanz
Leerparzelle	3,8 Mill.
Kontrollboden	6,7 ,,
Achillea millefol.	
Rhizosphäre	13,2 ,,
Wurzeloberfläche	15,3 ,,
Chrysanthemum vulg.	
Rhizosphäre	5,7 ,,
Wurzeloberfläche	3,8 ,,
Colchicum autumnale	
Rhizosphäre	5,0 ,,

sätzlichen Befunde deuten auf eine Rhizosphärenspezifität (KAUNAT 1963), die in erster Linie auf Wurzelausscheidungen wie Kohlenhydrate, organische Säuren, Vitamine und Wuchsstoffe zurückgeführt wird (GLATHE, v. BERNSTORFF und ARNOLD 1954, EBERHARD und MARTIN 1957, KATZNELSON, ROUATT und PAYNE 1956, RIVIÈRE 1960, SCHEFFER, KICKUTH und VISSER 1962, TROLLDENIER 1961).

Abbildung 2 gibt den für die N-Bindung wichtigen *Azotobacter*-Besatz von Bodenkrümeln der verschiedenen Untersuchungsstellen an. Auffällig ist die zahlenmäßige Verschiebung während der Vegetationsperiode; der *Azotobacter*-Gehalt hängt – ebenso wie derjenige anderer Bodenmikroorganismen – einerseits von den herrschenden Witterungsfaktoren (Temperatur und Feuchtigkeit), andererseits aber auch von der jeweiligen Pflanzenentwicklung ab. Nur zu Beginn des Jahres hatten Leerparzelle und Kontrollboden einen höheren *Azotobacter*-Besatz als die *Achillea*- und die *Chrysanthemum*-Rhizosphäre. Hoher Besatz wurde zu dem genannten Zeitpunkt in der Rhizosphäre von *Colchicum* gefunden. Mit fortschreitender Vegetationsentwicklung ging der *Azotobacter*-Gehalt in der *Chrysanthemum*-Rhizosphäre immer mehr zurück, während sich am

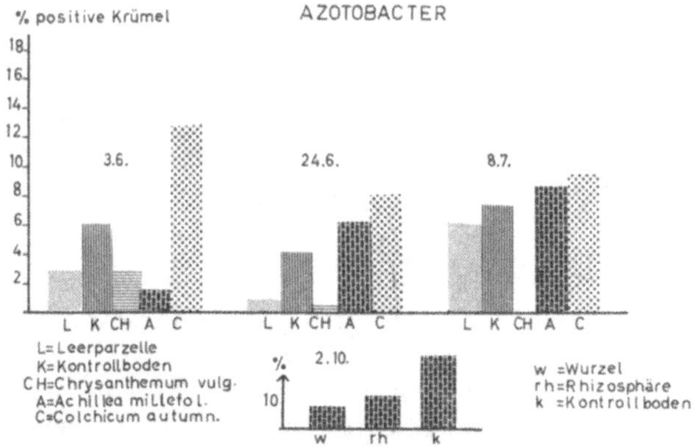

Abb. 2. *Azotobacter*-bewachsene Bodenkrümel in %, untersucht an Proben aus der Leerparzelle, dem Kontrollboden und den Rhizosphären von *Chrysanthemum vulgare, Achillea millefolium* und *Colchicum autumnalis* zu verschiedenen Jahreszeiten.

Achillea-Standorte die Verhältnisse offensichtlich günstiger gestalteten, wenngleich die gefundenen Werte noch hinter denen vom *Colchicum*-Standort zurückblieben.

Die Angaben über *Azotobacter*-Vorkommen sind keineswegs einheitlich: Bukatsch und Heitzer (1952), Metz (1955) und Kaunat (1963) stellten eine Hemmung der *Azotobacter*-Zellen in der Rhizosphäre ihrer Testpflanzen fest. Stille (1958) bestreitet eine solche Verdrängung und führt an, daß allerdings die Zunahme von *Azotobacter* im Wurzelbereich gegenüber dem undurchwurzelten Boden gering sei. Auch Brown et al. (1962) konstatierten nur einen geringen Rhizosphäreneffekt. Nach unseren in Abbildung 2 aufgeführten Befunden scheint auch hier wieder ein spezifischer Rhizosphäreneffekt vorzuliegen. Daher werden die jeweiligen Ergebnisse weitgehend von der getesteten Pflanzenart und deren Entwicklungsstadium abhängen. Die gesonderte Bestimmung des *Azotobacter*-Besatzes an *Achillea*-Wurzeln, in ihrer Rhizosphäre und im direkt anschließenden Kontrollboden ergab einen mengenmäßigen Anstieg mit zunehmender Entfernung von der Pflanzenwurzel (Bestimmung im Oktober). Im Verlauf der Sommermonate war dagegen die *Achillea*-Rhizosphäre ein günstigeres Substrat für das *Azotobacter*-Gedeihen als der Kontrollboden.

Tab. 2. Algenbesatz und Artmächtigkeitsbewertung einiger Bodenalgen (20.5.65)

Probenentnahme	Algen-bewachsene Bodenkrümel in %	Artmächtigkeit		
Leerparzelle	83	Cyanophyceae:	Cylindrospermum	2
		Chlorophyceae:	Chlorococcales	5
		Diatomeae:		3
Kontrollboden	48	Cyanophyceae:	Cylindrospermum	5
			Nostoc	2
		Diatomeae:		+
Achillea-Rhizosphäre	48	Cyanophyceae:	Cylindrospermum	1
			Nostoc	5
		Chlorophyceae:	Chlorococcales	1
		Diatomeae:		+
Chrysanthemum-Rhizosphäre	56	Cyanophyceae:	Nostoc	1
		Chlorophyceae:	Chlorococcales	1
		Diatomeae:		5
Colchicum-Rhizosphäre	17	Cyanophyceae:	Nostoc	1
		Diatomeae:		1

Eine im Monat Mai durchgeführte Bewertung des Algenbesatzes von Bodenkrümeln der einzelnen Standorte brachte die niedrigsten Werte für die *Colchicum*-Rhizosphäre, die höchsten für die Leerparzelle (Tab. 2). Während unter den Kulturbedingungen des Krümeltestes zwar einige Algenarten häufiger als andere auftraten, machten sich auffällige Konkurrenzerscheinungen der Arten untereinander bemerkbar, sofern die in Petrischalen eingefüllten und mit einem feuchten Filtrierpapier überdeckten Bodenproben für einen 3 wöchigen Zeitraum sich selbst überlassen blieben. Die Bodenalgen durchwuchsen das aufgelegte Papier und breiteten sich auf diesem gemäß ihrer Vitalität unter den gegebenen Verhältnissen aus. Eine erste Bonitierung dieses Versuches nach der Artenmächtigkeitsskala ergab ebenfalls, daß zu dem genannten Zeitpunkt die *Colchicum*-Rhizosphäre quantitativ und qualitativ das ungünstigste Algensubstrat darstellte.

Einen Überblick über einige mikrobielle Umsetzungen an den einzelnen Standorten während der Vegetationsperiode 1964 gibt Abbildung 3. Neben den täglichen Temperaturmaxima und Minima sind die Niederschläge angegeben. Getestet wurde die CO_2-Abgabe gesiebter, naturfeuchter Bodenproben, die jeweils für 8 Tage in Weckgläsern am Standort eingegraben waren; die CO_2-Produktion der Proben fand demnach unter den Temperaturverhältnissen des Standortes statt (STEUBING 1965). Die Bestimmung des gebildeten CO_2 erfolgte – wie bei ISERMEYER (1952) – titriemetrisch. Aus Abbildung 3 geht hervor, daß die Leerparzelle stets die geringste CO_2-Entwicklung zeigte. Sie wurde gefolgt von den Proben aus der *Chrysanthemum*-Rhizosphäre, während die *Achillea*- und *Colchicum*-Bodenproben weitaus besser abschnitten. Für die Zersetzung von Zellulose-Watte war das Bild ähnlich, nur blieb hier der *Chrysanthemum*-Boden nicht nur hinter dem von den anderen Pflanzenarten durchwurzelten, sondern sogar hinter dem der Leerparzelle zurück. Dieser außerordentlich schlechte Zellulose-Abbau im Rhizosphärenbereich von *Chrysanthemum vulgare* wurde durch Laboratoriumsversuche bestätigt: So unterblieb fast völlig die Zersetzung von Filtrierpapier in Bodenproben

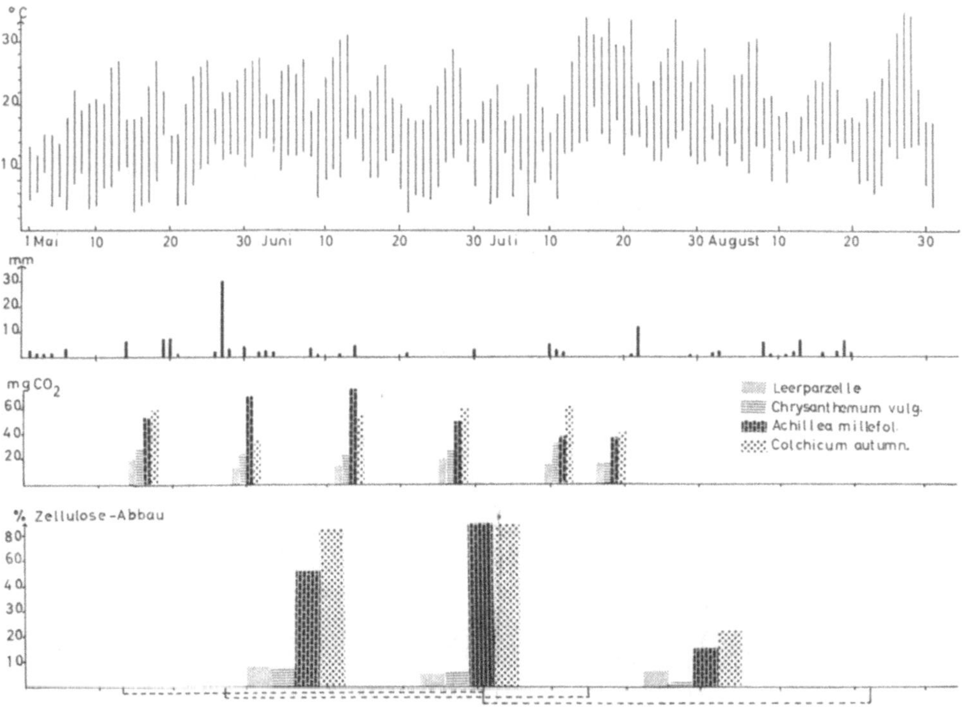

Abb. 3. CO_2-Produktion von Bodenproben und Zellulose-Watte-Abbau an verschiedenen Standorten in Abhängigkeit von der Witterung.

aus der *Chrysanthemum*-Rhizosphäre, während im gleichen Zeitraum in Proben aus der *Achillea*-Rhizosphäre und solchen aus der Leerparzelle ein weitgehender Zellulose-Abbau stattgefunden hatte.

Der Zellulose-Abbau im Boden ließ sich durch Einbringen von Blattmaterial der verschiedenen Testpflanzen fördern. Wurden die für den Zellulose-Abbau bestimmten Wattebeutel mit Pflanzenblättern umwickelt, so ergab sich stets eine starke Stimulation der Wattezersetzung (Abb. 4). Mit dem Blattmaterial kommt ja nicht nur mikrobiell gut angreifbares Material in den Boden, sondern zugleich wird auch die Bodenmikroflora durch diejenige der Blätter, der Phyllosphäre, vermehrt. Auch hier ergeben sich wieder Beziehungen zwischen Pflanzenart und Mikroorganismenbesatz.

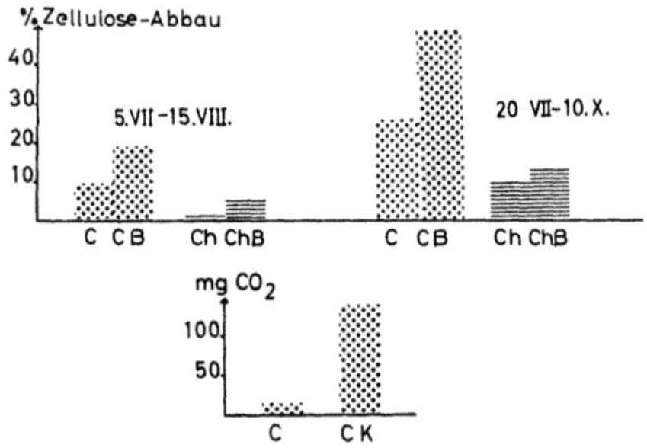

Abb. 4. Zellulose-Abbau in den Rhizosphären von *Colchicum autumnale* (C) und *Chrysanthemum vulgare* (Ch); Abbau-Steigerung durch Zufuhr von Blattmaterial (CB bzw. ChB). CO_2-Produktion von Bodenproben aus der Rhizosphäre von *Colchicum* (C) und nach Zufuhr von 4% zerkleinerten Knollenmaterials (CK).

Mit der Vermehrung organischen Materials im Boden steigerte sich auch die Konzentration des als Zersetzungs-Endprodukt anfallenden CO_2. Dieser Effekt zeigte sich sowohl beim Einlegen von Blättern in Bodenproben als auch dann, wenn z.B. zu Bodenproben aus der *Colchicum*-Rhizosphäre zusätzlich zerkleinertes Knollenmaterial gegeben wurde. (Abb. 4).

Aus Abbildung 2 über die CO_2-Produktion von Bodenproben im Ablauf der Vegetationsperiode ging bereits hervor, daß eine Beziehung zur je-

Tab. 3. Relation: CO_2-Rhizosphäre/CO_2-Kontrollboden bei *Achillea millefolium* und *Chrysanthemum vulgare* im Ablauf der Vegetationsperiode 1964

Datum	CO_2-Rhizosphäre/CO_2-Kontrollboden Achillea millef.	Chrysanthemum vulg.
13.V. –20.V.	0,9	1,4
27.V. – 3.VI.	2,0	1,6
10.VI. –17.VI.	**2,8**	1,7
24.VI. – 1.VII.	2,1	1,3
8.VII.–15.VII.	1,2	**2,1**
15.VII.–22.VII.	1,2	1,1
7.X. –14.X.	1,3	

weiligen Pflanzenentwicklung besteht. Deutlicher wird dies noch aus Tabelle 3, aus der man sieht, daß zur Zeit der besten Pflanzenentwicklung auch die CO_2-Produktion des Rhizosphärenbodens die höchsten Werte erreichte.

Der Quotient CO_2-Rhizosphäre/CO_2-Kontrollboden stieg demnach bei *Achillea millefolium* und bei *Chrysanthemum vulgare* bis etwa zur Blütezeit an, um danach wieder abzufallen.

ZUSAMMENFASSUNG

Bodenökologische Untersuchungen in einem Lolio–Potentilletum ergaben, daß Witterung und die jeweilige Pflanzenentwicklung die CO_2-Produktion und den Zellulose-Abbau beeinflußten. Unter der Pflanzengesellschaft fand sich im Boden ein Mosaik quantitativ und qualitativ verschiedener Mikroorganismen, die von der Rhizosphäre der jeweiligen Pflanzenart und deren Entwicklungsstadium abhängig waren.

SUMMARY

Climate and the stage of plant development are the most important factors to influence CO_2-production and cellulose-decomposition in Lolio–Potentilletum soils. The subsoil under this association contains a mosaic of different microorganisms, which depend upon the rhizosphere of the test-plants.

LITERATUR

Brown, M., S. Burlingham & R. Jackson: Studies on Azotobacter species in soil. – Plant and Soil **17**: 309. Den Haag 1962.

Bukatsch, F. & J. Heitzer: Beiträge zur Kenntnis der Physiologie von Azotobacter. – Arch. f. Mikrobiol. **17**: 79. Berlin-Heidelberg 1952.

Eberhard, F. & P. Martin: Das Problem der Wurzelausscheidungen und seine Bedeutung für die gegenseitige Beeinflussung höherer Pflanzen. – Z. f. Pflanzenkrankh. **64**: 193. 1957.

Feldmann, A.: Der quantitative Bakterienbesatz von Dauergrünlandböden und seine Beeinflussung durch organische Düngung. – Z. Pflanzenern., Düng., Bodenkd. **78**: 54. Weinheim/Bergstr. 1957.

Glathe, H. & E. Ahrens: Die Bestimmung des Azotobactergehaltes in azotobacterhaltigen Substanzen. – Landw. Forsch. **17**. Sonderh.: 172. Frankfurt/M. 1963.

Glathe, H., C. v. Bernstorff & A. Arnold: Lebensgemeinschaft von Mikroorganismen und höheren Pflanzen im Bereich der Rhizosphäre. – Zbl. f. Bakt., Parasitenkd., Infektionskrankh. u. Hygiene II. Abt. **107**: 481. Stuttgart 1954.

Haber, W.: Vergleichende Untersuchungen der Bodenbakterienzahlen und der Bodenatmung in verschiedenen Pflanzenbeständen. – Flora **147**: 1. Jena 1959.

Isermeyer, H.: Eine einfache Methode zur Bestimmung der Bodenatmung und der Karbonate im Boden. – Z. Pflanzenern., Düng., Bodenkd. **56**: 26. Weinheim/Bergstr. 1952.

Jagnow, G.: Untersuchungen über die Keimzahl und biologische Aktivität von Wiesenböden. – Z. Pflanzenern., Düng., Bodenkd. **81**: 50. Weinheim 1958.
Katznelson, H., A. Lochhead & M. Timonin: Soil microorganisms and the rhizosphere. – Bot. Rev. **14**: 543. Lancaster, Pa. 1948.
Kaunat, H.: Zum Problem der Spezifität der Rhizosphärenmikroflora von Kulturpflanzen. – Zbl. f. Bakt., Parasitenk., Infektionskrankh. u. Hygiene II. Abt. **116**: 694. Stuttgart 1963.
Kovács, M.: Ökologische Untersuchungen von Sumpf- und Mähwiesen in der Umgebung von Galgamàcsa. – Acta Agronomica **13**: 61. 1964.
Metz, H.: Untersuchungen über die Rhizosphäre. – Arch. f. Mikrobiol. **23**: 297. Berlin-Heidelberg 1955.
Primavesi, A. M. & A. Primavesi: Bakterienschnelltest zum Erkennen der Kulturfähigkeit und Düngerbereitschaft eines Ackerbodens. – Z. Pflanzenern., Düng., Bodenkd. **108**: 30. Weinheim/Bergstr. 1956.
Rivière, J.: Etude de la rhizosphère du blé. – Inst. nat. Rech. agron. A. **11**: 397. 1960.
Scheffer, F., R. Kickuth & J. Visser: Wurzelausscheidungen höherer Pflanzen. – Z. Pflanzenern., Düng., Bodenkd. **97**: 26. Weinheim/Bergstr. 1962.
Steubing, L.: Untersuchungen zur biologischen Aktivität in Kultur- und Trockenrasengesellschaften. – Angew. Pflanzensoz. **15**: 91. Stolzenau/Weser 1958.
— Pflanzenökologisches Praktikum. – Berlin u. Hamburg 1965.
Stille, B.: Beobachtungen über das Verhalten von Azotobacter im Wurzelbereich höherer Pflanzen. – Arch. f. Mikrobiol. **31**: 255. Berlin, Heidelberg 1958.
Trolldenier, G.: Die Bedeutung der Rhizosphärenorganismen für die Pflanzen. – Landw. Forsch. **15**, Sonderh.: 101. Frankfurt/M. 1961.
Unger, H.: Der Zellulosetest, eine Methode zur Ermittlung der zellulolytischen Aktivität des Bodens in Feldversuchen. – Z. Pflanzenern., Düng., Bodenkd. **73**: 1. Weinheim/Bergstr. 1956.

W. Müller-Stoll:
Die meisten von uns werden in Zusammenhang mit pflanzensoziologischen Problemen von der Anwendung solcher Methoden noch wenig gehört haben, weil hier neue Wege zu beschreiten versucht worden sind. Das Problem der Rhizosphäre wird neu beleuchtet. Keineswegs herrscht also ein uniformes Mikrobenleben unter einer Pflanzengesellschaft, sondern vielmehr ein Fein-Mosaik der verschiedenen Aktivitätsstufen und auch der artlichen Zusammensetzung.

R. Tüxen:
Ich möchte zunächst meine hohe Befriedigung aussprechen über diese neuen Resultate. Ich sehe ganz neue Möglichkeiten sich anbahnen. Ich habe schon von den exogenen und endogenen Wirkungen innerhalb der Biozönose gesprochen. Was wir hier eben gesehen haben, war – wenn ich mich nicht täusche – der Ausdruck endogener Wirkungen, und zwar der Phanerogamen über ihre Rhizosphäre auf die Kleinlebewelt, die von Frau Steubing studiert worden ist. Und damit haben wir einen ganz neuen Einblick in den Lebensablauf innerhalb einer Gesellschaft, sowohl räumlich als auch zeitlich gewonnen. Wenn es noch nicht gelingt, die Stoffe selbst zu finden, die hier auslösend wirken, so haben wir doch die davon betroffenen Organismen in ihren Lebensäußerungen eben gesehen,

die ja doch zweifellos die Folge sind von der aktiven Lebenstätigkeit, d.h. von den Ausscheidungen der Phanerogamen-Wurzeln.

A. Apinis:
Ich bin tief beeindruckt von den Ausführungen von Frau Prof. Steubing. Wir sehen jetzt klar, daß die Mikro-Organismen doch einen Bestandteil der Biozönose bilden. Diese Frage kann ja nicht auf einmal gelöst werden. Z.Zt. liegt in der Rhizosphäre ja ein allgemeines Problem. Wir wissen gar nicht, wie weit sie auch die anderen Pflanzen beeinflußt. Es gibt Angaben, daß die Rhizosphäre eine viel größere Rolle spielt, als wir wissen, weil experimentell bewiesen ist, daß ohne Rhizosphären-Organismen die Pflanzen einfach ersticken müßten, daß also die Rhizosphäre unbedingt da sein muß für die Existenz der Pflanzen unter natürlichen oder künstlichen Bedingungen.

Zehn Millionen Pilze in 1 g Boden bedeuten sehr viel. Aber mit diesen Pilz-Zahlen müssen wir sehr vorsichtig sein. Diese Pilz-Zahlen können ja durch Produktion von einer oder von wenigen Pilz-Arten gebildet werden. Eine *Penicillium*- oder eine *Aspergillus*-Kolonie können diese hohen Pilz-Zahlen auslösen. Bei Algen, Pilzen, Bakterien und *Aktinomyceten* ist das Einwaschungsproblem im Bodenprofil zu bedenken. Es ist nicht leicht, objektiv den quantitativen Gehalt der verschiedenen Boden-Horizonte an diesen Organismen zu bestimmen, vor allem in größeren Tiefen. Dieses Problem ist aber von außerordentlicher biologischer Bedeutung. Die Algen können durch Stoffwechsel-Anpassungen in tieferen Bodenschichten existieren. Aber das Einwaschungsproblem ist auch dabei zu berücksichtigen, über das wir zur Zeit nichts Grundsätzliches wissen. Wir wissen, wie die Pilze sich verhalten gegen das einsickernde Wasser, aber wir wissen in dieser Hinsicht nichts über die Algen.

Es gibt neue Methoden, mit denen man auch quantitativ diese Zellulose abbauenden Organismen bestimmen kann. Ja sogar Bakterien, *Aktinomyceten* und Pilze lassen sich auseinander halten bei Benutzung von Zellulose-Agar. Ich weiß nicht, ob man damit ein besseres Resultat gewinnen würde, aber man würde sehr viel Einzelheiten erfahren. In manchen Böden ist auch das Verhältnis zwischen anaeroben und aeroben Stickstoffbildnern von hohem Interesse.

H. Dapper:
Bei orientierenden Versuchen über Kork-Abbau konnte ich feststellen, daß auf Kork-Blättchen, die eine gewisse Zeit in frische *Fagus*-, *Ulmus*-, *Rhamnus*- oder *Populus*-Blätter gelegt wurden, jeweils ganz verschiedene Pilzarten auftraten: *Setomium*, *Cephalosporium*, verschiedene *Penicillium*-Arten und *Mucor*.

W. Müller-Stoll:
Ich habe noch eine Frage bezüglich der *Salvia* in Verbindung zu den Terpenen oder zu den terpenoiden Stoffen. Es drängt sich ja immer die Frage auf, was ist die Ursache, und welche stofflichen Beziehungen herrschen da. Man muß natürlich bei den *Labiaten* zunächst an ihre ätherischen Öle denken, die eine solche Wirkung haben könnten. Wir selbst

haben umfangreiche Untersuchungen in den letzten Jahren mit *Mentha piperita* gemacht, die in der Tat eine außerordentlich starke Wirkung auf die in einem solchen *Mentha*-Bestand wachsenden Pflanzen hat, und zwar nicht nur eine inhibierende Wirkung, sondern da gibt es auch sehr spezifisch fördernde Effekte, durch die Terpen-Stoffe, die an die Luft oder in den Boden abgegeben werden.

L. Steubing:
Über Ausscheidungen von Terpenen oder Terpenoiden durch Pflanzenwurzeln kann ich im Augenblick noch nichts Konkretes sagen. Wir haben absichtlich eine ganze Reihe verschiedener Pflanzen mit ätherischen Ölen getestet und kommen zum Teil zu unterschiedlichen Ergebnissen. Man bekommt auch beispielsweise bei *Thymus serpyllum* eine starke Förderung sowohl des bakteriellen Besatzes als auch der mikrobiellen Umsatzleistung. Bei *Chrysanthemum vulgare*, die ebenfalls ätherisches Öl enthält, haben wir eine Hemmwirkung festgestellt. Ich nehme also an, daß wahrscheinlich nicht nur Terpene ausschlaggebend sind, sondern gleichzeitig noch andere Exkrete, Wurzelexkrete, die irgendwie in der Rhizosphäre auftauchen, daß es sich hier vermutlich auch z.T. um Wechselwirkungen stofflicher Natur handelt, über die wir bisher noch nicht genügend wissen.

In der Frage der sehr hohen Pilzkeimzahlen und letzten Endes damit der Kulturmethoden sind wir uns klar, daß wir, wenn wir jetzt im Plattenguß-Verfahren arbeiten, selektionieren und damit eigentlich nur eine Gesamtzahl erhalten, die noch nichts über eine Differenzierung in verschiedene Arten aussagt. Aber für einen relativen Vergleich untereinander ist das Ganze zunächst einmal ausschlaggebend, um überhaupt einen Überblick zu bekommen über die Biomasse. Man kann spezifizieren, aber das muß auch arbeitstechnisch zu bewältigen sein. So lange man noch nicht weiß, was dabei heraus kommt, ist es müßig, ins Detail zu gehen, bis man Anhaltspunkte dafür hat, daß es sich lohnt.

Den Watte-Test habe ich aus dem Grunde angeführt, weil der Watte-Abbau sich ja am Standort selbst vollzieht. Wir vermeiden damit die Gefahr, daß wir neue Aufschlüsse bekommen über das, was sich im Augenblick potentiell entwickelt, wenn wir zu bestimmten Zeitpunkten Bodenproben entnehmen, die unter künstlichen Bedingungen bebrütet werden. Wir wollten erfahren, was sich im Freien vollzieht. Der Watte-Test läuft über mehrere Wochen und gleichzeitig geht ja auch die Pflanzenentwicklung weiter, so daß damit immer diese Beziehungen während der ganzen Zeit gewahrt bleiben: Watte-Abbau, also Zellulose-Abbau und Rhizosphären-Organismen, die ja nun wieder in einer ganz bestimmten Beziehung zur jeweiligen Pflanzenentwicklung stehen. Das waren die Gründe, weshalb wir hier auf diese Methode zurückgegriffen haben. Ich weiß, daß es zahlreiche andere Methoden gibt, die wieder andere Aussagen erlauben.

W. Müller-Stoll:
Zu der Frage von Herrn Kollegen Apinis wegen der Algen im Boden möchte ich nur ergänzen, daß die Algen im Boden nicht unbedingt autotroph zu leben brauchen, sondern in den tieferen Schichten auch heterotroph leben können und nur in der Kultur autotroph werden.

KONKURRENZ ZWISCHEN MEHRJÄHRIGEN GRÄSERN BEI VERSCHIEDENEM pH DES BODENS[1]

von

J. P. VAN DEN BERGH, Wageningen

Einige mehrjährige Grünlandarten wurden in Reinkultur und in Mischungen gesät auf sauren Sandböden (pH 4,6) mit Unterschieden im pH (bis pH 6,8), die durch Kalkdüngung hervorgerufen wurden.

Wenn man den Quotienten der relativen Erträge der Arten a und b

$$(O_a/M_a)(O_b/M_b)^{-1}$$

(O ist der Ertrag in der Mischung und M in Reinkultur) in logarithmischem Maßstab gegen die Zeit aufträgt, so erhält man Kurslinien, deren Neigung angibt, in welchem Umfang eine Art die andere ersetzt.

Von Anfang an war das Trockengewichtsverhältnis der Arten stark vom pH abhängig, was also auf den Einfluß des pH auf Keimung und erste Entwicklung zurückgeht. Die Kurslinien der Zeit nach dem ersten Jahr sind aber im allgemeinen ziemlich parallel. Daraus geht hervor, daß der Einfluß des pH und auch der Zusammensetzung der Saatmischung auf die Ersetzung nicht ins Gewicht fällt.

Vermutlich geht die Interaktion zwischen dem pH und der botanischen Zusammensetzung von Dauergrünland großenteils zurück auf den Einfluß des pH auf die Verbreitung durch Samen, sogar bei mehrjährigen Arten.

COMPETITION BETWEEN PERENNIAL GRASSES AT DIFFERENT SOIL ACIDITIES[2]

Some perennial grassland species are grown in monocultures and mixtures on acid sandy soil (pH 4.6), with different pH's up to pH 6.8, reached by liming.

By plotting the quotient of the relative yields of species a and b

$$(O_a/M_a)(O_b/M_b)^{-1}$$

(O and M being the yields of a species in the mixture and monoculture respectively) on a logarithmic scale against time, course lines are obtained, the slope of which is a measure for the rate at which one species replaces the other.

[1] Ein ausführlicher Bericht ist erschienen auf Englisch in: Versl. landbouwk. Onderz. (Agric. Res. Rep.) 714: 1–71. Wageningen 1968.

[2] A detailed paper in English has been published in: Versl. landbouwk. Onderz. (Agric. Res. Rep.) 714: 1–71. Wageningen 1968.

From the beginning of the experiment onwards the ratio of the dry weights of the species has been highly dependent on the pH, indicating that the pH influences the emergence and first development. However, after the first year the course lines generally show a high degree of parallelism. This shows that the influence of the pH and also of the composition of the seed mixture on the replacement is negligible.

It is suggested that the interaction between the pH and the botanical composition of permanent grasslands mainly originates from the effect of the pH on the spreading by seed, even with perennials.

LITERATUR

Bergh, J. P. van den a. Elberse, W. Th.: Competition between Lolium perenne L. and Anthoxanthum odoratum L. at two levels of phosphate and potash. - J. Ecol. **50**: 87–95. Oxford 1962.

Kruijne, A. A. a. Vries, D. M. de,: Data concerning important herbage plants. Inst. biol. scheik. Onderz. LandbGew. Meded. **225**: 1–45. Wageningen 1963.

Vries, D. M. de,: Een oriënterende proef over den invloed van bekalking van zuren zandgrond op opbrengstvermogen en concurrentieverloop van eenige grassoorten en witte klaver. – Landbouwk. Tijdschr. **52**: 8–17. Wageningen 1940.

Wit, C. T. de,: On competition. – Versl. landbouwk. Onderz. **66** (8): 1–82. Wageningen 1960.

Wit, C. T. de a. Bergh J. P. van den,: Competition between herbage plants. — Neth. J. Agric. Sci. **13**: 212–221. Wageningen 1965.

J. Feise:

Die Reihenfolge der genannten Arten entspricht ihrer Weidestetigkeit. Ich möchte annehmen, daß der Versuch ein ganz anderes Ergebnis gehabt hätte, wenn man nach dem Schnitt jeweils mit einer schweren Walze über die Fläche gegangen wäre. Wäre das gemacht worden, dann wäre weniger Luft im Boden. Dann würde auch *Lolium perenne* nicht zurückgegangen sein, sondern würde die anderen Arten verdrängt haben. *Lolium perenne* würde bei genügendem pH-Wert, der gleichzeitig ein Zeichen der Fruchtbarkeit des Bodens ist, unbedingt den Vorrang über *Agrostis tenuis* gewinnen. Je weniger eine Fläche landwirtschaftlich genutzt wird, umso mehr man sie liegen läßt, so daß möglichst nur einmal im Jahr gemäht wird, desto stärker geht *Lolium perenne* zurück und desto stärker würde *Holcus lanatus* vordringen.

W. Müller-Stoll:

Der Vortrag zeigt sehr eindrucksvoll, wie man durch quantitative Analyse einzelner Arten in einem Bestand mit recht genauen Zahlen über die Wechselbeziehungen zwischen den Arten kommen kann. Dann ist der nächste Schritt das Bestimmen der Ursache dieser Wechselbeziehungen und die Feststellung, wie sie sich in der Dynamik der Gesellschaft ändern. Wir sehen deutlich, daß der Frühjahrsschnitt ganz anderen Gesetzmäßigkeiten unterliegt, und daß im Laufe des Sommers eine Umkehr der Wechselwirkungen eintritt. Wir können also keine statischen Betrachtungen anwenden, sondern die Dynamik in der Wechselwirkung der Komponenten im Laufe des Jahres bestimmt Verschiebungen der Faktorenwirkungen, die in Betracht gezogen werden müssen.

Man sieht auch den großen Wert derartiger quantitativer Untersuchungen für die Praxis. Die Praxis weiß zwar viel, weil sie viel beobachtet hat. Aber warum es so ist, das weiß sie nur selten. Diese Untersuchungen lehren, richtige Fragen nach dem „Warum" zu stellen. Wenn wir eine richtige Antwort haben, dann kann auch die Praxis zielgerichteter arbeiten und kommt so von der bloßen Empirie los. Das Herumprobieren ist eine für die Praxis teuere und unwirtschaftliche Sache. Die Landwirtschaft hat viele Millionen und Milliarden für sogenanntes Versuchswesen ausgegeben. Das Resultat dieses Versuchswesens ist sehr klein, weil die Fragen dabei nicht gezielt gestellt waren. Man hat herumprobiert und herausgekommen ist eigentlich nur das, was man schon wußte.

J. P. van den Bergh:
Dr. Feise hat recht, daß man unter anderen Umständen andere Resultate bekommt. Natürlich kann man *Lolium perenne* siegen lassen, indem man andere Versuchsverhältnisse wählt. Es geht hier aber nicht darum, *welche* Art siegt, sondern darum, ob eine Art bei einer bestimmten Behandlung *verhältnismäßig* stärker ist als bei einer andern Behandlung.

DIE EINFLÜSSE VON EINIGEN AGROTECHNISCHEN EINGRIFFEN AUF DIE ARTZUSAMMENSETZUNG DER UNKRAUTBESTÄNDE

von

LUDMILA MARVANOVÁ, Versuchsstation für Agrotechnik, Pohořelice bei Brno

Dieser kurze Beitrag stellt einen Versuch vor, den Einfluß verschiedener agrotechnischer Eingriffe auf die Artzusammensetzung der Unkrautbestände zu bewerten. Den Impuls zu dieser Studie gab die Feststellung, daß auf den Versuchsparzellen unserer Forschungsstation, die zum Vergleich verschiedener Agrotechnik dienten, eine relativ niedrige Anzahl von Unkrautarten vorkommt. Zur näheren Erklärung dieser Frage wurde eine Reihe soziologischer Aufnahmen – einerseits aus den Versuchs-Parzellen, anderseits aus den umliegenden, mit der üblichen Agrotechnik bearbeiteten Feldern – gemacht.

Für die Anregung zu dieser Studie, für Ratschläge und freundliche Hilfe bei der Materialbearbeitung, bin ich Herrn Prof. Dr. R. TÜXEN zu Dank verpflichtet.

Forschungsgebiet: Alle Aufnahmen stammen aus der Umgebung von Pohořelice. Diese Stadt liegt 25 km von Brno, in der Tiefebene des Thayagebietes in einer Meereshöhe von 183 m. Die Böden haben den Charakter schwarzen Steppenbodens auf seichten Löß-Schichten mit stellenweise auftretenden Schuttinseln. Nach ihrer Struktur sind es mittelschwere Böden mit niedrigem Humusgehalt in der Ackerkrume.

Die Summe der Jahresniederschläge beträgt 505 mm, der Temperaturdurchschnitt 9,08°C. Somit gehört das Gebiet zum semiariden Klimabereich.

Die erste Gruppe der soziologischen Aufnahmen wurde Ende Juli im Winterweizen gemacht. Dazu wurden Parzellen mit verschiedenen Furchen- und Düngungsarten sowie Fruchtfolgen gewählt. Zum Vergleich wurden Aufnahmen auf den umliegenden Feldern bis zu einer Entfernung von 2 km herausgezogen.

Die zweite Gruppe wurde auf Zuckerrübenfeldern gemacht. Es wurden Parzellen gewählt, die sich durch Bewässerung, Düngung und Fruchtfolge unterschieden. Die übrigen Aufnahmen wurden wiederum bis zu etwa 2 km Entfernung den umliegenden Feldern entnommen.

Es muß erwähnt werden, daß in der Umgebung von Pohořelice die Winterweizenbestände der Forschungsstation sowie aúch die angrenzenden Felder mit MCPA in einer Menge 3–4 kg/ha bespritzt worden sind. In diesem Gebiet wird dieses Herbizid seit etwa 8 Jahren benützt, so daß auch die Unkräuter in Hackfruchtbeständen dadurch indirekt bekämpft werden.

Die Ergebnisse sind in den Tabellen 1–2 mit der Bezeichnung der Aufnahmen und Angaben der Artenanzahl zusammengestellt. Die Unterschiede in der Anzahl der Arten auf normalen Feldern gegenüber Versuchsfeldern gehen aus Diagr. 1 und 2 hervor.

Die Unkrautbestände wurden nicht als Assoziationen bewertet, denn die untersuchten Bestände stellen in allen Fällen stark zerstörte Gesellschaften vor, in denen nur noch Klassenarten mit genügend hoher Stetigkeit anwesend sind.

Beim Vergleich der Diagramme sieht man, daß die Zahl der Arten auf den Versuchs-Parzellen in allen Fällen niedriger ist als auf normalen Feldern, mit Ausnahme der Fruchtfolgen, die sich am meisten den Bedingungen der normalen Bewirtschaftung nähern. Besonders niedrige Zahlen auf den Versuchs-Parzellen der Zuckerrüben kann man der sorgfältigeren Bearbeitung des Bodens zuschreiben. Trotz dieser Störungseinflüsse ist es möglich, gewisse Gesetzmäßigkeiten im Vorkommen einzelner Arten auch hier zu beobachten.

In den untersuchten Feldfrüchten können wir einige Artengruppen notieren, deren Mitglieder eine ähnliche Verbreitung aufweisen, die aber kaum als Differenzialarten bezeichnet werden können, denn wir arbeiteten mit keiner definierten soziologischen Einheit.

In Weizenbeständen kann man 6 solche Gruppen unterscheiden (Tab. 1):

1. Die erste Gruppe stellt die Arten vor, welche in allen oder fast allen Aufnahmen vorkommen. Dies ist für das Untersuchungsgebiet praktisch eine sehr wichtige Gruppe. Man kann sie mit keinem gebrauchten agrotechnischen Eingriff beeinflussen. Die Behandlung mit MCPA erniedrigt wahrscheinlich nur die quantitative Vertretung der Arten. Diese stellen zugleich den Hauptbestandteil der Unkräuter dar, der auf Versuchs-Parzellen zur Geltung kommt. Es sind einjährige Frühlings- und Winterunkräuter, die auf nährstoffreichem Boden vorkommen.

2. Die zweite Gruppe bilden die Unkrautarten mit ziemlich hoher Stetigkeit auf normalen Feldern, auf Fruchtfolgen und in Versuchen mit Furchentiefe, die dagegen nur ausnahmsweise auf Versuchen mit Düngung vorkamen. Diese Gruppe ist vor allem durch zwei ausdauernde Arten – *Cirsium arvense* und *Convolvulus arvensis* – charakterisiert.

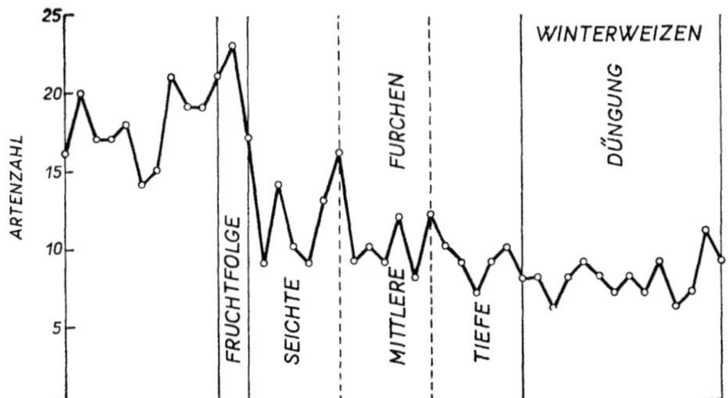

Diag. 1. Unterschiede in der Artenzahl in einzelnen Aufnahmen

Erläuterungen zur Tabelle 1:

	Aufnahme Nr.	Größe der Parzelle
Normale Felder	1–11	–
Versuchs-Parzellen		
Fruchtfolge/Vorfrucht Kartoffeln/	12–13	700 m²
Furchen/Vorfrucht Ackerbohne/:		25 m²
Seichte: 15 cm, Pflug	14–15	
10 cm, Diskierung	16–19	
Mittlere: 22 cm, Rotationsfurche	20–21	
22 cm, Pflug	22–23	
30 cm, Pflug	24–25	
Tiefe: 40 cm, Pflug	26–27	
45 cm, Pflug	28–31	

Winterweizen	Normale Wirtschaft											Fruchtfolge	
Nr. d. Aufnahme:	1	2	3	4	5	6	7	8	9	10	11	12	13
Artenzahl:	16	20	17	17	18	14	15	21	19	19	21	23	17
Gruppe 1													
Fagopyrum convolv.	1	2	1	+	3	2	1	+		1	1	3	2
Polygonum avicul.	1	2	1	1	1	2	+	+	+	+	+	1	+
Chenopodium album	1	1	+	+	1	+	+	+	+	+	+	+	+
Viola arvensis	1	1	1	1	+	+	+	+		+	–	1	1
Thlaspi arvense	1	2	1	2	–	+					–	+	
Stellaria media	+				+	–	1	+	1	+	+	+	+
Gruppe 2													
Cirsium arvense	1	+		+			+	–	–	+	1	+	1
Veronica polita	+		+	+				+	–	+		–	
Setaria viridis	+	+	1	+		+						–	–
Convolvulus arv.	2				1	+					+	+	+
Lamium amplexic.		+		+	+	–	–	–	–				
Gruppe 3													
Descurainia sophia	2		1									1	+
Melandrium noctifl.	+	+	+	+	–	–	+	+	+		+	+	+
Taraxacum officin.							+	+		+	–		–
Consolida regalis		1	1	+								+	2
Anagallis arvensis	+	+			+			+	+	+	+	–	+
Gruppe 4													
Arenaria leptoclad.		1	1	+								+	–
Papaver rhoeas			2									+	+
Camelina microcarpa			+									+	+
Gruppe 5													
Capsella bursa-p.		1	+	1								–	
Matricaria inodora	2	+		+				–	+		–		
Agropyrum repens					3	1	2		+	+	1		
Amaranthus lividus					+	1	+	+					
Veronica persica					+	+	+	+	+	+	+		
Amaranthus retrofl.					+	+	+						
Avena fatua					1					+	+		

					Aufname Nr.	Größe der Parzelle
Düngung:	N	P	K	kg/ha		25 m²
	80	72	60		32–35	
	—	—	—		36–39	
	60	—	—		40	
	60	72	—		41	
	60	—	60		42	
	60	72	60		43	
	—	72	60		44	

Furchen															Düngung															
14	15	16	17	18	19	20	21	22	23	24	25	26	27	28	29	30	31	32	33	34	35	36	37	38	39	40	41	42	43	44
9	14	10	9	13	16	8	12	9	10	9	12	10	9	7	9	10	8	8	6	8	9	6	7	11	9	8	7	8	7	9
+	2	+	1	+	1	1	1	+	1	1	2	1	1	1	1	1	1	1	1	1	1	1	2	2	1	1	1	1	1	1
+	1	+	+	+	+	+	+	+	+	+	+	1	+	+	+	+	—	+	+		+	+	+	+	+	+	—	—	+	—
	+	+	+	+	+	+	+	+	+	+	+	+	+	+	+	—		+	+	+	+	+	+	1	+	+	+	1	1	+
+	1	+	1	+	+		+	+	+	+	+	+	+	+	+	+	+	+			+	+		+	+	+	+	—		+
+	—	+	+	+	+		+	+	+	+		+	+			—	+	+	1	1	+	2	1	1	+	1	1	1	1	1
	1	+	+	+		+	+		+		1	1	+		+			1	1	1	1		+	1	+	1	1	1	1	1
	1	1		2	—	1	+		+	+	+	+		—	+										—					
+	+			—			—	—	+		—	+		—		—													—	—
+			—	+	+		—			—	—					+	+							—		—				
1	+	1	+	1		+	+	+		+	1					+														
	+			—	—		—		—		—	+	—							—										
		+			—		+			+									1	+	+		—	+	+	+		+	+	
								—										—		—	+	+								
					—						—			—			—			—	—						—			—
+				—	+				+							+								—				—		
					—																									
					—																									
	—	+				—												+												—
						—			—																					
																	+													
	+														—															
	—		—									+					—				—									

Winterweizen	Normale Wirtschaft											Fruchtfolge	
Nr. d. Aufnahme:	1	2	3	4	5	6	7	8	9	10	11	12	13
Artenzahl:	16	20	17	17	18	14	15	21	19	19	21	23	17
Gruppe 6													
Erodium cicutarium	–	+		+									
Solanum nigrum								+		–	–		
Echinochl. crus-g.	–		+						+				
Lathyrus tuberosus			+	+								–	
Galium aparine					+		+				–		
Vicia sativa													
Vicia cracca													
Epil.tetrag. et adn.								+	–				
Erigeron canadensis								–			+		
Medicago lupulina		+										–	
Papaver argemone												+	
Plantago pauciflora								+	–				
Poa palustris									+	1			
Polygonum toment.										–			–
Polygonum persicaria									1	1			
Setaria glauca			+					–					
Sonchus arvensis											–	–	
Sonchus oleraceus									+				
Achillea millefol.							–						
Agrostis canina									–				
Alopecurus aequalis										–			
Amaranthus albus									–				
Anagallis coerulea												–	
Chenopodium polysp.													
Consolida orient.											+		
Digitaria isch.													
Glechoma hederacea										1			
Holosteum umbell.		–											
Lamium purpureum										+			
Lolium sp. (ster.)											+		
Malva neglecta													
Matricaria discoid.		+											
Plantago major								–					
Scleranthus ann.		2											
Symphytum off.					+								
Veronica triphyll.		+											
Vicia tetrasperma								–					
Neslia paniculata				+									
Myosotis arvensis					+								

Furchen															Düngung															
14	15	16	17	18	19	20	21	22	23	24	25	26	27	28	29	30	31	32	33	34	35	36	37	38	39	40	41	42	43	44
9	14	10	9	13	16	8	12	9	10	9	12	10	9	7	9	10	8	8	6	8	9	6	7	11	9	8	7	8	7	9
					+																									
				+																										
+								+			−																			
	−													−	−															
																								−	−					
																								−						
															−															
					−																									
					−																									
												+																		

Erläuterungen zur Tabelle 2:

	Aufnahme Nr.	Größe der Parzelle
Normale Felder	1–14	—
Versuchs-Parzellen		
Bewässerung:		etwa 200 m²
160 mm Wasser während Vegetationsperiode	15–18	
ohne Bewässerung	19–20	
Fruchtfolge:		700 m²
Vorfrucht Weizen	21–22	
	24–25	
	27–28	
Vorfrucht Gerste	23, 26	

Zuckerrübe	Normale Wirtschaft													
Nr. d. Aufnahme:	1	2	3	4	5	6	7	8	9	10	11	12	13	14
Artenzahl:	15	9	19	24	27	23	21	24	19	21	19	13	12	18
Gruppe 1														
Chenopodium album	3	3	3	3	1	3	+	+	1	+	+	+	1	2
Amaranthus retrofl.	1	1	2	1	1	1	—	1	+	+	+	+		+
Gruppe 2														
Echinochl. crus-g.			+	+		+	+	+	—	—	+	+	—	+
Convolvulus arv.	+	+	+	1	1	2	1	+	1	+	1			
Cirsium arvense			+	1	2	1	+	+	1	+	+			+
Setaria glauca	+	+	+	1	1		+	+				—	+	+
Gruppe 4														
Chenopodium hybr.	1	+	+	3	2	1	+	—	+	—	+	+	—	1
Solanum nigrum	+		+	—		+	+	—	2	1	+	+	+	1
Veronica persica	—		—			2	2	1	1	1	1	1	+	+
Fagopyrum convolv.	+			+	+	+	+	+	+	+	1	1		+
Thlaspi arvense	+	+	+	+	+	+	—	—						—
Hyoscyamus niger			—		—				+	+	2	1	1	2
Polygonum lapath.			+		+	+	+	+			—	—		
Polygonum avicul.	+		+	+	+	+	+							—
Setaria viridis			—	+	+	+								
Agropyrum repens									2	2	3	2	+	+
Sonchus asper				+		+	—	—	—	+				
Euphorbia heliosc.						+			—	+	+		+	—
Raphanus raphan.	+	+	+	+	+									
Polygonum persic.					—			3		3	2	1		
Galium aparine								+		+	—		+	—
Gruppe 3														
Stellaria media						+		2	—		+			
Capsella bursa-p.									—				+	
Taraxacum off.								—						—
Veronica polita				—	+			+						
Gruppe 5														
Anagallis arvensis	+		1		+							—		
Melandrium noctifl.		+		—	+	+								
Galium aparine								+		+	—		+	—
Amaranth. albus				+	—									
Erodium cicutarium	+			+	+									
Lamium purpureum						+	—	—			—			

				Aufnahme Nr.	Größe der Parzelle
Düngung:	N	P	K kg/ha		25 m²
	80	72	60	29–32	
	40	—	—	33–36	
	60	—	—	37–40	
	—	—	—	41–44	

Bewässerung						Fruchtfolge								Düngung															
15	16	17	18	19	20	21	22	23	24	25	26	27	28	29	30	31	32	33	34	35	36	37	38	39	40	41	42	43	44
10	9	7	6	6	4	4	4	8	6	10	6	7	4	3	2	2	1	3	1	2	1	2	1	1	1	0	2	3	1
1	+	1	1	+	1		+	+	1		1	+		+	—	—	+	—	+	+	—	—					+	+	+
1	—	+	+	+	+	+	—	—	2	1	+			—	—	+	+	1		—		+		—					
	—	—				—	—	—	1	+	+	+	+																
						—	—			2		1	+																
								+		+	—		—										—						
						—			+	1	1																		
												—																	
	—							1																					
+																													
										—																			
		—		—				—					—																
									—		—																		
									—																				
—																													
2	1	+	1	+	+																								
+	—		—					—				—															—	—	
1	—	+	—																										
	—	—	—																										
								—				—																	

Zuckerrübe	Normale Wirtschaft													
Nr. d. Aufnahme:	1	2	3	4	5	6	7	8	9	10	11	12	13	1
Artenzahl:	15	9	19	24	27	23	21	24	19	21	19	13	12	1
Malva neglecta									2	+	—			
Chenopodium polysp.						—	2	1						
Descurainia sophia			—		—									
Erigeron canadensis									—					
Matricaria inodora			+			+	—							
Melandrium album	—										—			
Symphytum officin.							+	+		1				
Amaranth. lividus					+									
Atriplex patula		+					—							
Chenopodium glauc.											+			-
Datura stramonium										—			+	
Diplotaxis muralis				+	+									
Equisetum arvense								+		+				
Lamium amplexic.								—						
Lathyrus tuberosus				+	+									
Reseda lutea				1	1									
Sonchus oleraceus									+					-
Plantago major						—								
Stachys annua					+									
Sonchus arvensis										2				
Polygonum tomentos.														
Ajuga chamaepitys					—									
Eragrostis minor				—										
Geranium dissectum														
Glechoma hederacea										—				
Plantago media														
Portulaca oleracea					+									
Salvia nemorosa				+										
Senecio vulgaris									—					
Viola arvensis						—								
Sinapis arvensis				2										
Campanula rapunculoides							—							

Bewässerung						Fruchtfolge								Düngung															
15	16	17	18	19	20	21	22	23	24	25	26	27	28	29	30	31	32	33	34	35	36	37	38	39	40	41	42	43	44
10	9	7	6	6	4	4	4	8	6	10	6	7	4	3	2	2	1	3	1	2	1	2	1	1	1	0	2	3	1

Schwächere Entfaltung zeigen *Veronica polita* und *Setaria viridis*. *Cirsium arvense* kommt mehr oder weniger auf allen Typen der Furche vor, während *Convolvulus arvensis* auf tiefer Furche fehlt. Seichte Furchen, vor allem Diskierung, haben auch größeres Vorkommen verschiedener weiterer einjähriger Unkrautarten zur Folge (Diagr. 1), was sichtlich dadurch verursacht wird, daß die Samen stets in der Oberflächenschicht bleiben.

3. Die dritte Gruppe, d.h. die Unkrautarten auf den Düngungsversuchs-Parzellen, ist durch hohe Stetigkeit der nitrophilen *Descurainia sophia* charakterisiert. Relativ schwächer entwickelt sind *Melandryum noctiflorum* und *Taraxacum officinale*.

4. Zur vierten Gruppe gehören die Fruchtfolgen, die sich ziemlich wenig von der normalen Wirtschaft unterscheiden. Die floristischen Unterschiede zeigen sich nur im Vorkommen von *Camelina microcarpa*, *Anagallis arvensis* und *Papaver rhoeas*.

5. Die fünfte Gruppe faßt die Arten zusammen, die auf den Versuchs-Parzellen beinahe fehlen oder aber hier nur sporadisch vorkommen, mit Ausnahmen der Fruchtfolgen. Diese Arten kann man mit richtiger Agrotechnik bekämpfen.

6. Die sechste Gruppe bilden die Arten mit sporadischem Vorkommen, das als zufällig angesehen werden kann. Trotzdem scheint die hohe Zahl der Fälle, in denen diese Arten außerhalb der Versuchs-Parzellen vorkommen, davon zu zeugen, daß es sich wahrscheinlich um Arten handelt, die gegen gute Agrotechnik empfindlich sind.

Eine ähnliche Gruppierung kann man bei Aufnahmen aus Zuckerrüben beobachten.

1. Die erste Gruppe – mit breiter ökologischer Amplitude – ist nur durch zwei Arten vertreten – *Chenopodium album* und *Amaranthus retroflexus*, was wahrscheinlich mit tieferen Eingriffen beim Hackfruchtbau zusammenhängt.

2. Weiter ist es möglich eine Gruppe von Unkräutern auf Fruchtfolgen zu unterscheiden. Hierher gehören zwei ausdauernde Arten – *Cirsium*

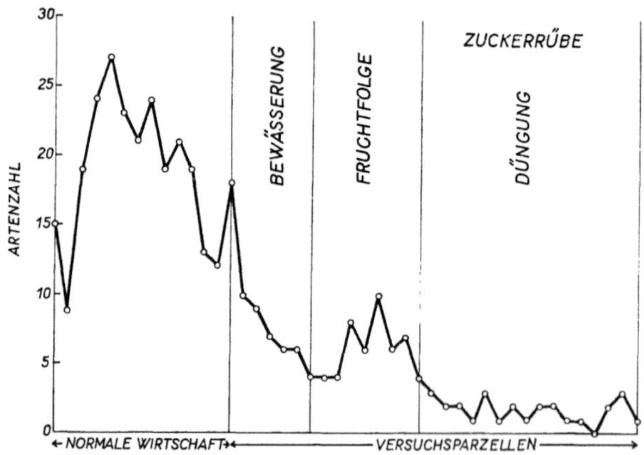

Diag. 2. Unterschiede in der Artenzahl in einzelnen Aufnahmen

arvense und *Convolvulus arvensis*, weiter auch *Echinochloa crus-galli* und *Setaria glauca*.

3. Die dritte Gruppe bilden die Arten, die eine markante Reaktion auf Bewässerung zeigen. Sie ist auch durch eine größere Artenzahl charakterisiert (Diagr. 2). Zur Ausbildung dieser Gruppe half wahrscheinlich der sehr trockene Herbst, der das Auskeimen vieler Unkrautarten auf unbewässerten Flächen gehemmt hat. Diese bedeutungsvolle Rolle des Wassers kam direkt im Bewässerungsversuch, im Fehlen oder mindestens in erniedrigter Abundanz auf unberieselten Parzellen zur Geltung.

4. Die vierte Gruppe faßt Arten zusammen, die nur in Normalfeldern vorkommen. Im Unterschied zu Weizenkulturen ist hier diese Gruppe artenreicher, woraus man ersieht, daß in Hackfrüchten richtig durchgeführte Agrotechnik größere Bedeutung für die Unkrautentfaltung erreicht.

5. Die fünfte Gruppe bilden wieder die Arten mit sporadischem Vorkommen auf Normalfeldern, die aber beinahe oder ganz auf den Versuchs-Parzellen fehlen.

6. Die Gruppe der Düngung ist in diesem Falle charakterisiert durch beinahe vollständiges Fehlen der Arten der 2. bis 5. Gruppe, was wahrscheinlich durch schlechte Bodenstruktur verursacht wurde. In Trockenperioden bildet sich hier nämlich – wahrscheinlich als Folge der Benutzung hoher Gaben der Düngungsmittel – eine Oberflächenkruste, welche die Keimung nach dem letzten Hacken gehemmt hat.

Auf Grund der angeführten Ergebnisse ist es möglich zu konstatieren, daß

1. die Versuchsparzellen mit kleinerer Anzahl von Unkrautarten besiedelt werden als die normal bearbeiteten Felder,

2. sich gewisse mehr oder weniger distinkte Koinzidenz-Beziehungen zwischen Agrotechnik und Vorkommen oder Abundanz gewisser Unkrautarten erkennen lassen.

Da sich die Versuchsparzellen vom üblichem Ackerbau vor allem durch sorgfältiger durchgeführte Agrotechnik und höhere Mengen von Düngungsmitteln unterscheiden, ist es wahrscheinlich, daß die Abwesenheit gewisser Arten nur eine Folge dieser Bedingungen ist. Es macht sich insbesondere sorgfältigeres Hacken der Hackfrüchte geltend, das zur Erniederung der Produktion von Unkrautsamen führt, was sich weiter in der Fruchtfolge äußert. Daraus folgt als ein praktisch wichtiger Schluß, daß manche Unkrautarten nur auf agrotechnischem Wege bekämpft werden können und nicht mit Herbiziden, und daß im Gegenteil auch bei Benutzung von Herbiziden auf den Feldern gewisse Gruppen der Unkrautarten übrigbleiben, die gegen diese widerstandsfähig sind.

Zur Methodik der Feldversuche ist festzustellen, daß die agrotechnischen Versuche, was die Verunkrautung betrifft, unter anderen (relativ besseren) Bedingungen durchgeführt wurden, als es der Fall für normale Felder ist.

ZUSAMMENFASSUNG

Mittels der Methode phytozönologischer Aufnahmen wurde die Zusammensetzung der Unkrautgesellschaften auf Versuchs-Parzellen bei Pohořelice (ČSSR), die zum Studien über den Einfluß agrotechnischer Eingriffe auf das Wachstum und die Entwicklung des Winterweizens und der Zuckerrübe dienen, und auf den umliegenden Feldern mit denselben Feldfrüchten, die mittels der üblichen Agrotechnik bearbeitet werden, untersucht.

Auf Grund der festgestellten Ergebnisse ist es möglich zu konstatieren:

1. daß die Versuchs-Parzellen von einer kleineren Anzahl der Unkrautarten besiedelt werden als die normal bearbeiteten Felder;
2. daß man gewisse mehr oder weniger distinkte Koinzidenz-Beziehungen zwischen Agrotechnik und Vorkommen oder Abundanz gewisser Unkrautarten erkennen kann.

Diese Feststellung hat eine Bedeutung vom methodischen Standpunkt, da sie anschaulich zeigt, daß es auf den Versuchs-Parzellen zu einer komplexen Änderung des Milieus kommt, welche das Fehlen der in derselben Feldfrucht sonst üblichen Unkrautarten zur Folge hat.

SUMMARY

Phytosociological investigation of weed communities in research plots of winter wheat and sugar beet at Pohořelice (ČSSR) and in the surrounding fields sown with the same crops was carried out. On the research plots, some special agrotechnical operations were used, whereas the surrounding fields were worked according to usual methods.

On the basis of the results obtained it is possible to establish that:

a) the research plots are colonised by a smaller number of weed species than the normally managed fields;
b) one can recognise clear relationships between the agrotechnical operations and the occurrence or abundance of certain weed species.

This conclusion has some importance from a methodical point of view. It clearly shows that the complex alteration of the environment in the research plots leads to the absence of some of the weed species which are normally present.

J. Feise:
Bei derartigen Untersuchungen muß man nicht nur die ganze Ackerunkrautgesellschaft kennen, sondern man muß auch versuchen, von dieser auf die zugehörige Waldgesellschaft, aus der die Unkrautgesellschaft hervorgegangen ist, zurückzukommen. Von da aus kann man beurteilen, ob die Art der Bearbeitung richtig und notwendig war.

Bei solchen Untersuchungen dürften auch die Erträge der Feldfrüchte nicht fehlen, weil ein guter Ertrag ein Maßstab für die Gesundheit der Pflanzen und die Geschicklichkeit des Landwirts ist, und weil man daraus ersehen kann, ob die Verunkrautung eine wesentliche Einbuße verursachte. Notwendig ist auch die Kenntnis der Vorfrüchte: Z.B. haben wir kaum Unkräuter bei Rüben, wenn nach Kleegrasuntersaat in Winter-Roggen im ersten Jahr Kartoffeln gebaut werden und danach Sommerraps als Gründünger und dann im zweiten Jahr die Rüben.

Ich habe mich viel mit Herbiziden beschäftigen müssen. Es kann sehr wohl sein, daß ein Unkrautbekämpfungsmittel ein Schädlingsbekämpfungsmittel lahm legt. Das sind Wirkungen, die man erst aus der Beobachtung her kennt. Man weiß vorhei nichts davon. Ich mache keinem einen Vorwurf. Ich mache nur den Landwirten einen Vorwurf, die nicht genau beobachten, was auf ihrem Acker geschieht, und die nicht nach den Ursachen forschen. Wenn wir uns die Mühe machten und jede Beobachtung, gleich welcher Art, jeweils pflanzensoziologisch einordneten, dann würden manche wertvolle Erkenntnisse gewonnen werden.

R. TÜXEN:
Noch mehr sprechen zahlreiche forstliche „Versuche," die von imaginären Erträgen gelenkt werden, von unbefangener Ahnungslosigkeit und vollkommener Ratlosigkeit.

W. MÜLLER-STOLL:
Es ist immerhin tröstlich zu hören, daß man nicht alles chemisch machen kann, daß gewisse Arten im Gegenteil nach der chemischen Bekämpfung eine erhöhte Resistenz, eine erhöhte Kampfkraft als Unkraut enthalten können und daß sie nur durch mechanisch-agrartechnische Maßnahmen im Zaum gehalten werden können.

Ich glaube, daß wir im Laufe der nächsten Zeit zu einem vernünftigen Denken in der Unkraut-Frage kommen werden. Es sind Anzeichen dafür da, weil einfach das wirtschaftliche Moment dazu zwingt, dort aufzuhören, wo man keinen Nutzen, sondern nur Aufwand hat. Es kommt ja nicht darauf an, unkrautfreie Felder, sondern sichere Erträge zu haben.

Frau MARVANOVÁ:
Das Untersuchungsgebiet liegt teilweise im Carpinion – (mit wärmeliebenden Elementen) und teilweise im Alno – Ulmion – Bereich (nach Rekonstruktions- Karte der ČSSR von MIKYŠKA et col.).

Die Vorfrucht bei Winterweizen ist gewöhnlich Kartoffeln, bei Zuckerrübe Winterweizen. Ich habe nicht die Erträge angeführt, weil ich dachte, daß die Beziehungen zwischen Ertrag und Verunkrautung ein anderes Problem bilden. Die Erträge auf den umliegenden Feldern sind gewöhnlich niedriger als auf den Versuchsflächen (wegen der höheren Verunkrautung), aber aus Erfahrung weiß ich, daß zwischen dem Ertrag und der Verunkrautung keine lineare positive oder negative Korrelation besteht.

THE EFFECT OF LIMING AND FERTILISERS ON THE BOTANICAL COMPOSITION OF PERMANENT GRASSLAND

by

J. M. Thurston, Harpenden, Herts., England

INTRODUCTION

On Rothamsted farm there is an experiment, begun in 1856, on the effect of fertilisers on yield and quality of hay from permanent grassland[1, 2, 3]. Some treatments were changed and a few plots were added in the early years of the experiment, in the light of experience gained, but no major changes were made between 1903 and 1964, and 15 plots still receive their original treatments. The plant communities differ greatly according to treatment and now change very little between years. Soil-type, aspect and weather are the same for all plots.

METHODS

The field is level and had been under old permanent grassland consisting of indigenous species and strains of plants for several hundred years before the experiment began. The soil is silt-loam overlying stiff yellow-red clay upon chalk. Drainage is good and agricultural drains are unnecessary. The mixed vegetation of *Gramineae, Leguminosae* and other orders appeared fairly uniform over the whole area at the start.

The plots differ in shape and are from 0.2 to 0.1 hectare. There are two unmanured plots but other treatments are neither replicated nor randomised. The grass is cut in June every year and made into hay on the plot on which it grew. At first the plots were grazed by sheep after the hay was carted, but since 1873 a second cut has been taken in autumn and the field is never grazed now.

Fertiliser treatments are in three main groups: no nitrogen, nitrogen as ammonium sulphate and nitrogen as sodium nitrate. Within groups there are plots with and without phosphorus (given as superphosphate) and with or without potassium, sodium and magnesium sulphates. Three plots have dung every fourth year; one has sodium nitrate, phosphorus and potassium in the other three years and another has fish guano once in four years in addition to dung.

The herbage on the plots began to differ in botanical composition in the second year of treatment. Differences increased with time but eventually the plant communities stabilised; they altered very little between 1919 [4] and 1948 [5]. By 1903 the soil on plots receiving ammonium sulphate was very acid so half of each plot was limed at approximately 4500 kg per hectare calcium carbonate, then and in every following fourth year. After 109 years the boundaries between the plant communities on adjacent plots are straight and distinct because treatments have been applied accurately and neither soil nor fertilisers have moved between plots.

Hay yields are recorded annually for all plots and visual botanical surveys are made twice yearly, before cutting. Botanical analyses of hay samples [2, 4, 5] and chemical analysis of produce and soil [3, 6] have been made at intervals and soil pH has also been studied [6].

RESULTS

Only selected results and main conclusions can be given here. Botanical and chemical details are published in the references cited.

The unmanured plots probably resemble the original vegetation. They have about 60 species of higher plants. Every plant found on the other plots occurs also on the unmanured ones and some grow only on the unmanured plots. Fertilisers and liming encourage some species and discourage others, but do not cause invasion by species not previously present. There is no dominant species on the unmanured plots. *Gramineae*, *Leguminosae* and other species are all present, including some plants characteristic of poor land e.g. *Briza media*, *Primula veris*. The vegetation is short and hay yield is small. Some plants rare in the locality occur here e.g. *Dactylorchis fuchsii*, *Listera ovata* and the small fern *Ophioglossum vulgatum*. *Dactylorchis* was recorded for the first time in 1963 and flowered again in 1964. It does not occur elsewhere on Rothamsted farm and may have been there unnoticed from the beginning, possibly not flowering.

Giving phosphorus, potassium, sodium and magnesium but no nitrogen encourages the *Leguminosae* (*Lathyrus pratensis*, *Trifolium pratense* and *T. repens*, *Lotus corniculatus*) but the vegetation is still short and contains many species.

Annual applications of ammonium sulphate without other fertilisers or lime eliminate all the *Leguminosae* and all except the most acid-tolerant grasses and weeds. The vegetation is chiefly *Agrostis tenuis*, with some *Festuca rubra* and occasional plants of *Rumex acetosa* and *Potentilla reptans*. The very acid plots develop a layer of peat above the soil. The grasses tend to root in this and are then easily killed by frost or drought, especially where vigorous harrowing has pulled the peat away from the underlying soil.

Phosphorus, sodium and magnesium in addition to ammonium sulphate but without lime, produces a sward very similar to ammonium sulphate alone, but with some *Anthoxanthum odoratum* and less *Rumex acetosa*.

Where potassium is given in addition to phosphorus, sodium and magnesium plus nitrogen as ammonium sulphate, but acidity is not corrected by liming, *Holcus lanatus* is dominant, with a mat of undecayed vegetation below it. The shorter grasses disappear. After a severe winter, the *Holcus* dies in patches, but when a mild winter is followed by a moist spring, the soil is completely covered and no other species is present. A few plants of *Chamaenerion angustifolium* may invade the bare areas, but do not persist. Liming overcomes the mat-formation and encourages agriculturally-useful grasses, especially *Alopecurus pratensis*, and also some less desirable species e.g. *Taraxacum officinale*, but *Leguminosae* cannot survive under the dense cover of tall grasses.

Phosphorus, potassium, sodium and magnesium, plus the heaviest dressing of ammonium sulphate (670 kg per hectare) but with lime to counteract acidity, produces the most hay, which is also of good quality.

Where nitrogen is given as sodium nitrate, lime is unnecessary. With complete fertilisers including sodium nitrate, *Alopecurus pratensis* and *Dactylis glomerata* flourish and *Arrhenatherum elatius* is also abundant. The hay crop is as heavy as on the limed half of a plot receiving the same amount of nitrogen as ammonium sulphate, and there is no peat layer.

This experiment indicates tolerances or preferences of individual species for some combinations of fertilisers and soil acidity, but competition between species must also affect the results. Experiments on isolated plants would be necessary to determine the relative importance of the different factors. The effect of treatment on some species has been indicated in discussing the plant communities, e.g. all grasses are encouraged by nitrogen, *Agrostis tenuis* tolerates acidity and also potassium deficiency, *Holcus lanatus* also tolerates acidity but requires potash, and *Anthoxanthum odoratum* requires phosphorus but tolerates acidity and potassium deficiency. *Alopecurus pratensis* requires complete fertilisers and will not grow on very acid soil. *Leguminosae* do not need nitrogen fertilisers but benefit from phosphorus and potassium.

Taraxacum officinale is very abundant only on plots that are less acid than pH 6.0 and receive potassium. Occasional plants occur on no-potassium or moderately acid plots, but it is not known whether these individuals are more tolerant than the species as a whole, or whether they are in spots where soil conditions are more favourable to the species than on the rest of the plot.

Rumex acetosa tolerates phosphorus deficiency in very acid soil. After a drought or severe frost has killed most of the *Agrostis* on such a plot, *Rumex* may be the only living plant. Probably depth of rooting is responsible for the difference between *Agrostis* and *Rumex*.

Changes in flora, caused by treatments, affect the fauna of the plots. Acid soil is unfavourable to earthworms. When moles invade the field they dig only in the plots where earthworms are abundant.

SUMMARY

On a field of old permanent grassland, with 16 grasses, 5 legumes and 40 other species, plots have been treated with different fertilisers since 1856 and half of each plot has been limed since 1903. All plots are cut for hay in June and again in autumn but are never grazed. The plant communities differ greatly according to fertiliser and lime and now change very little between years. The unmanured plots have the most species. All species found on the other plots also occur on the unmanured. Additional nitrogenous fertiliser eliminates the *Leguminosae* and encourages grasses. *Holcus lanatus* is dominant where a high level of complete fertiliser is given but no lime. *Anthoxanthum odoratum* tolerates lack of potassium. *Taraxacum officinale* requires potassium and does not tolerate soil acidity. Useful agricultural species predominate where complete fertilisers plus lime are given. Differences in flora affect the soil fauna, e.g. the distribution of earthworms and moles.

ZUSAMMENFASSUNG

Auf einem permanenten Grasland mit 16 Gräsern, 5 Leguminosen und 40 anderen Arten wurden Parzellen seit 1856 verschieden gedüngt und die Hälfte jeder Parzelle seit 1903 gekalkt. Alle Parzellen werden im Juni und nochmals im Herbst gemäht. Sie wurden niemals beweidet. Die Pflanzengesellschaften unterscheiden sich voneinander erheblich je nach Düngung und Kalkung, die Unterschiede zwischen den einzelnen Jahren sind dagegen sehr gering. Die ungedüngten Parzellen enthalten die meisten Arten. Alle Arten, die in anderen Parzellen vorkommen, werden auch in den ungedüngten gefunden. Durch Hinzufügung von Stickstoff-Dünger werden die *Leguminosen* eliminiert und die Gräser stimuliert. *Holcus lanatus* ist dominant, wo viel Voll-Dünger ohne Kalkung verabreicht wird. *Anthoxanthum odoratum* toleriert Kaliummangel. *Taraxacum officinale* benötigt Kalium und wächst nicht auf saurem Boden. Wertvolle Arten herrschen dort vor, wo Voll-Dünger mit Kalk gegeben wurde. Unterschiede in der Flora beeinflussen die Bodenfauna, z.B. die Verteilung der Regenwürmer und diejenige der Maulwürfe.

LITERATUR

1 LAWES, J. B. a. GILBERT, J. H.: Agricultural, botanical and chemical results of experiments on the mixed herbage of permanent grassland, conducted for more than twenty years in succession on the same land. Part I. – Phil. Trans. **171**: 289–416. 1880.

2 LAWES, J. B., GILBERT, J. H. a. MASTERS, M. T.: *ibid.* Part II. – Phil. Trans. **173**: 1181–1413. 1882.

3 LAWES, J. B. a. GILBERT, J. H.: *ibid.* Part III. – Phil. Trans. **192**: 139–210. 1900.

4 BRENCHLEY, W. E.: Manuring of grassland for hay. – The Rothamsted Monographs on Agricultural Science. (Longmans, Green & Co.) London 1924. Also available in German translation by C. A. Weber as: Die Rothamsteder Wiesendüngungsversuche von 1856 bis 1919. (A. Reher) Berlin 1926.

5 BRENCHLEY, W. E., revised by WARINGTON, K.: The Park Grass Plots at Rothamsted 1856–1949. – Rothamsted Experimental Station, Harpenden, Herts, England 1958.

6 WARREN, R. G. a. JOHNSTON, A. E.: The Park Grass Experiment. – Rep. Rothamst. exp. Sta. for 1963: 240–262. 1964.

NOTE

The Latin names of species are those used in:

CLAPHAM, TUTIN & WARBURG: Flora of the British Isles, Second Edition. – Cambridge University Press 1962.

W. Müller-Stoll:
Wir sehen, wie die einzelnen Pflanzenarten, die eine Pflanzengesellschaft zusammensetzen, eben doch ganz verschiedene Ansprüche stellen. Wenn wir die Bedingungen ändern, dann reagieren sie durchaus verschieden. Die einen werden gefördert, die anderen beengt, und es kommt zu Verschiebungen der Beziehungen zwischen die Pflanzen, die eine Verschiebung des soziologischen Gleichgewichtes zur Folge haben. Das, was die Stabilität einer Pflanzengesellschaft ausmacht, ist eben doch im wesentlichen ein ganz bestimmter Gleichgewichtszustand zwischen den einzelnen Arten in ihren wechselseitigen Beziehungen.

R. Tüxen:
I should like to ask you, if you know the original community in your system which existed in the beginning of your experiments.

Miss Thurston:
The vegetation on the unmanured plots is described in detail, for the early years of the experiment, by Lawes, Gilbert a. Masters (Phil. Trans 173: 1181-1413. 1882) and we believe, that the vegetation of the whole field was like this before the experiment began. It had about 16 grasses, 5 legumes and about 40 other species with no dominant species. I have not tried to fit it into Prof. Tüxen's classification.

R. Tüxen:
Ich möchte glauben, daß die Wirkungen der verschiedenen Düngung ganz verschieden ausfallen, wenn man verschiedene Ausgangsgesellschaften behandelt. Der Standort wird sich verschieden auswirken, „selektieren", aber auch die Gesellschaft wird auf Grund ihrer endogenen Wirkungen verschieden reagieren.

W. Müller-Stoll:
Für die am Naturschutz interessierten Damen und Herren möchte ich die eindrucksvolle Mitteilung von Miss Thurston hervorheben, daß in den nicht gedüngten Parzellen die *Orchideen* ziemlich schnell wieder erscheinen, durch Düngung aber verschwinden. Die *Orchideen* sind vom Naturschutz vor dem Abpflücken, aber nicht vor der Düngung geschützte Objekte. Die Düngung bedroht die *Orchideen*-Flora ganz Europas. In vielen Gebieten sind zahlreiche Arten ausgestorben, nicht weil der Mensch sie herbarisiert oder in die Vase gestellt hat, sondern infolge der Intensivierung der Grünlandwirtschaft. Der Naturschutz muß also Grünland-Reservate fordern, die vor einer zu intensiven Behandlung geschützt werden, sonst sind die *Orchideen* – und damit ein besonderer Edelstein in der Flora Europas – dahin.

VERÄNDERUNG DER ARTENZUSAMMENSETZUNG VERSCHIEDENER GRÜNLAND-PFLANZENGESELLSCHAFTEN DURCH DÜNGUNG MIT PHOSPHAT, KALI ODER KALK

von

NORBERT KNAUER, Kiel

Jeder richtig angelegte Grünlanddüngungssversuch ist ein pflanzensoziologisches Experiment. Auf Ödland führt dieses Experiment bekanntlich zu ebenso starken Änderungen des Pflanzenbestandes wie ein Eingriff in den Wasserhaushalt, d.h. es kommt zum Gesellschaftswechsel. Auf Wirtschaftsgrünland ändert sich die Bestandeszusammensetzung durch Änderung der Nährstoffversorgung ebenfalls, allerdings sichtbar geringer als auf Ödland. KLAPP (1956) hat die Ergebnisse vieler Düngungsversuche zusammengefaßt und wie folgt kommentiert: „Kalidüngung wirkt ähnlich wie Phosphatdüngung, d.h. kleefördernd, Sonstige (d.h. meist minderwertige Arten) zurückdrängend, und zwar um so mehr, je ausgeprägter der Kalimangel im Boden. Phosphorsäure- wie Kalimangel lassen den Klee verschwinden und oft nahezu reine Bestände bescheidener Untergräser entstehen". Bei Kalkung läßt sich „wohl eine Klee-, aber keine Unkrautvermehrung erkennen".

Im Rahmen von Untersuchungen über die Brauchbarkeit der chemischen Pflanzenanalyse zur Bestimmung der Nährstoffversorgung und des Düngebedürfnisses von Grünland (KNAUER 1963) haben wir auf 26 Grünlanddüngungsversuchen die Zusammensetzung der Pflanzenbestände notiert, den Anteil der einzelnen Arten am Ertrag geschätzt und zum Teil den Anteil der Gruppen Gräser, Leguminosen und Kräuter am Trockenmasseertrag durch Stichprobenuntersuchung ermittelt. Die dabei gewonnen Daten ermöglichen eine Aussage über den Einfluß der Düngung auf die Artenzusammensetzung der Bestände. In der Tabelle 1 ist die Artenkombination von 13 zu den Glatthaferwiesen zählenden Düngungsversuchen wiedergegeben. Die Bestände von 3 Versuchen sind als Mittelwegerich-Glatthaferwiesen anzusprechen, während die Bestände der 10 anderen Versuche als Fuchsschwanz-Glatthaferwiesen zu bezeichnen sind. In der Tabelle 2 sind die Düngungsversuche der Feuchtwiesen zusammengestellt. Die Bestände von 3 Versuchen lassen sich durch eine Gruppe von Zeigerpflanzen für zeitweilige Vernässung kennzeichnen. Ein Versuch leidet offensichtlich unter fast ständiger Vernässung und ermöglicht *Carex fusca* das Gedeihen. Zwei Versuche sind praktisch frei von Trennarten und haben fast keine Kennarten, während vier weitere Versuche mit Arrhenatherion-Arten den Übergang zu den Fettwiesen anzeigen.

Meistens wird bei der Beurteilung der Düngerwirkung auf die Bestandeszusammensetzung der Ertragsanteil der Artengruppen Gräser, Leguminosen und Kräuter verglichen. In Tabelle 3 haben wir für 26 Versuche ebenfalls einen solchen Vergleich angestellt.

Übersicht 1. Veränderung der Anteile von Gras, Leguminosen und Kräutern am Ertrag im Verlauf mehrerer Jahre bei PK-Mangel und PK-Düngung

	Versuch A													
	ohne PK							PK						
	1953	1954	1955	1956	1957	1958	1959	1953	1954	1955	1956	1957	1958	1959
Gräser		65	60	65	75	65	65		65	70	65	80	85	80
Leguminosen		20	25	10	5	5	5		20	20	15	10	10	10
Kräuter		15	15	25	20	10	10		15	10	20	10	5	10
	Versuch B													
	ohne PK							PK						
Gräser		45	55	75	65	70	70		50	80	80	70	75	70
Leguminosen		40	10	5	5	10	10		35	5	12	15	10	15
Kräuter		15	15	20	30	20	20		15	15	8	15	15	15.
	Versuch C													
	ohne PK							PK						
Gräser	42	52	25	54	28	48	52	59	50	40	56	49	57	52
Leguminosen	29	21	25	7	36	9	24	20	26	35	21	28	12	27
Kräuter	29	27	50	39	35	43	24	21	24	25	25	21	33	20

Übersicht 2. Einfluß der K- und PK-Düngung auf den Ertragsanteil der Gräser, Leguminosen und Kräuter einer Glatthaferwiese. (Brauer 1960)

	ungedüngt				K				PK			
	1951	1954	1955	1956	1951	1954	1955	1956	1951	1954	1955	1956
Gräser	73	62	82	70	63	48	73	76	66	59	79	77
Leguminosen	4	4	1	1	9	6	4	4	24	23	12	10
Kräuter	23	34	17	29	28	46	23	20	10	18	9	13

Tabelle 1 Düngungsversuche auf Glatthaferwiesen

	13			7			6			22		21		14				16			23		18		5			15				26		2			
	K_o	K_1	K_2	P_o	P_1	P_2	P_o	P_1	P_2	0	PK	0	PK	0	K_o	K_1	K_2	Ca_o	Ca_1	Ca_2	0	PK	0	PK	P_o	P_1	P_2	0	K_o	K_1	K_2	0	PK	0	P_o	P_1	P_2
Trisetum flavescens	8	13	14	2	12	14	10	15	30	10	10	5	15	7	10	10	10				10	10	5	2	4	6	7	5	1	7	5	4	1	5	1	2	2
Heracleum sphondylium	+	2	1	+	1	1	1	2	1	10	10	2	2	1	10	10	10	12	10	7	+	1	5	8						5	5	+	+	3	2	3	4
Pimpinella major	2	2	1	+	3	1	3	1	1			5	5	+	+	+	1				+	1			1	1	1						1				
Vicia sepium	2	2	4		2	4	1	1	1	+	2	+		+	+	3	3																7	+	+	+	r
Veronica chamaedrys	+	+	+	+	+	+	+	+	+	+	+			+	+	+	+				+													+	+	+	
Arrhenatherum elatius	5	7	8		4	8				5	5	+	+	+	5	15	20															4	15				
Crepis biennis	1	1	1		1	1								2	2	2	2						1	1				+		1	3		+				
Anthriscus silvestris	1	1	1		1	1					+						+	3	5	7			2	+												+	
Campanula patula	+	+	+	+	+	+								+	+	+	+																				
Galium mollugo	+	+	1		+	1				+	+																		+			+	+				
Medicago lupulina	3	2	3	+	2	3																			+	+	+										
Tragapogon pratensis	1	+	+	+	+	+																															
Plantago media	+	+	+	+	+	+	1	+	+																				+								
Lotus corniculatus	+	1	+	+	+	+	+	+																								1	+				
Knautia arvensis	4	2	1	2	1	1				+	+																										
Bromus erectus	6	1	2	37	2	2																															
Salvia pratensis	1	1	1	2	1	1																															
Scabiosa columbaria		+		+			+	+	+																												
Campanula rotundifolia	+	+	+	+	+	+																															
Centaurea scabiosa	+	+		2	2																																
Alopecurus pratensis										+	+	2	10			1	3	39	41	60	5	20	1	3	+	10	12	+		5	2	8	20	15	27	30	30
Ranunculus repens														+	+	+	1		+	+	+	+	1	1	1	1	1					3	6	1	+	+	1
Lychnis flos-cuculi							+	+	+						+								1	1	2	+	+	+	+		+	+		1	+	+	
Cirsium oleraceum																									3	3	5					1	+	6	6	5	6
Lotus uligonosus												+	+										1	+				+	+	+	+			+	+	+	+
Angelica silvestris																									+	+	1							1	1	1	2
Sanguisorba officinalis										+	+										1	2	2	1				3	+	5	2	+	+				
Filipendula ulmaria																	+															1		+		+	+
Trifolium repens	7	6	6	2	8	6	5	2	2	2	2	+	+	1	1	1	+	+					5	2	6	5	5	1	2	+	+	10	8	+			
Chrisanthemum leucanthemum	2	1	1	6	1	1	+	+	+	1	+	1	+	1	1	1	+		+	+	1	+	+	+	+	+	+	1	2	1	+						
Bellis perennis	+	+		+	+		+	+	+	+	+	+	+								1	+	+	+	+	+	+		+			1	+	+	+	+	+
Cynosurus cristatus	2	3	2	3	2	2	7	7	10			2	1	2	2	2	2				8	5	10	3				3	5	+	1	+					
Dactylis glomerata	2	6	5		5	5	+	+	+	1	+		+			1	+	11	10	6					2	2	+						+		20	15	5
Daucus carota	2	1	1	5	1	1	1	+	1	+	+														+	+	+	+	+	+	+	+					
Trifolium dubium	+	+	+	1	+	+						1	+	2	2	3	1											+	1		+	+					
Bromus mollis														1	+	3	1				5	5	1	1	+			1	1	1	2	4	1	5	8	8	8
Festuca rubra	2	3	3	2	2	3	7	5	5	20	10	30	20	35	15	5	2	3	4	+	25	10	5	2	15	8	5	40	40	+	3	8	+	3		1	1
Trifolium pratense	12	6	8	6	8	8	15	20	15	5	5	5	2	3	3	8	10		+	+	10	7	5	5	13	11	10	2	2	10	12	4	7	1	+	+	+
Rumex acetosa	+	+	+		+	+	+	+	1	2	2	1	1	1	1	1	2	1	2	1	1	1	3	2	1	1	1	1	+	1	2	+	+	1	1	+	1
Ranunculus acer	1	1	1	+	1	1	3	3	2	2	3	1	1	3	3	3	2	1	1	1			3	2	1	1	1	5	5	2	5	1	1	3	1	1	1
Cerastium caespitosum	+	+	+	+	+	+	+	+	+	+	+	+	+	+	+	+	+				+	+	+	+	+	+	+	+	+	+	+	+	+	+	+	+	+
Festuca pratensis	9	11	6	4	10	6	1	1	1	7	20	+	5	+	5	10	10				2	15	5	20	5	17	20	1	5	20	20	3	2	+	+	+	1
Holcus lanatus	8	12	10	9	14	10	+	+	+	5	5	15	5	10	10	10	8				15	10	10	5	11	11	8	10	10	10	10	13	8	30	20	20	20
Poa pratensis	4	3	3	2	3	3	15	10	10	5	5	5	15					11	9	10	5	5	5	5	6	15	15	2	2	5	5	6	8	1	1	2	2
Vicia cracca	4	2	3	1	3	3	+	+	+			+	+	+	+	1	1	1	2	1	+	+			+	+	+	1	+	1	5			+	+	+	+
Lathyrus pratensis	1	+	1	+	1	1	1	3	5	2	2	+	+	+	1	1	7				3	4	+	1				+	+	20	10		3	+	+	+	+
Poa trivialis	2	3	5	+	3	5	5	20	5	10	10							8	9	6	3	3	5	10	2	5	7					+	3	11	10	10	13
Centaurea jacea		+	+	+		+								+	+	+	+						1	+	+	+	+	+	1	+		+					
Cardamine pratensis										+	+							+	+	+					+	+	+					+	+	1	+	+	+
Colchicum autumnalis	1	1	1	2	+	1								+	+	+	+						1	1								+					
Helictotrichon pubescens	2	1	2	2	1	2																						+	2	+	1	1	+				
Rhinanthus major			+	+		+								+	+	+	+											2	1	+	+	+					
Alchemilla vulgaris							+	+	+					+	+	+																					
Myosotis palustre							+	+	+						+									+								+	+				
Selinum carvifolium																												+	+	+	+						
Succisa pratensis														1	1													+	2								
Equisetum palustre															+			+	+	+																	
Silaum silaus																																2	1				
Lysimachia nummularia																																+	+				
Caltha palustris																																					+
Taraxacum officinale	1	1	1	+	1	1	3	3	3	3	2	3	2	2	8	2	1	3	4	1	2	+			+	+	+	2	5	4	5	+	1	2	2	2	3
Achillea millefolium	3	2	2	+	2	2	2	+	+	1	1	+	+	+	+	+	+	1	1	+	+	+	1	+	4	1	1	+	+	+	+	+	1	+		+	
Plantago lanceolata	+	1	+	1	1	+	2	3	1	+	+	2	1	2	2	1	+	2	2	+	1	+	2	2	9	+	+	+	1	+		15	5	+	+	+	
Anthoxanthum odoratum	1	1	1	2	1	1	13	1	1	5	1	15	10	12	10	5	2	4	+	+			8	2	10	2	+	20	10	1	+	8	1	10	+		
Briza media	+		+	2		+				+	+	+	+	+	1	+	+				+	+			2	+	+		+								
Leontodon autumnalis							+	+	+	+	+	+	+	+	+	+	+				1	1	1	+													
Luzula campestris	+			+	+		+	+	+			+		+	+						+	+										+		+	+		
Prunella vulgaris			+	+	+	+	+	+	+																									+	+	+	+
Agrostis tenuis												5	5	10	5	1	1								2	+	+										
Carex spec.							+	+	+																+		+		+			1					
Veronica serpyllifolia	+	+	+			+															+													+			
Hypochoeris spec.							2	1	+					3	1	+																					
Galium verum																									+	+	+		+								
Lolium perenne										4	5												10	20													
Rumex crispus																																					+
Stellaria graminea																												+	+	+	+						

Ausserdem: je 3 mal: Ajuga reptans, Veronica officinalis, Saxifraga granulata, Scorzonera humilis

je 2 mal: Galium uliginosum, Geum urbanum, Carex leporina, Carex hirta

je 1 mal: Geum rivale, Plantago major, Carex flacca, Carex caryophyllea, Glechoma hederacea, Ranunculus bulbosus

Tabelle 2 <u>Düngungsversuche auf Feuchtwiesen</u>

Versuch - Nr.	12		11			1				25			19		20		24		17				8				3			
	K_1	K_0	K_0	K_1	K_2	0	P_0	P_1	P_2	0	P	PK	0	PK	0	PK	0	PK	Ca_0	Ca_1	Ca_2	Ca_3	K_0	K_1	K_2	K_3	0	P_0	P_1	P_2
Lychnis flos-cuculi	+			+	+					2	1	1	1	+			1	1	+	+	+	+	+	+	+	+	5	5	4	2
Equisetum palustre						r	+	r		+	+	+	+														3	+	+	+
Deschampsia caespitosa															+	1			50	5	5	1		+						
Cirsium oleraceum						+	+	+	+	1	1	2																		
Lotus uliginosus													+	+	+	1											+	+	+	
Filipendula ulmaria	+	+		+	+																						r	r		
Caltha palustris					+																					r	3	5	5	5
Sanguisorba officinalis													1	3	3	3	1	1												
Orchis maculata					r																						+	+	+	+
Juncus conglomeratus													+	+			+	+												
Polygonum bistorta													+	+	+	1														
Myosotis palustris													+	+			+	+												
Senecio aquaticus																											+	+		+
Juncus effusus					+																						+			
Cirsium palustre	r																													
Succisa pratensis													+																	
Lolium perenne	21	11	2	12	20	34	32	34	30	7	7	2															1	4	5	2
Phleum pratense	14	1	1	4	5	6	7	7	11																					
Alopecurus geniculatus		+	+	+	+	7	2	2	3																		+	+	+	
Agrostis stolonifera						5	2	2	4			5															2	+		+
Glyceria fluitans				+	+	+		+																			2	+	+	+
Veronica serpyllifolia	+	+	+	+	+																						+	+	+	
Trisetum flavescens										3	3	3	+	2																
Anthriscus silvestris					+		+	+	+		+																			
Heracleum sphondylium										6	10	6			+	2	+	+												
Chrysanthemum leucanth.													1	+	+	+														
Centaurea jacea														+	+	+	+													
Carex fusca																											4	1	1	2
Eriophorum angustif.																											+			
Ranunculus acer	2	2	2	2	2	2	1	1	1	1	1	3	1	5	2	2	2	1	3	2	2	3	4	3	2	2	4	5	5	2
Poa trivialis	11	10	8	15	16	13	10	12	11	11	12	15		+	3	5	10	12	1	4	5	6	54	28	23	16	3	5	10	10
Cardamine pratensis	3	3	4	4	2	+	+	+	+	1	1	1	+	+			+	+	+	+	+	+	1	1	1	1	5	4	4	1
Festuca pratensis	2		1		1	20	30	30	30	4	7	10		1	+	5	5	20	1	5	6	15	+	+	+	+	2	25	25	30
Festuca rubra	3	22	29	12	8					6	7	6	35	15	20	15	8	3	20	35	30	20	9	+	+	+	25	6	6	5
Holcus lanatus	5	5	6	3	3					10	12	10	5	15	20	15	15	20	1	10	10	5	+	+	+	+	8	8	6	10
Poa pratensis	2	1	1	1	1	+	+	+	+	20	10	9	1	5					2	5	15	15	4	5	5	5		1	+	+
Rumex acetosa	1	2	1	1	1					3	3	3	1	1	2	6	1	1	10	12	10	20	2	3	1	1	+	+		+
Cerastium caespitosum	1	1	1	1	+					+	+	+	+	+	1	+	+	+	+	1	+		+	+	+	+	+	+	+	+
Trifolium pratense					+					10	11	5	15	15	15	20	2	1	1	2	5	5					4	4	3	5
Cynosurus cristatus				+	+					1	+	+	3	2	2	3	3	3	+	+	+	+					11	10	10	10
Bellis perennis	+	+	1	+	+	+	+	+		+	+	1	+	+	+	+											+	+	+	+
Bromus mollis	9	11	13	15	12					2	1	+		1			+	3	+	3	2	2								
Alopecurus pratensis						5	11	9	8	+			2	10	+	5	+	5					14	51	61	69				
Trifolium repens	+			+	4	1	+	+	+	1	+	1	3	2			1	+												
Lathyrus pratensis										+	+	+			+	3	+	+	+	+	1	1							+	
Vicia cracca				+									+	5	+	2					+						+	+	+	+
Trifolium dubium													1	+			1	+												
Daucus carota													+	+																
Pimpinella major															1	2														
Campanula palustre													+																	
Ranunculus repens	10	10	9	10	9	1	1	1	1	7	9	10	+	+			7	8	+	+	+	+	4	3	3	2	1	1	+	1
Anthoxanthum odoratum	11	16	14	14	11	+							20	10	13	3	10	8	5	3	2	1	+	+			15	15	15	15
Taraxacum officinale	5	5	5	5	5	2	2	2	1	2	2	2					1	1					6	5	4	4	1	+	+	+
Plantago lanceolata						r				1	+	+			+	1	+	+	+	2	1	+							+	
Agrostis tenuis													10	7	12	+			5	10	5	5								
Polygonum amph.f.ter.						+	+	+	+																		+	+	+	
Leontodon autumnalis										+			+	1	3	3	+	+												
Achillea millefolium						r	r		r				+								+									
Carex spec.										1	2	4	+																	
Rumex crispus						r	r	r				+																		
Glyceria maxima						1	1	+	+																					
Stellaria media						+	+	+	+																					
Galeopsis spec.						+	+	+	+																					
Cirsium lanceolata			+	+		+																								
Carex hirta			+	+	+																									
Prunella vulgaris			+																									+	+	
Agropyron repens						+	+	+																						
Poa annua						+	+		+																					
Vicia sepium												1						+			+									
Phalaris arundinacea																							+	+		+				
Plantago major						+		+																						
Hypochoeris radicata													+	+																
Luzula campestris															+				+											
Carex strictà																	30	12												
Carex leporina																	2	+												
Polygonum convolvulus							r																							
Carum carvi											+																			
Saxifraga granulata													+																	
Geum rivale																	+													
Veronica chamaedrys																							+							

Tab. 3. Ertragsanteile der Artengruppen Gräser (Gr.), Leguminosen (Leg.) und Kräuter (Kr.) bei variierter Düngung mit Phosphat, Kali und Kalk

Vers.		ohne	P_0	P_1	P_2	P_3
1	Gr.	91	96	96	97	
M	Leg.	+	+	+	+	
	Kr.	9	4	4	3	
2	Gr.	78	87	86	84	
A	Leg.	+	+	+	+	
	Kr.	22	13	14	16	
3	Gr.	67	74	76	80	
M	Leg.	4	4	4	5	
	Kr.	29	22	20	15	
4	Gr.		75	75	75	76
M	Leg.		0	0	0	0
	Kr.		25	25	25	24
5	Gr.		61	74	75	
A	Leg.		19	15	15	
	Kr.		19	10	10	
6	Gr.		58	59	63	
A	Leg.		22	26	23	
	Kr.		20	15	14	
7	Gr.		65	59	61	
A	Leg.		10	24	25	
	Kr.		25	17	14	
		Ca_0	Ca_1	Ca_2	Ca_3	
16	Gr.	76	74			
A	Leg.	1	2			
	Kr.	23	24			
17	Gr.	85	80	80	75	
M	Leg.	1	1	6	5	
	Kr.	14	19	14	20	

Vers.		ohne	K_0	K_1	K_2	K_3
8	Gr.		83	84	89	91
M	Leg.		0	0	0	0
	Kr.		17	16	11	9
9	Gr.		64	74	75	76
M	Leg.		0	0	0	0
	Kr.		36	26	25	24
10	Gr.		85	85	87	
M	Leg.		1	1	2	
	Kr.		14	14	11	
11	Gr.		76	77	78	
M	Leg.		0	+	+	
	Kr.		24	23	22	
12	Gr.		76	79		
M	Leg.		0	+		
	Kr.		24	21		
13	Gr.		51	64	61	
A	Leg.		29	19	25	
	Kr.		20	17	14	
14	Gr.	78	72	63	63	
A	Leg.	6	10	17	18	
	Kr.	16	18	20	19	
15	Gr.	82	76	49	49	
A	Leg.	4	5	31	28	
	Kr.	14	18	20	23	

A = Arrhenatheretalia-Wiese
M = Molinietalia-Wiese

Vers.		ohne	PK
18	Gr.	62	68
A	Leg.	14	9
	Kr.	24	23
19	Gr.	77	68
M	Leg.	19	22
	Kr.	4	10
20	Gr.	70	52
M	Leg.	15	26
	Kr.	15	22
21	Gr.	79	86
A	Leg.	6	2
	Kr.	15	12
22	Gr.	72	71
A	Leg.	9	11
	Kr.	19	18
23	Gr.	78	77
A	Leg.	13	7
	Leg.	9	16
24	Gr.	48	73
M	Leg.	5	3
	Kr.	47	24
25	Gr.	63	59
M	Leg.	11	7
	Kr.	26	34
26	Gr.	53	60
A	Leg.	19	26
	Kr.	28	14

Durch *steigende Phosphatgaben* wurde der Anteil der Gräser in einigen Versuchen erhöht, in anderen verringert oder gar nicht beeinflußt. Soweit auf den Versuchsflächen Leguminosen vorhanden waren, hat sich deren Anteil am Pflanzenertrag ebenfalls fast unabhängig von der P-Düngung verändert. Wo eine Zunahme des Gras- bzw. des *Leguminosen*-Anteiles festzustellen war, erfolgte sie fast immer auf Kosten des Krautanteiles.

Steigende Kaligaben bewirkten in einigen Fällen eine geringe Zunahme des Grasanteiles auf Kosten der Kräuter. In zwei Versuchen löste die Kalidüngung eine starke Verminderung des Grasanteiles und eine deutliche Vermehrung der Leguminosen aus.

Steigende Kalkgaben haben in den beiden untersuchten Versuchen den Grasanteil etwas verringert und den Anteil der Leguminosen und Kräuter etwas vermehrt.

In einigen der 9 Versuche mit der Vergleichsmöglichkeit von ungedüngten und regelmäßig mit Phosphat und Kali gedüngten Teilstücken ist eine Vermehrung des Grasanteiles zu erkennen, in anderen dagegen eine Vermehrung des Leguminosenanteiles oder des Kräuteranteiles.

Wenn man die Ergebnisse aller von uns untersuchten Versuche zu einer gemeinsamen Aussage zusammenfaßt, kann man die Lehrmeinung von der Förderung der Kleeartigen durch die Kali-Phosphat-Düngung, trotz einiger Fälle mit Leguminosenrückgang, durchaus bestätigen. Die Leguminosenförderung durch PK-Düngung wird besonders deutlich, wenn man anstelle von Einzelergebnissen jahreszeitlich vergleichbare Werte statischer Versuche aus mehreren Jahren heranzieht.

Von SCHWERDT (briefl. Mitt.) durchgeführte Untersuchungen erbrachten die in Übersicht 1 wiedergegebenen Ergebnisse.

In diesen drei Versuchen tritt die Bedeutung der PK-Düngung für das Leguminosenwachstum besonders deutlich hervor. Ausreichende Versorgung der Pflanzen mit P und K verringerte die Schwankung des Leguminosenanteiles von Jahr zu Jahr. Drückt man diese Schwankung als mittleren Fehler des Mittelwertes (± m) aus, dann erhält man die Werte der folgenden Zusammenstellung:

	ohne PK	PK
Versuch A typische Feuchtwiese	± 3,56	± 1,98
Versuch B Fuchsschwanz-Glatthaferwiese	± 5,43	±'4,23
Versuch C Fuchsschwanz-Glatthaferwiese	± 3,93	± 2,79

Die ausreichende Versorgung mit PK hat zumindest in den letzten 4 Versuchsjahren auch den Gesamtleguminosenanteil erhöht. Allerdings ist für diese Wirkung immer eine ausreichende Ernährung mit P *und* K erforderlich. Bei alleiniger K-Düngung und herrschendem P-Mangel ähneln solche Flächen meist den gänzlich ungedüngten Flächen. Mit den in Übersicht 2 zusammengestellten Versuchsergebnissen von BRAUER (1960) läßt sich das deutlich belegen.

Unterschiedliche P- und K-Düngung beeinflußt nicht nur den Ertragsanteil der Gräser, Leguminosen und Kräuter, sondern auch denjenigen der Einzelarten. Besonders deutlich ist diese Wirkung in statischen Versuchen erkennbar, weil die unterschiedliche Nährstoffversorgung von Jahr zu Jahr stärker wirksam wird. In den Abbildungen 1 und 2 sind die wichtigsten Veränderungen je eines P- und K-Steigerungsversuches auf

1 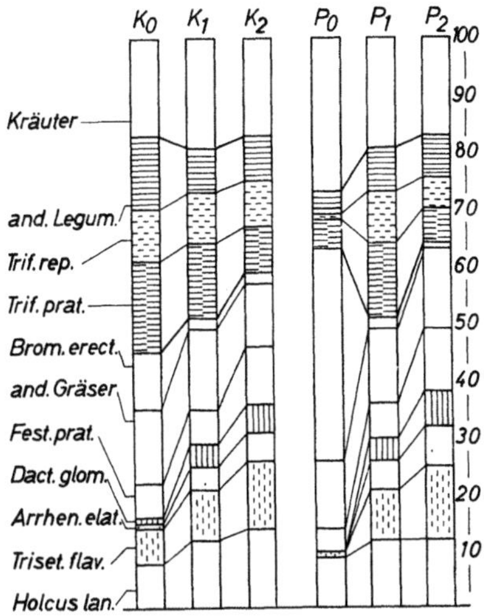

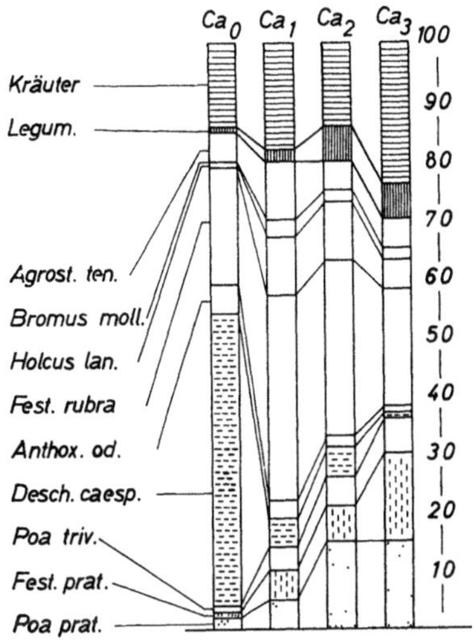 2

Abb. 1. Veränderung der Artenzusammensetzung einer Glatthaferwiese durch K-bzw. P-Düngung.

Abb. 2. Veränderung der Artenzusammensetzung einer Feuchtwiese durch unterschiedlich hohe Kalkung.

einer Mittelwegerich-Glatthaferwiese und eines Ca-Steigerungsversuches auf einer artenarmen Feuchtwiese aufgezeichnet und in den Übersichten 3 und 4 sind die in den einzelnen Versuchen beobachteten Artenverschiebungen wiedergegeben.

Die unterschiedlichen Düngergaben lösten z.T. beachtliche Verschiebung der Ertragsanteile einzelner Arten aus, sie führten jedoch nur selten zur Änderung der Artenkombination.

In Übersicht 5 sind diejenigen Arten zusammengestellt, die in den einzelnen Versuchen meßbar durch Steigerung der Phosphat-, Kali- oder Kalkdüngung gefördert oder zurückgedrängt wurden.

Es ist zu erkennen, daß bei Düngung mit Phosphat, Kali oder mit beiden Nährstoffen und auch bei Kalkung fast ausschließlich Arten gefördert wurden, die als landwirtschaftlich wertvoll angesehen werden. Die neun mehr oder weniger stark geförderten Gräser gehören z.B. zu den wertvollen Arten, die mit den Futterwertzahlen 7 und 8 bewertet sind und auch die drei geförderten Leguminosen werden mit der Wertzahl 7 als wertvoll ausgewiesen. Die beiden teilweise geförderten Kräuter haben dagegen nur geringen bzw. mittleren Futterwert. Geringen bis mittleren Futterwert haben auch alle zurückgedrängten Gräser und Kräuter.

Sonderwirkungen der Einzelnährstoffe sind nicht zu erkennen, auch nicht bei den Versuchen, die für das Auffinden solcher Wirkungen dadurch besonders geeignet waren, daß die P- und K-Steigerung unmittelbar nebeneinander im soziologisch und ökologisch gleichartigen Pflanzenbestand erfolgte. Zeigerarten zur Kennzeichnung ausreichender P-, K- oder Ca-Versorgung waren in unseren Versuchen nicht aufzufinden. Das war übrigens zu erwarten, da sich die Artenzusammensetzung von Grünlandbeständen bei zunehmender Wüchsigkeit infolge verbesserter Nähr-

Übersicht 3. Verschiebung der Ertragsanteile einzelner Arten bei steigenden Phosphatdüngergaben

	ohne	P_0	P_1	P_2
Versuch Neuenfähre (zeitweilig vernäßte Feuchtwiese)				
Phleum pratense	6 →	7 —	7 →	11
Alopecurus pratensis	5 →	11	4	8
Festuca pratensis	20 →	30	30	30
Alopecurus geniculatus	7 ←	2	2	3
Versuch Bokelholm (typische Feuchtwiese) keine Veränderungen				
Versuch Holm (stärker vernäßte Feuchtwiese)				
Festuca pratensis	2 →	25 —	25 →	30
Poa trivialis	3 →	5 →	10 —	10
Lolium perenne	1 →	4 →	5	2
Trifolium pratense	4 —	4 —	3 →	9
Lychnis flos-cuculi	5 —	5 ←	4 ←	2
Carex fusca	4 ←	1	1	2
Cardamine pratensis	5 ←	4 —	4 ←	1
Versuch Höfen (Mittelwegerich-Glatthaferwiese)				
Trisetum flavescens		10 →	15 →	30
Lathyrus pratensis		1 →	3 →	5
Cynosurus cristatus		7 —	7 →	10
Poa trivialis		5 →	20	5
Trifolium pratense		15 →	20	15
Poa pratensis		15 ←	10 —	10
Festuca rubra		7 ←	5 —	5
Anthoxanthum odoratum		13 ←	1 —	1
Trifolium repens		5 ←	2 —	2
Versuch Wildschwaig (Fuchsschwanz-Glatthaferwiese)				
Festuca pratensis		5 →	17 →	20
Alopecurus pratensis		+ →	10 →	12
Poa trivialis		2 →	5 →	7
Trisetum flavescens		4 →	6 →	7
Poa pratensis		6 →	15	15
Festuca rubra		15 ←	8 ←	5
Anthoxanthum odoratum		10 ←	2 ←	+
Trifolium pratense		13 ←	11 ←	0
Plantago lanceolata		9 ←	+	
Achillea millefolium		4 ←	1	1
Versuch Rondeshagen (Fuchsschwanz-Glatthaferwiese)				
Alopecurus pratensis	15 →	27 →	30	30
Dactylis glomerata		20 ←	15 ←	5
Holcus lanatus	30 ←	20	20	20

stoffversorgung normalerweise im Sinne einer Artenverarmung verschiebt. Im übrigen sei an dieser Stelle hervorgehoben, daß eine Ermittlung von ökologischen Gruppen zur Kennzeichnung unterschiedlicher K- oder P-Versorgung von Grünlandflächen nicht durch Vergleich des Vorkommens oder Fehlens von Arten mit dem K- oder P-Gehalt des Bodens erfolgen sollte, da die durch die Bodenuntersuchung ermittelte Höhe des K- oder P-Gehaltes auf Grünlandböden nicht unbedingt zur Kennzeich-

Übersicht 4. Verschiebung der Ertragsanteile einzelner Arten bei steigenden Kalidüngergaben

	ohne		K_0		K_1		K_2
Versuch Dellbrück (zeitweilig vernäßte Feuchtwiese)							
Lolium perenne			2	→	12	→	20
Poa trivialis			8	→	15	→	16
Phleum pratense			1	→	4	→	5
Festuca rubra			29	←	12	←	8
Anthoxanthum odoratum			14		14	←	11
Holcus lanatus			6	←	3		3
Versuch Bokelholm (typische Feuchtwiese)							
Alopecurus pratensis			11	→	43	→	50
Festuca pratensis			5	→	6	→	8
Holcus lanatus			8	←	4	←	+
Poa pratensis			8		8	←	5
Festuca rubra			12	←	+		2
Anthoxanthum odoratum			5	←	+		
Ranunculus repens			12	←	5		5
Versuch Polling (Mittelwegerich-Glatthaferwiese)							
Trisetum flavescens			8	→	13	→	14
Arrhenatherum elatius			5	→	7	→	8
Poa trivialis			2	→	3	→	5
Holcus lanatus			8	→	12		10
Dactylis glomerata			2	→	6		5
Knautia arvensis			4	←	2	←	1
Bromus erectus			6	←	1		2
Trifolium pratense			12	←	6		8
Versuch Reichelsheim (Fuchsschwanz-Glatthaferwiese)							
Arrhenatherum elatius	7	→	5	→	15	→	20
Festuca pratensis	+	→	5	→	10	—	10
Alopecurus pratensis					1	→	3
Trifolium pratense	3		3	→	8	→	10
Festuca rubra	35	←	15	←	5	←	2
Anthoxanthum odoratum	10		10	←	5	←	2
Agrostis tenuis	10	←	5	←	1		1
Versuch Hüttenfeld (Fuchsschwanz-Glatthaferwiese)							
Festuca pratensis	1	→	5	→	20		20
Poa pratensis	2		2	→	5		5
Anthoxanthum odoratum	20	←	10	←	1	←	+
Rhinanthus major	2	←	1	←	+		+
Festuca rubra	40		40	←	+		3

nung der letztlich interessierenden Nährstoffversorgung der Pflanzen geeignet ist. Statische Düngungsversuche als pflanzensoziologisches Experiment eignen sich dagegen sehr gut zum Aufspüren solcher ökologischer Gruppen.

Auf unseren Versuchen standen neben den mit verschieden hohen P-, K- oder Ca-Gaben gedüngten Teilstücken auch solche ohne Phosphatdünger, ohne Kalidünger oder auch ohne jeglichen Dünger zum Vergleich zur Verfügung. In der Übersicht 6 sind diejenigen Arten zusammengestellt die auf solchen Mangelteilstücken aufzufinden waren und den gedüngten Flächen fehlen. Diese Mangelteilstücke litten als Folge mehrjähriger Düngervorenthaltung tatsächlich unter P- oder K-Mangel und die dort vor-

Übersicht 5. Durch P-, K-, PK- oder Ca-Düngung geförderte (+) oder zurückgedrängte (—) Arten

		P		K		PK		Ca	
	FW	A	M	A	M	A	M	A	M
Poa trivialis	7	+	+	+	+	+	+	+	+
Festuca pratensis	8	+	+	+		+	+		+
Alopecurus pratensis	7	+	—	+	+	+		+	
Trisetum flavescens	7	+		+			+		
Arrhenatherum elatius	7	+		+		+			
Phleum pratense	8		+		+				
Lolium perenne	8				+	+			
Poa pratensis	8					+			+
Dactylis glomerata	7	—		+					
Festuca rubra	5	—	—	—	—	—	—		
Anthoxanthum odoratum	3				—	—	—		—
Agrostis tenuis	5	—		—			—		
Holcus lanatus	4	—				—	—		
Bromus erectus	5	—		—					
Bromus mollis	3				—				
Cynosurus cristatus	6					—			
Deschampsia caespitosa	3								—
Trifolium pratense	7	—	+	+					+
Lathyrus pratense	7	+							
Medicago lupulina	7	+							
Ranunculus repens	2						+		
Anthriscus silvestris	4							+	
Heracleum sphondylium	5		+		—	—			
Chrysanthemum leucanth.	2	—		—			—		
Knautia arvensis	2	—		—					
Hypochoeris spec.	1	—		—					
Lychnis flos-cuculi	1		—						
Plantago lanceolata	6					—			

M = Molinietalia-Wiese A = Arrhenatheretalia-Wiese
FW = Futterwertzahl.

kommenden Arten konnten sich halten, weil den wüchsigeren Arten wegen Nährstoffmangel eine Unterdrückung nicht gelang. Alle Vergleichsparzellen wurden übrigens gleich oft und zu gleicher Zeit genutzt, so daß die in solchen Versuchen gelegentlich übersehenen Nutzungswirkungen gar nicht vorkommen konnten.

Fast alle in der vorstehenden Tabelle aufgeführten Arten kamen auf Teilstücken mit gleichzeitigen Phosphat- und Kalimangel vor. Nur drei Arten, nämlich *Bromus mollis*, *Veronica chamaedrys* und *Glechoma hederacea* reagierten auf einseitigen K- bzw. P-Mangel, ohne daß man aus diesem Ergebnis auf ein spezifisches Verhalten dieser Arten schließen könnte. Einige der in Übersicht 6 aufgeführten Arten kann man sicher als Nährstoffmangelanzeiger ansehen, während andere nur mehr oder weniger zufällig auf den Nährstoffmangelteilstücken vorhanden waren und auf den gedüngten Teilstücken fehlten.

P- und K-Mangelteilstücke erkennt man auf Glatthaferwiesen und auf Feuchtwiesen also seltener daran, daß hier bestimmte Arten vorhanden sind, als vielmehr daran, daß wertvolle Arten in geringerer Menge vor-

Übersicht 6. Arten, die nur bei Nährstoffmangel vorkamen

	Art ist vorhanden bei:				Werte entstammen	
	ohne	K_0	P_0	Ca_0	Feuchtw.	Glatth.w.
Luzula campestris	+	+		+	3	1
Succisa pratensis	+	+			1	1
Juncus effusus	+				2	
Prunella vulgaris	+	+			1	1
Ajuga reptans	+		+			2
Carex hirta	+					2
Cirsium palustre	+					1
Orchis maculata	+					1
Veronica serpyllifolia	+					1
Lychnis flos-cuculi	+					1
Filipendula ulmaria	+					1
Rhinanthus major	+					1
Bromus mollis			+			1
Eriophorum angustifolium	+				1	
Cirsium lanceolatum	+				1	
Anthoxanthum odoratum	+				1	
Veronica chamaedrys		+			1	
Glechoma hederacea		+			1	

kommen oder gar ganz fehlen. In unseren Versuchen fehlt z.B. *Vicia sepium* auf 4 Standorten bei P- oder PK-Mangel. Auch *Trifolium pratense, Trifolium repens* und *Lathyrus pratensis* fehlen bei P- und K-Mangel häufig. Von den Gräsern reagieren *Alopecurus pratensis, Dactylis glomerata* und *Festuca pratensis* mit starkem Rückgang oder manchmal mit völligem Verschwinden. Auch die Kräuter *Heracleum sphondylium* und *Anthriscus silvestris* verlieren bei P- und K-Mangel ihren Platz meist an konkurrenzstärkere Arten. Das Vorkommen der in Übersicht 6 aufgezählten und das Fehlen der zuletzt genannten Arten ermöglicht also eine ungefähre Trennung der mehr oder weniger ausreichend versorgten Teilstücke von solchen, die unter Nährstoffmangel leiden. Eine solche Differenzierung ist jedoch unter intensiveren landwirtschaftlichen Bedingungen ziemlich ungenau und kaum von praktischem Interesse. Der Grad der Nährstoffversorgung von Grünlandpflanzen und Grünlandbeständen kann wesentlich einfacher und vor allem unvergleichlich genauer durch die chemische Pflanzenanalyse bestimmt werden. Auch bei der Beweissicherung durch pflanzensoziologische Untersuchungen sollte die Nährstoffversorgung der Grünlandbestände nicht durch unsichere Zeigerarten, sondern durch exakte Pflanzenanalysen festgehalten werden.

Am pflanzensoziologischen Experiment, in unserem Falle am Grünlanddüngungsversuch wird nicht nur die Plastizität der Narbe sichtbar, sondern auch das Beharrungsvermögen der nach Klima-, Boden- und Wasserverhältnissen standortstypischen Pflanzenarten. Dieses Beharrungsvermögen verhindert häufig ein eindeutig feststellbares Hervortreten von Zeigerarten für entsprechenden Nährstoffmangel oder für ausreichende bzw. differenzierte Nährstoffversorgung.

ZUSAMMENFASSUNG

Besonderes Kennzeichen der Grünlandvegetation ist die Plastizität der

Narbe. Nicht nur Eingriffe in den Wasserhaushalt oder Änderungen der Nutzung verändern die Bestandeszusammensetzung, sondern oft auch Unterlassung oder Steigerung der Düngung mit Phosphat, Kali oder Kalk. Der Einfluß der P-, K- oder Ca-Düngung auf den Ertragsanteil von Gräsern, Leguminosen oder Kräutern wird für 26 Versuche dargestellt und die Wirkung von Nährstoffmangel oder Düngersteigerung auf die Zu- oder Abnahme der einzelnen Arten für 22 Versuche. Besonders gefördert werden durch die Düngung massenwüchsige wertvolle Gräser und Leguminosen, zurückgedrängt werden geringwertige Untergräser und Kräuter. PK-Mangelflächen bieten einigen Arten Lebensraum, die auf ausreichend mit P und K versorgten Flächen von wüchsigeren Konkurrenten unterdrückt werden. Wegen des starken Beharrungsvermögens aller Arten ist eine eindeutige Festlegung von Zeigerarten für Nährstoffmangel oder ausreichende Nährstoffversorgung nicht möglich.

SUMMARY

The variability of the sward represents a distinguishing mark of grassland vegetation. Not only an interference into the watersupply or changements of produce, but frequently also a neglect or increase of manuring with phosphate, potash or lime change the density of sward composition. The influence of phosphate, potash or lime manuring on the relative yield of grasses, leguminosae or herbs is represented for 26 experiments and the effect of a deficiency of nutrient or increase of manure on the de- or increase of particular species of plants for 22 experiments. Especially encouraged by manuring are mass-growing, valuable grasses und leguminosae; grasses and herbs of small value are forced back. Plains with a deficiency of phosphate and potash give a living space to some species which are suppressed by more growing competitors on plains which are sufficiently manured with phosphate and potash. Owing to the strong inertia of all species, it is not possible to determine precisely indicating plants for a deficiency of nutrient or a sufficient supply of nutrient.

LITERATUR

BRAUER, A.: Über den Einfluß der Phosphorsäuredüngung auf die Verdaulichkeit und den Futterwert von Heu. – Die Phosphorsäure **20**: 12–38. Essen-Bredeney 1960.

KLAPP, E.: Wiesen und Weiden. – 3. Aufl. Berlin u. Hamburg 1956.

KNAUER, N.: Über die Brauchbarkeit der Pflanzenanalyse als Maßstab für die Nährstoffversorgung und das Düngebedürfnis von Grünland. – Schriftenreihe Landw. Fakultät Universität Kiel. **33**. Hamburg und Berlin 1963.

W. MÜLLER-STOLL:
Ich muß mit Ihnen übereinstimmen, daß die Herausarbeitung von Artengruppen, die auf bestimmte Einflüsse eine genügende Gemeinsamkeit des Reaktionsvermögens zeigen, nur im Experiment klar erfolgen kann und daß Koinzidenz-Feststellungen zwischen der Präsenz von Arten und bestimmten Zuständen z.B. im Nährstoffvorrat des Bodens noch keine

sichere Beurteilungsgrundlage für einen kausalen Zusammenhang abgeben. Das wird vielfach verwechselt. Der Beweis ist durch eine Kausalbeziehung gesichert und nicht durch eine Koinzidenz. Darin ist nur eine gewisse Wahrscheinlichkeit enthalten, die dann einer Erhärtung bedarf.

R. TÜXEN:
Ich fühle mich durch das Wort Koinzidenz angesprochen. Wenn wir von Koinzidenz-Beziehungen sprechen, so wollen wir damit nicht kausale Beziehungen betonen, sondern lediglich ein Zusammenfallen von zwei Erscheinungen zeigen. Über Kausalität ist mit diesem Zusammenfallen zunächst gar nichts gesagt. Es gibt, wenn man eine solche Koinzidenz von zwei Erscheinungen festgestellt hat, ganz große Überraschungen, wenn man auf die Kausalität zurückzugehen versucht. Darin bin ich ganz derselben Meinung, die eben Herr MÜLLER-STOLL geäußert hat.

Ich möchte Herrn KNAUER fragen, ob vielleicht bei Grünlandgesellschaften – das gilt auch für Rothamsted – die wenig intensiv behandelt werden, sich leichter Koinzidenzen finden lassen als bei solchen, die unter einem einseitig starken Faktor an Arten verarmen, wie wir das in Rothamsted gesehen haben, wo infolge dessen einfach keine Möglichkeit mehr ist für die Artenkombination durch das Auftreten von Zeigerarten eine Koinzidenz zu zeigen.

J. FEISE:
Die vorgelegten Veränderungen entsprechen auch unseren Erfahrungen. Man müßte sie nun ergänzen durch mehrfaktorielle Düngungsversuche und beachten, daß über die Ernährung hinaus diese Nährstoffe noch andere Wirkungen haben: Z.B. bremst Ca die Entwicklung, N verlängert den Wuchs und verspätet die Ernte, K verdichtet den Boden, P lockert ihn, durch Na (etwa im Chilesalpeter) hemmt man K-Aufnahme usw. Die einzelnen Bestandteile der Narbe werden verschieden stark verändert, gelegentlich wird durch Sukzession sogar die Gesellschaft degeneriert. Auch wirken dieselben Dünger anders, ob man sie im Frühjahr oder Spätsommer gibt. Das versucht der Landwirt auszunutzen.

A. APINIS:
Wir wissen sehr genau, daß jede Pflanze, z.B. ein Waldbaum, in einem Düngungsversuch die Ernährungsweise grundsätzlich ändert. Sie werden autotroph, wenn man Dünger-Salze in den Boden gibt. Von einer heterotrophen natürlichen Ernährungsweise bekommen wir physiologisch ganz anders abgestimmte Organismen. Selbstverständlich wissen wir bei diesen Düngungsversuchen nicht, welche biologischen Bodenfaktoren parallel damit gehen. Miss THURSTON hat das sehr schön in einem Farbbild heute gezeigt. Wir wissen, daß die meisten Gräser und Wiesenpflanzen sich heterotroph verhalten. Eine autotrophe Wiesenpflanze, die experimentell mit einer heterotrophen Pflanze derselben Art verglichen wird, gibt geringere Erträge als diese.

N. KNAUER:
Zu der Bemerkung von Herrn FEISE möchte ich sagen: wenn zu viel Kali

vorhanden ist, dann braucht eben keines gedüngt zu werden. Denn es kommt darauf an, daß die Pflanze mit soviel von jedem Nährstoff ernährt wird, wie zur optimalen Ernährung notwendig ist und nicht mit mehr und nicht mit weniger. Und dieses „soviel" stellt man nach meinen Erfahrungen und meinen Untersuchungen am besten dadurch fest, daß man die Pflanze befragt und nicht den Boden. Das ist aber leider etwas, was vielleicht altmodisch ist. Früher hat man es so getan. Aber dann kam eine elegante Bodenuntersuchungsmethode auf, die billiger und schneller war. Ich meine aber, es ist sinnvoller, die Pflanze zu befragen. Das ist auf dem Grünland sicher richtiger. Auf dem Acker könnte man noch darüber diskutieren, ob die billige Boden-Untersuchung einen so ausreichenden Anhalt gibt für die Düngung, daß man mit ihr wirtschaftlicher fährt. Auf dem Grünland wird man mit der teueren Pflanzen-Analyse wirtschaftlicher arbeiten.

Die Frage von Prof. TÜXEN möchte ich mit ja beantworten. Auf den extensiver genutzten Flächen sind bei der Koinzidenz-Betrachtung Antworten zu erwarten, auf den intensiveren werden solche Antworten kaum gegeben werden.

Ich war mir von vornherein bewußt, daß ich mit meinem Vortrag nichts Neues bringen würde. Eigentlich ist alles, was ich vorgetragen habe, bekannt. Wenn Sie die Literatur der letzten 50 Jahre durchsehen, finden Sie alles darin schon enthalten. Ich wollte nur dazu anregen, noch einmal wieder nachzudenken, wie die Umschichtungen im Wirtschaftsgrünlandbestand sind, wenn wir die Fazies zunächst ausklammern. Ich wollte damit die Herren anregen, die solche Versuche sozusagen vor ihrer Haustür haben und jeden Tag den Fuß darauf setzen können, solche Versuche in der Richtung der Arten-Umschichtung über Jahre hinweg zu verfolgen und sich nicht damit zu begnügen, den Ertrag nach drei Gruppen: Gräser, *Leguminosen* und Kräuter zu bestimmen. Wenn wir auch für den Acker- und Pflanzenbauer und für den Grünlandbauer praktisch bedeutsame Aussagen aus den Grünlandversuchen haben wollen, dürfen wir uns nicht damit begnügen, nur den Ertrag der drei Artengruppen in toto festzustellen. Sondern wir müssen uns schon die Mühe machen, im Laufe der Jahre in statischen Versuchen laufend nachzusehen, wie sich das Arten-Gefüge verändert. Welche Arten werden gefördert, welche werden zurückgedrängt?

W. MÜLLER-STOLL:
Ich möchte Herrn KNAUER noch einmal recht herzlich danken. Das, was er zum Schluß gesagt hat, ist uns sicher allen aus dem Herzen gesprochen. Ich weiß aus eigener Erfahrung, daß er keineswegs gerade bei allen Kollegen der Grünlandwirtschaft Gegenliebe finden wird. Sie möchten sich nämlich nicht – nach ihrer Auffassung – mit einer unnötigen Pflanzenkenntnis belasten. Und ich habe schon Grünlandspezialisten erlebt, die nicht einmal *Molinia coerulea* kennen, einfach deshalb, weil dieses Gras keinen Futterwert hat und nicht förderungswürdig ist. Sie haben also sicher eine große Aufgabe und Arbeit vor sich, wenn Sie hier eine Wendung im Bereich der gesamten Landwirtschaft einleiten wollen. Ich glaube, daß schon gute Ansätze da sind.

DIE MIT BEWÄSSERUNG VERKNÜPFTE WIRKUNG DER VERSCHIEDENEN NITROGEN- UND PHOSPHORDARREICHUNGEN FÜR DIE ACHILLEO-FESTUCETUM PSEUDOVINAE ARTENZUSAMMENSETZUNG DER TROCKENWEIDEN IM DONAUTAL

von

GY. BODROGKÖZY und I. HARMATI, Szeged

Die Physiognomie der Vegetation im Donautal in Ungarn hat sich nach den in den 1920er Jahren durchgeführten Entwässerungsarbeiten allmählich verändert. Die Röhrichte und Sümpfe des versalzten Bodens verwandelten sich infolge der Entsumpfung zu alkalischen Wiesen. Ja selbst Gebiete, die nicht oder nur in geringem Maße alkalisch waren, sind trocken geworden. Über die Zönose der letzteren waren für uns bisher nur Angaben für einen allgemeinen Überblick vorhanden (MOESZ 1940). Die eingehende Untersuchung ihrer Vegetationszusammensetzung und Produktion sind, entsprechend den praktischen Anforderungen, mit der Lösung zeitgemäßer Weidewirtschaftsaufgaben verbunden worden. Ihr Weideertrag und die Verteilung der Artengruppen sind in ihrem heutigen Zustande keineswegs befriedigend. Die Ursache davon ist zunächst in den nachteiligen bodenkundlichen und agrochemischen Eigenschaften ihres Bodens und last but not least in der Unzulänglichkeit der Niederschläge zu suchen.

Um Qualitätsweiden und einen entsprechenden Ertrag auszubilden, haben in den letzten Jahren die Südtiefländische Landwirtschaftliche Versuchsanstalt und das Botanische Institut der József-Attila-Universität, mit Ausnutzung der von den modernen Bewässerungssystemen und der Mineraldüngung gegebenen Möglichkeiten, im Rahmen einer gemeinsamen Arbeit, angefangen dieses vielfältige Problem zu lösen.

BODEN- UND VEGETATIONSVERHÄLTNISSE DES VERSUCHSGEBIETES

Das Versuchsgebiet, das nordöstlich von Fülöpszállás liegende Großflachland, war nach den Angaben einer vor einem Jahrhundert verfertigten „Wiener-Landkarte" ein feuchtes sumpfiges Gebiet. Darauf hat sich nach der Entsumpfung der jetzige Wiesenboden ausgebildet.

Auf Grund der Untersuchungsangaben der aufgeschlossenen Segmente (Tabelle 1–3) kann festgestellt werden, daß der Boden unseres Versuchsgebietes ein ausgeprägter Kalkboden ist, der ein „A"-Niveau geringer Mächtigkeit (30 cm) aber mit einem hohen Kalkgehalt besitzt. Unter diesem folgt ein besonders aus $CaCO_3$ und $MgCO_3$ bestehendes zusammenzementiertes „B"-Niveau und dann, von 100–110 cm ab, ein Sandboden voller Grundwasser. Der Absorbtionskomplex ist überwiegend Ca-gesättigt, aber auch sein Mg-Gehalt ist bedeutend. Sein Na- und K-Gehalt ist

Tabelle 1. Einige der charakteristischen Bodenangaben

Tiefe cm	pH	K_A	CO_3 als $CaCO_3$ %	Humus % gemäß TYURIN	Austauschbar (mit der MEHLICH'schen Methode) Ca	Mg	Na	K
					mg/100 g Boden			
0– 10	7,83	62	27,4	7,35	25,7	7,45	0,40	0,45
10– 20	8,05	62	33,4	4,06	21,5	9,62	0,40	0,45
20– 30	8,24	60	45,7	2,21	16,2	11,80	0,50	0,15
30– 50	8,40	52	70,5	0,75	14,5	12,32	0,45	0,12
50– 70	8,44	48	71,8	0,36	13,8	9,35	0,50	0,10
70– 90	8,47	38	40,5	0,26	12,7	6,17	0,40	0,10
90–110	8,54	20	24,8	0,19	10,1	3,40	0,20	0,05

K_A = Gebundenheitsnummer gemäß ARANY.

Tabelle 2. Der wasserlösbare Salzgehalt des Bodens (wässeriger Auszug 1 : 5)

Tiefe cm	Gesamtsalz mg/100 g	Ca	Mg	K	Na	Gesamtkationen	CO_3	HCO_3	Cl	SO_4	Gesamtanionen
		mg/100 g Boden									
0– 10	150	0,61	1,01	0,13	0,25	2,00	0,20	1,48	0,28	0,18	2,14
10– 20	128	0,45	0,05	0,10	0,27	1,87	0,40	1,17	0,10	0,19	1,86
20– 30	122	0,33	0,94	0,08	0,31	1,66	0,30	1,17	0,10	0,20	1,77
30– 50	109	0,15	0,85	0,07	0,40	1,47	0,10	0,17	0,10	0,25	1,52
50– 70	82	0,07	0,48	0,06	0,41	1,02	0,10	0,76	0,10	0,21	1,17
70– 90	77	0,07	0,56	0,05	0,31	0,99	0,06	0,74	0,10	0,20	1,10
90–110	59	0,07	0,43	0,05	0,16	0,71	0,04	0,57	0,10	0,14	0,85

Tabelle 3. Die Nährstoffverhältnisse des Bodens

Tiefe cm	C/N Verhältnis	Gesamtes P_2O_5	Gesamtes K_2O	N	Lösliches P_2O_5 (EGNER-RIEHM)	Lösliches K_2O (NEHRING)
		mg/100 g Boden			mg/100 g Boden	
0– 10	9,0	132,0	94,2	485,0	3,56	29,18
10– 20	8,1	84,0	101,2	293,0	1,10	24,00
20– 30	7,1	62,0	87,6	182,0	0,64	18,35
30– 50	5,3	34,0	65,5	82,0	0,56	10,35
50– 70	3,9	38,0	68,8	54,0	0,56	9,40
70– 90	2,7	48,0	60,3	56,0	0,58	7,99
90–100	2,7	60,0	32,5	40,0	0,77	4,69

jedenfalls gering, was zeigt, daß der Boden nicht alkalisiert ist. Ja auch sein wasserlöslicher Salzgehalt ist gering und dessen größter Teil wird von $MgHCO_3$ gebildet. Der Boden ist sehr reich an K und besonders an N, an P jedoch arm.

Auf Grund der die Bodenentwicklung gut widerspiegelnden Angaben ist es wahrscheinlich, daß in dem Gebiet in seinem wässerig-sumpfigen Zeit-

Tabelle 4

Ökologische Anpassungsfähigkeit	Alkalisches Verhältnis		D-Wert	Produktions-Größe
		Assoziations- und Gruppen-Charakter-Arten:		
x	ph	Achillea collina	+ – 2	0,15– 4,80
x	ph	Festuca pseudovina	2 – 4	5,83–51,79
x	ph	Scorzonera cana	+	0,02– 0,48
		Puccinellion-Beckmannion-Arten:		
hm	ph	Lotus tenuis	1 – 2	0,38– 8,05
x	ph	Hordeum hystrix	+	0,31– 0,61
		Molinio-Juncetea-, Molinietalia-(Agrostion albae-)Arten:		
h	ph	Agrostis alba	+ – 1	0,19– 1,51
hm	ph	Carex distans	+	0,03– 0,38
hm	g	Potentilla reptans	+ – 1	0,08– 0,85
hm	ph	Tetragonolobus siliquosus	+	0,03– 0,35
hm	g	Ranunculus sardous	+	0,16– 0,37
mx	g	Daucus carota	+	0,02– 0,38
		Arrhenatheretea-, Arrhenatherion-Arten:		
m	g	Trifolium repens	+ – 1	0,04– 1,60
m	ph	Leontodon autumnalis	+ – 1	0,01– 1,51
m	g	Taraxacum officinale	+ – 2	0,04– 4,30
m	g	Trifolium pratense	+ – 1	1,10– 0,60
mx	ph	Centaurea pannonica	+ – 1	0,06– 0,42
		Festuco-Brometea-, Festucetalia-Arten:		
mx	g	Medicago lupulina	+ – 3	0,14–34,52
x	g	Plantago lanceolata	+ – 1	0,14– 1,44
x	g	Agropyron intermedium	+ – 1	0,29– 0,83
x	g	Ononis spinosa	+	– 0,83
x	g	Galium verum	+ – 1	0,02– 1,73
x	g	Poa angustifolia	1 – 3	0,61–37,41
		Chenopodietalia-, Sysimbrion-, Onopordion-Arten:		
hm	ph	Potentilla anserina	+ – 1	0,02– 1,91
mx	g	Lepidium campestre	+	0,19– 0,29
x	ph	Inula britannica	+	0,25– 0,29
x	g	Agropyron repens	+ – 1	0,23– 2,31
x	g	Bromus arvensis	+ – 1	0,20– 1,82
x	g	Poa compressa	+	0,77– 0,96
x	g	Convolvulus arvensis	+ – 1	0,08– 1,43
		Plantaginetea majoris-, Polygonion avicularis-Arten:		
m	g	Plantago major	+	0,04– 0,06
m	g	Lolium perenne	1 – 2	1,04– 2,88
x	ph	Cynodon dactylon	+	– 0,09

h = hygrophyton
hm = hygromesophyton
m = mesophyton
mx = meso-xerophyton

x = xerophyton
ph = pseudohalophyton
g = glykophyton

alter überwiegend Scirpo–Phragmitetum bzw. Magnocaricion die herrschende Vegetation gewesen sein mochte. Im Laufe der nach der Binnenentwässerung begonnenen Sukzession sind das Agrostion albae–Bolboschoenetum und später das weniger Wasser erfordernde Agrosti–Caricetum distantis für längere Zeit herrschend geworden. Die neuere Stufe der Sukzession wurde durch die Verbreitung der Mesophyta des die Hygrophytonarten ersetzenden Arrhenatherion charakterisiert. Die Charakterarten der Föderation können halmweise oder bei einer niederen Dominanz auch unter den heute überwiegenden Xerophytonarten gefunden werden. So spielen *Agrostis alba, Carex distans, Potentilla reptans* usw. als Hygrophyta und Hygro-Mesophyta, *Trifolium repens, T. pratense, Leontodon autumnalis, Taraxacum officinale* als Mesophyta bei der Messung der hydrographischen Verhältnisse der Zönosen der Versuchsparzellen eine wichtige Rolle.

Die der stufenweisen Austrocknung nachfolgende leichte Salzanhäufung hat das Auftreten einiger Meso-Halophytonarten, wie *Carex distans, Lotus tenuis* und *Tetragonolobus siliquosus* herbeigeführt.

Im Laufe des letzten Vierteljahrhunderts hat unser Gebiet allmählich den Charakter eines trockenen Landes erhalten und beim Beginn unserer Versuche waren die hier gefundenen Pflanzen-Zönosen teils als Achilleo–Festucetum normale, Pseudovinae poosum angustifoliae, teils – in den zum Mesophil-Charakter neigenden Strecken – als Potentillosum reptantis anzusehen.

Die Verteilung nach Charakterarten der soziologischen Einheiten außerdem die Dominanz- und Mengenverhältnisse, die ökologische Anpassungsfähigkeit und die auf die alkalischen Verhältnisse bezüglichen Angaben sind in Tabelle 4 angegeben. So veröffentlichen wir neuere Daten betreffs der Vermessung der für Zwecke des Futterpflanzenbaus geeigneten Wiesen-Weide-Zönosen, die bisher bekannten hiesigen und ausländischen Beispiele ergänzend (Klapp 1951, Margit Kovács 1954, Máthé-Jeanplong 1954, Antipin 1955, Matveeva 1956, Balázs 1960, 1961, Ellenberg 1959, 1963, Bodrogközy 1959, 1962). Dadurch können wir der Befriedigung der von der Grünlandwirtschaft gestellten Ansprüche auch auf diesem Gebiete in großem Maße förderlich sein (Baskay 1954).

DURCHFÜHRUNG DER EXPERIMENTE UND BEWERTUNGSMETHODE DER ERGEBNISSE

Der Zweck unserer Untersuchungen war die von phytozönologischen und agronomischen Gesichtspunkten aus stattfindende Messung der mit der Bewässerung verbundenen Wirkung verschiedener mineralischer Nährstoffe auf die zönologisch bestimmten Trockenweiden.

Die Experimente wurden im Frühling 1963 angestellt, auf zufälligerweise verteilten Parzellen von 57,5 m^2 in fünf Serien. Die Düngungsangaben sind in Tabelle 5 enthalten.

Im Frühling 1963 (gaben wir beide Kunstdünger gleichzeitig, während für 1964 der Phosphor im Herbst 1963, der Stickstoff im Frühling 1964 ausgestreut wurde. Die experimentellen Parzellen wurden 1963 fünfmal mit zusammen 250 mm Wasser bewässert (jährliche Niederschlagsmenge

Tabelle 5. Düngungsangaben

Bezeichnung des Dungmittels	Dosis	Dosierung	Verbindung
N_1	69,5 kg/ha N	Jährlich einmal im Frühling	NH_4NO_3
N_2	104,3 kg/ha N	Jährlich einmal im Frühling	NH_4NO_3
P_1	60,8 kg/ha P_2O_5	Jährlich einmal im Herbst	$Ca(HPO_4)_2$
P_2	91,2 kg/ha P_2O_5	Jährlich einmal im Herbst	$Ca(HPO_4)_2$
P_3	182,5 kg/ha P_2O_5	Zweijährig einmal im Herbst	$Ca(HPO_4)_2$

536 mm), 1964 sechsmal zusammen mit 480 mm (bei einer Jahresniederschlagsmenge von 555 mm).

Für die Bewertung der Produktionsänderungen der Wiesen-Weide-Zönosen sind mehrere Methoden bekannt geworden (Klapp-Boeker-König-Stählin 1953, Klapp 1954, Ellenberg 1952, Ubrizsy 1943, Spreckelsen 1954, Máthé 1954, Balázs 1949, 1951, 1960, Vinceffy 1959, Castle 1955, Dhein 1962, Bodrogközy 1961, 1964). Bei der Bewertung der infolge der verschiedenen Behandlungen stattgefundenen Produktionsänderungen schien es – anstatt der in der Vergangenheit üblichen zweidimensionellen phytozönologischen Aufnahmen – erfolgreicher, die Dreidimensionsmethode anzuwenden (Pastó-Allison 1957, Ewans-Jones 1958, Balázs 1960).

Bei solcher Bewertung unserer Weidenversuchsparzellen im Donautal haben wir das für die Braun-Blanquet'sche Aufnahmemethode ausgearbeitete Dreidimensionsprinzip angewendet (Bodrogközy ined.). Nach der Auswahl zweier Parzellen von den fünf Parzellenserien sind wir folgendermaßen verfahren. Zum prozentualen Mittelwert einiger Werte der bei uns verbreiteten sog. modifizierten Braun-Blanquet'schen Skala haben wir mit Proportionierung Korrektion-% festgestellt; haben die Durchschnittshöhe artenweise aufgezeichnet, den dem 1% Dominanzwert entsprechenden m^2-Wert in Betracht gezogen, und auf die in kg/ha gegebenen Heuerträge der einzelnen Parzellen bezogen.

Die Rechnungen wurden auf Grund folgender Formel durchgeführt:

$$\text{PROM} = \frac{(ds)\ a}{30}$$

Die Bewertung bezieht sich artenweise auf eine Parzelle (57,5 m^2). PROM bedeutet Produktionsmenge, d einen in Prozent ausgedrückten Dominanzwert, s dem 1% Dominanzwert entsprechenden m^2, a die Durchschnittshöhe der Art, f das Gewicht des lufttrockenen Heus. Die Summe der für die Arten der Phytozönosen der einzelnen Parzellen ausgerechneten Produktion gibt die Gesamtproduktionsmenge des Weideertrages. Mit Hilfe dieser Methode kann die Wirkung der mit dei Bewässerung verbundenen Nährstoffe nicht nur in Bezug auf die Komponenten der einzelnen Parzellen, sondern auch auf diejenigen, welche die Artenkombination der einzelnen Parzellen bilden, wohl verbessert werden. Die erhaltenen Ergebnisse sind unter Beachtung der Gesichtspunkte der Praxis tabelliert worden (Tabelle 6 und 7).

Tabelle 6. Änderung der Produktionsgröße der verschiedenen Artengruppen

Ökologische Anpassungsfähigkeit	Alkalisches Verhältnis	Behandlungweise	Ø		N_1	
		Numer der Parzelle	3		7	
		Serie der Parzelle	I.	III.	I.	III.
		Gesamtdeckung in %	87	93	107	106
		Gesamtproduktiongröße	46,87	36,93	50,68	46,12
		Gräser:				
x	ph	Festuca pseudovina	19,18	31,07	34,53	41,43
x	g	Poa angustifolia	21,10	0,61	5,99	1,54
m	g	Lolium perenne			1,92	
h	ph	Agrostis alba				
		Papilionaceen:				
x	g	Medicago lupulina	1,69	1,15	0,31	0,58
hm	ph	Lotus tenuis	1,04	0,38	1,04	0,49
mg	g	Trifolium repens				
hm	ph	Tetragonolobus siliquosus				
m	g	Trifolium pratense				
		Andere Weidearten:				
x	ph	Achillea collina	0,96	1,54	0,52	0,92
x	g	Plantago lanceolata	0,19	0,38	0,92	0,14
hm	ph	Carex distans	0,24	1,15	0,34	0,38
x	ph	Scorzonera cana	0,02			0,03
x	g	Poa compressa			0,77	
x	g	Galium verum	0,77	0,12	0,29	
hm	g	Potentilla reptans	0,11	0,10	0,77	0,10
x	g	Agropyron intermedium	0,83			
mx	ph	Centaurea pannonica	0,08	0,06	0,23	0,09
mx	g	Daucus carota	0,04	0,04	0,20	
mx	ph	Inula britannica			0,29	
x	ph	Cynodon dactylon			0,09	
		Krautarten:				
m	g	Taraxacum officinale	0,50	0,08	2,46	0,19
hm	ph	Potentilla anserina	0,12	0,02		
m	ph	Leontodon autumnalis			0,01	
mx	g	Convolvulus arvensis				
x	g	Lepidium campestre				
hm	g	Ranunculus sardous		0,23		
m	g	Plantago major				
x	g	Ononis spinosa				

N₂		P₁		P₂		P₃	
9		10		2		6	
I.	III.	I.	III.	I.	III.	I.	III.
119	111	116	103	110	102	117	107
66,25	56,21	60,88	50,91	86,82	37,22	50,70	46,51
43,64	46,03	6,14	27,62	30,69	14,39	5,83	22,25
10,36	6,14	20,71	7,08	9,21	1,28	1,04	7,62
1,61		1,04				1,92	
1,51						0,38	
0,14	0,35	22,06	10,74	34,52	12,98	28,77	10,74
2,30	0,38	8,05	3,45	5,98	6,14	6,33	2,88
	0,35	0,31	0,38	1,61	0,02	0,31	1,22
		0,03		0,25		0,35	0,20
			0,19	0,58			0,18
0,35	0,15	0,35	0,15	0,92	0,96	1,27	0,19
0,46	0,58		0,58	0,43	1,15	1,44	0,29
0,11		0,29	0,03				0,03
0,12				0,19		0,29	
0,96							
	0,23				0,02	0,29	
	0,46			0,14			
						0,29	
0,15		0,08	0,15		0,07	0,08	0,08
0,29				0,09			0,06
		0,25					
2,15	1,44	0,86	0,19	0,46	0,04	1,82	0,77
0,08		0,08	0,06		0,03	0,06	
1,54		0,23			0,14		
0,29	0,10					0,08	
		0,19	0,29				
		0,21					
0,19						0,15	
				0,83			

Tabelle 7. Änderung der Produktionsgröße der verschiedenen Artengruppen

Ökologische Anpassungsfähigkeit	Alkalisches Verhältnis	Behandlungsweise	N_2P_1		N_2P_2	
		Numer der Parzelle	12		5	
		Serie der Parzelle	I.	III.	I.	III.
		Gesamtdeckung in %	99	104	115	103
		Gesamtproduktiongröße	84,82	82,56	101,37	74,62
		Gräser:				
x	ph	Festuca pseudovina	6,14	51,79	20,14	46,03
x	g	Poa angustifolia	37,41	22,44	43,63	7,98
m	g	Lolium perenne	2,88		1,92	
h	ph	Agrostis alba	0,54		0,48	
		Papilionaceen:				
x	g	Medicago lupulina	22,15	2,46	10,07	5,75
hm	ph	Lotus tenuis	7,48	2,88	4,30	5,52
m	g	Trifolium repens	0,54	0,04	1,23	0,46
m	g	Trifolium pratense				0,23
hm	ph	Tetragonolobus siliquosus			0,27	
		Andere Weidearten:				
x	ph	Achillea collina		0,31	3,36	1,15
x	x	Agropyron repens	2,31		6,91	
x	x	Galium verum			1,73	2,01
x	g	Plantago lanceolata	0,21	0,92	0,48	1,92
hm	g	Potentilla reptans	0,81	0,48	0,85	
mx	g	Daucus carota	0,02		0,38	
hm	ph	Carex distans	0,36		0,29	
x	ph	Scorzonera cana			0,43	
mx	ph	Centaurea pannonica		0,19	0,42	
		Krautarten:				
m	g	Taraxacum officinale	1,92	0,77	3,45	3,45
hm	ph	Potentilla anserina	0,21			0,04
mx	g	Convolvulus arvensis	0,29			
hm	g	Ranunculus sardous	0,29	0,28	0,21	
x	g	Bromus arvensis	0,92		0,21	0,08
mx	g	Lepidium campestre				
x	h	Hordeum hystrix			0,61	
m	ph	Leontodon autumnalis	0,28			
m	g	Plantago major				
hm	ph	Juncus compressus	0,06			

N_2P_3		N_1P_1		N_1P_2		N_1P_3	
8		11		4		1	
I.	III.	I.	III.	I.	III.	I.	III.
114	100	113	100	98	107	113	100
84,53	70,79	74,28	77,24	73,09	64,47	83,31	58,13
28,87	40,09	9,67	49,87	9,67	42,20	23,60	36,83
24,93	19,95	20,72	13,12	20,72	4,80	29,73	9,97
						2,07	
						0,19	
13,97	3,11	27,62	3,91	27,62	5,53	13,81	3,45
4,99	2,30	4,60	4,30	4,60	4,60	4,49	2,59
0,27		1,15	0,26	1,15	0,38	0,54	1,15
0,60		0,58	0,10	0,58	0,12	0,18	
		0,10		0,10		0,10	
1,15	0,57	3,84	0,16	3,84	4,80	2,30	0,58
		0,29		0,38			
0,90	0,70	0,48	0,11	0,47	0,24	1,73	0,29
0,88		0,92	0,44	0,91	0,24	0,48	0,77
0,58		0,30	0,13	0,30	0,46	0,19	0,08
0,34	0,22	0,24		0,25		0,17	0,07
0,59			0,25			0,06	0,24
		0,48		0,47		0,23	
0,21		0,19		0,20			0,21
4,30	2,88	1,38	1,46	1,39	0,86	2,99	1,08
	0,29	0,29	1,91	0,30	0,24	0,37	0,05
0,29		1,43	0,86	0,14		0,08	
0,37	0,16		0,31				0,34
0,44			0,05				0,04
	0,52						0,38
0,31							
0,06							
						0,04	

Tabelle 8.

Behandlung	1963			1964		
	q/ha	D	%	q/ha	D	%
∅	3,56		100	25,95		100
N_1	3,95	0,39	111	40,04	14,09	154
N_2	6,14	2,58	172	38,65	12,70	149
P_1	5,79	2,23	163	47,38	21,43	183
P_2	6,00	2,44	169	59,34	33,39	229
P_3	7,44	3,88	209	57,70	31,75	222
N_1P_1	12,36	8,80	347	62,93	36,98	243
N_1P_2	12,22	8,66	343	59,30	33,35	229
N_1P_3	14,83	11,27	417	52,30	26,35	202
N_2P_1	17,87	14,31	502	67,12	41,17	259
N_2P_2	17,76	14,20	499	72,60	46,65	280
N_2P_3	18,11	14,55	509	74,58	48,63	287
GD 5%		3,90	109,6		9,92	38,2

Für die agronomische Bewertung haben wir die Rasen zweimal jährlich mähen lassen (12. VI., 14. VIII. 1963; 27. V., 13. VIII. 1964) und lufttrocken gewogen. Der Heuertrag der einzelnen Parzellen wurde in Tabelle 8 angegeben.

Aus den Produktionsangaben ist ersichtlich, daß wir 1963 noch mit keiner der Behandlungen eine Produktion entsprechender Größe erhalten haben, da dieses Gebiet noch nie gedüngt war und die im Frühling ausgestreuten Dünger, hauptsächlich der Phosphor sich nicht geltend machten. Stickstoff und Phosphor haben nur zusammen eine signifikante Produktionszunahme herbeigeführt, auf dem Niveau N_2 mehr als auf N_1. Zwischen den verschiedenen Phosphordosen bildete sich kein Produktionsunterschied aus.

1964 haben wir schon Ernten entsprechender Größe erzielt, und auch die Düngerwirkungen wurden wesentlich größer. Als Wirkung der vorjährigen Phosphordüngung erfolgte nämlich eine bedeutende Umwandlung in der Zusammensetzung des Rasens: teils wurden die vorhandenen Grasarten stärker, teils vermehrten sich die *Papilionaceen* in einem überraschend großen Maße. Der Stickstoff und der Phosphor haben die Ernte auch gesondert bedeutend vermehrt. Jedoch auch in diesem Jahr erwies sich die gleichzeitige Anwendung am erfolgreichsten. In den meisten Fällen summierten sich die Wirkungen der beiden Düngermittel. Aus den Angaben des Experimentes ergibt sich die überraschend große Wirkung des Phosphordüngers auf die Produktion und besonders auf die Zusammensetzung des Rasens.

DIE ÖKOLOGISCHE BEWERTUNG DER DURCH DIE BEHANDLUNGEN ERZIELTEN VERÄNDERUNGEN

a. *Die Wirkung der Bewässerung.* Angeregt durch eine in der Vegetationsperiode systematisch durchgeführte Bewässerung haben die immer trockener werdenden Böden des Gebietes einen Meso-xerophil-Charakter erhalten. Dadurch konnte im Laufe des Wettbewerbes der Hygro-Mesophyton- und Mesophyton-Arten mit den Xerophyton im zweiten

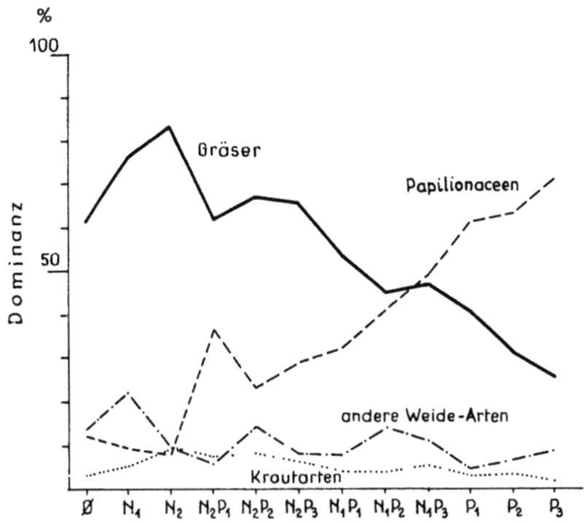

Abb. 1. Die Dominanzveränderung der Artengruppen der verschiedenen Weide-Komponenten, angeregt durch die verschiedenen Behandlungen, bei Bewässerungsverhältnissen, im Durchschnitt der Serien I und III.

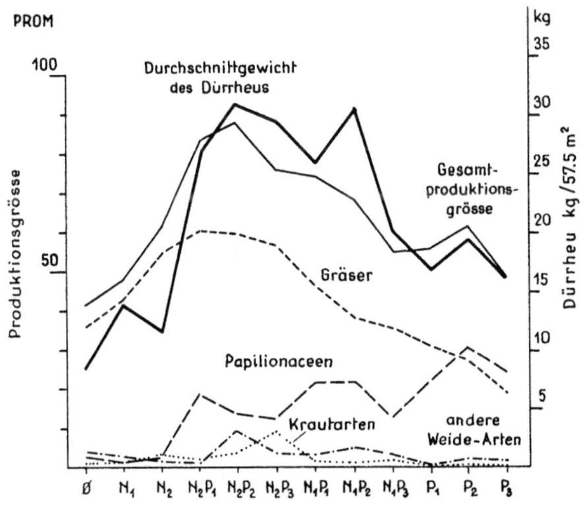

Abb. 2. Die Änderung der Produktionsgröße der verschiedenen Artengruppen bei gleichen Verhältnissen, im Durchschnitt der Serien I und III.

Jahre des Experiments schon eine gewisse Zunahme beobachtet werden, zunächst bei *Carex distans, Potentilla anserina, P. reptans, Leontodon autumnalis,* aber besonders bei *Lotus tenuis.*

b. *Die Stickstoffwirkung* war der in der Einleitung besprochenen Nährstoffversorgung zufolge zunächst für einige Grasarten auffällig positiv. Für die *Papilionaceen* führte weder die Anwendung der niedrigeren, noch diejenige der höheren Dosis in zwei Jahren eine bedeutendere Veränderung der Dominanz oder des Ertrages herbei.

c. Die allein angewendeten *P Kunstdüngermengen* hatten infolge der

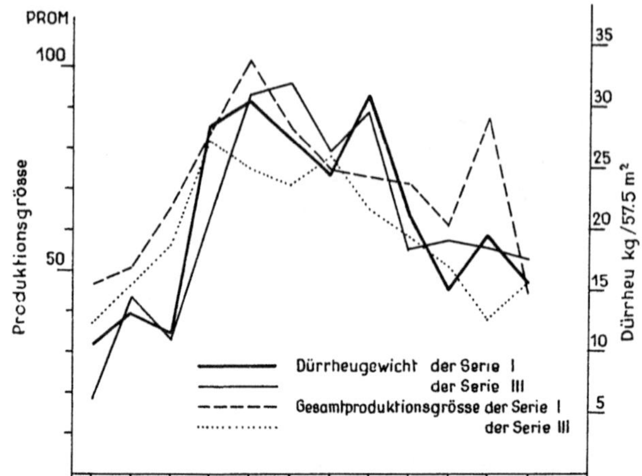

Ø	N_1	N_2	N_2P_1	N_2P_2	N_2P_3	N_1P_1	N_1P_2	N_1P_3	P_1	P_2	P_3		
+5,0	+3,4	+11,5	-0,7	+3,5	+0,5	+0,3	-6,7	+2,7	+5,3	+9,7	-0,7	kg	I
+6,3	+1,0	+7,8	+6,1	-6,5	-8,5	-0,3	-7,9	+0,8	-2,0	-6,0	-2,2		III

Abb. 3. Die Änderung der Produktionsgröße und des Dürrheuertrages der von den fünf Serien der experimentellen Parzellen mit phytozönologischen Methoden bewerteten Serien I und III angeregt durch die verschiedenen Behandlungen. (Die Abweichungen für PROM sind in Kg gegeben).

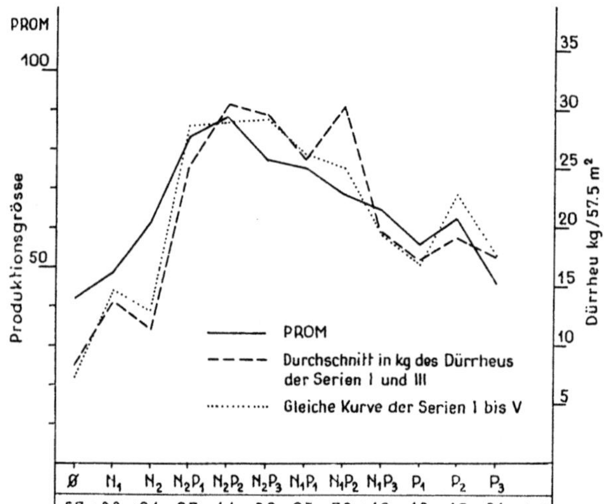

Ø	N_1	N_2	N_2P_1	N_2P_2	N_2P_3	N_1P_1	N_1P_2	N_1P_3	P_1	P_2	P_3		
+5,7	+2,3	+9,1	+2,7	-1,1	-3,9	-0,5	-7,3	+1,8	+1,3	+1,5	-2,1	kg	I+III
+6,7	+1,5	+7,5	-0,7	+0,5	-3,0	-1,2	-2,3	+2,2	+1,7	-2,3	-2,5		I–V

Abb. 4. Die Gestaltung der PROM- und Heuerträge der phytozönologisch gewerteten zwei Serien, sowie der Kurven der Durchschnittsheuwerte der fünf Serien, angeregt durch die verschiedenen Behandlungen.

Phosphorarmut des Bodens besonders für die Artentwicklung der *Papilionaceen* eine belebende Wirkung. Während ihr Gesamtertrag auf den bloß mit N behandelten Parzellen 3–4 PROM wert ist, haben sie auf den P_1-Parzellen einen PROM-Durchschnitt über 20 erzielt. P_2 hat die größte

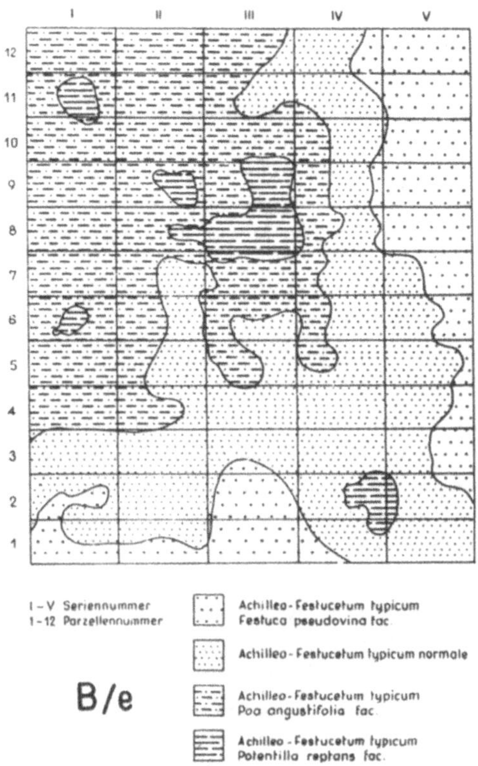

Abb. 5. Vegetationskarte der experimentellen Parzellen.

Wirkung erreicht, bestätigt sowohl mit phytozönologischen, als auch mit agronomischen Bewertungen (Abb. 2).

Für die verschiedenen Behandlungen haben zunächst *Medicago lupulina* und *Lotus tenuis* die größte Sensibilität gezeigt. Die Angaben spiegeln sehr gut den Phosphoranspruch dieser wilden *Papilionaceen* und die Tatsache, daß sie im Falle einer intensiven Weidebewirtschaftung auch auf diesem Boden wichtige Weidekomponenten sind. Wir sollten uns mit ihrer Inkulturnahme, mit der Selektierung ihrer Ökotypen planmäßiger beschäftigen (MÁTÉ-VINCEFFY-PRÉCSÉNYI 1953, GYÁRFÁS 1961, BOROS 1963).

d. Im Falle der Anwendung des *NP-Ensembles* haben sich die kleineren Phosphor- und größeren Stickstoffdosen auf die Grasarten, das Umgekehrte dagegen auf die *Papilionaceen* günstig ausgewirkt. Die Veränderung der Proportion der NP-Dungmittel hat auch die Dominanzverteilung der Artenkombinationen bedeutend beeinflußt. Dies wurde auch bei der Bewertung anderer Kunstdüngerversuche bestätigt (BODROGKÖZY 1964). Bei den Dominanzverhältnissen der Pflanzenarten sind die Veränderungen der Mengenverhältnisse auch für die Praxis bedeutender. Die mit der Bewässerung verbundene Wirkung des in verschiedener Proportion angewendeten NP-Dungmittels wird auch von den Werten der Produktionsmenge (PROM) gut gezeigt. Die Unterschiede zwischen diesen Werten und den Mahdergebnissen ergeben sich nicht nur aus Abschätzung, sondern auch aus den Weidemahden.

Auf Grund dieser Angaben ist ersichtlich, daß die Zusammensetzung und der Ertrag der auf Wiesenkalkboden wachsenden Trockenweiden (Achilleo–Festucetum pseudovinae) mit Anwendung der N und P Dungmittel, unter günstigen Bewässerungsverhältnissen, auffällig verändert, verbessert, vermehrt werden kann. Mit N und P Dungmittel entsprechender Proportion und Menge kann eine gute Weide zustandegebracht werden.

ZUSAMMENFASSUNG

In der Fülöpszállás-Strecke des Donautales haben wir im Frühling 1963 auf den auf einem stark kalziumkarbonatreichen Wiesenboden wachsenden Trockenweiden (Achilleo–Festucetum pseudovinae) mit verschiedenen Dosen und Kombinationen von N und P-Dungmitteln unter günstigen Bewässerungsverhältnissen, an zufällig geordneten 57,5 m^2 Parzellen, in fünf Serien ein Experiment angestellt. Die Messung der Veränderungen des Grasertrages und der Wiesenzönose-Zusammensetzung ist mit phytozönologisch-agronomischen Methoden durchgeführt worden. Die auf die Grasproduktion ausgeübte Wirkung der verschiedenen Behandlungen und innerhalb dieser die Ertragsveränderungen der einzelnen Weidekomponenten, bzw. Artengruppen konnten mit der dreidimensionalen phytozönologischen Methode auch hier schnell und gut gemessen werden. Das dreifache Produkt der Wertsumme der mit dieser Methode artgemäß festgestellten Produktionsmenge (PROM) ist annähernd identisch mit dem Dürrheuwert der Parzellen.

Mit dieser Methode sind folgende Feststellungen gemacht worden:

1. Die wachsenden Dosen des solo N haben für *Festuca pseudovina, Poa angustifolia* und für andere Grasarten im Verhältnis zur Kontroll-Parzelle eine Ertragszunahme von 5, später 10%, des P hingegen eine Ertragsabnahme herbeigeführt. Die Bodenverhältnisse des Versuchsgebietes waren für die Papilionaceen *Medicago lupulina* und *Lotus tenuifolius* optimal. Für diese haben die solo N-Dosen eine nur unbedeutende Wirkung ausgeübt, während die solo P-Dosen, nächst der P_1 von maximaler Wirkung waren.

2. Die gemeinsamen Dosen des N und P sind, wenn mit Bewässerung verbunden, für die Verteilung der Artengruppen der Weide (Gräser, Papilionaceen, andere Arten) und für ihre Gesamtproduktion sowohl in qualitativer wie auch in quantitativer Hinsicht gleicherweise vorteilhafter. Die besten Ergebnisse sind auf den Parzellen mit hohen N-, mittelmäßigen $P(N_2P_2)$-Dosen erzielt worden.

3. Die mit Bewässerung verbundenen Nährstoffdosierungen haben den erwarteten Vorstoß der Unkrautarten nicht hervorgerufen. Dies mag in erster Reihe der hochgradigen Virulenz der obererwähnten Gras- und Papilionaceenarten zugeschrieben werden. Die höchsten PROM-Werte der übrigen Weide- und Unkrautarten waren bei den N_2P_1 und N_2P_2 und N_2P_3 Nährstoffdosen nachzuweisen.

SUMMARY

In spring 1963 we made an experiment in five series in the Fülöpszállás sector of the Danube valley on a dry pasture developed in a meadow soil being rich in calcium carbonate (Achilleo–Festucetum pseudovinae), with different doses and combinations of N- and P-fertilizers, under favourable watering conditions, on a plot of 57.5 m^2 used casually. The measuring of changes in grass output and in the composition of the meadow cenosis is carried out with phytocenologic-agronomic methods. The effects of the different treatments on the grass production and, among them, the changes in output of the single pasture components, resp. groups of species could be measured, here too, fast and well, with the three-dimensional phytocenologic method. The three product sorts of value of the amount of production (PROM), ascertained specifically with this method, are approximatively identical with the dry-hay value of plots.

With that method the following conclusions are obtained:

1. The increasing doses of solo-N have resulted in a five percent and later on ten percent increase of output, those of P, however, in a decrease of it for *Festuca pseudovina, Poa angustifolia* and for other sorts of grass, as compared to the control. Soil conditions of the experimental area of *Papilionaceae* were highly advantageous for *Medicago lupulina* and *Lotus tenuis*. Upon these the solo-N doses had but insignificant effect, while the solo-P doses first of all P_1, exerted the maximal influence on them.

2. The joint doses of N and P, if connected with watering, are more favourable for the distribution of the sort groups of pastures (grass, *Papilionaceae*, other species) and for their total production both from qualitative and from quantitative points of view. The best results were yielded in plots of high N- and of middle-sized P/N_2P_2/doses.

3. The administration of nutrients connected with watering has not resulted in the expected advance of weeds. This may have been a consequence, first of all, of the superior virulence of the grass and *Papilionaceae* species mentioned above. The highest values of the amount of production /PROM/ in other pastures and weeds could be attained at nutrient doses N_2P_1, N_2P_2, and N_2P_3.

LITERATUR

Andrew, C. S.: The effect of phosphorus, potassium and calcium on the growth chemical composition and symptom of deficiency of white clover in a subtropical environment. – Aust. J. agric. Res. **11**: 149–161. Melbourne 1960.

Antipin, N. A.: Főbb teendők a természetes takarmánytermő területek felvételével kapcsolatban. – Puszip. Szel hozgiz Moszkva 204–207.

Arany S. és munkatársai: Talaj- és trágyavizsgálati módszerek. – Mezőgazd. Kiadó Budapest 1962.

Balázs, F.: A gyepek termésbecslése növényszociológiai felvételek alapján. – Agrártudomány **1**: 26–35. 1949.

— A gyepek botanikai és gazdasági értékelése. – A Keszthelyi Mezőgazd. Akad. kiadványa **8**: 1–28. Budapest 1960.

— Changes in the composition of Cynosuro-Festucetum rubrae due to the application of fertilizers. – Növénytermelés **10**: 315–334. 1961.
BASKAY TÓTH, B.: Rét és legelőmüveléstan. – Egyetemi Jegyzet Budapest 1954.
BENNETT, O. L. and DOSS, B. D.: Effect of soil moisture level on root distribution of cool-season forage species. – Agron. J. **52**: 204–207. Washington 1960.
BODROGKÖZY, GY.: Ökologische Verhältnisse der Standortstypen der Sandweiden von Falschem Schafschwingel (Potentillo-Festucetum pseudovinae danubiale/in) Süd-Kiskunság. – Acta Biol. **5**: 145–160. Szeged 1959.
— Phytozönologische und bodenökologische Untersuchungen an den Sumpfwiesen im Süden des Gebietes Kiskunság (Klen Kumanien). – Acta Bot. Acad. Sci. Hung. **6**: 171–207. Budapest 1960.
— Ökologische Untersuchungen der Mähwiesen und Weiden der Mittel-Theiss. (Das Leben der Tisza XIII.) – Phyton **9**: 196–216. Horn 1961.
— Die Vegetation des Theiss-Wellenraumes. I. Zönologische und ökologische Untersuchungen in der Gegend von Tokaj. – Acta Biol. **8**: 3–44. Szeged 1962.
— A besenyszögi szikhasznositási és tápanyag adagolási kisérletek elsőévi eredményeinek synökológiai értékelése. / Synökologische Auswertung der erstjährigen Produktion der Szik-Meliorations und Nährstoffdosierungsversuche in Szolnok-Besenyszög. – Agrokémia és Talajtan **13**. 1964.
— Rét-legelőtársulások hozamának megállapitása háromdimenziós fitozönológiai módszerekkel (Mskr.) 1964.
BOEKER, P.: Bodenphysikalische und bodenchemische Werte einiger Grünlandgesellschaften. – Mitt. Flor.-soz. Arb.Gemeinsch. N.F. **6/7**: 235–246. Stolzenau/Weser 1957.
— Bestimmung der Grünlandproduktivität. – Berichte über ein Symp. in Nottingham. – Das Grünland **8**: 6. Hannover 1959.
DE BOER, TH. A.: Der Zusammenhang zwischen Grünlandvegetation und Bodeneinheiten. – Angew. Pflanzensoz. **15**: 74–81. Stolzenau/Weser 1958.
BOROS, A.: Rendszertani és kisérleti tanulmányok kulturába vett vadontermő hazai takarmányfüvekkel. (Taxonomische und experimentelle Untersuchungen über die Kultivierung wildwachsender ungarischer Futtergräser). – Agrobotanika **5**. 1963.
BURDUJA, C., DOBRESCU, C. et GRINEANI, M.: Contributii la cuonoasterea pajistilor naturale din Moldva sub raport geobotanic si agroproductiv. – Studii si Cerc. Stiint. Biol. si Agricole **7**: 83–119. Cluj 1956.
CASTLE, M. E.: Methods of evaulating grassland productions in temperate zones. – Herb. Abstr. Farnham Royal **25**: 1–9. Aberystwyth 1955.
DANCAU, D.: Wasserhaushalt und Futterwert der Grünlandpflanzen. – Bayer. landw. Jb. **40**: 215–219. München 1963.
DHEIN, A.: Einfluss von Phosphat- und Kalidüngung auf Ertrag Bestandzusammensetzung und Manganschädigung des Grünlandes auf staunassem Boden/Pseudogley/ – Z. Acker u. Pflanzenbau **116**: 75–87. Berlin u. Hamburg 1962.
ELLENBERG, H.: Wiesen und Weiden und ihre standörtliche Bewertung. – Stuttgart 1952.
— Kausale Vegetationskunde und Grünlandwirtschaft. – Tagungsber. Probl. des Grünlandes **16**: 33–48. Berlin 1959.
— Vegetation Mitteleuropas mit den Alpen. (Einführung in die Phytologie **4**). Stuttgart 1963.
— u. ZELLER, OTTI: Wiesengesellschaften als Zeiger für den Boden und für Möglichkeiten der Ertragssteigerung. – Landw. Zentraldienst.-Württbg.-Baden. Stuttgart 1950.
ESKUCHE, U.: Über Messungen der Wasserbeweglichkeit an verschiedenen Böden und Pflanzengesellschaften. – Angew. Pflanzensoz. **15**: 145–161. Stolzenau/Weser 1958.
FINCKH, B.: Zum Problem der mineralischen Stickstoffdüngung auf Dauerwiesen. – Bayer. Landw. Jb. **39**: 289–310. München 1962.

GREEN, J. O.: The measurement of herbage production. – Grassl. Prod. Butterworts London: 62–68.
GYÁRFÁS, J.: Az öntözhető rétek termőképességének fokozása. – Kisérletügyi Közl. **6**. 1903.
— A komlóslucerna mint takarmány- és zöldtrágyanövény. – Növénytermelés **10**: 129–131. Budapest 1961.
HARMATI, I.: Csongrád megye rét- és legelőgazdálkodása a Duna-Tisza közi gyepek hasznositása. – Csongrád megyei Rét-Legelő Alap: 8–25. 1964.
— Sziki mézpázsit (Puccinellia limosa) gyökérzetének vizsgálata. – Növénytermelés **8**: 349–360. Budapest 1959.
—, SZEKÉR, T.: Szikes és réti talaju gyepek hozamának növelése öntözéssel kapcsolatban, a Duna-Tisza közén. Időszerü öntözési kutatások – Vizgazdálkodási Tud. Kutató Int. Budapest 1963.
HINMANN, W. C., BEATON, J. D. and READ, D. W. L.: Some effects of moisture and temperature on transformation of monocalcium phosphate in soil. – Canad. J. Soil. Sci. **42**: 229–239. 1962.
ILIJEV, A.: Zimosztojkoszti luzernü i mnogoletnik trav v szvjazi sz. ih oszenmin poszevom. – Naucsni trudove II. Zemizdat Szofia: 63–64. 1953.
KAILA, A.: Effect of incubation and liming on the phosphorus fractions in soil. – J. sci. agric. Soc. Finland **33**: 185–193.
KLAPP, E.: Pflanzengesellschaften des Wirtschaftsgrünlandes. – Als Manuskript gedruckt. Braunschweig-Völkenrode 1951.
— Erträge von Pflanzengesellschaften in Beziehung in Grundwasser und Nährstoffversorgung. – Angew. Pflanzensoz. **8**. Stolzenau/Weser 1954.
— Wiesen und Weiden. – Berlin 1956.
— Über das Verhalten der Wiesenpflanzen bei verschiedener Düngung unter besonderer Berücksichtigung der Stickstoffwirkungen von Düngung und Standort. – Bayer. landw. Jb. **39**: 515–527. München.
KLAPP-BOEKER-KÖNIG-STÄHLIN: Wertzahlen der Grünlandpflanzen. – Das Grünland **2**. Hannover 1953.
KOVÁCS, M.: A Gödöllő-Máriabesnyő környéki rétek botanikai felvételezése, ökológiai és gazdasági szempontok figyelembevételével. – Agr. Egyet. Agr. Kar Kiadv. **1**. Budapest 1954.
MÁTHÉ, I.: Rétek és legelők valamint gyepszakaszok botanikai problémái. – MTA Agr. Oszt. Közl. **5**: 405–446. 1954.
—, JEANPLONG, J.: Ökológiai tanulmányok a gödöllői egyetemi tangazdaság babatpusztai legelőjén. – Mezőgazd. Kiadó. Budapest 1954.
—, I.-VINCEFFY, I.-PRÉCSÉNYI, I.: A szarvaskerepről (Lotus corniculatus L). különös tekintettel társulási és társitási viszonyaira. – Növénytermelés **2**: 3–26. Budapest 1953.
MATVEEVA, E. P.: Botaniko kormovoe rajonirovanie Kaliningradazkoj oblaszti. – Geobot. Moszkva **10**: 7–30. 1956.
MECHTA, N. C. und DENEL, H.: Zur Pentosanbestimmung in Böden. – Z. Pflanzenernährung, Düng. Bodenk. **90**: 209–218. Weinheim/Bergstr. 1960.
MOESZ, G.: A Kiskunság és Jászság szikes területeinek növényzete. – Acta Geobot. Hung. **3**: 100–115. Debrecen 1940.
MOSEL, G. und KLOTZ, L.: Phosphorsäure-Wirkung auf Dauergrünland. Ergebnisse langjähriger Hyperphos-Versuche auf Wiese und Weide. – Bayer. landw. Jb. **39**: 337–346. München 1962.
NOWAKOWSKI, T. Z.: The effect of different nitrogenous fertilizers, applied as solids or solutions, on the yield and nitrate-N content of established grass and newly sown ryegrass. – J. agric. Sci. **56**: 287–292. 1961.
PATEL, J. M. and MEHTA, B. V.: Soil phosphorus fractionation studies. – Proc. Soil. Sci. Soc. Amer. **25**: 190–192. Madison, Wisc. 1961.
RAMENSZKIJ. J. B., CACENKIN, J. A.: A takarmánytermő területek ökológiai értékelése a növénytakaró alapján. – Szel'hozgiz Moszkva 1956.
SCHMIDT, G.: Einfluß verschiedener organischer Dünger auf Bodenzustand und Pflanzenertrag. – Bodenkultur A. **13**: 118–132. Wien 1962.
SCHNEIDER, J.: Ein Beitrag zur Kenntniss des Arrhenatheretum elatioris in pflanzensoziologischer und agronomischer Betrachtungsweise. – Bern 1954.

Soó, R.: Növényföldrajz. – Budapest 1945.
— A magyar flóra és vegetáció rendszertani és növényföldrajzi kézikönyve I. – Budapest 1964.
—, Jávorka, S.: A magyar növényvilág kézikönyve I.–II. – Budapest 1951.
Speidel, B.: Die Artenkombination als Maßstab für die Ertragsleistung hessischer Mittelgebirgswiesen. – Bericht über d. Europ. Konf. f. Naturfutterbau in Berglagen, AGFF Zürich 1962.
— Vegetationskartierung als Grundlage zur Melioration salzgeschädigter Wiesen an der Werra. – Ber. ü. d. Internat. Symposion f. Vegetationskartierung 1959 in Stolzenau/Weser: 457–468. Weinheim 1963.
— Anwendungsmöglichkeiten und Grenzen pflanzensoziologischer Erkenntnisse im Dienste der Landwirtschaft. – Futterbau u. Dauergrünland.-Kali Briefe **7**: 1–6. Hannover 1955.
Spreckelsen, R.: Untersuchungen zur Weideertragsermittlung. – Acker- und Pfl.bau **98**: 53–66. Berlin 1954.
Stählin, A. und Schweighart, O.: Verbreitete Pflanzengesellschaften des Dauergrünlandes der Äcker, Gärten und Weinberge. – München, Bonn, Wien 1960.
Serebrjakova, T. I.: The shoot formation and clump forming in Festuca pratensis Huds. during the first year of life. – Bjull Mosk. obsc. Ispyt. Pror. Otd. Biol. **76**: 81–95. 1962.
Snaydon, R. W. and Bradshow, A. D.: Differences between natural populations of Trifolium repens L. in reponse to mineral nutrients I. Phosphate. – J. exp. Bot. **13**: 322–434. 1962.
Stefanovits, P.: Magyarország talajai (2. kiad.) Budapest 1963.
Steubing, L.: Untersuchungen zur biologischen Bodenaktivität in Kultur und Trockenrasengesellschaften. – Angew. Pflanzensoz. **15**: 91–93. Stolzenau/Weser 1958.
Sukalski, H.: The influence of a high phosphorus content of the seeds on the development and yields of plants I. Investigations on rape. – Roczn. Nauk Roln. Ser. A. **84**: 463–493. Krakow 1961.
Swietochowski, D.: Influence of sowing time on growth and yield of leguminous plants. – Roczn. Nauk Roln. Ser. A. **84**: 661–676. Krakow 1961.
Széll L.-Dőry L.: A hozam megállapitása és a célszerü kihasználás a legelőüzemben. – Mérei Keszthely 1933.
Takács, L.: Rét és legelőgazdálkodásunk fejlesztésének módszerei. – MTA Agrártudományi Oszt. Közl. **6**: 289–300.
Thaisz, L.: A pestmegyei Dunavölgy területének rét és legelőgazdasági munkaterve. – Budapest 1930.
Tüxen, R. und Preising, E.: Erfahrungsgrundlagen für die pflanzensoziologische Kartierung des westdeutschen Grünlandes. – Angew. Pflanzensoz. **4**. Stolzenau/Weser 1951.
Ubrizsy, G.: Rétek és legelő termüképességének és minőségének növényszociológiai vizsgálata I. – Mezőgazd. Kut. **16**: 311–326. 1943.
Vinceffy, I.: A természetes gyepek minőségi osztályozása. (The classification of natural turfs). – Növénytermelés **8**: 191–202. Budapest.
— Gyepek minősitésének uj módszere. (Eine neue Methode der Grünland-Klassifizierung). – Agrobotanika **5**: 201–253. 1964.
Watson, st. J.: Grassland and grasslandproducts. – London 1951.
Weise, F.: Die Weideleistung in Abhängigkeit von der Pflanzengesellschaft. – Angew. Pflanzensoz. **8**: 149–153. Stolzenau/Weser 1954.
Zurbiczki, Z. I.: The theoretical basis of the use of nitrogen fertilizers. – Izv. Akad. Nauk SSR Ser. Biol. **27**: 660–667. 1962
Zürn, F.: Düngung und Humusgehalt von Grünlandboden. – Das Grünland **6**: 8–9. Hannover 1957.
William, M. W., Pesek, U. and Heady, E. O.: Effects of nitrogen phosphorus and potassium fertilizer on the economics producing bluegrass forage. – Agron. J. **55**: 193–196. Washington 1963.

W. MÜLLER-STOLL:
Kann man etwas sagen über die systematische Zugehörigkeit dieser Vegetation, des Achilleo-Festucetum? Es ist ein Trockenrasen, der zu einer eigenen Ordnung innerhalb der Festuco-Brometea gehört. Die Kontaktgesellschaften sind offenbar Agropyro-Rumicion-Gesellschaften, aus denen übergreifende Arten vorhanden sind, die dann durch die Düngung gefördert werden. Das Wesentliche der Ergebnisse besteht m.E. darin, daß durch die Verbesserung der Nährstofflage, die als gute Weide-Futterpflanzen geeigneten übergreifenden meso- bis hygrophilen Arten aus benachbarten Flutrasen-Gesellschaften gefördert werden. Ich möchte darauf hinweisen, daß es früher eine alte Regel gab, nach der Nährstoffe (Stickstoff und Kalk) Wasser ersetzen können. Darin liegt ein Korn Wahrheit. Die Verbesserung der Nährstofflage fördert feuchtigkeitsbedürftige Pflanzen in ihrem Wasserhaushalt. Dabei spielen sehr komplizierte, wahrscheinlich auch Plasma-Strukturprobleme eine Rolle. Es ist also eine wahrscheinlich sehr komplizierte Kausalkette, die zwischen der Förderung von Pflanzen mit an sich höheren Feuchtigkeitsansprüchen auf trockenen Standorten durch Nährstoffzufuhr zusammenhängen.

R. TÜXEN:
In der Frage der Systematik bedauere ich außerordentlich, daß Herr Kollege VICHEREK nicht hier sein kann, der die südosteuropäischen und osteuropäischen Salzwiesen in einer Weise untersucht, wie es an der europäischen Küste unser Freund BEEFTINK getan hat. Bei den Untersuchungen von Herrn VICHEREK, der im vergangenen Winter bei uns in Todenmann gearbeitet hat, hat sich gezeigt, daß die südosteuropäischen Salzwiesen einer eigenen neuen Klasse angehören, die man nicht mit der westeuropäischen kombinieren kann, und daß weiter eine ganze Reihe von taxonomischen Änderungen vorgenommen werden müssen. Unser „*Lotus tenuis*" ist nach dem, was mir im vergangenen Sommer in der Tschechoslovakei gezeigt wurde, gar nicht gleich dem dortigen *Lotus tenuis*. So kommen eine ganze Reihe von Kleinarten dort zum Vorschein, die unsere tschechoslovakischen Kollegen und wahrscheinlich auch die Ungarn als eigene vikariierende Arten erkannt haben, so daß wir mit unseren westeuropäischen taxonomischen Vorstellungen gar nicht ohne weiteres die Frage der soziologischen Systematik im Südosten Europas beurteilen können. Hier werden wir große Überraschungen erleben. So kann auch die Frage nach der systematischen Zugehörigkeit des Achilleo-Festucetum schlechterdings von hier gar nicht beantwortet werden.

V. WESTHOFF:
Der Agropyro-Rumicion-Charakter tritt ja klar hervor in diesen Gesellschaften, wenn das auch in der Tabelle nicht klar ersichtlich ist. Die Arten werden dort als Molinietalia und Arrhenatheretalia-Arten angegeben. Es mag von Bedeutung sein, wie Prof. TÜXEN gesagt hat, daß es dort vielleicht andere Kleinarten gibt als bei uns. Aber dennoch glaube ich, daß auch Freund TÜXEN einverstanden sein wird, daß der Agropyro-Rumicion-Charakter in dieser Tabelle doch hervor-

tritt. Nun möchte ich nur darauf hinweisen, daß die Agropyro-Rumicion Arten in diesen Gesellschaften Störungszeiger sind. Sie waren schon da, ehe die Düngung eintrat. Sie sind nicht durch die Düngung gekommen. Sie sind auch nicht nur Kontakt-Arten aus dem Flutrasen. Wir müssen diese Agropyro-Rumicion-Arten vielmehr als eine Konsequenz der Austrocknung des Gebietes und der Bodenverdichtung sehen, die stattgefunden haben. Wenn dann eine Störung in einem Gebiet mit labilen Verhältnissen eintritt, werden eben diese Arten gefördert. Für eine Art wie *Tetragonolobus siliquosus* ist es gar nicht notwendig von einem Halophyt zu sprechen. Es ist auch nicht notwendig und vielleicht nicht einmal richtig zu sagen, daß durch Bewässerung diese Arten gefördert werden. Sie werden vielleicht auch gefördert, wie aus unseren Untersuchungen hervorgeht, wenn der Boden austrocknet. Austrocknungen wie Bewässerung können dieselbe Wirkung haben, wenn sie als Störung des Gleichgewichts aufgefaßt werden. Wir haben das vor vier Jahren in einem Stolzenauer Symposion besprechen können.

Gy. Bodrogközy (Anm. bei der Korrektur):
Es tut mir leid, daß ich nicht in der Lage war in der Diskussion, in Verbindung mit unserer Arbeit teilzunehmen und zu antworten. Die Hauptfrage unserer Arbeit war in erster Linie die Produktions-Biologie und zwar die Veränderung der Nährstoffdosen mit der Verwendung der neuen Methoden qualitativ und quantitativ zu werten. Die soziologische und systematische Erörterung war momentan nur in zweiter Linie wichtig.

DAS PROBLEM DER AGROASSOZIATIONEN UND IHRE ÖKOLOGIE

von

G. Bujorean und St. Grigore, Timsoara

Sowohl die klassische Phytosoziologie als auch die neueren phytosoziologischen Untersuchungen sind im allgemeinen der Erforschung der „natürlichen" Pflanzengruppierungen gewidmet. So entstand eine reiche Literatur und eine Tradition in der Erforschung der natürlichen Vegetationsdecke, deren positive Folgen sich in Wissenschaft und Produktion bemerkbar machen. Es muß aber gesagt werden, daß vielen Pflanzenformationen, die als natürlich betrachtet werden, diese Bezeichnung nur teilweise zukommt. Unter dem Einfluß des Menschen haben sich im Laufe der Jahrtausende viele natürliche Pflanzenformationen von Grund aus geändert, wodurch abgeleitete (derivate) Pflanzengruppierungen entstanden sind. So sind zum Beispiel ausgedehnte Wiesenflächen im Gebiet und an Stelle der zentraleuropäischen Laubwaldzone durch Rodung der Wälder entstanden usw. Folglich haftet auch diesen später entstandenen Pflanzenformationen ein gewisser Grad von Künstlichem an, was aber die Forscher keineswegs daran gehindert hat, sie zu studieren und logische Schlüsse über ihre Natur, Struktur und Entwicklung zu ziehen.

In diesem Sinne ist es angebracht, daß auch dem Studium dieser indirekt durch den Menschen geschaffenen Pflanzenformationen von phytosoziologischem und ökologischem Standpunkt wenigstens in gleichem Maße Aufmerksamkeit geschenkt wird, wo doch diese Gruppierungen das Ergebnis tiefgreifender Wirkungen durch die Leistung ökologischer Faktoren sind und große wirtschaftliche Bedeutung haben. Trotzdem wurde dem phytosoziologischen Studium der Agroassoziationen, als vom Menschen „geschaffenen" Pflanzengruppierungen, bis heute von seiten der Phytosoziologen nicht die gehörige Aufmerksamkeit gewidmet. Diese Tatsache ist auf die allgemeine phytosoziologische Ansicht der Vergangenheit zurückzuführen, wonach die Kulturpflanzen keine Pflanzenassoziationen bilden (1).

Das erste Problem, das in dieser Hinsicht geklärt werden muß, denn davon hängt die Entwicklung der Phytosoziologie als Hilfsmittel der Landwirtschaft ab, ist die Festlegung einer richtigen phytosoziologischen Einstellung gegenüber den Gruppierungen der Kulturpflanzen. Ist einmal eine realistische Orientierung in diesem Problem erreicht, so kann die geobotanische Wissenschaft erfolgreich auf die Produktion angewendet werden. Die Botanik kann nicht außerhalb der Problemstellung in Land- und Forstwirtschaft bleiben.

Sind die Kulturen der landwirtschaftlichen Pflanzen tatsächlich Pflanzengruppierungen? Bilden sie Pflanzenassoziationen, Allianzen, Ordnungen, Klassen und Formationen? Kommt es innerhalb dieser Pflanzengruppierungen zu Prozessen und Vorgängen, die sich in die allgemeinen Gesetze der Entstehung, Entwicklung und Evolution der natürlichen Pflanzenassoziationen eingliedern lassen? Können bei der Betrachtung der kultivierten Vegetation als Ganzes spezifische Vorgänge und Prozesse nachgewiesen werden, die charakteristische Unterschiede und die Spezifizität der Teile des Ganzen und die Notwendigkeit natürlicher Bindungen bestimmen, wodurch die Existenz des Ganzen selbst möglich gemacht wird?

An diese Fragen und an viele andere, die in diesem Zusammenhang noch gestellt werden könnten, sollen aber noch einige Ideen über den spezifischen Charakter der kultivierten Pflanzenassoziationen angeschlossen werden. Dieser Charakter wird von der Natur der Dynamik für die Existenz dieser Gruppierungen wesentlicher Prozesse, wie z.B. Kompensationsprozesse in der Intensität ökologischer Faktoren bestimmt usw. Dieser augenfällige, aber nicht prinzipiell verschiedene Zug bei Prozessen und Vorgängen in kultivierten Pflanzenassoziationen ist anscheinend das Hauptelement (Faktor) bei der gegenwärtigen phytosoziologischen Einschätzung dieser Pflanzengruppierungen. Insoweit als diese Prozesse und Vorgänge außerhalb der allgemeinen Gesetze der Bildung und Entwicklung von Pflanzenassoziationen betrachtet wurden und noch betrachtet werden, wird den Agroassoziationen die Existenz als solche strittig gemacht, obwohl diese tatsächlich in der Natur vorkommen und wir ihre Produkte verwenden, und zwar in Mengen, die nicht vernachlässigt werden können.

Die Meinungen einiger Botaniker (Vaga, I. A. 1951), wonach Gruppierungen von Kulturpflanzen den Gegenstand des Studiums der Land- und Forstwirtschaftslehre bilden und daher nicht in die Sphäre der Phytosoziologie einbezogen werden sollen, entsprechen nach unserer Auffassung keineswegs den gegenwärtigen Anforderungen der Phytosoziologie.

In dieser Hinsicht sind die Arbeiten von Bjallowitsch 1936, Kamyschew 1939 u.a. von besonderem Interesse, wonach die Gruppierungen von Kulturpflanzen wie Getreidekulturen, Gemüsegärten, Apfelgärten usw. gesetzmäßige Züge aufweisen, die allen Vegetationsgruppierungen gemeinsam sind. Wir sind der Meinung, daß dieser logische Standpunkt der objektiven Wirklichkeit entspricht und in der Zukunft von den Phytosoziologen angestrebt und entwickelt werden muß.

Im Rahmen dieser umfassenden Ansicht sollen aber auch die für die Agroassoziationen charakteristischen Prozesse und Vorgänge mit ihren Grenzen erfaßt werden. Wie Bjallowitsch, Koso-Poljanski, Sukatschew 1950 u.a. gezeigt haben, müssen diese Pflanzengruppierungen als besondere Gruppierungen aufgefaßt werden. Sie werden nach Bjallowitsch Kulturphytocenosen oder nach Koso-Poljanski Agrophytocenosen genannt (9).

Die wichtigste Eigenschaft der Agroassoziationen, durch welche die allgemeinen, allen Pflanzengruppierungen gemeinsamen Gesetzmäßigkeiten zum Ausdruck kommen, besteht in den Zusammenhängen zwischen den Pflanzen derselben Agroassoziation und zwischen diesen und ihrer Umwelt. Diese Tatsache wurde von SUKATSCHEW (1950) hervorgehoben; „der einzige und ausreichende Wesenszug jeder Phytocenose ist die Gegebenheit bestimmter Wechselwirkungen zwischen Pflanzen und zwischen diesen und der Umwelt". (9).

Angesichts dieser mehr oder weniger umstrittenen Tatsachen sollen im Folgenden die Ergebnisse von Feldversuchen wiedergegeben und dabei versucht werden, einige Schlüsse zu ziehen, ohne dabei Realitäten wie die Agroassoziationen aus dem Auge zu verlieren. Doch sollen diese auf besondere Art gemäß ihrer Eigenheiten behandelt werden.

Um die Klarheit der Darstellung zu wahren, sollen einige der verwendeten Begriffe abgegrenzt werden: Phytocenose, Phytocenologie, Pflanzenassoziationen u.a. Der Ausdruck Phytocenose wurde und wird gebraucht, um verschiedene Vorgänge und Begriffe wiederzugeben. Einige Forscher identifizieren „Phytocenose" mit „Pflanzenassoziation" (ALECHIN 1935, SUKATSCHEW 1950). Andere betrachten sie als Assoziationsindividuum (PROSOROWSKI), andere Botaniker wieder halten die Phytocenose für eine Pflanzengruppierung, unabhängig vom Komplexitätsgrad und der Systematisierungsstufe, auf der sie sich befindet.

Die Festlegung des Ausdrucks „Phytocenose" als Begriff, durch den die Pflanzengruppierungen in der Gesamtheit definiert werden, und seine allgemeine Annahme würden unserer Meinung nach zu Vereinfachungen und genaueren Abgrenzungen führen. Auf Grund dieses Begriffes könnte die Nomenklatur der Wissenschaft auf natürliche Weise verallgemeinert werden, und zwar als „Phytocenologie", dem Pflanzenreich näher stehend als „Phytosoziologie," wodurch der Eindruck erweckt wird, daß Vorgänge aus der menschlichen Gesellschaft in die Natur übertragen werden, oder daß eine Analogie zwischen menschlicher Gesellschaft und Phytocenose besteht *.

Auch kann der Gebrauch des Ausdrucks „Phytocenose" für „Assoziationsindividuum" oder für „konkrete Assoziation," wie diese noch genannt werden, Verwechslungen hervorrufen. Deshalb ist es in diesem Falle eher angebracht, daß die Begriffe „Pflanzenassoziation" als synthetische Assoziation und „Assoziationsindividuum" für konkrete Assoziation verallgemeinert werden.

Da die Pflanzenassoziation die Grundeinheit der Phytocenologie darstellt, muß ihr Studium und ihre Charakterisierung vielseitig sein.

Im Sinne des vorher Gesagten sind die Agroassoziationen verschiedene Assoziationen von Kulturpflanzen, so wie die Silvoassoziationen (Assoziationen von Bäumen) oder die Pratoassoziationen (Assoziationen von Gräsern) spezifische Assoziationen umfassen, die den Wäldern und Wiesen entsprechen. Die Benennung der Agroassoziationen würde sich in diesem Falle nach der Art (Species) der Kulturpflanze richten, gegebenenfalls kombiniert mit einer oder zwei kodominierenden Unkrautarten.

Daß verschiedene landwirtschaftliche Kulturen Pflanzenassoziationen bilden – selbstverständlich charakteristische eines bestimmten Typs – davon konnten wir uns auf Grund der Untersuchungen überzeugen. Alle diese Agroassoziationen weisen allgemeine, allen Pflanzenassoziationen

* Ein solcher Eindruck widerspricht aber der objektiven Wirklichkeit und kann zu Verwechslungen führen.

gemeinsame Vorgänge auf. Was beim ersten Anblick in der Struktur dieser Assoziationen verschieden ist, betrifft die kompensierende Wirkung der verschiedenen ökologischen Faktoren, unter dem direkten Einfluß der Agrotechnik und den restlichen Kulturmaßnahmen. Durch solche Maßnahmen kann zum Beispiel die niedere Temperatur nasser Böden durch größere Abstände zwischen den Pflanzen ausgeglichen werden (verminderte Dichte), wodurch die Erwärmung des Bodens erleichtert wird u.s.w.

Viel umstritten ist das Problem der Zusammenhänge zwischen den Kulturpflanzen und den Unkrautarten, die sich in den verschiedenen landwirtschaftlichen Kulturen entwickeln. Es muß festgelegt werden, inwiefern die Kulturpflanze zusammen mit der spezifischen Agrotechnik die Struktur der Unkrautflora beeinflußt und wie die Art des Bodens in dieser von der Landtechnik beeinflußten Flora zum Ausdruck kommt.

Untersuchungen, die im Laufe von 20 Jahren im Banat vorgenommen wurden, ermöglichten uns interessante Aspekte dieses Problems aufzudecken (4, 5, 6, 7).

Unkrautarten mit einer hohen gewöhnlichen Beständigkeit herrschen vor * – die gewöhnlichen Unkräuter, die starke Verunkrautung aller Kulturen und auf allen Bodenarten des Banats hervorrufen (6), besonders: *Cirsium arvense* (L.) Scop., *Convolvulus arvensis* L., *Cynodon dactylon* (L.) Pers., *Rubus caesius* L., *Setaria glauca* (L.) P.B., *S. viridis* (L.) P.B., *Sinapis arvensis* L., *Ranunculus arvensis* L., *Amaranthus retroflexus* L., *Chenopodium album* L., *Agropyron repens* (L.) P.B., *Echinochloa crus-galli* (L.) P.B., *Fagopyrum convolvulus* (L.) H. Gross u.a.

Die Arten, die an einen bestimmten Bodentyp gebunden sind – Bodenunkräuter – und eine erhöhte spezifische Beständigkeit auf einem gewissen Bodentyp aufweisen, machen sich bemerkbar (6). Diese Arten sind in allen Kulturen auf einem bestimmten Bodenkomplex anzutreffen. Zum Beispiel sind es auf Podsolböden: *Agrostis stolonifera* L., *Erigeron annuus* (L.) Pers., *Allium scorodoprasum* L., *Galeopsis tetrahit* L., *Poa compressa* L., *Raphanus raphanistrum* L., *Rumex acetosella* L., u.a. Auf Tschernosjemböden: *Ajuga chamaepitys* (L.) Schreb., *Lathyrus tuberosus* L., *Nigella arvensis* L., *Sambucus ebulus* L. u.a. Auf Moorböden: *Myagrum perfoliatum* L., *Bidens tripartitus* L., *Barbaraea vulgaris* R.Br., *Lactuca serriola* Torner, *Rumex stenophyllus* L., *Thlaspi arvense* L., *Vicia striata* M.B. usw. (6).

Als sehr interessant erweisen sich die *Begleitunkräuter*, die sich durch eine differenzierte Beständigkeit in verschiedenen Kulturgruppen (Herbstsaaten, Hackfruchtkulturen) auszeichnen, dabei aber auch eine gewisse Unabhängigkeit vom Bodentyp zeigen. Es sind dies: *Delphinium orientale* G. Gray., *Digitaria sanguinalis* (L.) Scop., *Heliotropium europaeum* L., *Melampyrum barbatum* W. et K. u.a.

* Unter Beständigkeit oder allgemeiner Beständigkeit versteht man die Existenz einer Unkrautart in Zeit und Raum auf landwirtschaftlichen Flächen. Von diesem allgemeinen Begriff wurden die Begriffe „gewöhnliche Beständigkeit", die Mittelwerte des Vorkommens der Arten in allen Böden kennzeichnen, und „spezifische Beständigkeit" die jede einzelne Bodeneinheit oder Phytocenose kennzeichnet, abgeleitet.

Unkräuter mit gemischten Eigenschaften, deren spezifische Beständigkeit in einer bestimmte Gruppe von Kulturen (geobotanische Gruppe) und nur auf einem bestimmten Bodentyp augenscheinlich ist, spiegeln in besonders hohem Maße die Zusammenhänge zwischen Agroassoziationen und ihrer spezifischen Natur wider. Unter diesen Arten befinden sich: *Bifora radians* M.B., *Bromus secalinus* L., *Achillea setacea* W. et K., *Lathyrus aphaca, Chenopodium polyspermum* u.a.

Die weiter oben angeführten Daten bringen die Zusammenhänge zwischen Kulturpflanzen und Unkräutern überzeugend zum Ausdruck. Sie beweisen den komplexen Charaktei dieser Phytocenosen, wie auch den Einfluß des natürlichen Rahmens auf die floristische Struktur der Agroassoziationen trotz der lenkenden Wirkung des Menschen.

Besonders wichtig ist es, bei der Bewertung des phytocenotischen Charakters der Agroassoziationen, neben den agrotechnischen Ansprüchen der Kulturpflanze, auch das Ausmaß zu beachten, in welchem diese Ansprüche durch agrotechnische Arbeiten verwirklicht wurden.

Unter diesen Bedingungen haben die Dichte der Kulturpflanzen, ihre Gestalt, Beweidung, Kultur, Wucherung, die Anreicherung des Bodens mit Unkrautkeimen einen großen Einfluß auf die floristische Struktur der Unkräuter der Agroassoziation.

Dichte Kulturen mit robusten Pflanzen verhindern merklich das Auftreten und die Entwicklung der Unkräuter, so daß die Verunkrautung 3–4% nicht überschreitet, während offene Kulturen, mit schwachen Pflanzen von Unkraut überwuchert werden, das bis zu 70–80% der Bodenfläche bedecken kann (8). Dieser Vorgang ist augenscheinlich bei manchen Tabak- und Sonnenblumenkulturen und bei schwachen Mais-, Rüben- und Erbsenkulturen.

Dies bedeutet, daß in Kulturen, wo die agrotechnischen Regeln wirksam angewendet werden und die Verunkrautung gering ist, die lokale Anwesenheit und die allgemeine Frequenz der Unkrautarten verfolgt werden muß. Die Menge und das Vorherrschen haben in diesem Fall eine geringere Bedeutung und müssen entsprechend bewertet werden.

Aus dem bisher Gezeigten folgt, daß die verschiedenen landwirtschaftlichen Kulturen in phytocenologischen Einheiten zusammengefaßt werden können. Auch in diesem Fall können Pflanzenassoziationen festgelegt werden – die wir als Agroassoziationen bezeichnen – und diese wieder können in höhere Vegetationseinheiten eingegliedert werden.

Es würde zum Beispiel in diesem Fall die Winterweizenkultur die Agroassoziation darstellen, die Pflanzenassoziation, denn die Art *Triticum vulgare* bestimmt (im vorliegenden Falle) die phytocenotische Struktur sowohl qualitativ als auch quantitativ. Wegen ihrer Kulturansprüche bildet diese Art nur auf bestimmten Böden und unter bestimmten klimatischen Bedingungen Agroassoziationen und ermöglicht nur das Wachsen bestimmter Unkrautarten, die sich auch ihren Ansprüchen gemäß verschieden verhalten werden.

Auf diese Weise entstehen Subassoziationen, in welchen neben *Triticum vulgare* verschiedene Unkrautarten kodominieren, darunter einige *indifferente Unkräuter*, andere *mit gemischten Eigenschaften* und wieder andere *Unkräuter mit spezifischer Bodenbeständigkeit*. All das gibt der

Agroassoziation eine eigene Nuance, wird aber deren spezifischen Gesamtcharakter nicht ändern.

Die Agroassoziationen des Winterweizens bilden zusammen mit denen der Gerste und des Winterroggens eine höhere phytocenologische Einheit vom Range der Allianz mit gemeinsamen Zügen, z.B. bestimmt durch ähnlichen Charakter der Landtechnik und der Biologie der Unkrautarten (besonders einjährige Herbstarten), die in allen vorkommen. Jede Agroassoziation bewahrt aber ihre eigene durch die kultivierte Pflanze bestimmte phytocenotische Struktur.

Ihrerseits können alle Saatkulturen in eine noch umfassendere Einheit eingeordnet werden, die sich von den Kulturen der Hackfrüchte oder der mehrjährigen Pflanzen unterscheidet.

Bei diesen Bewertungen könnten zur Verallgemeinerung und Vertiefung, neue Elemente hinzugezogen werden, ohne dabei um jeden Preis zu versuchen, die Vorgänge in der Natur in Systeme „einzuzwängen", die nicht immer den notwendigen Vollkommenheitsgrad besitzen, um alle auf einmal zu umfassen.

Was die Systematisierung der Vegetation betrifft, könnte der Begriff „geobotanische Gruppen", erörtert werden, den die Verfasser des vorliegenden Artikels in früheren Arbeiten gebraucht haben (4, 5, 7).

Die Bezeichnung „geobotanische Gruppen" wurde auf Grund von Vergleich und Zusammenfassung der Ergebnisse von Feldversuchen ausgearbeitet, wobei die Kulturpflanze, die spezifische Landtechnik, die ökologischen Bedingungen und die Unkrautarten, die in den Kulturen vorkommen, berücksichtigt wurden. Auf diese Weise konnten sehr ähnliche Situationen in derselben Kultur auf demselben Bodentyp nachgewiesen werden, was eine natürliche Synthese ermöglichte. Gleichzeitig machten sich auch die Unterschiede zwischen verschiedenen Kulturen sowie verschiedenen Bodentypen bei der gleichen Kultur bemerkbar. Als Grundlage des Vergleichs dienten die Unkrautarten und hauptsächlich deren Frequenz in verschiedenen Kulturen und auf verschiedenen Böden.

So wurden einzelne geobotanische Gruppen festgelegt: Herbstsaaten, Frühjahrsaaten, Hackfruchtkulturen, Kulturen mit mehrjährigen Pflanzen, ruderale Vegetation, Gemüsegärten, Obstgärten, Weingärten usw. (4, 5, 7).

Untersuchungen auf landwirtschaftlichen Nutzflächen auf Grund dieser Systematisierung ermöglichten uns die Bewertung zahlreicher Elemente von landwirtschaftlichem Interesse wie: Verunkrautungsgrad verschiedener Kulturtypen (geobotanische Gruppen), differenzierte Verunkrautung betreffend die floristische Struktur der verschiedenen geobotanischen Gruppen, der Einfluß der Landtechnik, des Bodens und der kultivierten Pflanze auf den Verunkrautungsgrad und die Spezifizität der Verunkrautung bei verschiedenen geobotanischen Gruppen u.a.

Als Synthese dieser Arbeiten wurde eine Bestimmung der allgemeinen Beständigkeit der Unkrautarten auf landwirtschaftlichen Nutzflächen der Region Banat ermöglicht sowie eine Unterscheidung einer gewöhnlichen und einer spezifischen Beständigkeit im Rahmen der allgemeinen, womit die Unkrautarten bestimmt werden, die starke Verunkrautungen in verschiedenen Kulturen und auf verschiedenen Bodenkomplexen hervorrufen (6).

Die phytocenologische und ökologische Untersuchung der Agroassoziationen muß demnach zur Kenntnis ihrer floristischen Struktur unter gegebenen pedoklimatischen Bedingungen führen.

Es müssen die Unkrautarten aufgefunden werden, die mehr oder weniger beständig verschiedene landwirtschaftliche Kulturen auf verschiedenen Bodenkomplexen begleiten, sowie die auf einem bestimmten Bodentyp mehr oder weniger beständig sind.

Von großer Bedeutung ist die Bestimmung des Verunkrautungsgrades der landwirtschaftlichen Kulturen und damit der Masse von Unkrautkeimen im Boden.

Das Studium der Biologie wenigstens der wichtigsten Unkrautarten und die Festlegung ihres ökologischen Rahmens ist notwendig.

Das ökologische Studium der Intensitätsänderungen der Faktoren, am Standort stationär analytisch und in ihrer Komplexität, muß die Grundlage bei allen Bewertungen sein, die im Zusammenhang mit der Ökologie der Agroassoziationen vorgenommen werden. Ohne deren quantitatives Studium kann man sich keine ökologischen Analysen und Synthesen vorstellen.

Die Bestimmung der Intensität, mit der die verschiedenen ökologischen Faktoren auf die Agroassoziationen wirken, und der Art und Weise, wie sich diese zeiträumlich differenzierte Intensität auf die floristische Struktur und die Physignomie der Agroassoziationen auswirkt, bildet das Hauptproblem der landwirtschaftlichen Ökologie, sowie der Ökologie im allgemeinen.

Dieses Problem kann nur unter Anwendung der entsprechenden Untersuchungsmethoden und ökologischen Apparatur gelöst werden.

Das wesentliche Element in der ökologischen Methodologie, das eine genaue Festlegung der differenzierten Intensität der Standortfaktoren gewährleistet, ist die direkte Messung dieser Faktoren am Naturstandort mit Apparaten, welche die Umweltsbedingungen wirklichkeitsgetreu wiedergeben.

Elektrische und elektronische Apparatur, von höchster Empfindlichkeit und Amplifizierung, scheint diesem Zweck am meisten angemessen, denn diese muß automatisch und gelenkt funktionieren, so daß die Messungen kontinuierlich und graphisch durchgeführt werden.

Besonderes Interesse verlangt das Wasser als ökologischer Faktor in allen seinen Formen: Regenwasser, Wasserdampf, Wasser in der Atmosphäre und im Boden, Tau, Reif usw. Dasselbe ist erforderlich für Wärme, Luft, Struktur und Chemismus des Bodens, dessen Mikrobiologie u.a.

Die ökologische und phytocenologische Standorts-Untersuchung der Agroassoziationen ist der Hauptweg, um in die Intimität der Prozesse und Vorgänge einzudringen, die diese Phytocenosen charakterisieren. Dadurch wird auch das Studium der spontanen Vegetation im Laufe der Jahre und der dabei eintretenden Änderungen ermöglicht.

Parallel zur Standort-Untersuchung müssen auch die übrigen ähnlichen Agroassoziationen in ähnlicher Weise erfaßt werden, um die Gesamtlage des entsprechenden Problems zu erkennen. Diese werden dann durch

Vergleich der Standortsangaben (Daten und Resultate) ausgewertet.

Die Art und Weise, wie die differenzierte Intensität der ökologischen Faktoren verschiedene biologische und phytocenotische Prozesse beeinflußt, kommt in den Vegetationsphasen, in der Vitalität der Arten, in der Widerstandsfähigkeit gegen Schädlinge und in der Fähigkeit zur Fruchtbildung sowie in dabei auftretenden morpho-anatomischen Veränderungen zum Ausdruck (3).

In dieser Hinsicht müssen die kausalen Beziehungen zwischen den ökologischen Faktoren und den Vegetationsphasen der Pflanzen (Phenophasen) aufgedeckt werden. Solche Vorgänge können oft hervortreten. Zum Beispiel wächst die Acker-Winde (*Convolvulus arvensis*) unter normalen Licht- und Wärmebedingungen in landwirtschaftlichen Kulturen, ent-

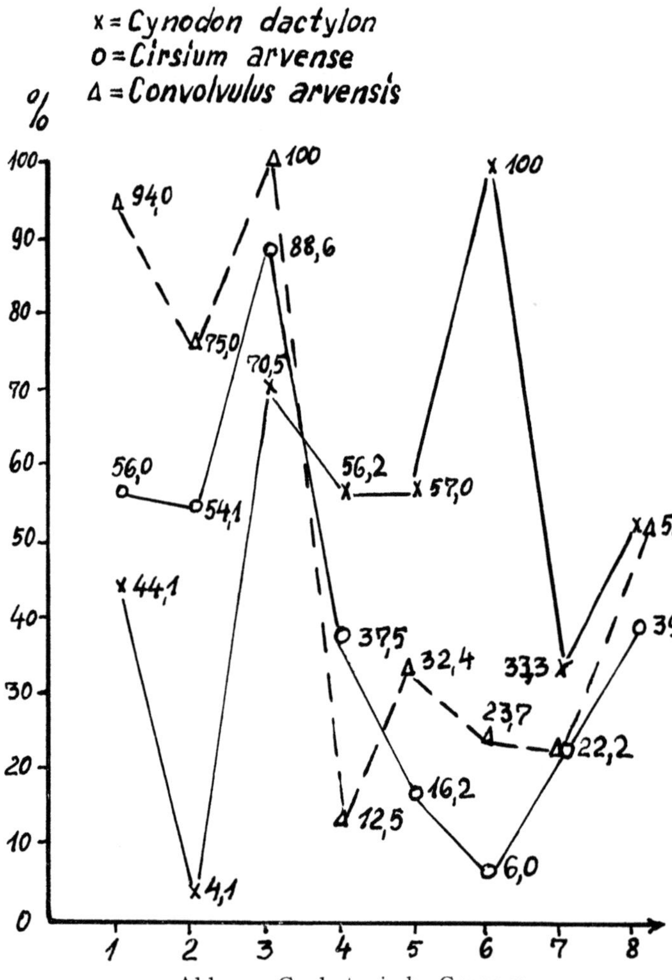

Abb. 1. Geobotanische Gruppen

1 = Herbstaussaaten
2 = Frühjahrsaussaaten
3 = Hackpflanzenkulturen
4 = Mehrjährige Kulturen
5 = Ruderalgesellschaft
6 = Heiden
7 = Wiesen
8 = Durchschnittliches Vorkommen

wickelt sich, blüht, trägt normal Früchte während sie auf einem Boden, der stufenweise brach liegt und so kälter wird und immer weniger Licht erhält, wo die Pflanzen dichter werden, dahin vegetiert und wenig blüht, um in den nächsten Jahren, zusammen mit der Verstärkung der Brache ganz zu verschwinden.

Ähnlich verhält sich der Löwenzahn (*Taraxacum officinale*). Dieser blüht und trägt normal Früchte bei direkter Sonnenbestrahlung und vermehrt sich daher schnell auf gemähten Wiesen. Wenn die Pflanzen von hohem Wuchs wieder wachsen und den Löwenzahn beschatten, wird dieser länger, wächst schwach und geht in den nächsten Jahren ein.

Beide erwähnten Arten leben demnach normal unter erhöhten Licht- und Wärmebedingungen, welche die bestimmenden Faktoren in ihrem Leben sind.

Ähnliche Voıgänge könnten auch bei vielen anderen Arten beobachtet werden. So ist zum Beispiel *Symphoricarpus racemosus* sehr empfindlich gegen Licht. Beschattete Äste blühen nicht. Werden sie jedoch wenigstens einen halben Tag von der Sonne beschienen, so blühen sie und tragen normal Früchte. Bei Bäumen sind die Früchte an der Nordseite gewöhnlich sauer und weniger gefärbt. An beschatteten Teilen der Pflanzen erscheinen die Blüten gewöhnlich später und das Reifen der Früchte verzögert sich.

Daraus folgt, daß die Verflechtung ökologischer Untersuchungen mit phytophaenologischen für das vielseitige Studium der Agroassoziationen und daß das Auffinden der Wege zur Lenkung verschiedener Standorte stationärer ökologischer Faktoren von großer Bedeutung ist.

PHYTOCENOLOGISCHE SPEKTREN

Die ökologischen und phaenologischen Methoden zur Untersuchung ökologischer Faktoren und phytocenologischer Vorgänge und Prozesse, die in Pflanzenassoziationen stattfinden, verflechten sich und werden vervollständigt durch die Verwendung von Pflanzen als Standorts-Indikatoren. Mit Hilfe von Pflanzen, deren allgemeine ökologische Bedingungen bekannt sind, kann indirekt auf die Wirkungsintensität der verschiedenen ökologischen Faktoren geschlossen werden, wobei die Arten als Phytometer funktionieren und ihr Verhalten das Spezifische des Standorts und der Phytocenose widerspiegelt. Für die Unkrautarten, die als Phytometer verwendet werden, arbeitet man phytocenologische Spektren aus, wie zum Beispiel die in Fig. 1–2. Sie werden auf Grund der allgemeinen Frequenz der genannten Arten in verschiedenen Phytocenosen zusammengestellt (geobotanische Gruppen).

Cynodon dactylon (L.) Pers. (Fig. 1) weist auf Tschernosjemböden der Region Banat eine minimale Frequenz (4,1%) in Frühjahrsaaten auf und eine maximale auf Weiden (100%). In Kulturen mit mehrjährigen Arten und in Ruderalvegetation erreicht die Frequenz der Art mittlere Werte (56,2% bzw. 57%) (4). Die ökologischen Hauptfaktoren der Verbreitung sind in diesem Falle Licht, Wärme und Trockenheit, die auf Weiden mehr zur Geltung kommen als in Saaten und Heuwiesen. Daneben ist auch der Auflockerungsgrad des Bodens von Wichtigkeit, was sich aus den Daten für Hackfruchtkulturen ergibt, wo die Art trotz Unterhaltungsarbeiten eine hohe Frequenz aufweist (70%).

Cirsium arvense (L.) Scop. (Fig. 1.), ebenfalls auf Tschernosjemböden, verhält sich verschieden gegenüber *Cynodon dactylon*. Die Frequenz dieser Art ist minimal auf Weiden (6%) und maximal in Hackfruchtkulturen (88,8%). In diesem Fall scheint der Auflockerungsgrad des Bodens der Hauptfaktor zu sein. Dieser beeinflußt indirekt auch die erhöhte Bodenfeuchtigkeit, gegen welche die Pflanze empfindlich ist. Diese Tatsache wird bestätigt durch die geringe Frequenz der Art in anderen geobotanischen Gruppen mit gestampftem dichten Boden (Ruderalgesellschaften 16,2%, Heuwiese 22,2%) und durch das Anwachsen der Frequenz in geobotanischen Gruppen von Kulturpflanzen beim Übergang von schweren ungeackerten Böden zu jährlich geackertem Boden (Kultur mehrjähriger Arten 37,5%, Frühjahrsaaten 54,1%, Herbstsaaten 56% (4)).

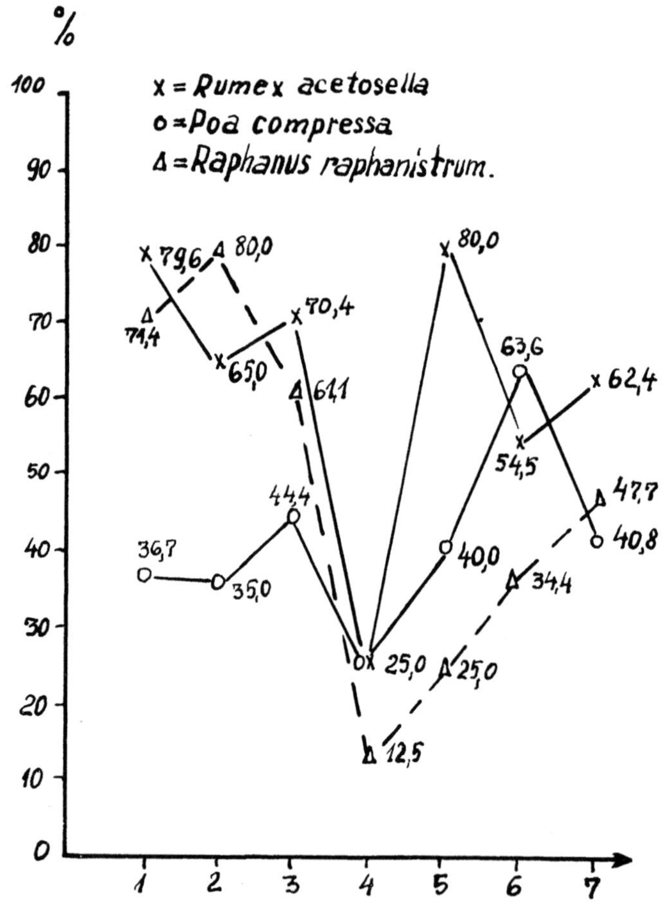

Abb. 2. Geobotanische Gruppen

1 = Herbstaussaaten
2 = Frühjahrsaussaaten
3 = Hackpflanzenkulturen
4 = Weinberge
5 = Mehrjährige Kulturen
6 = Ruderalgesellschaft
7 = Durchschnittliches Vorkommen

Sowohl in Herbst- als auch in Frühjahrsaaten äußern sich die wichtigsten ökologischen Faktoren mit ähnlicher Stärke, die indirekt durch die Landwirtschaftstechnik und die Gestalt der Pflanzen bestimmt wird. Diese Tatsache ergibt sich aus den ähnlichen Werten für die Frequenz der Art *Cirsium arvense* in beiden geobotanischen Gruppen.

Convolvulus arvensis L. (Fig. 1) weist auf denselben Tschernosjemböden eine interessante, durch die Besonderheit der Landwirtschaftstechnik begrenzte Frequenz auf. In einjährigen Kulturen hat die Art die größte, bis zur maximalen Frequenz (75% in Frühjahrsaaten, 94% in Herbstsaaten und 100% in Hackfruchtkulturen), während in geobotanischen Gruppen mit mehr oder weniger gestampftem dichtem Boden die Frequenz der Pflanze gering ist (in Ruderalgesellschaften 32,4%, Weiden 23%, Heuwiesen 22,2%, in Kultur mit mehrjährigen Pflanzen 12,5% (4)).

Die bestimmenden ökologischen Faktoren sind in diesem Falle die Lichtintensität und der Auflockerungsgrad des Bodens. Diese ändern dann die Beziehungen aller anderen Faktoren durch Kompensations-Prozesse. *Convolvulus arvensis* verschwindet mit steigendem Senkungsgrad des Bodens, Beschattung durch andere Pflanzen und Abkühlung (3). In Hackfruchtkulturen befindet sich die Art auf optimalem Standort mit durchlüftetem Bodem und guter Belichtung. In Ruderalgesellschaften kompensiert das Licht in einem gewissen Ausmaß den Senkungsgrad des Boden und so weist die Pflanze trotzdem eine bedeutende Frequenz auf. In dieser geobotanischen Gruppe kommen Mikro-Standorte mit brachliegendem und gelockertem Boden vor.

Rumex acetosella L. (Fig. 2), auf Podsolböden der Region Banat, erreicht maximale Frequenz auf mehrjährigen Kulturen (80%) und minimale in Weingärten (25%). In anderen geobotanischen Gruppen ist die Frequenz über 50%, womit ihre Beständigkeit auf diesen Böden (5) als Indikatorpflanze zum Ausdruck kommt.

Poa compressa L. (Fig. 2), unter denselben Bedingungen wie die vorherige Art, hat die höchste Frequenz in Ruderalgesellschaften (63,6%), und die niedrigste in Weingärten (25%). In den anderen geobotanischen Gruppen hat sie Frequenz-Werte um 40%. Man kann hier nicht sehr große Änderungen in den verschiedenen geobotanischen Gruppen mit Ausnahme der Weingärten bemerken, wo durch besondere Landwirtschaftstechnik die Frequenz der Art niedriger ist (5).

Raphanus raphanistrum L. (Fig. 2) ist eine Art, die sich sehr interessant verhält. Die höchste Frequenz findet man in Frühjahrsaaten (80%). In Herbstsaaten sind die Werte ähnlich (71,4%), in Weingärten findet man die niedrigste Frequenz (12,5%) (5). Die Art weist wie *Rumex acetosella* eine erhöhte spezifische Beständigkeit auf Podsolböden der Region Banat auf.

Die angeführten Daten zeigen die Empfindlichkeit der Unkrautarten gegenüber der differenzierten Intensität der ökologischen Faktoren. Sie drücken auch den Einfluß der Kulturpflanze und des Bodentyps auf die Anwesenheit und die Frequenz der Unkräuter aus. Diese Daten geben die spezifische Note der Agroassoziationen und ihre Eingliederung in die Gesamtheit der phytocenotischen Vorgänge wieder. Auf diese Weise wird die Natur der Agroassoziationen gesichert, in denen sich prinzipiell ähnliche Prozesse abwickeln wie in jeder anderen Pflanzen-Assoziation.

Die Untersuchungsmittel, die gegenwärtig beim Studium der Ökologie der Agroassoziationen verwendet werden können, sind von großer Bedeutung für deren vielseitige Kenntnis. Es handelt sich in erster Reihe darum, daß die ökologischen, phytocenologischen und phaenologischen, Grundprinzipien, von denen einige auch hier angeführt wurden, berücksichtigt werden. Auf diesem Wege können die bisher erreichten Erfolge wesentlich vervollständigt werden, wodurch Wissenschaft und Produktion zum Wohle der menschlichen Gesellschaft nur zu gewinnen haben.

SCHLUßFOLGERUNGEN

Als *Schlußfolgerungen* ergeben sich wichtige physiologische, biologische und praktische Resultate, durch das Vorhandensein der reziproken ökologischen komplexen Einflüsse zwischen Kulturpflanzen und Unkräutern.

Die Eigenschaft des Lebens (Variabilität, Resistenz, Evolution u.a.) der parallel mit Unkräutern gezüchteten Arten ist ein wichtiges Kennzeichen der Agroassoziationen.

Beide Eigenschaften, die als Phytometer dienen, sind wichtige Mittel der Existenzbestimmung der Agroassoziationen und ihrer Kennzeichnung.

Durch ökologische Messungen der Hauptfaktoren (Wärme, Wasser, Licht, Durchlüftung u.a.) tritt der allen Vegetationsgemeinschaften eigene gesetzmäßige Prozeß der Existenz der Agrophytocenosen zutage.

Die Agroassoziation und ihr Standort, auf dem sie lebt, werden dann vielseitig untersucht, wobei man ihre Entstehung, Evolution und ihre Veränderung in ihrer Gesamtheit betrachtet.

Die reale Existenz der Vegetationseinheiten muß deshalb in engem Zusammenhang mit den ökologischen Faktoren beachtet werden. (Boden Pflanzen und Tiere, klimatische Faktoren, Agrotechnik, physikalisch-chemische Variabilität, die biologische Umwandlung im phytocenotischen Komplex).

Die Beachtung einiger verschwundener Unkraut-Arten oder einer angeblich vorhanden gewesener Unkrautgesellschaft und die Nichtbeachtung der realen Agroassoziationen, könnte zur Isolierung der Phytocenologie von den Problemen der Praxis führen. Damit kann auch eine Isolierung der Botanik von den Problemen der Landwirtschaft und damit mehr oder weniger vom Forstwesen eintreten, da die heutige sogenannte Kulturwüste und die Wald-Umwandlung große Fortschritte machen.

Die Agrogemeinschaften sind Kulturphytocenosen.

Sie sind flächenmäßig sehr ausgedehnt und spielen im Leben der Menschengesellschaft eine höchst wichtige Rolle.

Die Unkraut-Arten sind ständige Begleiter der Agrogemeinschaften. Sie bilden damit das Anfangsstadium der einjährigen Vegetationsentwicklung der Ackerböden. Nachher folgen die Stadien der mehrjährigen Gräser und Sträucher bis zur Schlußgesellschaft der Wälder.

Die Deutung der landwirtschaftlichen Kulturpflanzen, die als Dominanten in den Agroassoziationen vorkommen, ermöglicht die Vereinfachung der Methodik in der Forschung und zugleich die der Nomenklatur.

So werden die Agrozönosen nach dem lateinischen Namen der Kulturart benannt (z.B. *Zea mays*) ohne andere Präfixe oder Suffixe, und daneben noch der Name der kodominanten Unkrautart hinzugefügt.

Auf diese Weise kann man sowohl die biologischen und ökologischen Veränderungsprozesse der genetischen Merkmale der Arten und der Phytozönosen als auch die Ergebnisse der Produktion besonders nach den ökologischen Beziehungen und zugleich nach der Konkurrenz zwischen den Kulturarten und den Unkräutern auf der gleichen Anbaustelle wissenschaftlich betrachten.

ZUSAMMENFASSUNG

Die Agroassoziationen und ihre Ökologie stellen ein heute in geobotanischen Fachkreisen sehr umstrittenes Problem dar.

Auf Grund eigener Untersuchungen kommen die Autoren zur Schlußfolgerung, die Agroassoziationen als selbständige Vegetationseinheiten zu werten, wobei der Charakter ihrer phytocenologischen – ökologischen Wechselwirkungen – die jeder Pflanzenassoziation eigen sind – direkt oder indirekt vom Wirken des Menschen bestimmt wird. Die unter Verwendung verschiedener agrotechnischer Methoden wachsende Pflanze und der jeweilige Bodentyp sind die den Charakter der Agroassoziation bestimmenden Faktoren.

Die Agroassoziationen weisen neben allgemeinen allen Pflanzenassoziationen eigenen biologischen Merkmalen auch einige Besonderheiten auf, die ihre Sonderstellung in der Pflanzenwelt bestimmen. Aus diesem Grunde ist in der Untersuchung der Agroassoziationen die Verwendung einer speziellen von allgemeinen phytocenologischen Prinzipien ausgehenden Methodik unerläßlich, die ihren spezifischen Charakter und Struktur berücksichtigt.

Als Agroassoziationen werden gewertet: Kulturen von Weizen, Roggen, Mais, Kartoffeln, Sonnenblumen, Tabak, Erbsen, Rüben u.a.

Die Agroassoziationen können in Vegetationseinheiten höherer Ordnung zusammengefaßt werden: Herbstaussaat, Hackfruchtkulturen, mehrjährigen Pflanzen usw.

Die in dieser Arbeit enthaltenen phytocenologischen Spektren spiegeln den Charakter der phytocenologischen Wechselwirkungen innerhalb der Agroassoziationen und zwischen ihnen und anderen ökologischen, vor allen pedologisch-klimatischen Faktoren wider.

In den Spektren sind folgende Arten vertreten: *Cynodon dactylon* (L.) Pers., *Cirsium arvense* (L.) Scop., *Rubus caesius* L., *Convolvulus arvensis* L., *Rumex acetosella* L., *Poa compressa* L., *Raphanus raphanistrum* L. und *Agrostis stolonifera* L.

SUMMARY

Agro-associations and their ecology are a very disputed question in the geobotanical discipline at present.

On the basis of their personal investigations the authors have decided to rate agro-associations as independent vegetation units whereby the character of their phytocenological-ecological interactions – which are specific for each plant association – are decided directly or indirectly by human activity. The existing soil type and the different agro-technical methods used are the factors which decide the character of the agro-association.

The agro-associations show, in common with all plant associations, particular characteristics and peculiarities which decide their special position in the plant world. For this reason the investigation of the agro-associations requires a departure from the normal phytocenological principles in order to take account of their specific character and structure.

The following would be rated as agro-associations: cultures of wheat, rye, maize, potatoes, sunflowers, tobacco, peas, roots etc.

The agro-associations can be grouped in vegetation units of a higher order: autumn sown, hoed fruit cultures, perennial plants etc.

The phytocenological spectra presented in this work reflect the nature of the phytocenological interaction within the associations and between them and other ecological – or, more especially pedological – climatical factors.

The following species occur in the spectra: *Cynodon dactylon* (L.) Pers., *Cirsium arvense* (L.) Scop., *Rubus caesius* L., *Convolvulus arvensis* L., *Rumex acetosella* L., *Poa compressa* L., *Raphanus raphanistrum* L. and *Agrostis stolonifera* L.

LITERATUR

1. Alechin, V. V.: Geografia rastenii. Ucipedghiz. – Moskva 1950.
2. Braun-Blanquet, J.: Pflanzensoziologie, 2. Aufl. – Wien 1951.
3. Bujorean, G.: Contribuţiuni la cunoaşterea succesiunii şi întovărăşirii plantelor. – Bul. Grăd. Bot. şi Muz. bot. Cluj. **10** (1–4). Cluj 1930.
4. Bujorean, G., Popescu, P. C., Popescu, I.: Contribuţiuni la studiul geobotanical buruienilor de pe oernoziomurile din vestul ţării. – Studii şi Cercet. Biolog. St. Agric Acad. R.P.R. Baza Timişoara. **3** (3–4). 1956.
5. Bujorean, G., Grigore, St., Oprin, C., Popescu, P. C.: Contribuţie la studiul geobotanic al buruienilor de pe podzol. – Studii şi Cercet. Biolog. St. Agric. Acad. R.P.R. Baza Timişoara. **7** (1–2). 1960.
6. Bujorean, G., Grigore, St., Arvat, N.: Despre problema statorniciei unor specii de buruieni în culturile de prăşitoare şî în semănăturile de toamnă din regiunea Banat. Lucrări ştiinţifice. – Inst. Agr. Timişoara. **5**. Ed. Agro-silvică. Bucureşti 1962.
7. Grigore, St.: Contribuţii la cercetarea stării de îmburuienare a culturilor de pe lăcoviştile din Banat. – Anuarul lucrărilor ştiinţifice Inst. Agr. Timişoara. Ed. Agro-silvică. Bucureşti 1957.
8. Grigore, St.: Contribuţii la studiul influenţei lucrărilor agrotehnice asupra îmburuienării culturilor de grîu şi porumb. Lucrări ştiinţifice Inst. – Agr. Timişoara. Ed. Agro-silvică. Bucureşti 1961.
9. Iaročenko, P. D.: Geobotanica. – Ed. Academiei R.P.R. Bucureşti 1962.
10. Scamoni, A.: Einführung in die praktische Vegetationskunde. – Berlin 1955.
11. Tüxen, J.: Stufen, Standorte und Entwicklung von Hackfrucht- und Garten-Unkrautgesellschaften und deren Bedeutung für Ur- und Siedlungsgeschichte. – Angewandte Pflanzensoziologie **16**. Stolzenau/Weser 1958.

A. Apinis:
In diesem Vortrag hörten wir sehr wenig Literatur-Zitate von bekannten pflanzensoziologischen Ergebnissen. Wir erfuhren aber ein neues System, das die Unkrautgesellschaften in besonderer Weise betrachtet oder behandelt. Wir müssen dazu grundsätzlich Stellung nehmen. Dazu gibt es zwei Möglichkeiten. Dieser Vortrag kann angenommen und später dann in der Literatur ausführlich kritisch behandelt werden, oder man könnte vielleicht mit den Autoren einen Briefwechsel führen und vielleicht berichten, daß auf diesem Gebiet sehr viel schon gemacht worden ist.

R. Tüxen:
Wir können nicht die Weizen-, Gersten- oder Rübenfelder zu eigenen Assoziationen zusammenfassen. Schon 1952 hat Sophie Jahn [1] versucht, die Unkräuter der Roggen- und der Weizenfelder zusammenzustellen, um zu finden, ob diese spezifische Arten haben. Es hat sich herausgestellt, daß sie es nicht haben, weil die Deckfrucht keine entscheidende Rolle spielt. Man muß daher nach anderen Gesichtspunkten, nämlich nach der gesamten Artenkombination einteilen, um hier brauchbare Einheiten zu finden. Das gilt noch viel stärker für Obstgärten oder Ruderalstellen. Ich glaube darum nicht, daß wir die Einheiten, welche die Kollegen aus Rumänien uns vorgeschlagen haben, bei uns verwenden können.

Aber andererseits ist es für manche von uns doch recht aufschlußreich zu erfahren, mit welchen Problemen man sich z.Zt. in Rumänien auf diesem Gebiet beschäftigt.

A. Apinis:
Der Begriff Agrophytocoenose ist ein ökologischer und nicht ein pflanzensoziologischer Begriff. Die pflanzensoziologisch-ökologischen Probleme der Ackerunkraut-Gesellschaften können statt mit teueren Apparaturen mit ganz einfachen Mitteln gelöst werden.

1 Jahn, Sophie: Über die „Bindung" bestimmter Unkräuter an die Wintergetreidearten. – Mitt. flor.-soz. Arbeitsgem. N.F. **3**. Stolzenau/Weser.

ENTWÄSSERUNG UND FRUCHTBARKEIT DER LANDSCHAFT*

von

EMILIE BALÁTOVÁ-TULÁČKOVÁ, Brno

Im Jahre 1963 waren oft Erwägungen über den niedrigen Grundwasserstand, sowie über den niedrigen Stand der Wasserläufe und der Talsperren zu hören. Dieser bedrohte z.B. nicht nur den Schifftransport auf der Elbe und Donau, sondern darauf ist auch der Mangel an elektrischer Energie, an Trinkwasser und oft auch an Futter zurückzuführen. Es ist bedauerlich, daß wir aus den in der Presse und im Rundfunk diskutierten Bedenken über die Ursache dieses Zustandes keine Lehren zogen. Manchenorts werden mit großem Aufwand Entwässerungen nur deshalb vorgenommen, weil der Boden im Frühjahr naß ist, ohne daß man weiß, zu welchem Bestandtypus die Entwässerung führen wird. Anderswo werden die Wiesen der typischen Wiesenstandorte (überschwemmte Alluvien großer Flüsse in Trockengebieten) beackert, und dann wird von der Schädlichkeit der Überschwemmungen gesprochen, allerdings im Bezug zu diesem auf solche Art gewonnenen Ackerboden, usw.

Ich werde hier einige Erfahrungen aus Untersuchungen anführen, welche ich im Rahmen des Botanischen Instituts der ČSAV, Zweigstelle Brno, durchgeführt habe. Es handelt sich um Talwiesen in Schlesien, Südmähren und in der Südwest- und Ostslowakei, wo infolge der Senkung des Grundwasserspiegels oder durch die Elimination der Frühjahrsüberschwemmungen die theoretisch erwartete Erhöhung der Bodenfruchtbarkeit nicht nur nicht erreicht, sondern im Gegenteil die potentielle Bodenfruchtbarkeit herabgesetzt wurde. Vor allem möchte ich nur auf die Folgen hinweisen, welche der Eingriff in das Wasserregime verursachen kann, wenn man die gegenseitigen Beziehungen zwischen dem Bestand und der Bodenfeuchtigkeit nicht gut kennt. Jene sollten als warnendes Signal bei der Durchführung weiterer ähnlicher Eingriffe dienen.

Es ist vielleicht nötig erneut zu betonen, daß für die Entwicklung der Wiesenbestände der erhöhte Stand der Bodenfeuchtigkeit im Frühjahr, d.h. zu Beginn der Vegetationsperiode unbedingt erforderlich ist. Entwässerung ist nur dann zweckmäßig, wenn der Boden auch in den Sommermonaten durchnäßt ist. Daß jede Wiesengesellschaft ihre eigene charakteristische Grundwasserganglinie hat, ist z.B. aus den in Ochrana přírody 18 (4): 68, Praha 1963, Přírodovědný časopis slezský 23 (2): Graph 1–2, Opava 1962, Rostlinná výroba 30 (5): 550–557, Praha 1956 mitgeteilten Diagrammen ersichtlich. Diese zeigen, daß die erhöhte Bo-

* Bearbeitet nach dem Artikel „Odvodnění a úrodnost krajiny" in Ochrana přírody **19** (3): 33–34. Praha 1964.

denfeuchtigkeit in der Rhizosphäre zu Beginn der Sproßentwicklung, (welche in den trockeneren Gebieten durch den höheren Stand des Grundwasserspiegels oder durch eine Frühjahrsüberschwemmung bestimmt wird) eine der Voraussetzungen für die Existenz des größten Teiles der Mesophyten-Wiesen von hoher Qualität ist.

So brauchen z.B. die schlesischen Wiesen vom unteren Lauf des Opava-Flusses mit *Festuca rubra* ssp. *commutata* (Succiso-Festucetum commutatae), welche hier auf den nicht überschwemmten tonigen Alluvialböden einen relativ hochwertigen Wiesentypus darstellen, zu ihrer Entwicklung eine erhöhte Frühjahrfeuchtigkeit; diese liefert dann auch den nötigen Feuchtigkeitsvorrat für die Sommertrockenperiode, wo der Grundwasserspiegel bis unter 1 m in die Schotterschicht sinkt. Das künstliche Absenken des Grundwasserspiegels vermindert hier deshalb nicht nur die Frühjahrsdurchfeuchtung des Bodens, sondern erhöht auch seine Trockenheit im Sommer und Herbst. Dies hat die Verbreitung des minderwertigen *Agrostis vulgaris* an Stelle der guten Futterpflanzen *Festuca rubra* ssp. *commutata* und *Sanguisorba officinalis* zur Folge. Die Möglichkeit, daß hier die Arten der Glatthafer-Wiesen gedeihen könnten, wie theoretisch vielleicht angenommen wurde, kommt hier nicht in Frage, denn sowohl *Arrhenatherum elatius* als auch *Trisetum flavescens* fordern nicht nur eine gleichmäßige Bodenfeuchtigkeit während des Jahres, sondern auch günstigere physikalische Bodeneigenschaften in der Rhizosphäre, welche durch die Entwässerung noch mehr verschlechtert werden.

Ebenso unökonomisch ist die künstliche Senkung des Grundwassers und die Elimination der Frühjahrsüberschwemmungen in den Alluvial-

Abb. 1. Durch die Entwässerung degradierter Wiesenbestand in der Ost-Slowakei, nordwestlich der Gemeinde Úbrež. Die niedrige unzusammenhängende Krautschicht kann zur Zeit bloß eine arme Weide bieten. Photo E. Balátová-Tuláčková, 29.5.1963.

Lagen der Trockengebiete, denn beides bildet hier die Voraussetzung der Existenz nicht nur von hochwertigen Auenwäldern sondern auch deren natürlichen Ersatzgesellschaften: Wiesen, welche hier dank der Überschwemmungen viel größere Erträge als die besprochenen schlesichen Wiesen erreichen.

Die synökologischen Untersuchungen auf den Wiesen in der Umgebung von Lanžhot (Südmähren), wo in großer Ausdehnung ertragreiche und gute Wiesen mit *Alopecurus pratensis* und *Poa palustris* (Gratiola officinalis – Carex praecox–suzae–Ass. und Lathyrus paluster – Gratiola officinalis–Ass.) vorkommen, bewiesen, daß das im März auftretende Überschwemmungswasser hier nicht nur den Boden um Nährstoffe bereichert, sondern daß es in diesem verhältnismäßig an Niederschlägen armen Gebiete zugleich eine der wichtigen Quellen der Bodenfeuchtigkeit auch für die Trockenperiode ist. Die schweren tonig-lehmigen Böden verhindern hier nämlich die rasche Wasserbewegung nicht nur abwärts, sondern auch aufwärts: es kann daher bloß ein intensiver langdauernder Regen oder Überschwemmungswasser das Profil so weit durchnässen, daß es in der Trockenperiode nicht zum kritischen Mangel an Bodenfeuchtigkeit kommt. Das Grundwasser, welches mit dem Stand in den Wasserläufen zusammenhängt, macht sich in der Rhizosphäre dieser Gesellschaften in dieser Periode in der Regel nicht geltend, denn das Bodenprofil wird durch Schichten von undurchlässigem Ton unterbrochen. Diese Tatsache kam anschaulich in den Jahren 1962 und 1963 zum Ausdruck, wo sich in der Trockenperiode auf dem nicht überschwemmten Ackerboden breite bis 30 cm tiefe Risse bildeten, wogegen

Abb. 2. Die Frühjahrsüberschwemmung und die günstigen Feuchtigkeitsverhältnisse zu Beginn der Vegetationsperiode haben nicht nur den hohen Wuchs von *Alopecurus pratensis*, sondern auch von *Phalaris arundinacea* ermöglicht. Lanžhot-Wiesen (Süd-Mähren). Photo E. BALÁTOVÁ-TULÁČKOVÁ, 16.6.1963.

die im Frühjahr überschwemmten mit einer Grasnarbe bedeckten Auenböden viel weniger und nicht überall rissig geworden sind. Und gerade dank den Frühjahrsüberschwemmungen und der günstigen Feuchtigkeitsverhältnisse zu Beginn der Vegetationsperiode im Jahre 1963 erreichten hier die *Alopecurus pratensis*-Wiesen (Gratiola officinalis – Carex praecox–suzae–Ass., Subass. von Rorippa silvestris) vor der ersten Mahd bis 150 cm Höhe und einen Ertrag von 60 q/ha, während die nicht überschwemmten Wiesen mit *Festuca rubra* ssp. *commutata* (Serratulo–Festucetum commutatae) in demselben Jahre nur eine Höhe von 45 cm und einen Ertrag von 10–15 q/ha erbracht haben. Wenn wir auch bei den *Alopecurus pratensis*-Wiesen die Möglichkeit der Frühjahrsüberschwemmungen ausschließen würden, so würden wir ihre Ertragsfähigkeit bedeutend verringern und ihre allmähliche Verwandlung in den wenig ertragreichen Wiesentypus mit *Festuca rubra* ssp. *commutata* verursachen, wie es in den entwässerten Auenlagen des Katasters von Veselí/Morava und bei Moravský Ján in der Südwestslowakei schon bemerkbar ist.

Aus den angeführten Beispielen ist ersichtlich, daß es unbedingt nötig ist, im Gebiet von Südmähren die Frühjahrsüberschwemmungen auch für die Zukunft zu erhalten und daß hier bloß die Sommerüberschwemmungen zu eliminieren oder wenigstens auf ein Minimum einzuschränken sind. Das letzte wäre vielleicht durch die Vergrößerung der Sommerüberschwemmungsfläche in den unteren Morava-Auen realisierbar.

Von der angeführten Gesetzmäßigkeit habe ich mich auch bei dem Studium der Wiesen in der Ostslowakei überzeugt. In diesem Gebiet war schon zum größten Teil die Regulierung und die Abdämmung großer Flüsse (Laborec, Latorica, Uh, Bodrog) durchgeführt worden, und heute sind die Folgen dieser Eingriffe auf die potentielle Fruchtbarkeit des Alluvialbodens deutlich sichtbar. Weil es sich hier um ein Trockengebiet handelt, wo die kontinentalen Einflüsse schon deutlich zur Geltung kommen, ist auch hier die von der Feuchtigkeit abhängige potentielle Fruchtbarkeit der alluvialen Lagen durch das Überschwemmungswasser gegeben. So z.B. bei den Gemeinden Senné und Ižkovce, wo im Jahre 1963 die Regulierung noch nicht beendet wurde, konnte man noch ertragreiche *Alopecurus pratensis*-Wiesen ähnlicher Zusammensetzung antreffen, wie im unteren Morava-Tal. Demgegenüber hat sich die Lage in der Latorica-Aue südlich der Gemeinde Beša, wo es laut der Karte vor der Regulierung und Abdämmung des Flusses „abwechselnd naß" war, (was dem Standort der bereits angeführten *Alopecurus pratensis*-Wiesen entspricht), ganz bedeutend verändert. Im Raum vor dem Damm finden wir jetzt schlechte Weiden mit niedrigem Bestand von *Poa pratensis-angustifolia, Polygonum aviculare, Potentilla anserina, Potentilla reptans* u.a. wirtschaftlich wertlosen Pflanzen, deren Deckungsgrad kaum 40% überschreitet. Der pflanzenlose Boden war hier schon Ende Mai 1963 ausgetrocknet und mit polygonalen Rissen durchsetzt.

Zahlreiche Bodenrisse konnte man zu derselben Zeit oft auch bei Ackerböden beobachten, wo das Getreide spärlich, niedrig und nur teilweise fertil war. Bloß der Gemüsebau war hier erfolgreich gewesen, allerdings nur dort, wo Voraussetzungen zur künstlichen Beregnung gegeben waren.

Der hohe Ertrag an Mais und Zuckerrüben auf manchen beackerten Wiesenflächen der entwässerten Uh-Aue im Kataster der Gemeinde Pavlovce ist nur auf den bisher noch hohen Humusgehalt im Boden zurückzuführen. Man muß sich allerdings dessen bewußt sein, daß die Landwirtschaft auf beackerten Auenwiesen in den ersten Jahren immer erfolgreich ist und zwar so lange, bis sich der Humus – welcher unter anderem auch die Retenzfähigkeit des Bodens für das Wasser erhöht – noch nicht zersetzt ist.

Der Zwischendammraum der Latorica im oben besprochenen Gebiete, d.h. südöstlich der Gemeinde Beša, war hingegen vollkommen unzugänglich wegen einer hohen Schicht von Schlamm, auf der nur hier und da Sumpfpflanzen, wie *Carex disticha, Juncus atratus, Eleocharis palustris, Butomus umbellatus* und *Alisma plantago-aquatica* wuchsen. Es kam hier zum zweiten Extrem: zum „Ertrinken" der ursprünglichen Auenwiesen infolge des kleinen Überschwemmungsraumes des Zwischendammes, was eine große Tiefe des Überschwemmungswassers und dessen langsamen Absinken zur Folge hatte. In diesem zweiten Falle handelt es sich glücklicherweise heute nur um eine zeitweilige Erscheinung, denn in den nächsten Jahren werden alle Überschwemmungswässer in das Vihorlat-Wassersammelbecken geführt werden.

Ein weiteres Beispiel der ungünstigen Folgen für die Landschaft, welche die ohne Verständnis der biologischen Gesetzmäßigkeiten durchgeführte Entwässerung nach sich ziehen muß, ist Záhoří, ein trockenes, mineralarmes Sandgebiet in der Südwestslowakei, wo viele durchgeführte Entwässerungen nicht zur theoretisch vorausgesetzten Steigerung der Bodenfruchtbarkeit führten. So kam es infolge der Bachregulierung in der Rudava-Aue nördöstlich der Gemeinde Rohožník, wo noch vor 15–20 Jahren bewirtschaftungsfähige Wiesen mit Niedermoor-Charakter überwogen, zu übermäßig tiefer Grundwassersenkung. Weil die Wiesen noch dazu beackert wurden, kam es hier infolgedessen in relativ kurzer Zeit zur raschen Zersetzung des Humus, der hier nicht nur die Wasserretenz des Sandbodens erhöhte, sondern auch den Nährstoffvorrat darstellte. Nach den Angaben der Bauern begann hier nach einigen Jahren der Ackerwirtschaft auch Winderosion. Und das heutige Resultat? Flächen der brachliegenden sandigen Böden mit dominierender *Rumex acetosella*. Eine neuerliche Berasung ist nicht mehr möglich. Die Regulierung des Rudava-Baches wird fortgesetzt. Man glaubt vielleicht, daß man Sandböden, die hier in der Zukunft unbedingt auch entstehen müssen, mit dem unweit gewonnenem Torf wieder fruchtbar machen kann. Es ist aber wohl fraglich, ob diese Art der Bodenfruchtbarmachung ökonomisch vorteilhaft ist und wie lange die Torfvorräte reichen werden, wenn es notwendig sein wird, den Humus in diesen Böden auf solche Weise beständig zu erneuern.

Es wäre interessant festzustellen, ob die durch die Meliorationen verursachten ungünstigen Lagen in den Wasserwirtschaftsplänen vorausgesehen wurden. Auf jeden Fall sollte man bei der ökonomischen Bewertung auch die eventuelle Herabsetzung der potentiellen Fruchtbarkeit der Landschaft in Betracht ziehen, welche auch Jahrzehnte dauern kann: bis es zur Errichtung der oft kostspieligen Bewässerungsanlagen kommt. Es können sich nämlich im Laufe der Jahre (hauptsächlich in trockenen

Gebieten) die Standortsbedingungen derart verschlimmern, daß durch Bewässerung nicht einmal die ursprüngliche Fruchtbarkeit wieder erreicht werden kann, wie es z.B. im Kataster von Veselí/Morava der Fall war. Es kommt vor allem infolge der absoluten Austrocknung des Bodenprofils zur Verschlechterung der physikalischen, chemischen und biologischen Eigenschaften des Bodens, wobei die Prozesse irreversibel sein können. Es ist daher vor allem in den Trockengebieten notwendig, recht vorsichtig vorzugehen; zu den Meliorationen kann hier nur auf Grund ausführlicher Kenntnisse der Beziehungen zwischen dem bestehenden Wasserregime und dem Pflanzenbestand geschritten werden, d.h. ausgehend von den Resultaten der vorhergehenden biologischen und pedologischen Untersuchungen. Die bisherigen Erfahrungen über die ökologischen Reihen der betreffenden Bestände können uns dann bei der Prognose der weiteren Entwicklung nach dem geplanten Eingriff ins Wasserregime große Dienste erweisen.

ZUSAMMENFASSUNG

In diesem Beitrag werden die Folgen der oft massenhaft durchgeführten Entwässerungsmaßnahmen in trockenen Gebieten dei Tschechoslowakei besprochen. An mehreren Beispielen wird gezeigt, daß solche Eingriffe in die Landschaft nicht immer mit der Erhöhung der Bodenfruchtbarkeit verbunden sind. Soll der ökonomisch positive Effekt in diesem Sinne garantiert werden, ist es notwendig die im Gebiet herrschenden biologischen Gesetzmäßigkeiten zu respektieren.

SUMMARY

This paper deals with consequences of drainage work, often executed on a large scale, in arid regions of Czechoslovakia. In numerous examples, it is demonstrated that such interference with natural conditions is not always accompanied by any increase of soil fertility. If positive economic effect should be obtained it is necessary to respect the existing biological relations in the investigated area.

A. Apinis:
Der Vortrag hat gezeigt, daß es durch negative Eingriffe des Menschen nicht möglich ist, etwas besseres zu erzielen als die vorherigen Vegetations- und Bodenverhältnisse schon waren. Die Zerstörung der Humusschicht und damit der Fruchtbarkeit des Bodens ist wahrhaft ein tragisches Ergebnis der Entwässerungsmaßnahmen.

R. Tüxen:
Wir haben in unserem Lande ähnliche Mißstände. Wir leben allerdings im humiden Gebiet, und unsere Sorgen sind daher nicht die gleichen wie im ariden oder im subkontinentalen Gebiet. Es wird immer mehr deutlich,

daß die Stimmen der Biologen doch stärker werden, die Warnungen eben nicht mehr zu überhören sind, daß man nicht ohne weiteres einem technischen oder einem Verkehrsziel (z.B. Schiffahrt) zuliebe sich über die allgemeinen Naturgesetze hinwegsetzen kann. Wir haben auch aus der Landwirtschaft heute und gestern warnende Beispiele gehört. Wir hören jetzt von der Grünlandwirtschaft und von der Landwirtschaft aus ariden Gebieten wieder ähnliche Warnungen, und wir werden gleich ähnliches auch noch von zoologischer Seite hören. Es ist gewissermaßen der Gesamt-Tenor unseres diesjährigen Symposion, daß die Warnungen, die von unserer Seite, der biologischen Seite, kommen, immer stärker werden, und es ist zu hoffen, daß sie vielleicht doch allmählich mehr gehört werden.

G. Schwerdtfeger:
Ich glaube, man sollte diesen Gedanken um einen Schritt weiterzuführen versuchen. Es ist hier aufgezeigt worden, was wir bei uns auch vielfach haben, daß Flächen nicht mehr in der alten Form weiter bewirtschaftet werden können. Auch die Landwirtschaft wird vielfach aus ökonomischen Gründen nicht mehr in der Lage sein, derartige Flächen in den nächsten Jahrzehnten zu nutzen. Es handelt sich dabei ja nicht nur um Flächen in den Flußtälern, sondern auch im gleichen Umfange um Flächen in den Höhenlagen. Auch Vorschläge, wie sie allen Ernstes aus dem hessischen Ministerium kommen, daß man der Landwirtschaft für jeden noch genutzten ha jedes Jahr 100.— DM bar auszahlen solle, werden nicht verhindern können, daß die Landwirtschaft diese Flächen einfach nicht benutzt. Wir können aber unmöglich in unserer Kulturlandschaft all diese Hunderttausende von ha im mitteleuropäischen Raum wieder zu Naturlandschaften werden lassen. Das würde die Kulturlandschaften so rigoros beeinflussen, daß viele Probleme dann einfach von der Wirtschaft nicht mehr zu lösen wären. Wir müssen im Rahmen der Aufwendungen,die insgesamt für die Kulturlandschaft, ob es nun für Fremdenverkehr oder für andere Aufwendungen zu machen sind, Wege suchen, wie wir ökonomisch mit diesen Flächen fertig werden können.

Das darf nicht nur über den Weg des Naturschutzes, des Museums gehen. Sondern wir müssen versuchen, hier ökonomische Wege aufzuzeigen, wie man die Flächen pflegen und in die Kulturlandschaft richtig einfügen kann.

BEOBACHTUNGEN ÜBER DIE FRUCHTBARKEIT VON BESAMUNGSBULLEN BEI UNTERSCHIEDLICHER GRÜNLANDBEWIRTSCHAFTUNG

von

E. Aehnelt und J. Hahn

Aus der Klinik für Geburtshilfe und Gynäkologie des Rindes (im Richard-Götze-Haus) der Tierärztlichen Hochschule Hannover. Direktor: Prof. Dr. E. Aehnelt.

EINLEITUNG

In den letzten Jahren wird in der Bundesrepublik eine ständige Zunahme des Gesamtrinderbestandes bei einer laufenden Verringerung der kuhhaltenden Betriebe beobachtet. Durch die Vergrößerung der Rinderbestände in Verbindung mit einer zunehmenden Leistungssteigerung bei den Tieren nimmt zwangsläufig der Futterbedarf in den Betrieben zu. Da eine Vergrößerung der Futterflächen zur Grundfuttergewinnung nur in begrenztem Umfang möglich ist, wurde in vielen Betrieben der Futterbau intensiviert. Die Steigerung der Erträge auf dem Grünland erfolgte in erster Linie durch eine Erhöhung des Mineraldüngerverbrauches pro ha. So stieg der Düngeraufwand je ha landwirtschaftliche Nutzfläche in der Bundesrepublik Deutschland von 1950/51 bis 1963/64 bei Stickstoff um 106%, bei Kali um 70% und bei Phosphaten um 82,0% (Statistisches Jahrbuch 1964). Mit steigenden Mineraldüngergaben auf dem Grünland wächst jedoch die Gefahr einer ungünstigen Beeinflussung der physiologischen Nährstoffverhältnisse in den Böden und damit auch in den Pflanzen, die auf diesen Böden wachsen. Häufig ist damit auch eine Entwicklung einseitiger Pflanzenbestände verbunden, da zahlreiche Kräuter, Kleearten und Gräser in ihrer vegetativen und generativen Entwicklung gehemmt werden. Selbstverständlich sind für die Artenzusammensetzung der Narbe auch andere Standortfaktoren wie Klima und Nutzung von Bedeutung, die Nährstoffverhältnisse im Boden dürfen dabei jedoch den wesentlichsten Einfluß haben.

Zahlreiche Wissenschaftler und Praktiker haben sich seit den Arbeiten von Justus v. Liebig mit den Zusammenhängen von Düngung, Boden und Pflanze befaßt. Da in Deutschland natürliches Grünland in ausreichendem Maße für die Futtergewinnung zur Verfügung stand, wurde jedoch die Frage des Einflusses der Düngung auf die Qualität der Futterpflanzen und der Auswirkungen auf das Tier erst mit der einsetzenden Intensivierung der Grünlandflächen in jüngster Vergangenheit aktuell.

Hierbei wird vorwiegend von den Betriebswirtschaftlern die Ansicht vertreten, daß nur durch Steigerung der Leistung je Kuh und durch die Verbesserung des Ertrags je ha Futterfläche die äußerst ertrags- und lohnempfindliche Milchkuhhaltung rentabel zu erhalten ist (Blohm 1963, Welte u. Doehring 1963, Sommerkamp 1964 u. 1965). Während sich die Boden- und Pflanzenkundler in erster Linie mit den allgemeinen Zusammenhängen von Boden und Pflanzen beschäftigten (Klapp 1956), untersuchten andere Forscher die Auswirkungen bestimmter Düngungsmaßnahmen auf die Pflanzen und deren Einflüsse auf die Gesundheit und Fruchtbarkeit der Tiere (Schoop 1957, Voisin 1959, 1961, 1963, Schuphan 1961, Aehnelt und Konermann 1961, 1963, Schiller u. Mitarb. 1962, Bauer 1961, Aehnelt u. Dittmar 1963, Munk 1963, Aehnelt 1964, Judel 1965, Tagwerker 1963). So konnte Schuphan (1961) eine Herabsetzung der Qualität in Nahrungsmitteln pflanzlicher Herkunft nachweisen, die bei einer starken mineralischen Düngung angebaut wurden. Vor allem Aehnelt u. Mitarb. (1961, 1963) und Aehnelt (1964) wiesen wiederholt daraufhin, daß mit zunehmender Intensivierung auf dem Grünland wahrscheinlich durch Aufnahme von Futter minderer Qualität vermehrt Schäden bei den Rindern in Form von Gesundheits- und Fruchtbarkeitsstörungen zu beobachten sind. Nach bisherigen Erkenntnissen dürften vor allem die nach hohen, häufig einseitigen Düngergaben in den Pflanzen auftretenden gestörten Mineralstoffverhältnisse, die Anreicherung mit nicht-eiweißartigen N-Verbindungen, die Verminderung des Rohfaseranteils, wahrscheinlich auch die Herabsetzung der Eiweißqualität und möglicherweise auch das vermehrte Auftreten von Pflanzen-Oestrogenen je nach Art und Grad des Mangels zu einer unterschiedlichen Schadwirkung im Organismus des Rindes führen. Bei artenarmem, einseitigem Grundfutter und einseitigem Kraftfutter (Ölkuchengemisch) dürften sich die genannten Mängel im Organismus verstärkt auswirken, da eine mögliche Kompensation bestimmter Qualitätsmängel durch ein artenreiches Grundfutter bzw. vielseitiges Kraftfutter entfällt.

Die durchschnittliche Nutzungsdauer beim schwarzbunten Rind in der Bundesrepublik Deutschland liegt zur Zeit bei 3½ Laktationen; demgegenüber hat die Milchkuh ihre optimale Rente erst mit 7–8 Laktationen erzielt (Rintelen 1962). Die Gründe für die geringe Nutzungsdauer beim Rind liegen im wesentlichen in einer unzureichenden Fruchtbarkeit der Tiere. Die im norddeutschen Raum in zunehmendem Maße auftretenden Fälle von Herdensterilität in den Rinderbeständen zeigen mit aller Deutlichkeit, daß die von der Landwirtschaft angestrebten weiteren Intensivierungsmaßnahmen in der Rinderzucht und -haltung nur dann sinnvoll sind, wenn die Gesundheit und Fruchtbarkeit der Tiere dabei umfassend berücksichtigt werden.

Über die Auswirkungen einer unterschiedlichen Wirtschaftsweise auf die Bodenverhältnisse, die Futterzusammensetzung und -qualität sowie die Fruchtbarkeit von Besamungsbullen soll aufgrund von Beobachtungen und Untersuchungsergebnissen an zwei Besamungsstationen berichtet werden.

UNTERSUCHUNGSERGEBNISSE

1. Die Fruchtbarkeit der Bullen auf den Stationen A. u. B.

Bei der Durchführung des Bullengesundheitsdienstes in Niedersachsen werden jährlich einmal sämtliche Besamungsbullen auf den Stationen klinisch untersucht. Alle Befunde über den Gesundheits- und Fruchtbarkeitszustand der Tiere werden auf dafür vorgesehene Untersuchungskarten niedergeschrieben. Im Untersuchungsjahr 1964 wie auch in den vorhergehenden Jahren fiel auf, daß die Fruchtbarkeit der Besamungsbullen auf der Station A besonders während der Sommermonate deutlich herabgesetzt war. Zum Vergleich wurden die Bullen einer anderen Station B herangezogen, auf der keine verminderte Fruchtbarkeit bei den Tieren beobachtet wurde. In den folgenden Übersichten 1–3 sollen verschiedene Fruchtbarkeitseigenschaften der Bullen von den Stationen A. und B. während der Winter- und Sommermonate, d.h. während der Zeit der Aufstallung bzw. des Weideganges, gegenübergestellt werden.

Übersicht 1. Konsistenz der Zeugungsorgane

Station	Konsistenz	Winter Hoden Anzahl	Winter Nebenhoden der Bullen *	Sommer Hoden Anzahl	Sommer Nebenhoden der Bullen *
A	normal	6	7	4	4
	herabgesetzt	2	1	7	7
B	normal	3	3	7	6
	herabgesetzt	1	1	2	3

* Es wurden nur Bullen berücksichtigt, die über 2 Jahre ständig im Einsatz waren.

Die Übersicht 1 zeigt, daß auf beiden Stationen in den Wintermonaten die Zahl der Bullen mit herabgesetzter *Konsistenz der Zeugungsorgane* gering ist und zwischen den Stationen keine Unterschiede bestehen. Im Gegensatz dazu ist die Zahl der Bullen mit ungünstiger Beschaffenheit der Zeugungsorgane in den Sommermonaten auf der Station A eindeutig höher als auf der Station B. Die Konsistenz der Zeugungsorgane kann nach den bisherigen Erfahrungen als ein wesentlicher Indikator zur Kennzeichnung der Umweltgestaltung auf einer Station angesehen werden. Günstige bzw. ungünstige Umwelteinflüsse bedingen eine gute bzw. herabgesetzte Funktion des Hoden- und Nebenhodengewebes, die für einen geübten Untersucher manuell durch eine unterschiedliche Konsistenz des Gewebes ertastbar ist. Hierbei spielen allerdings auch erblich bedingte, individuelle Unterschiede bei den Tieren eine Rolle, auf die im Rahmen dieser Arbeit nicht weiter eingegangen werden soll.

Übersicht 2. Anteile veränderter Samenzellen im Sperma

Station	Anteil veränderter Samenzellen	Winter Anzahl d. Bullen	Sommer Anzahl d. Bullen
A	$< 20\%$	6	4
	$> 20\%$	2	4
B	$< 20\%$	7	6
	$> 20\%$	0	1

Aus Übersicht 2 geht hervor, daß auf der Station A die Zahl der Bullen mit einem *erhöhten Anteil veränderter Samenzellen* in den Ejakulaten vom Winter- zum Sommerhalbjahr von 2 auf 4 anstieg, während auf der Station B nur bei einem Bullen in den Sommermonaten Sperma mit erhöhten Anteilen veränderter Samenzellen im Sperma festgestellt wurde. Auch die Zunahme des Anteils veränderter Samenzellen im Sperma von Bullen kann als Reaktion auf eine ungünstige Umwelt angesehen werden. Individuell bedingte Unterschiede zwischen den Bullen sind dabei selbstverständlich zu berücksichtigen.

Übersicht 3. Haltbarkeit des verdünnten Samens (Vorwärtsbewegung (= V) der Samenzellen > 70% am 4. Tag nach der Entnahme)

Station	Winter		Sommer		Signifikanz-Test
	Ejakulate mit V 70% am 4. Tag		Ejakulate mit V 70% am 4. Tag		
	Anzahl	Anteil in %	Anzahl	Anteil in %	
A	230	66,5	112	41,5	$CHI^2 = 38{,}34$
B	158	74,5	125	74,0	$CHI^2 = 0{,}013$

In der Übersicht 3 diente als Kriterium für die Fruchtbarkeit die *Vorwärtsbewegung der Samenzellen* über 70% am 4. Tag nach der Entnahme in allen Ejakulaten, die während der Stallhaltung bzw. während der Weideperiode entnommen wurden. Die Feststellung der Haltbarkeit des verdünnten Spermas als Ausdruck einer guten bzw. herabgesetzten Qualität ist heute Hauptbestandteil jeder Samenuntersuchung. Da diese Untersuchung routinemäßig auf jeder Station von der Samenentnahme bis zum 4.–7. Tag bei allen verdünnten Ejakulaten erfolgt, ist die Feststellung der Motilität ein besonders wichtiges Hilfsmittel zur rechtzeitigen Erkennung ungünstiger Umwelteinwirkungen. Über die Schwankungen der Spermaqualität von Besamungsbullen bei Umweltbelastungen haben Aehnelt u. Hahn (1962) berichtet. Aus der Übersicht 3 geht hervor, daß auf der Station A der Anteil der Ejakulate mit guter Haltbarkeit der Samenzellen (Vorwärtsbewegung > 70%) im Gegensatz zur Station B im Sommer stark abnimmt. Im Vergleich zur Samenqualität in den Wintermonaten ist dieser Abfall statistisch hoch gesichert ($CHI^2 = 38{,}34$). Auf der Station B dagegen stimmt der Anteil der Ejakulate mit guter Haltbarkeit der Samenzellen im Winter und Sommer weitgehend überein ($CHI^2 = 0{,}013$) und liegt auch im Winter, besonders aber im Sommer erheblich über den entsprechenden Werten der Station A.

Zusammenfassend kann festgestellt werden, daß auf der Station A die Fruchtbarkeit der Besamungsbullen in den Sommermonaten, d.h. während der Weideperiode, erheblich herabgesetzt war. In den Wintermonaten, d.h. während der Aufstallung, waren die Unterschiede in der Fruchtbarkeit der Besamungsbullen beider Stationen wesentlich geringer. Da mit großer Sicherheit Mängel in der Haltung und Pflege der Bullen sowie in der Samenentnahme und -verarbeitung als Ursachen für die herabgesetzte

Fruchtbarkeit der Besamungsbullen in den Sommermonaten ausgeschlossen werden können, deutet alles darauf hin, daß die Fruchtbarkeitsminderung im Sommerhalbjahr auf der Station A als Folge einer Umweltschädigung im Zusammenhang mit dem Weidegang anzusehen ist.

2. Die Fütterung der Bullen auf den Stationen A und B

Da in den Wintermonaten keine erheblichen Unterschiede in der Fruchtbarkeit der Bullen beider Stationen vorhanden waren, soll zunächst die Winterfütterung verglichen werden (Übersicht 4).

Übersicht 4. Winterfütterung der Bullen

Station	Grundfutter	Kraftfutter
	5–7 kg Wiesenheu, artenreich (zugekauft)	2–4 kg
		47,0% Haferschrot
		8,0% Weizenkleie
	2 kg Rüben	3,0% Roggenkleie
		10,0% Leinkuchen
A	2 kg Mohrrüben	5,0% Sonnenblumenschrot
		5,0% Sojaschrot
	2 kg Kartoffeln	5,0% Grünmehl
		8,0% Pantorind
	2 kg Rote Beete	3,0% Heringsmehl
		6,0% Mineralstoffe
	5–6 kg Wiesenheu, artenreich (selbst erzeugt)	2–3 kg
		40,0% Haferschrot
		10,0% Weizenkleie
	5–6 kg Mohrrüben	10,0% Weizenschrot
		10,0% Roggenschrot
B	1–2 kg Kartoffeln	12,5% Fertigfutter
		12,5% Pantorind
	1 kg Rote Beete	5,0% Leinsamen
		+ 100–150 g Algit, 75 g Hefe
	250 g Zwiebeln	2 Salvana Kuhbus (Mineralstoffmischung)

Aus der Übersicht 4 ist ersichtlich, daß auf beiden Stationen ein sehr vielseitiges Grundfutter und Kraftfutter verabreicht werden, wie es sich aufgrund von Erfahrungen seit vielen Jahren auf Besamungsstationen bewährt hat. Die geringfügigen Unterschiede in der Zusammensetzung des Futters in beiden Rationen haben im Hinblick auf eine mögliche Beeinflussung der Fruchtbarkeit wahrscheinlich keine große Bedeutung. Da alle Anzeichen dafür sprechen, daß die herabgesetzte Fruchtbarkeit bei den Bullen der Station A mit der Sommerfütterung in Verbindung steht, erfolgte in der Übersicht 5 die Futterzusammenstellung während der Sommermonate.

Aus der Übersicht 5 geht hervor, daß auf beiden Stationen während der Sommermonate die Bullen auf der vorhandenen Weide getüdert werden (Weidegang) und daß sich die Zufütterung von Heu und Kraftfutter weitgehend deckt. Auffallend ist allerdings die Feststellung, daß das Grünland der Station A eine artenarme Pflanzengesellschaft aufweist, während auf

Übersicht 5. Sommerfütterung der Bullen

Station	Grundfutter	Kraftfutter
A	Weidegang (artenarmes Grünland) 2–3 kg Heu im Mai und Spätsommer	1–2 kg (wie Winter)
B	Weidegang (verhältnismäßig artenreiches Grünland) 2–3 kg Heu im Mai und Spätsommer	1–1½ kg (wie Winter)

der Station B ein verhältnismäßig artenreiches Pflanzenwachstum zu finden ist.

Da offensichtlich eine unterschiedliche Grünland-Qualität auf den beiden Stationen festzustellen ist, sollen im nächsten Abschnitt die Weideverhältnisse genauer untersucht werden.

3. *Die Weideverhältnisse auf den Stationen A und B*

Zur Beurteilung der Futterqualität des Grünlandes sind genaue Kenntnisse über den Düngeraufwand und die Bodenverhältnisse Voraussetzung. In der Übersicht 6 ist zunächst die Düngung der Futterflächen auf beiden Stationen gegenübergestellt.

Übersicht 6. Düngung der Futterflächen pro ha in den letzten 5 Jahren

Station A	Station B
bis 120 kg N*	kein N (mineralisch)
50– 60 kg P_2O_5*	75 kg P_2O_5 (Thomasmehl)
80–100 kg K_2O*	kein K_2O (mineralisch)
Stallmist	600 kg CaO
* = teilweise in Form von Volldünger	Mistkompost und wenig Jauche

Der *Düngeraufwand der letzten 5 Jahre* weist bei beiden Stationen erhebliche Unterschiede auf. Während auf der Station A eine verhältnismäßig intensive mineralische Stickstoffdüngung des Grünlandes in Mengen bis 120 kg N pro ha erfolgt, erhält die Weide der Station B überhaupt keine mineralische N-Gabe. Auf der Station A werden 50–60 kg P_2O_5 und 80–100 kg K_2O pro ha teilweise in Form von Volldünger gestreut, während das Grünland auf der Station B keine mineralischen Kaligaben erhält. Dagegen werden hier (Station B) 75 kg P_2O_5 in Form von Thomasmehl gegeben. Die mit dem Stallmist und der Jauche auf das Grünland gelangten Kalimengen lassen sich nicht genau erfassen. In den folgenden Übersichten 7 und 8 sind die Bodenverhältnisse aufgrund von *Bodenanalysen* aufgezeigt.

Übersicht 7. Bodenuntersuchung 1964 auf Station A
(Bodenwertzahl etwa 30; vorwiegend lehmiger Sand)

	pH-Werte	P_2O_5-Werte	K_2O-Werte
Grünland 1 (vorw. Weide)	5,5 bis 5,7	25 mg/%	30 mg/%
Grünland 2 (vorw. Heu, neu gepachtet)	5,8 bis 6,0	19 mg/%	15 mg/%

Übersicht 8. Bodenuntersuchung 1964 auf Station B
(Bodenwertzahl etwa 60; humose Marsch)

	pH-Werte	P_2O_5-Werte	K_2O-Werte
Grünland 1 (Weide + Heu)	4,8 bis 5,6 (⌀ 5,3)	20 mg/%	33 mg/%
Grünland 2 (Weide + Heu, neu gepachtet)	4,3 bis 4,4	10 mg/%	30 mg/%

Bei vergleichender Betrachtung der beiden Übersichten 7 und 8 fällt auf, daß die Bodenverhältnisse auf beiden Stationen erheblich voneinander abweichen. Auf der Station A haben wir vorwiegend sandigen Lehmboden, auf der Station B humose Marsch. Unter diesen Voraussetzungen liegen die pH-Werte des Grünlandes auf der Station A bereits zu hoch. Den Bodenverhältnissen entsprechend dürften die pH-Werte höchstens 5,0 bis 5,5 betragen, wenn eine optimale Nährstoffaufnahme durch die Pflanzen auf dem Grünland erfolgen soll. Auf dem Grünland 2 der Station B wäre eine Erhöhung der pH-Werte anzustreben. Die Phosphorwerte auf beiden Stationen dürften als günstig und ausreichend anzusehen sein, dagegen sollte der K_2O-Gehalt auf leichteren Böden (Station A) einen Wert von 15 mg/% nicht übersteigen. Bei schweren Böden liegt der natürliche Kaligehalt wesentlich höher als bei leichteren durchlässigen Böden. Trotzdem sind die K_2O-Werte des Grünlandes auf der Station B auch als erhöht anzusehen, obgleich in den letzten Jahren keine mineralische Kalidüngung mehr erfolgt ist. Möglicherweise hat die Jauchung des Grünlandes zu der Erhöhung der Kaliwerte beigetragen.

Aus den Bodenuntersuchungen auf beiden Stationen geht hervor, daß die Bodenverhältnisse auf der Station A infolge der zu hohen pH-Werte und des Kaliüberschusses auf dem Grünland 1 ungünstigere Voraussetzungen für die Erzeugung eines qualitativ guten, vielseitigen Futters bilden als die Bodenverhältnisse auf der Station B, obgleich auch hier die Kaliwerte erhöht sind. Bemerkenswert erscheint auch der Vergleich des alten Grünlandes mit dem zugepachteten auf beiden Stationen. So finden sich auf Station A bei dem älteren Grünland ein wesentlich höherer K_2O-Wert und auch ein etwas höherer P_2O_5-Wert als bei der Neupachtung.

Dagegen liegen bei Station B beim älteren Grünland (Grünland 1) sowohl der pH-Wert als auch der P_2O_5-Wert eindeutig höher als beim neu gepachteten Land (Grünland 2).

Die Werte der Bodenuntersuchung standen im Einklang mit dem Ergebnis einer durchgeführten *chemischen Heuanalyse*. Auf der Station A waren die Ca-Werte besonders im 1. Schnitt deutlich erhöht und das daraus resultierende Ca : P-Verhältnis zu weit (6,6 : 1). Dagegen waren auf beiden Stationen die Kaliumwerte im 1. Schnitt zu hoch und das normale K : Na-Verhältnis von 6–8 : 1 erheblich zu ungunsten des Natriums auf 30–40 : 1 verschoben.

Neben einer Boden- und Futteranalyse wurden *pflanzensoziologische Aufnahmen* auf dem Grünland beider Stationen durchgeführt. Hierbei ergab sich, daß auf der Weide der Station A vorwiegend nur einige Gräser und nur vereinzelt Klee und wenige Kräuter wuchsen, während auf der

Station B über 20 verschiedene Pflanzenarten (Gräser, Kleearten und Kräuter) bestimmt werden konnten. Die Verarmung der Pflanzengesellschaft auf dem Grünland der Station A ist besonders bemerkenswert, da bei der Einsaat Samen von über 20 verschiedenen Gräsern, Kleearten und Kräutern verwendet wurde und an den ungedüngten Grünlandrändern noch eine Vielzahl der eingesäten Pflanzen wiederzufinden ist.

Faßt man nun die Ergebnisse zusammen, die sich aus der Düngung, den Bodenuntersuchungen, den Futteranalysen und der botanischen Untersuchung der Pflanzengesellschaft auf dem Grünland ergeben, dann sind eindeutige Hinweise dafür vorhanden, daß durch die beschriebenen Düngungsmaßnahmen auf der Station A eine Beeinflussung der Pflanzengesellschaft stattgefunden hat. Infolge jahrelanger intensiver Wirtschaftsweise besteht die Narbe der Weide vorwiegend nur noch aus wenigen Gräsern, die sich aus einer Vielzahl von angesäten Pflanzen durchgesetzt haben. Auf der Station B ist dagegen aufgrund einer vorwiegend organischen Düngung in Verbindung mit mineralischen P- und Ca-Gaben das natürliche standortbedingte Pflanzenwachstum erhalten geblieben und nachweislich sogar noch gefördert worden.

DISKUSSION DER ERGEBNISSE

Der auf der Besamungsstation A in den Sommermonaten beobachtete Abfall der Fruchtbarkeit bei den Bullen ist mit großer Wahrscheinlichkeit auf die Sommerfütterung zurückzuführen, da andere Ursachen weitgehend ausgeschlossen werden können. Auf beiden Stationen (A und B) werden die Besamungsbullen in den Sommermonaten auf der Weide getüdert, so daß die Sommerfütterung im wesentlichen aus den aufgenommenen Futterpflanzen des Grünlandes besteht. Auf der Station A wurde während der Weidezeit auf dem Grünland ein sehr artenarmes, einseitiges Pflanzenwachstum festgestellt. Dagegen wuchsen auf der Weide der Station B eine Vielzahl von Gräsern, Kräutern und Kleearten. Als wesentliche Ursache für das unterschiedliche Pflanzenwachstum auf beiden Stationen wird insbesondere die verhältnismäßig hohe mineralische N-Gabe auf dem Grünland der Station A angesehen, die sich bei den vorliegenden Bodenverhältnissen (lehmiger Sand) besonders nachteilig auf das Wachstum verschiedener Gräser, Kleearten und Kräuter ausgewirkt haben dürfte. Die Qualität der Futterpflanzen ist darüber hinaus wahrscheinlich auch durch den zu hohen pH-Wert des Bodens und durch erhöhte Bodenkaliwerte beeinträchtigt worden. Alle Anzeichen sprechen dafür, daß das in der Qualität und Vielseitigkeit herabgesetzte Saftfutter auf der Weide der Station A zu der Fruchtbarkeitsverminderung bei den Besamungsbullen der Station A in den Sommermonaten geführt hat.

ZUSAMMENFASSUNG

1. Bei der Durchführung des jährlichen Bullengesundheitsdienstes auf allen Besamungsstationen Niedersachsens wurde auf zwei Stationen in den Sommermonaten eine auffallend unterschiedliche Fruchtbarkeit der Bullen beobachtet.

2. Als Fruchtbarkeitsmaßstäbe bei den Bullen dienten die Konsistenz der Zeugungsorgane, das morphologische Spermabild und die Haltbarkeit des verdünnten Samens. Nach den bisherigen Erfahrungen sind diese Fruchtsbarkeitskriterien bei Bullen besonders dazu geeignet, bestimmte Umwelteinwirkungen auf das Tier zu erkennen.
3. Auf der Station A fiel die Fruchtbarkeit der Bullen z.Zt. der Weideperiode gegenüber der Stallhaltungszeit deutlich ab, während auf der Station B die Fruchtbarkeit der Bullen im Sommer- und Winterhalbjahr keine wesentlichen Unterschiede aufwies und den auf der Station A erzielten Ergebnissen überlegen war.
4. Die Bodenverhältnisse des Grünlandes wiesen bei den Stationen A und B deutliche Unterschiede auf. Während auf der Station A lehmiger Sandboden vorhanden ist, besteht das Grünland auf der Station B aus humoser Marsch. Bei der Bodenuntersuchung wurden auf dem Grünland der Station A erhöhte pH-Werte (5,5–6,0) festgestellt. Die Phosphorversorgung des Bodens kann auf beiden Stationen als normal angesehen werden. Die Kali-Werte des Bodens waren auf beiden Stationen erhöht.
5. Auf der Station A erfolgte eine verhältnismäßig intensive Mineraldüngung, wobei die N-Gaben bis 120 kg pro ha betrugen. Im Gegensatz dazu wurden auf der Station B seit 5 Jahren weder Stickstoff noch Kali in mineralischer Form gestreut. Die Stickstoffversorgung des Bodens erfolgte ausschließlich in Form von Mistkompostgaben und geringen Jauchemengen.
6. Das Grünland auf der Station A wies eine artenarme Pflanzengesellschaft auf. Dagegen wurde auf Station B eine Vielzahl von Gräsern, Kräutern und Kleearten ermittelt. Das unterschiedliche Pflanzenwachstum dürfte vorwiegend auf die abweichende Wirtschaftsweise unter Berücksichtigung der unterschiedlichen Bodenverhältnisse auf beiden Stationen zurückzuführen sein.
7. Da andere Ursachen weitgehend auszuschließen sind, kann der Fruchtbarkeitsabfall der Besamungsbullen auf der Station A während der Sommermonate mit großer Wahrscheinlichkeit auf eine herabgesetzte Qualität des einseitigen Weidefutters zurückgeführt werden, die bei den Bullen zu einer Störung der Samenbildung und -reifung geführt haben dürfte.

SUMMARY

1. By carrying out the annual health program of bulls in all the artificial insemination centres in Lower Saxony a striking difference in fertility of bulls was noticed in 2 centres during the summer months.
2. The consistency of the genital organs, the morphological picture of sperm cells as well as the survival of the diluted semen served as measures for the fertility of bulls. From experiences so far these characteristics of fertility in bulls are especially qualified to recognize certain influences of the environment on the animal.
3. In centre A, a clear decline in the fertility of bulls during grazing in comparison to the time inside the barn was noticed, while the bulls'

fertility in centre B did not show any significant change during the summer and winter time indicating better results than in centre A.

4. The soil conditions of pastures showed a clear difference in centres A and B. The soil in centre A is sandy and loamy, while that of centre B was marsh. Soil examination of centre A revealed an increased pH value (5.5–6.0). In both centres the phosphorus content of the soil was normal, while that of potassium was increased.
5. In centre A, an intensive mineral fertilizer was given in which the nitrogen content amounted to 120 kg per 10000 sq. m. On the contrary, neither nitrogen nor potassium in mineral form was given in centre B. The nitrogen was supplied only in the form of manure compost and small amounts of liquid manure.
6. The pastures of centre A showed a group of plants poor in species. On the contrary in centre B a large number of grasses, herbs and sorts of clover were found. The different growing of plants is probably mainly caused by the different methods of management together with the various conditions of soil in the two centres.
7. Therefore, the decreased fertility of bulls in centre A during the summer months can most probably be attributed to the reduced quality of grazing fodder by which the bulls showed disturbances of their spermatogenic formation and maturity.

LITERATUR

AEHNELT, E.: Herdensterilität der Rinder. – In: Küst, D. u. Schaetz, F.: Fortpflanzungsstörungen bei den Haustieren. 3. Aufl., Stuttgart, p. 175–222. 1964.

— u. DITTMAR, J.: Untersuchungen über mehrjährige Funktionsstörungen und knotige Nekrosen der Hoden bei Besamungsbullen einer Station. – XVII. Internat. Welt-Tierärztekongr., Hannover 1963. **2**: 1145–1151. 1963.

— u. HAHN, J.: Zur Schwankung der Spermaqualität bei Besamungsbullen unter besonderer Berücksichtigung von Umweltbelastungen. – Züchtungskde. **34**: 63–72. 1962.

— u. KONERMANN, H.: Neuere Untersuchungen über die Ursachen und Bekämpfung der Herdensterilität des Rindes. – Züchtungskde. **33**: 357–363. 1961.

— — Untersuchungsgang und Untersuchungsergebnisse bei Fortpflanzungsstörungen in Rinderherden. – Dtsch. tierärztl. Wschr. **70**: 426–433. 1963.

BAUER, H.: Boden, Düngung, Futter und Tiergesundheit. – Bayrisches Landwirtschaftl. Jahrbuch 38. (6). 1961.

BLOHM, G.: Die Abhängigkeit der optimalen Leistungshöhe von den betriebs- und marktwirtschaftlichen Gegebenheiten. – In: Witt, M.: Physiologische und wirtschaftliche Leistungsgrenzen in der Tierzucht. – Schriftenreihe Max-Planck-Instituts f. Tierzucht u. Tierernährung, Mariensee. 1963.

JUDEL, G. K.: Über den Zusammenhang zwischen der Bodenreaktion der Weiden und der Fruchtbarkeit der Rinderherden. – Tierzüchter **17**: 442–446. 1965.

KLAPP, E.: Wiesen und Weiden. Behandlung, Verbesserung und Nutzung von Grünlandflächen. – Berlin u. Hamburg. 1956.

MUNK, H.: Über den Mineralstoffbedarf und die Mineralstoffversorgung der Wiederkäuer auf der Weide. – Bayrisches landwirtschaftl. Jahrbuch 41 (2): 166–222. 1964.

RINTELEN, P.: Betriebswirtschaftliche Bedeutung der Lebens- und Nutzungsdauer beim Rind aus heutiger Sicht. – Ref. 3. Tagung d. Arbeitsausschusses „Lebens- und Nutzungsdauer beim Rind" d. Dtsch. Gesellsch. f. Züchtungskde. in München, am 27.7.1962. 1962.

SCHILLER, H., LENGAUER, E., GUSENLEITNER, J., HOFER, B. u. BLÖCHL, F.: Fruchtbarkeitsstörungen bei Rindern im Zusammenhang mit dem Mineralstoffgehalt des Wiesenfutters und einigen Faktoren der Wirtschaftsführung.– Wien 1962.

SCHOOP, G.: Über Phytoöstrogene (Östrogene pflanzlicher Herkunft) und ihre Bedeutung für die Fruchtbarkeit der Tiere. – Mhefte f. Tierheilkde. **9**: 1–5. 1957.

SCHUPHAN, W.: Zur Qualität der Nahrungspflanzen. – BLV-Verlagsgesellsch., München, Bonn, Wien 1961.

SOMMERKAMP, G.: Einfluß der Düngung und Nutzung auf Futterqualität und Leistung. – Tierzüchter **16**: 374–378. 1964.

— Maßnahmen zur Sicherung der Fruchtbarkeit des Milchviehs. – Tierzüchter **17**: 190–191. 1965.

TAGWERKER, F. J.: Der Vitamin A – Haushalt bei gesunden und kranken Tieren. – Wien. tierärztl. Mschr. **48**: 661–690. 1961.

VOISIN, A.: Boden und Pflanze, Schicksal für Tier und Mensch. – München, Bonn, Wien 1959.

— Lebendige Grasnarbe. – München, Bonn, Wien 1961.

— Die Weidetetanie. – München, Bonn, Wien 1963.

WELTE, E. u. BOEHRING, W.: Betriebswirtschaftliche Auswirkungen der Grünlanddüngung. – Tierzüchter **15**: 203–205. 1963.

Statistisches Jahrbuch über Ernährung-Landwirtschaft und Forsten der Bundesrepublik Deutschland. – Herausgegeben vom Bundesministerium für Ernährung, Landwirtschaft und Forsten. Hamburg u. Berlin 1965.

ÜBER DIE UNTERSCHIEDLICHE KONZEPTIONS-BEREITSCHAFT DER WEIBLICHEN RINDER IN INTENSIV UND EXTENSIV GEFÜHRTEN LANDWIRTSCHAFTLICHEN BETRIEBEN

von

W. ROMANOWSKI, Zentral-Besamungsstation Bremen

Ein Referat über die Konzeptionsbereitschaft bei Rindern durch einen Tierarzt im Internationalen Symposion für Experimentelle Pflanzensoziologie scheint deplaziert. Bei genauerer Betrachtung ergeben sich aber wesentliche Berührungspunkte zwischen den beiden Fachgebieten. Hartnäckige, ausgebreitete Sterilität in Rinderherden im nordwestdeutschen Raum zwingen den Tierarzt vielfach zu dem Eingeständnis, daß hier und da die tierärztliche Kunst alleine nicht mehr in der Lage ist, eine Herde zu sanieren. Wir Tierärzte müssen daher versuchen, bei anderen Fachgebieten Beratung und Unterstützung zu suchen. Es ist daher sehr zu begrüßen, daß sich eine Zusammenarbeit zwischen den Fachleuten der Pflanzensoziologie und den Tierärzten anbahnt. Dieses teamwork wird uns ganz sicher weiterhelfen, die Probleme der Sterilität in unseren Rinderherden zu lösen.

Sehr unterschiedliche Trächtigkeitsergebnisse in benachbarten Gegenden, oft sogar in benachbarten Höfen, sind keine Seltenheit. Diese Beobachtung trifft in gleichem Maße zu für Besamungsbetriebe und auch für die Betriebe, die ihre weiblichen Rinder im Natursprung decken lassen. Leider ist festzustellen, daß die Zahl der Betriebe mit ausgebreiteter Sterilität von Jahr zu Jahr größer wird. Und da die Sterilität der Rinder in einzelnen Betrieben so hochgradig ist, daß die Rentabilität der Viehhaltung gefährdet ist, liegt es nahe, daß größte Anstrengungen unternommen werden müssen, um die Ursachen für diese Erscheinung zu klären.

Die Frage des Einflusses der Milchleistung auf die Fruchtbarkeit der Rinder wird heute in der Literatur eingehend diskutiert, ist aber noch nicht endgültig geklärt. Jedem Landwirt und jedem Tierarzt ist heute klar, daß Tiere mit hohen und höchsten Leistungen sehr viel eher Konzeptionsschwierigkeiten haben als Tiere mit Durchschnittsleistungen. Selbstverständlich gibt es auch Ausnahmefälle, wo Tiere mit Spitzenleistungen regelmäßig ohne Schwierigkeiten konzipieren. Ein Vergleich der Milchleistung mit der pro Trächtigkeit erforderlichen Bedeckung oder Besamung auf breiter Basis ist leider schwer zu erstellen. Vor allen Dingen ist solch ein Vergleich nie exakt, weil dabei berücksichtigt werden müßte, mit welchen tierärztlichen Aufwendungen die einzelne Kuh tragend geworden ist. Und gerade bei den Hochleistungskühen sind diese Aufwendungen oft sehr hoch, nicht selten über das Maß der Rentabilität und des Verantwortbaren hinaus.

Es muß daher versucht werden, von anderer Seite das Problem der unterschiedlichen Konzeptionsbereitschaft zu klären.

Ich habe versucht, der Klärung dieser Frage näher zu kommen, indem ich die der Besamung angeschlossenen Betriebe nach den verwendeten Besamungs-Bullen klassifiziert habe (ROMANOWSKI). Seit Jahren stellen wir fest, daß die Befruchtungsergebnisse der Bullen in dem Gebiet unserer Besamungsstation zwischen Cuxhaven und Nienburg beträchtliche Unterschiede aufweisen. Dabei fällt immer wieder auf, daß die Spitzenbullen, also die in züchterischer Hinsicht guten Bullen, bei gleicher Spermaqualität erheblich schlechtere Ergebnisse erzielen als die Durchschnittsbullen. Zu der ersten Gruppe rechne ich die Bullen, die von Züchtern für gezielte Paarungen eingesetzt werden. Es handelt sich um Bullen, die als Spitzentiere angekauft wurden, die eine besonders gute Nachzucht erbracht haben, oder die bei Schauen besonders hoch prämiiert wurden. Die Gruppe der Durchschnittsbullen setzt sich aus Vatertieren zusammen, die keine besonderen Verdienste aufzuweisen haben, die nicht für gezielte Paarungen angefordert werden.

Was folgert aus dieser Einstufung der Bullen? Die Spitzenbullen kommen in den Ställen zum Einsatz, deren Besitzer züchterisch sehr interessiert sind; und wenn ein Landwirt interessierter Züchter ist, bemüht er sich ständig, den Leistungsstand seiner Herde durch Verbesserung von Haltung und Fütterung, durch Selektion und gezielten Einsatz von geeigneten Vatertieren zu heben. Man kann also sagen, daß die Gruppe der Spitzen-Bullen in den Ställen mit hohen und höchsten Leistungen zum Einsatz kommt. Die Durchschnittsbullen dagegen werden von Landwirten eingesetzt, die züchterischen Gedanken gleichgültig gegenüberstehen, bei denen es nur wichtig ist, daß die Kuh wieder kalbt. Diese Landwirte äußern keine speziellen Bullenwünsche, da die Kälber meist gemästet werden; und da die Leistung in diesen Betrieben ohnehin nicht sehr hoch ist, sind sie meist auch der Milchkontrolle nicht angeschlossen.

Die Züchter, die bewußt ausschließlich die Spitzen-Bullen benutzen, holen ebenso wie aus ihren Kühen durch Zucht und optimale Leistungsfütterung auch aus der gesamten landwirtschaftlichen Nutzfläche durch intensivste Bewirtschaftung die höchstmöglichen Erträge heraus. Die Gruppe der Landwirte, die die Durchschnittsbullen benutzt, die von der Kuh nur eben ein Kalb haben will, erzielt in den meisten Fällen auch aus der landwirtschaftlichen Nutzfläche nicht die höchsten Erträge. Diese Gruppierung der Landwirte ist keine theoretische Maßnahme. Die in der Praxis tätigen Tierärzte kennen diese Einstufung sehr genau, sie wissen im voraus, daß in diesem Betrieb nur Durchschnittsbullen eingesetzt werden während für den anderen Betrieb nur Spitzenbullen in Frage kommen. Bis auf wenige Ausnahmen bleibt diese Einstufung der Betriebe über lange Jahre hin bestehen.

Es ist für den Tierarzt nicht angenehm bei der Durchführung der Besamung, wenn er feststellen muß, daß gerade der fortschrittliche und züchterisch sehr interessierte Landwirt hinsichtlich der Fruchtbarkeit seiner Kühe die geringsten Erfolge und den größten Kummer hat. Worauf sind diese Schwierigkeiten zurückzuführen? Es ist schwer, auf diese Frage eine exakte Antwort zu geben. Die starke Intensivierung der landwirtschaftlichen Betriebe, die ständig zunimmt, bringt es mit sich, daß mit hohen Gaben von Kunstdünger gearbeitet wird. Ohne hohe Erträge kann die Landwirtschaft heute nicht mehr existieren. Man muß daher eine richtige Anwendung von Kunstdüngern bejahen, besonders von solchen mit einem hohen Anteil von Phosphor und Spurenelementen, denn die meisten Böden brauchen heute eine angemessene Versorgung in dieser Hinsicht. Man muß aber leider vielfach feststellen, daß die stickstoffhaltigen Düngemittel einseitig bevorzugt werden, weil die Ertragssteigerung augenscheinlicher ist. Durch diese hohen und einseitigen Gaben von Kunstdünger tritt eine Veränderung der Wiesen und Weiden ein, die dem Landwirt vorläufig nicht auffällt. Im Gegenteil, er freut sich über die tiefgrüne Farbe des Grases und die sehr guten Erträge und stellt mit Befriedigung fest, daß er sämtliche Unkräuter in Wiesen und Weiden beseitigt hat. Wenn ihm neben seiner täglichen Arbeit Zeit zum Lesen von Fachzeitschriften bleibt, stellt er hierbei anhand von Artikeln angesehener Wissenschaftler fest, daß er mit seinen Grünlanderträgen fast an die dort geschilderten höchsten Erträge herankommt. Durch diese Fachzeitschriften und die verschiedensten Berater wird er weiterhin angeregt, von Jahr zu Jahr höhere Erträge von seinem Grünland zu fordern. Und das geht vornehmlich durch erhöhte Stickstoffdüngung. Es läßt sich nicht bestreiten, daß bei kaum einer anderen landwirtschaftlichen Kulturart die Erträge im letzten Jahrzehnt so gewaltig gesteigert wurden wie gerade beim Grünland. Die starke Stickstoffdüngung ist hinsichtlich der Fruchtbarkeit der Rinder nicht ausnahmslos als ungünstig anzusehen. Erfahrene Landwirte verstehen es, auch bei stärkster Stickstoffdüngung die Herde fruchtbar zu halten. Vielseitigste ausgewogene Düngung, die auf den Boden abgestimmt ist, bildet hierfür die Voraussetzung. Gefährlich ist es, wenn weniger erfahrene und versierte Landwirte solch einem Beispiel nachahmen wollen. Sie übernehmen meist nur die ertragssteigernde Stickstoffdüngung und wundern sich über Fehlschläge. Diese Intensivierung bringt es zwangsläufig mit sich, daß in den meisten Fällen die Vielseitigkeit der narbenbildenden Pflanzen des Grünlandes verlorengeht. Das Grünland nähert sich immer mehr einer Monokultur. Außerdem versucht der fortschrittliche Landwirt über hohe Erträge liefernde Monokulturen die Futterbasis für seine Herde zu verbessern. Die Futterrübe ersetzt er durch Silage, weil diese weniger Arbeit macht und bei starker Düngung sehr hohe Erträge liefern kann. Um den Futterwert dieser Silage zu erhöhen, wird das Gras in sehr jungem Zustand zum Silieren verwendet. Die Rinder, die von Natur aus über große Flächen weiden und sich das ihnen passende Futter suchen, erhalten in einem modernen, intensiven Betrieb im norddeutschen Raum mit dem hohen Grünlandanteil im Sommer Gras in Portionsweiden und im Winter Heu, das heute in den meisten Fällen unter Dach getrocknet ist und Silage als Grundfutter. Darüber hinaus bekommen die Tiere ein ausgesprochenes Leistungsfutter, das die Milchleistung erhöht, aber dem Tier keine Ergänzung hinsichtlich der biologischen Wirkstoffe bringt. Diese Fütterung bietet den Tieren ein im Futterwert zum Teil sehr gutes, in biologischer Hinsicht aber völlig minderwertiges Futter, weil die Basis, eben das Grünland, nicht mehr als vollwertig anzusprechen ist. Die Kuh, die ursprünglich nur die Milch für ein

Kalb zu produzieren brauchte, soll bei diesem Futter, das nur aus etwa vier bis fünf Pflanzen besteht, eine enorm hohe Milchleistung erbringen und regelmäßig alle 12 Monate kalben. In den Betrieben, in denen die Durchschnittsbullen eingesetzt werden, liegt nicht nur die Milchleistung verhältnismäßig niedrig, sondern man fordert auch der landwirtschaftlichen Nutzfläche keine maximalen Erträge ab. Die gesamte Landwirtschaft wird in althergebrachter Weise weitergeführt. Der Viehbesatz ist nicht zu stark, man kann daher auf die Portionsweide verzichten. Das Grünland hat zwar nicht die tiefgrüne Farbe wie bei dem fortschrittlichen Nachbarn. Man findet in solch einer Wiese aber noch zahlreiche Gräser-, Klee- und Kräuterarten, die beim Nachbarn längst verschwunden sind. Den Kühen auf solch einer extensiven Weide fällt es nicht ein, aus der Weide auszubrechen, solange sie mengenmäßig genug zu fressen haben. Die Kühe auf der intensiv gedüngten Weide benutzen trotz des besten und sehr reichlichen Futters jede Gelegenheit, um unter dem Zaun die Gräben und Kanten abzuweiden. Und wenn sie die Möglichkeit haben die Weide zu verlassen, fressen sie gierig an Gräben, Wegen und Feldrainen. Mit sicherem Instinkt trifft das Tier die richtige Wahl. Im Winter kauft der Landwirt mit der extensiven Wirtschaftsweise nicht so viel Futtermittel zu. Er begnügt sich hauptsächlich mit dem wirtschaftseigenen Futter. Silage und Heu sind hinsichtlich des Futterwertes wahrscheinlich nicht so gut wie bei dem intensiv wirtschaftenden Landwirt, aber die in dem Futter enthaltenen verschiedenen Gräser- Klee- und Kräuterarten schaffen den Tieren ein Futter von wesentlich größerer Vielseitigkeit. Das Futter ist in biologischer Hinsicht als hochwertiger anzusehen, wenn der Futterwert vielleicht auch nicht so gut ist.

Ich habe die Resultate von über 350 000 Erstbesamungen aus 6 Jahren ausgewertet und geprüft, wie die Befruchtungsergebnisse in den Betrieben liegen, welche die Spitzen-Bullen benutzen und in den Betrieben, welche die Durchschnitts-Bullen einsetzen. Es wurden nur Vergleiche angestellt bei den Bullen, die sich auch hinsichtlich der Spermaqualität vergleichen ließen. Das Ergebnis war beachtlich. In der Gruppe der Spitzen-Bullen lagen die Befruchtungsergebnisse zu 80,9% unter dem durchschnittlichen Befruchtungsergebnis der gesamten Besamungen der Station. Bei den Durchschnittsbullen hatten 76,8% ein Ergebnis über dem Gesamtresultat aller Besamungen.

Diese Auswertungen brachten noch ein weiteres interessantes Ergebnis. Das Befruchtungsergebnis eines Bullen ändert sich von einem Jahr zum anderen, wenn solch ein Bulle in einer anderen Gruppe eingesetzt wird. Das passiert dadurch, daß beispielsweise die Töchterleistungen eines Bullen nicht in der erwarteten Höhe liegen, oder daß der Bulle sich in seinem äußeren Erscheinungsbild verschlechtert hat. Als Folge davon wird solch ein Bulle in den Zuchtställen dann nicht mehr benutzt, er ist damit zum Durchschnittsbullen geworden. Dadurch steigt das Befruchtungsergebnis dieses Bullen nicht unerheblich an. Bei einer umgekehrten Entwicklung, also wenn ein Bulle plötzlich sehr interessant und züchterisch wertvoll wird, wenn beispielsweise die Töchterleistungen sehr gut sind oder der Bulle auf einer großen Schau einen Siegerpreis erhält, wird er in starkem Maße von den züchterisch interessierten Landwirten benutzt, er wird dadurch von heute auf morgen zu einem Spitzen-Bullen. Als Folge davon beobachtet man ein deutliches Absinken des Befruchtungsresultates bei den Bullen, die in die Gruppe der Spitzenbullen aufrücken.

Aus den Auswertungen kann mit ziemlicher Sicherheit geschlossen werden, daß die Konzeptionsbereitschaft der weiblichen Tiere in den intensiven Betrieben schlechter ist. Auf keinen Fall kann man die in diesen Ställen z.T. recht hohen Leistungen als alleinige Ursache für eine schlechte Konzeption ansehen, denn es gibt genügend Beispiele, daß Tiere mit Höchstleistungen Jahr für Jahr bei der ersten Besamung oder Bedeckung tragend werden. Außerdem müßten die Trächtigkeitsergebnisse der Färsen in den Ställen mit Höchstleistung und schlechter Fruchtbarkeitslage gut sein, weil hier, im Gegensatz zu den Kühen, die erhöhte Leistung wegfällt. Es zeigt sich aber immer wieder, daß auch die Färsen in solchen Ställen unter Fruchtbarkeitsstörungen leiden. Und wenn es sich herausstellen sollte, daß eine hohe Leistung die Konzeptionsbereitschaft bei unseren Rindern herabsetzen sollte, so dürfte man die hohen und höchsten Leistungen auf keinen Fall verdammen, sondern es müßten in gemeinsamer Arbeit zwischen Praxis und Wissenschaft Mittel und Wege gefunden werden, Fruchtbarkeit und Höchstleistung in Einklang zu bringen.

Es wurde bereits ausgeführt, daß in den intensiven Betrieben die breite, vielseitige Futterbasis verlorengegangen ist. Jede Einseitigkeit im Futter, und besonders im Gras, als dem Hauptnahrungsmittel des Viehs in unserer Gegend, wirkt der Gesundheit kraß entgegen. Lange bevor bei einem Tier Gesundheitsstörungen auftreten, sind bei den männlichen und weiblichen Rindern Fruchtbarkeitsstörungen verschiedenster Art zu beobachten. Der beste Indikator für die Gesundheit unserer Rinder ist die Fruchtbarkeit. Und diese Fruchtbarkeit zu erhalten, bzw. wiederherzustellen, ist eine vordringliche und große Aufgabe, weil mit schlechter Fruchtbarkeit die ohnehin schon sehr niedrige Nutzungsdauer der Rinder herabgesetzt wird und damit die Rentabilität der Rinderhaltung vermindert wird.

Der Ausweg aus dieser Schwierigkeit, der am ehesten vorläufige Abhilfe schaffen kann, ist die von GÖTZE schon vor vielen Jahren geforderte Fütterung auf Fruchtbarkeit. Diese Fütterung auf Fruchtbarkeit muß jedem Landwirt so selbstverständlich werden, wie die Fütterung auf Leistung schon seit vielen Jahren selbstverständlich geworden ist. Der wesentlichste Bestandteil dieser Fütterung auf Fruchtbarkeit ist die Vielseitigkeit in Gras, Heu und Silage, als auch in den Kraftfuttermitteln. Es ist nötig, Wege zu finden, wie diese Vielseitigkeit in der einen Gruppe der Betriebe erhalten werden kann, und wie die Gruppe der intensiven Betriebe trotz hoher Erträge wieder die Vielseitigkeit der Pflanzen erlangen kann. Das zu erarbeiten ist nicht leicht, weil sehr viele Probleme in diesem Fragenkomplex bearbeitet werden müssen. Nur gemeinschaftliche Forschung aller beteiligten Fachrichtungen kann Klarheit in den großen Komplex Boden, Pflanze, Tier bringen. Noch schwieriger ist es, die Vorurteile bei den sehr intensiv arbeitenden Landwirten und deren Beratern zu überwinden. Man möchte nicht wünschen, daß erst Schwierigkeiten in der Herde zur Einsicht zwingen, sondern hoffen, daß durch enge

Zusammenarbeit zwischen den verschiedenen beteiligten Fachrichtungen Vorschläge ausgearbeitet werden können, welche die Konzeptionsbereitschaft in den Herden wieder auf ein normales Maß bringt und die Erträge und damit die Rentabilität der Betriebe aber auf der augenblicklichen Höhe erhält.

ZUSAMMENFASSUNG

Es wird berichtet über unterschiedliche Befruchtungsergebnisse in den Herden, die Spitzenbullen und den Betrieben, die Durchschnittsbullen verwenden. Die Auswertungen erstrecken sich auf mehr als 350 000 Erstbesamungen. Sie zeigen schlechtere Befruchtungsergebnisse in den Herden, in denen Spitzenbullen eingesetzt werden. Als Gründe hierfür werden neben hoher Leistung einseitige Fütterung und einseitige Düngung in den intensiven, fortschrittlichen und züchterisch hochwertigen Betrieben angesehen. Es wird gefordert, daß dem Rind nicht Monokulturen, sondern Weiden und Winterfutter mit reichlich Gräser-, Klee- und Kräuterarten als Futterbasis zur Verfügung gestellt werden. Zusammenarbeit von Pflanzenfachleuten und Veterinärmedizinern ist zur Erreichung dieses Zieles zu begrüßen.

SUMMARY

A report is given on the different results of the conception-rates of „top bulls" and „average bulls" in more than 350 000 first inseminations under the same preconditions regarding sperma quality. These different results are caused by the minor readiness of conception of the female animals in those stables where „top bulls" were used. The reasons are: high milk yield beside unilateral feeding and unilateral manuring on the highly developed, modern farms with high-bred animals. It is absolutely necessary for each farmer to realize that feeding multilateral food is very important. It is necessary, that cattle gets food with many plants. Teamwork must help to find the way to combine fertility, high milk yield and manuring in highly developed, modern farms.

LITERATUR

GÖTZE, R.: Besamung und Unfruchtbarkeit der Haussäugetiere. – Hannover 1949.

ROMANOWSKI, W.: Über den Einfluß der Konzeptionsbereitschaft der weiblichen Tiere auf die Befruchtungsergebnisse von Besamungsbullen. – Dtsch. tierärztl. W. Schr. **68**: 513–517. 1961.

N. KNAUER:

Die beiden letzten Vorträge haben ohne Zweifel sehr klar gezeigt, wie groß die Fehler bei der Grünlandbewirtschaftung sind, wie stark beim Bestreben nach Quantität die Qualität vergessen wird, und wie darunter unsere Tiere und damit der wirtschaftende Mensch, der von den Tieren leben will, nicht wir, die sie aufessen, sondern der Bauer, der damit Geld verdienen will, auch zu leiden hat. Wir müssen uns Gedanken darüber machen, wie man Abhilfe schaffen kann.

Die Vielseitigkeit muß beim Boden anfangen. Man muß den Boden so weit in Ordnung bringen, daß er fruchtbarer wird, d.h. daß er die Aufwendungen des Menschen in vollen Nutzertrag umsetzt, das ist die Definition eines fruchtbaren Bodens. Bei dieser Vielseitigkeit des Bodens können wir die Frage der Nährstoffversorgung durch den Boden ausklammern: Die Zahlen von mg P_2O_5 und K_2O waren für beide Versuchsstationen annähernd gleich. Es ließ sich daraus also nicht erklären, warum auf der einen Versuchsstation solche Ergebnisse und auf der anderen jene waren. Wir düngen nicht dafür, daß der Boden einen bestimmten Nährstoffgehalt hat, sondern haben nur das Bestreben, unsere Pflanzen harmonisch zu ernähren. Sie lesen ja häufig von „harmonischem Düngen". Das Gegenteil ist richtig. Damit wir die Pflanzen harmonisch ernähren, müssen wir häufig ausgesprochen unharmonisch düngen. Ich will gerade am Beispiel der Weiden dies noch etwas deutlicher hervorheben. Wenn wir harmonisch ernähren, werden wir nicht nur Futter in großer Menge, sondern auch gleichzeitig das Futter in guter Qualität erzielen. Allerdings setzt das voraus, daß wir auch lernen, vernünftig zu nutzen, d.h. das Futter in der physiologisch richtigen Entwicklung, oder anders ausgedrückt, physiologisch reifes Futter zu ernten.

Ich sehe die Ursache für die ungünstige Fruchtbarkeit in der Station A nicht unbedingt darin, daß relativ hohe Stickstoffmengen und auch hohe Kalimengen gegeben wurden, sondern ich sehe die Ursache u.a. vornehmlich darin, daß vermutlich das Futter in viel zu jungem Zustand geerntet worden ist, d.h. daß hier den Tieren Futter zur Verfügung stand mit einem viel zu niedrigen Rohfasergehalt. Es ist in der Tierernährung inzwischen allgemein bekannt, daß der Rohfasergehalt des Futters mindestens 20% betragen soll. In diesem Zusammenhang möchte ich sehr bedauern, daß keine chemische Pflanzenanalyse gemacht worden ist. Man hätte dann für die beiden Stationen heute ein klares Urteil abgeben können. Allerdings hätte dazu nicht ausgereicht, nur den Kali- oder Phosphatgehalt zu untersuchen. Außer Kali und Phosphat muß auch Kalk-, Protein- und Rohfasergehalt untersucht werden. Das sind die Mindestdaten, die vorliegen müssen, wenn man ein Futter hinsichtlich seiner Qualität und seines möglichen Einflusses auf die Gesundheit der Tiere beurteilen will.

Ich erwähnte heute schon einmal, daß Bodenuntersuchungen auf dem Grünland nicht viel aussagen. Das hängt mit folgender Tatsache zusammen. Auf dem Acker haben wir in der Fläche eine unterschiedliche Verteilung der Nährstoffe. Das ist unser Problem bei der Bodenentnahme. Man sticht mit dem Bohrstock ein und nimmt ca. 60–100 Einstiche von einem bestimmten Teilstück und mischt dann alles zu einer Mischprobe, die untersucht wird. Im Grünland kommt zu diesen Flächen-Unterschieden noch der Unterschied in den verschiedenen Wurzeltiefen hinzu. In jeder Grünlandnarbe reichen die Wurzeln verschieden tief. Welche Tiefe soll ich untersuchen? Wir können also gar keine Bodentiefe festlegen. Das ist eine der großen Schwierigkeiten, warum zwischen den Ergebnissen der Bodenuntersuchung, die wohl sehr richtig anzeigen, wieviel pflanzenverfügbare Nährstoffe in der untersuchten Bodenschicht vorhanden sind und der Wirkung der Düngung oder der Entwicklung des Ertrages keine Beziehungen vorhanden sind. Warum wirft die Düngerbemessung für Weidegrünland größere Probleme auf als die Düngerbemessung für Mähgrünland? Der Nährstoffkreislauf auf Mähgrünland läßt sich durch einfache Bilanzen kennzeichnen, auf Weidegrünland dagegen wird die Aufstellung solcher Bilanzen durch die Rücklieferung von Pflanzennährstoffen über Kot und Harn der Weidetiere vor allem dadurch erschwert, daß Kot und Harn in ungleichmäßiger Verteilung auf die Weidefläche gelangen. Diese ungleichmäßige Verteilung folgt bei ungeregeltem Weidegang auf sehr großen Flächen durchaus der Zufallsverteilung, auf kleineren Weideflächen wird sie aber bei gleicher Intensität der Beweidung durch die Bevorzugung bestimmter Plätze für den Kot-Absatz beeinflußt. In der intensiveren Weidebewirtschaftung, bei der z.B. eine Zuteilung der täglich neu zu beweidenden Fläche durch einen Elektrodraht als „Freßdraht" erfolgt, werden die am ersten Tag zugeteilten Weideflächen stärker mit Kot und Harn und damit vor allem mit Kalium versorgt, als die zuletzt – z.B. am 3. Tag – zugeteilten Flächen. Bei der Handelsdüngerzufuhr führt dann eine gleichmäßige Düngung der gesamten Weidefläche zu einem sehr hohen K-Angebot auf den stark mit Exkrementen versehenen Teilflächen und zu normalem oder gar zu knappem K-Angebot auf den nicht bekoteten Teilflächen. Als Folge dieser Düngeweise treten Mineralstoffungleichgewichte in den Pflanzen der K-überdüngten Teilflächen auf. Diese Ungleichgewichte können ebenso Ursache der häufig zu beobachtenden Fruchtbarkeitsstörungen der Weidetiere sein, wie der häufig festgestellte Ca-, Mg- und Na-Mangel im Weidefutter. Die richtige Düngung von Weideflächen erfordert also großes Wissen, welches in der landwirtschaftlichen Praxis noch nicht überall vorhanden ist.

G. Schwerdtfeger:
Diese Frage, das haben Sie sicher aus den Ausführungen von Herrn Knauer entnommen, wird an vielen Stellen landwirtschaftlich untersucht. Vor kurzem schrieb Dr. Werner in seiner Arbeit über Beziehungen zwischen Bodeneigenschaften und dem Magnesiumgehalt des Futters: „Neuere Erkenntnisse über die kausalen Zusammenhänge zwischen dem Auftreten tierischer Mangelkrankheiten und der Zusammensetzung des wirtschaftseigenen Futters zeigen, daß von den mineralischen Inhaltstoffen des Futters mehr als bisher Untersuchungen erforderlich sind." Herr Romanowski wies auf die besondere Bedeutung der biologischen Wirkstoffe hin. Sicher möchte der Mensch in vielen Fällen in seiner Ernährung diese Wirkstoffe gern besonders vollwertig geboten haben. Trotzdem haben wir uns längst daran gewöhnt, daß sie zum großen Teil aus der Apotheke kommen, wenn sie nicht gar noch woanders her beschafft werden. Es ist ein großer Kummer der Human-Mediziner, diese Dinge für den Menschen noch irgendwie zu steuern. Sind Sie als Veterinär-Mediziner nicht in einer viel glücklicheren Lage? Denn Sie haben ja keine Apotheker. Sie haben ja alle Medikamente in eigener Hand. Können Sie nicht einen Teil dieser biologischen Wirkstoffe zuführen, wie Sie es z.B. bei den Fer-

keln mit Eisenspritzen machen? Läßt sich dadurch nicht eine wesentliche Verbesserung der Sperma-Qualität erreichen, ohne daß nun dem bösen Landwirt hier der „Schwarze Peter" zugeschoben wird? Diese Frage wird zum Teil ja auch über die Fütterung gelöst, und hier fehlt mir in den Angaben von Herrn HAHN, die von der Fütterung ja bis ins einzelne handelten, doch noch etwas. Es ist doch sicher im Sommer irgendein Beifutter gegeben worden zu der Weide, zumindest aber irgend ein Mineralstoff-Beifutter für die Bullen und über dieses Beifutter werden Sie die Sperma-Qualität ganz entscheidend beeinflussen. In einem Fall haben Sie es sicher getan, dort, wo nämlich die Station in Ordnung war. Wenn Sie 160 kg P_2O_5 in Form von Thomasmehl geben, dann ist dies die 2–3fache Menge der normalen Versorgung. Auf einem humosen Lehmboden entsteht dadurch ein Mineralstoff-Brei, wie er seit langem in der Praxis üblich ist. (Man darf nur kein fluorhaltiges Thomasmehl dazu nehmen). Dies ist die beste Mineralstoffversorgung mit allen Spurenelementen, die wir nur anbieten können, und dann wird auch die Sperma-Versorgung in Ordnung sein. Ich könnte mir denken – ich habe solche Mineralstoffproben von Thomasmehl in erhärteter Form gefunden –, daß die Bullen auf dieser Station von dem Thomasmehl unmittelbar eine ganze Masse aufgenommen haben und daß vielleicht die Koinzidenz nicht so weit zu suchen ist, sondern sehr nahe unmittelbar bei der starken Thomasmehl-Gabe liegt.

H. BIELENBERG:
Durch die Bienenforschung wurde schon lange nachgewiesen, daß im Nektar der Blütenpflanzen Hefebakterien leben. Diese Hefebakterien schließen im Rinderpansen die Rohfasern auf; sie nehmen auch Einfluß auf den Hormon-Haushalt der Tiere. Wenn also die Blütenpflanzen im Futter fehlen, kann diese Wirkungskette nicht ablaufen.

J. FEISE:
Dieselben Erfahrungen haben wir auch gemacht, es gibt aber eine ganze Reihe kleiner Hilfen, die in Zusammenarbeit mit Landwirten versucht werden könnten.

Die Bodenuntersuchungen kann man besser deuten, weil nicht beachtet war, daß eine Weide scheinbar auf humosen Sand (30 Punkte), die andere auf alter Marsch lag (60 Punkte). Der hier nützliche Kalk hätte dort geschadet. In der nicht gemessenen Jauchegabe wird mehr N und vor allem Kali gewesen sein als im Handelsdünger auf der anderen Weide. Der pH-Wert soll uns vor allem unterrichten über Veränderungen im Boden (wie ein Fieberthermometer). Von den Niederländern lernten wir die Bedeutung von Mg, Cu, Na und Spurenelementen, um die richtige Bodenuntersuchungen zu ergänzen wären.

A. APINIS:
Aus diesen Ausführungen geht klar hervor, daß wir keine bestimmte Antwort auf diese Weideprobleme, von denen wir jetzt gehört haben, geben können. Es ist unmöglich, das Verhältnis eines Tieres zur Umwelt exakt einzuschätzen. Ich erinnere mich an ein anderes Symposion vor einigen Jahren in Nottingham an der Landwirtschaftlichen Fakultät. Dort war

das Problem das Grünland durch die Produktivität des Viehbestandes biologisch zu definieren. Ein ähnlicher Fall liegt hier bei uns vor, für den wir aber sehr viel Zeit benötigen werden, um etwas Nützliches herauszufinden.

J. HAHN:
Uns ist schon seit längerer Zeit bekannt, das z.B. durch Beweidung von Futterflächen kurz nach der N-Gabe, wenn wir den Tieren also unausgereiftes Gras anbieten, wenn also das Gras zu früh gemäht und siliert wird, durch Nitritgehalte und vielleicht auch durch andere N-Verbindungen Verdauungsstörungen bei den Tieren entstehen können, und daß durch diese Verdauungsstörung z.B. die Magnesium-Resorption gestört werden kann und daß dadurch z.B. die Weide-Tetanie entsteht. Andererseits läßt die Aufklärung an den Landwirtschaftsschulen und an den Landwirtschaftlichen Fakultäten sehr zu wünschen übrig. Denn die Junglandwirte kommen von den Fakultäten und von den Landwirtschaftsschulen mit einem Wissen, das nur rein auf die Intensivierung ausgerichtet ist. Wir beobachten in vielen Betrieben, wenn z.B. ein Generationswechsel innerhalb eines Betriebes stattfindet und der Hof vom Vater auf den Sohn vererbt wird, daß so lange alles in Ordnung war und es dann mißlingt. Ich möchte darauf hinweisen, daß zumindest auch von der Landwirtschaft eine bessere Aufklärung in den Schulen mitgegeben werden sollte. Wir sollten uns doch meiner Meinung nach davor hüten, eine ganz bestimmte Ursache für die herabgesetzte Fruchtbarkeit oder für die Fruchtbarkeitsstörung zu suchen. Es ist niemals *eine* Ursache, sondern ein Komplex von vielen Ursachen. Ich glaube mit diesem Komplex von Problemen müssen wir uns in Zukunft befassen, wenn wir mit den Schwierigkeiten fertig werden wollen.

ZUR BIOLOGIE DES STRANDHAFERS (AMMOPHILA ARENARIA) UND SEINER TECHNISCHEN ANWENDUNG IM DÜNENBAU

von

H. Lux, Kiel

Die nord- und westeuropäischen Küsten weisen in ihrem Verlauf häufig mehr oder minder mächtige und tiefgegliederte Dünenzonen auf. Ohne auf die vielfältigen Vorgänge der Dünenbildung näher einzugehen, muß zum allgemeinen Verständnis hervorgehoben werden, daß diese Dünen letztlich ihre Entstehung Pflanzen verdanken, die in der Lage sind, diese extremen Standorte, seien es die salzwasserdurchtränkten Sandplatten oder die hohen Dünen selbst, zu besiedeln. Dem Strandhafer, *Ammophila arenaria*, ist eine besondere Bedeutung deswegen beizumessen, weil seine Fähigkeit, Dünen zu bilden, besonders augenscheinlich ist. Als Pionierpflanze hingegen kann er deswegen nicht vorrangig gewertet werden, weil er die Erstbesiedelung salzwasserdurchtränkter Sandplatten oder breiter Vorstrände salzresistenteren Arten überlassen muß. Embryonaldünen (Duni embryonales) und die etwas größere Dünenform der Zungenhügel (Duni lingulati), die im Windschatten salzverträglicherer Erstbesiedler entstehen, – genannt seien nur *Agropyron junceum* und *Elymus arenarius* als hervorstechendste Vertreter der organogenen Primärdünenbildung – werden von *Ammophila arenaria* erst dann besiedelt, wenn die Dünen so hoch angewachsen sind, daß der kapillare Salzwasseranstieg die Salzkonzentration in der Bodenlösung von 1% nicht übersteigen läßt.

Während *Agropyron* und *Elymus* nur verhältnismäßig niedrige Dünen von etwa 1 m Höhe bilden, beginnt mit dem Auftreten von *Ammophila* eine spontane Dünenbildung unter der Voraussetzung, daß *Ammophila* reichlich Sand aus luvseitigen Sandreservoiren (Sandplatten, breite Vorstrände) zugeführt wird.

Die geschlossenen Vordünen (Dunus anticus) – vergleichbar den künstlichen Schutzwerken, den Landesschutzdeichen im Bereich des Wattenmeeres – sind Produkte, die ihren Aufbau und ihre Existenz vorrangig dem Sandfangvermögen von *Ammophila* verdanken. An progressiven Küsten schiebt sich auf diese Weise eine Vordünenkette nach der anderen jeweils seewärts vordringend vor ihre Vorgänger. Damit gelangen die früheren Dünenbildungen Zug um Zug ins Hinterland. Mit zunehmender Entfernung vom Strand nimmt die Sandzufuhr ab, das ehemals spontane Wachstum von *Ammophila* geht zurück. Gleichzeitig mit abnehmender Übersandung stellen sich weitere Besiedler der Dünen ein, vor allem

Festuca rubra arenaria	*Hieracium umbellatum*
Hypochoeris radiata	*Galium verum litorale*
Silene otites	*Viola tricolor maritima*
Jasione montana	*Carex arenaria*
Viola canina	*Lotus corniculatus*
Lathyrus maritimus	*Rosa pimpinellifolia*
Corynephorus canescens	*Hippophae rhamnoides*

Mit diesem Vorgang prägt sich allmählich der Typ der „Graudüne" aus, der mit dem Auftreten von *Empetrum nigrum,* und *Calluna vulgaris* das Stadium der „Schwarzdüne" erreicht.

Die geschilderten Abläufe haben allerdings zur Voraussetzung, daß sich die Dünen ungestört entwickeln können. Verletzungen der Vegetationsdecke, vielfach schon im Vordünen- oder noch mehr im Graudünenbereich auftretend, haben tiefgreifende Veränderungen der gesamten Dünenlandschaft und ihrer Vegetation zur Folge. Der Dünenbildung folgt vielfach und ebenso spontan die Dünenauflösung. Auch dieser Vorgang hat seine Systematik, obwohl eine in voller Auflösung befindliche Dünenlandschaft die Gesetzmäßigkeit eines solchen Ablaufs oft nur mühsam erkennen läßt. Der Weg der Dünenauflösung führt über harmlos erscheinende Verletzungen der Vegetationsdecke als Folge des Angriffes von der See oder dem Wind oder von beiden oder infolge menschlichen Zutuns bis zu den Großformen der Dünenzerstörung den Haldendünen (Duni erumpentes) über die Parabeldünen (Duni parabolici) zur Endphase, den Wanderdünen (Duni migrantes).

Der Umstand, daß die letztgenannten Zerstörungsformen mit Wandergeschwindigkeiten, die auf den nordfriesischen Inseln bei 6–8 m pro Jahr liegen, gegen Ortschaften, Verkehrsverbindungen, land- und forstwirtschaftlich genutzte Flächen vordringen und damit eine Gefahr für die Existenz der Küstengebiete und ihrer Bewohner hervorrufen, macht Dünenschutzarbeiten zum unumgänglichen Bestandteil des Küsten- und Inselschutzes.

Seit Jahrhunderten bemühen sich die Bewohner der nordwesteuropäischen Dünenküstenbezirke den wandernden Sand aufzuhalten, seit Jahrhunderten ist die Strandhaferpflanzung die Methode geblieben, mit der man am wirksamsten den vordringenden Dünen Schach zu bieten glaubt. Dennoch ist die Geschichte der dünentragenden Inseln und der Dünenküsten nicht zum geringsten eine Geschichte der vom Sand verschütteten und dem Sand ständig weichenden Dörfer geworden. Es erhebt sich somit die Frage, ob nicht diejenigen, die mit Strandhaferpflanzungen die Sandwanderung zu bannen versuchten aber den Naturgewalten doch weichen mußten, einen grundlegenden Fehler gemacht haben.

Wir wissen, daß *Ammophila* sein Optimum im Vordünenbereich, also in der Zone ständiger Sandzufuhr und Sandablagerung findet. Lag dann also der Fehler darin, daß *Ammophila* in früheren Jahrhunderten bis in die Gegenwart hinein zur Festigung von wandernden Binnendünen, also von Schadensformen, gewählt wurde, die sich auf ihrem Wanderwege weit von der Zone ihres optimalen Lebensbereiches entfernt hatten und denen in diesem Bereich die Zufuhr von Kalk, Kali, Phosphorsäure und Stickstoff aus dem Flutmarkenbereich versagt blieb? Diese Frage muß heute verneint werden. Das Ammophiletum arenariae juvenile adultum eines Vordünenbereichs unterscheidet sich in Wüchsigkeit, in Halm-, Blatt- und Blütenausbildung in keiner Weise von jenem gleichartigen Ammophiletum am Lee-Fuß einer 300 m von der Flutmarke entfernt liegenden Wanderdüne. Eine natürliche und ausschließliche Nährstoffversorgung aus dem Flutmarkenbereich ist hier aber nicht mehr gegeben.

Der Umstand, daß *Ammophila* im Binnendünenbereich sogar mit Übersandungen von 70 cm und mehr fertig wird und sich somit Sandwanderungen zu widersetzen vermag, ließ die Dünenbauer der Vergangenheit und der Jetztzeit nicht daran zweifeln, mit diesem Sandgras einen tätigen Partner im gemeinsamen Bemühen, die Sandwanderung aufzuhalten, gefunden zu haben. Doch häufig versagte dann der Strandhafer trotz sorgfältiger Werbung und fachgerechter Pflanzung gerade dort, wo in unmittelbarer Nachbarschaft natürlich wachsender *Ammophila*-Bestände ein guter Wachstumsstart hätte erwartet werden können. Jedermann weiß, daß an einem typischen Erlenstandort ohne größeres Risiko auch späterhin Erlen gepflanzt werden können. Wenn der Strandhafer auch in enger Angrenzung an ein Ammophiletum arenariae adultum plötzlich versagte, dann lag das vielleicht daran, daß die Probleme des Dünenbaues als Arbeitsgebiet der Techniker des Küstenschutzes oder der Forstleute allzu sehr aus der Sicht dieser speziellen Fachsparten einer Lösung zugeführt worden sind. Als der Königsberger Regierungs- und Baurat GERHARDT Anfang dieses Jahrhunderts sein „Handbuch des Deutschen Dünenbaues" schrieb, dessen Regeln heute noch – zumindest im Dünensektor – Anwendung finden, hat er – wohl technisch orientiert – die Dynamik des Dünenstandortes zu wenig von der Statik der Kulturböden getrennt.

Für den erfolgversprechenden Anbau von Feldfrüchten auf Kulturböden wählt der Landwirt ganz bestimmte Standorte, deren spezifische Eignung vom Klima- und vom Boden her bestimmt wird. Nicht von ungefähr existieren daher Bodencharakteristika wie etwa „gerstenfähig", „weizenfähig", „zuckerrübenfähig" usw. So gedeutet müßte also der Dünensand „strandhaferfähig" sein. Doch das ist er nur dann und solange, wie er vom Wind angetrieben sich auf den Strandhafer zu bewegt und von diesem festgehalten werden kann. Mit anderen Worten: Den Mangel an Sorptionskomplexen in den Sanden kompensiert der Strandhafer dadurch, daß er die im Dünensand in geringsten Mengen vorhandenen Nährstoffe – im Schnitt müssen die Sande der schleswig-holsteinischen Nord- und Ostseedünen mit 1,10 mg P_2O_5 und 2,30 mg K_2O/100 g Boden (Laktat-Methode) als mit diesen Nährstoffen schlecht versorgt angesehen werden – um seinen Standort anhäuft. Erst so wird die „Strandhaferfähigkeit" im optimalen Sinne für *Ammophila* erreicht. Dieser Umstand allerdings versetzt den Dünenbauer in die fatale und widersprüchliche Lage, Dünenwanderungen mit Hilfe von *Ammophila* dadurch aufzuhalten, daß er gleichzeitig die Sandwanderung fördern muß. Wenn also das zitierte Handbuch des Dünenbaues beispielsweise fordert, daß Wanderdünen von Luv nach Lee mit Strandhafer festzulegen sind, dann mag diese Forderung technisch deswegen noch verständlich sein, weil man sich nach dieser Regel der am meisten erosionsgefährdeten Luvseite zuerst annehmen will. Biologisch ist diese Methode deswegen fehlerhaft, weil *Ammophila* hier vorwiegend als mechanisch wirkender Sandfänger gewertet wird, seine Ansprüche an Boden und Klima hingegen unterbewertet bleiben. Die Bedeutung der Sandzufuhr und der Sandablagerung innerhalb gepflanzter *Ammophila*-Bestände sei darum kurz erläutert:

1. Die Sandablagerung fördert die Bildung neuer Wurzeln aus den übersandeten Halmknoten bei dem in den Binnendünen ausgestochenen, seines Wurzelwerkes beraubten „Pflanzhalm".

2. Die Herbeiführung frischen Sandes garantiert die für das Wachstum von *Ammophila* wichtige Kalkzufuhr. Sie findet ihren Ausdruck in den pH-Werten frischer Sande, die im Ammophiletum arenariae juvenile adultum zwischen 5,5 und 6,5 liegen. Stagniert die Sandnachlieferung, dann ist mit gleichzeitigem Rückgang des Strandhaferwachstums ein Ansteigen der H-Ionenkonzentration – beispielsweise im Corynephoretum canescentis – auf durchschnittlich pH 4,5 bis pH 4,0 festzustellen.

3. Bei fortlaufender Übersandung gelangen die vorhandenen und frisch gebildeten Strandhaferwurzeln kontinuierlich in Bodentiefen steigenden Wassergehaltes. Bleibt die Übersandung jedoch aus, dann verharrt der gepflanzte Halm bei ausbleibender oder nur mangelhafter Wurzelausbildung in Bodenzonen minimalsten Wasseranteiles. So gepflanzt, ist er alsbald zum Absterben verurteilt. Ein dann im Windschatten der verbleibenden *Ammophila*-Reste sich ansiedelndes Corynephoretum canescentis dürfte dünenbautechnisch allenfalls als nicht beabsichtigte Notlösung gewertet werden.

4. Die genannten geringfügigen Anteile an P_2O_5 und K_2O in den Dünensanden werden infolge Sandanhäufung am Strandhaferstandort derart angereichert, daß beispielsweise die an Leehängen von Wander-, Parabel- und Haldendünen keineswegs seltene 40 cm-Aufsandung der Anlieferung von 64 kg/ha P_2O_5 und 147 kg/ha K_2O gleichgesetzt werden kann. Dementsprechend lassen sich die jeweiligen Aufsandungshöhen in Nährstoffanlieferungswerte für P_2O_5 und K_2O umrechnen und dementsprechende Schlüsse für die Harmonisierung des N-P-K-Verhältnisses über Handelsdüngergaben ableiten.

Um auf das Beispiel der Luv-Lee gerichteten, im Handbuch des Dünenbaues empfohlenen Wanderdünen-Befestigungen zurückzukommen – das Beispiel kann analog auf die Verhältnisse bei Parabel- und Haldendünen angewandt werden – bedeutet das Beginnen auf der der Hauptwindrichtung zugekehrten Luvseite eine sofortige Sperrung der Sandzufuhr. Sande, die in Luv festgehalten werden, können nicht mehr nach Lee vordringen und dort die unter 1. bis 4. geschilderten physiologisch bedeutsamen Funktionen erfüllen.

Daher ist für die Technik der Strandhaferpflanzung unter Beachtung der Biologie von *Ammophila* zu fordern:

a. Größere Schadensformen wie Wanderdünen, Parabel- und Haldendünen sowie ausgewehte, vegetationslose Sandfelder sind bei Strandhaferanwendung grundsätzlich von Lee nach Luv in über mehrere Jahre sich erstreckenden Pflanzenabschnitten festzulegen. Das Voranschreiten der Lee-Luv-seitigen Bepflanzung hat eine tiefe Einsandung des Pflanzhalmes zu gewährleisten. Die Sandzufuhr kann durch die nach Luv weiter vordringenden Pflanzungen dann langsam gestoppt werden, wenn Halm-, Blatt- und Blütenausbildung im Bereich der zuerst gepflanzten Anlagen so stark sind, daß die Bodenbedeckung erkennbar wird.

b. Die mit abnehmender Sandzufuhr allmählich ausbleibende Nährstoffversorgung bei *Ammophila* muß mit Hilfe von Handelsdüngern – vor allem von Stickstoff (60–80 kg N/ha als Kalkammonsalpeter) – solange kompensiert werden, bis weitere Gräser und Kräuter die Pflanzendecke verstärken und sichern.

c. Schadensformen in den Dünen (Kupsten, Windrisse und ähnliche) rufen in den Luvbereichen denkbar ungünstige Windverhältnisse hervor. Windpressungen und Windgeschwindigkeitserhöhungen sind die Folge. Bei den Sanden überwiegt dann der Abtrag die Ablagerung. Es muß daher unbedingt vor Beginn der Pflanzarbeiten die aerodynamisch günstige Ausformung der festzulegenden Dünen in Handarbeit oder mit Hilfe von Planierraupen vorgenommen werden. Die Unterlassung solcher Vorarbeiten hat die mechanische Zerstörung infolge Sandschliffs, die physiologische Vernichtung des gepflanzten Strandhafers wegen fehlender Sandablagerung zur Folge.

d. Der Strandhaferpflanzung soll, wenn irgend möglich, die Einsaat von Sandgräsern – als besonders geeignet haben sich auf den nordfriesischen Inseln *Corynephorus canescens* und *Festuca ovina* erwiesen – folgen. Da die Dünen zu den wenigen heute noch erhaltenen Urlandschaften gehören, sollte man jedoch darauf bedacht sein, nicht alle vegetationslosen Dünen um jeden Preis festlegen zu wollen, sondern nur dort zu arbeiten, wo wirtschaftliche Notwendigkeiten dazu zwingen. Wem jedoch diese Aufgabe gestellt ist, dem bleibt es nicht erspart, sich vorweg mit der Gesetzmäßigkeit der Dünenbildung und Dünenauflösung zu befassen. Für die nordwesteuropäischen Dünenküstenbezirke gilt nach wie vor der von J. W. VAN DIEREN aufgestellte Grundsatz, wonach hier die Dünenbildung organogener Natur ist und wonach folgerichtig Dünenschutzmaßnahmen angewandte Biologie der Strand- und Dünenpflanzen sein müssen.

ZUSAMMENFASSUNG

1. Die Dünenbildung im nordwesteuropäischen Küstenraum ist im wesentlichen das Ergebnis des Zusammenspiels von Sandtransport infolge Windeinflusses und der Fähigkeit spezifischer Pflanzen den Sand zu fangen und mit ihm zu einer Düne emporzuwachsen.
2. Unter der großen Anzahl der dünenbildenden Pflanzen kommt dem Strandhafer, *Ammophila arenaria,* deswegen eine vorrangige Bedeutung zu, weil sein Dünenbildungsvermögen besonders spontan ist.
3. Diese Eigenschaft nutzen die Techniker der Wasserwirtschaft und des Dünenschutzes. Sie ziehen den Strandhafer dort zur Deckung vegetationsloser Sandfelder und Schadensformen in den Dünen heran, wo eine Gefährdung von Wohn-, Verkehrs- und Wirtschaftseinrichtungen

in mittel- oder unmittelbarer Nachbarschaft akuter oder erkennbarer Schadensentwicklungen in den Dünen sich abzeichnet.

4. Die kulturtechnische Anwendung des Strandhafers im Dünenschutz verlangt jedoch, daß den Pflanzungen möglichst langfristig frische Sande zugeführt werden. Deswegen müssen Bepflanzungsvorhaben stets von Lee nach Luv geführt werden.
5. Die Sandzufuhr ist für den Strandhafer in mehrfacher Hinsicht lebenswichtig:
   Sie fördert die Bildung neuer Wurzeln aus den übersandeten Halmknoten,
   verhindert die Zunahme der H-Ionenkonzentration (Absinken der pH-Werte),
   reguliert den Wasserhaushalt des Pflanzhalmes und garantiert schließlich die Nährstoffversorgung, vor allem mit den Kernnährstoffen P_2O_5 und K_2O.
6. Bei allmählich abklingender Sandzufuhr ist die geringer werdende Nährstoffnachlieferung durch Handelsdüngergaben – vor allem Stickstoff – solange zu kompensieren, bis die Intensität der Halm- und Blattausbildung Bodenschluß gewährt und weitere Pflanzen im Schutze der *Ammophila*-Primärpflanzung sich angesiedelt haben.

SUMMARY

I The dunes on the coasts of North-West Europe are essentially the composite effect of quicksand and of the capability of certain plants to catch it and grow into a dune with it.

II Among the large number of any such plants, the marram grass, *Ammophila arenaria*, is most important owing to its especially spontaneous dune-growing capability.

III The water balance and dune protection technicians take advantage of this capability. They use marram grass so as to cover bare sandfields and damages in dunes, wherever there is appearing danger to dwelling accommodations, transport facilities, and economic plants situated more or less close to existing or perceptible danger spots developing in dunes.

IV The protection of dunes by growing marram grass requires, however, that the plantations should be supplied with fresh sands for as long a period as possible. Hence cultivation projects will always be from leeside to windward.

V The supply of sands is essential for marram grass in several respects:
   a. It helps new roots to develop out from the sandcovered stalk nodules;
   b. It prevents the H-ion concentration to increase (decrease of pH-values);
   c. It regulates the water requirement system of the stalk and finally;
   d. It guarantees the plants to be supplied with nutritive substances, above all with the essential substance of P_2O_5 and K_2O.

VI With the gradually diminishing supply of sands, the decreasing supply of nutritive substances has to be compensated for by commercial fertilizers, above all by nitrogen, until the stalks and leaves will be such as to completely cover the ground and more plants will have taken roots owing to the shelter of the primary marram grass cultivation.

LITERATUR

BENNECKE, W.: Zur Biologie der Strand- und Dünenflora. I. – Ber. dtsch. bot. Ges. **48**. Jena 1930.

— u. ARNOLD, A.: Zur Biologie der Strand- und Dünenflora. II. – Ber. dtsch. bot. Ges. **49**. Jena 1931.

BUCHENAU, F.: Über die Vegetationsverhältnisse des „Helms". – Abh. naturw. Ver. Bremen **10** (3). Bremen 1889.

CHRISTIANSEN, W.: Neue kritische Flora von Schleswig-Holstein. – Rendsburg 1953.

DIEREN, J. W. VAN: Organogene Dünenbildung. – Den Haag 1934.

GERHARDT, P., ABROMEIT, J., JENTZSCH, A.: Handbuch des deutschen Dünenbaues. – Berlin 1900.

HARTNACK, W.: Die Wanderdünen Pommerns. – Greifswald 1925.

JESSEN, O.: Morphologische Beobachtungen an den Dünen von Amrum, Sylt und Röm. – Landesk. Forsch. **21**. München 1921.

LUX, H.: Die Farbphotographie als Hilfsmittel zur Auswertung von Düngungsversuchen. – Photogr. u. Wiss. **4** (2): 20–22. Leverkusen 1955.

— Der 10-Jahresplan des Landes Schleswig-Holstein über Dünenschutz und Waldbildung auf den nordfriesischen Inseln Sylt und Amrum. – Inform. Inst. Raumforsch. Bad Godesberg **8** (11): 281–298. Bad Godesberg 1958.

— Die biologischen Grundlagen der Strandhaferpflanzung und Silbergrassaat im Dünenbau. – In: Angew. Pflanzensoziologie **20**: 5–53. Stolzenau/Weser 1964.

MÜLLER, F. u. FISCHER, O.: Das Wasserwesen an der schleswig-holsteinischen Nordseeküste. Sylt. – Berlin 1938.

REINKE, J.: Die Entwicklungsgeschichte der Dünen an der Westküste von Schleswig-Holstein. – Sitz.-Ber. preuß. Akad. Wiss. **13**. Berlin 1903.

SIPKES, C.: Menschliche Hilfe bei der landschaftlichen Entwicklung der Dünenküste auf Voorne. – Wasser u. Boden **5** (1). Hamburg 1953.

— Voorne, korte beschrijving van historie, dierenleven, plantengroei, en landschap van de kuststreek van Vorne. 3de druk. – Middelharnis 1965.

SOLGER, F.: Geologie der Dünen. – In: Dünenbuch. Stuttgart 1910.

SPERLING, W.: Natürliche Dünenentstehung und künstliche Dünenpflege. – Geol. Meere u. Binnengewässer **3** (4): 552–569. Berlin 1939.

STRAKA, H.: Über Veränderungen der Vegetation im nördlichen Teil der Insel Sylt in den letzten Jahrzehnten. – Schr. Naturw. Ver. Schlesw.-Holst. **34**: 19–43. Kiel 1963.

TÜXEN, R.: Die Pflanzengesellschaften Nordwestdeutschlands. – Mitt. flor.-soz. ArbGemeinsch. Niedersachsen **3**. Hannover 1937.

— Lütje Hörn – Die Vegetation einer alten ostfriesischen Sandbank. – Mitt. flor.-soz. ArbGemeinsch. N.F. **3**: 109–112. Stolzenau/Weser 1952.

—, u. BÖCKELMANN, W.: Scharhörn – Die Vegetation einer jungen ostfriesischen Vogelinsel. – Mitt. flor.-soz. ArbGemeinsch. N.F. **6/7**. Stolzenau/Weser 1957.

TUORA, J.: The formation of artificial sand dunes as a means coastal protection. – Cir. Engin.: 185–187. London 1956.

WESTHOFF, V.: Die Dünenbepflanzung in den Niederlanden. – Angew. Pflanzensoziologie **17**: 14–21. Stolzenau/Weser 1961.

A. APINIS:
Zwei Pflanzengruppen beteiligen sich an der Stickstoff-Ernährung der Dünen-Vegetation: die sporenbildenden Bakterien und die Blaualgen. Wir konnten an einem englischen Küstenort feststellen, daß dort die Blaualgen eine große Rolle besonders in den Vordünenstrecken spielen. Vielleicht nicht auf den Hauptdünen. Dort kommen andere Mikroorganismen vor, die befähigt sind, mit minimaler Stickstoffbindung dazu beizutragen, daß ein höherer Pflanzenwuchs dort beginnen kann.

R. TÜXEN:
Ich kann es mir nicht versagen, Herrn Dr. LUX noch einmal recht herzlich zu gratulieren zu den bahnbrechenden Ergebnissen seiner Arbeit. Die natürliche Dünen-Sukzession geht vom Ammophiletum, wenn das Agropyretum vorüber ist, zu den Koelerion-Rasen, zu den Kleingras-Dünen. Alle die Zerstörungen, die wir gesehen haben, mit den Dünenrissen und den Wanderdünen, werden früher oder später ausgeheilt durch *Corynephorus* und dann durch die Koelerion-Arten *Festuca rubra* ssp. *arenaria*, *Koeleria albescens*, *Agrostis tenuis*, *Festuca capillata* usw. Schließlich folgt dann die Gebüschbildung weiter im Süden oder im Norden von Jütland, oder auf den kalkarmen Dünen die Heidebildung mit *Empetrum nigrum* und *Salix arenaria*. Wir haben schon vor 30 Jahren in dem Wissen um diese Zusammenhänge versucht, dem Dünenbau zu helfen von der Anpflanzung von *Ammophila arenaria* um jeden Preis abzukommen und empfohlen, Kleingräser zu säen: *Corynephorus* und *Festuca arenaria* in erster Linie. Wir haben im Kriege sogar damit nicht schlechte Erfolge gehabt. Nach dem Kriege waren die Erfolge gering und im ganzen hat sich nichts geändert. Wir sind aber nicht auf den Gedanken gekommen, der die Arbeit von Herrn LUX auszeichnet und so erfolgreich macht, die Dünen zu düngen. Dort liegt das Geheimnis seines Erfolges: er hat *Ammophila* weiter gepflanzt und er hat ihre fehlende Ernährung, die ausbleibt, wenn der Sand nicht mehr darüber geweht wird, durch eine künstliche Düngung ersetzt. Ich habe zunächst die größten Bedenken gehabt gegen seine Versuche, die ich dann unter seiner Führung zum ersten Mal in Amrum gesehen und bewundert habe! Das habe ich schon in Amrum gestanden und gestehe es gern wieder. Wenn zwischen unseren Bestrebungen ein Wettbewerb war, nach unserer natürlichen Methode oder nach der von LUX, so hat Herr LUX diesen Wettbewerb ganz eindeutig gewonnen. Ich bin aber sehr hoch davon befriedigt, daß auch er jetzt zurückkehrt zur natürlichen Sukzession und die Kleingräser gleich mit einsät, damit dann die natürliche Folge zum Koelerion einsetzen kann. Die Beschaffung von bodenständigem Saatgut ist eine wohl zu lösende rein organisatorische Aufgabe.

ÖKOLOGISCHE UNTERSUCHUNGEN DER VIOLETEA CALAMINARIAE-SCHWERMETALLPFLANZENGESELLSCHAFTEN

von

WILFRIED ERNST, Münster

Für die Entwicklung der Vegetation auf schwermetallhaltigen Böden wird die chemische Zusammensetzung des Substrates als maßgebender exogener Standortsfaktor angesehen. Da höhere Konzentrationen von Kupfer-, Zink- und Bleisalzen auch bei den Schwermetallpflanzen schäden nicht ausschließen (BAUMEISTER 1954, SCHWANITZ und HAHN 1954, BAUMEISTER und BURGHARDT 1956, WACHSMANN 1959), stellt sich den Arten dieser Böden bereits bei der Keimung das Problem, mit der hohen Schwermetallkonzentration fertig zu werden.

Über die Auswirkungen der Schwermetalle auf die Keimung von Schwermetallpflanzen liegen bisher keine Ergebnisse vor. Deshalb wurden Untersuchungen über die Wirkung des Zinks, das in den Schwermetallböden Mitteleuropas den höchsten Anteil an den Schwermetallen hat, auf die Schwermetallpflanzen bei unterschiedlichen Zinkgaben und konstantem pH-Wert durchgeführt. Es wurde die Nährlösung nach VON DER CRONE benutzt, der das Zink als Zinksulfat hinzugefügt wurde. Als Versuchspflanzen dienten zum einen die Klassenkennarten der Violetea calaminariae Br.-Bl. et Tx. 1943, *Silene cucubalus* var. *humilis* und *Minuartia verna* ssp. *hercynica*, die gleichzeitig die Pionierpflanzen der Schwermetallrasen sind, zum anderen *Thlaspi alpestre* ssp. *calaminare* als Kennart des Thlaspeion calaminariae Ernst 1964 und *Viola calaminaria* als Kennart des Violetum calaminariae Schwickerath 1931 (Saatgut aus verschiedenen Schwermetallrasen). Von den Begleitern der Schwermetallpflanzengesellschaften wurden *Agrostis vulgaris* und *Plantago lanceolata* sowie *Epilobium angustifolium* als Pionierart anderer Gesellschaften herangezogen (Saatgut aus dem Botanischen Garten der Universität Münster).

Die Keimungsversuche haben zu dem Ergebnis geführt, daß die Keimungskapazität von allen untersuchten Kennarten der Schwermetallrasen bei Zinkgaben von 50 mg Zn/l am deutlichsten, bei 100 mg Zn/l im Vergleich zur Kontrolle nur noch geringfügig gefördert wird (Tab. 1). Hingegen werden die Begleiter, *Agrostis vulgaris* und *Plantago lanceolata*, sowie das gesellschaftsfremde *Epilobium angustifolium* bei 100 mg Zn/l bereits in ihrem Keimvermögen geschwächt. Konzentrationen von 10000 bis 50000 mg Zn/l wirken aber auch auf die Kennarten der Schwermetallrasen deutlich keimungshemmend.

Ferner läßt die unterschiedliche Keimungskapazität der Kennarten Rückschlüsse auf ihre aufbauende Wirkung bei der Besiedlung der schwer-

Tabelle 1. Wirkung unterschiedlicher Zinkgaben (als $ZnSO_4$) auf die Samenkeimung (pH = 6,2). Maximale Keimungskapazität gleich 100%.

Versuchspflanzen	Keimungskapazität bei ... Zn (ppm)						
	1	50	100	500	1000	10000	50000
Silene cucubalus var. humilis	94,7	95,8	95,0	93,8	81,8	58,7	1,8
Minuartia verna ssp. hercynica	59,5	60,0	59,7	47,2	23,5	6,2	0,2
Thlaspi alpestre ssp. calaminare	34,0	42,0	38,0	36,3	21,7	16,3	0,6
Viola calaminaria	31,8	32,3	32,1	17,7	2,1	0	0
Agrostis vulgaris	86,7	88,0	79,3	74,0	23,3	0	0
Plantago lanceolata	67,7	53,0	54,3	40,2	34,4	8,9	0
Epilobium angustifolium	58,0	44,0	40,0	0	0	0	0

metallhaltigen Böden zu. Die Pionierarten, *Silene cucubalus* var. *humilis* und *Minuartia verna* ssp. *hercynica*, benötigen wegen der Unwirtlichkeit des Standortes eine hohe Keimungskapazität, die eine Voraussetzung für die Besiedlung extremer Standorte darstellt. Dagegen ist die Keimungskapazität der Arten der Optimalphasen der Schwermetallrasen, *Thlaspi alpestre* ssp. *calaminare* und *Viola calaminaria*, gering.

Wegen der geringen Wasserkapazität des Haldenmaterials ist neben der Keimungskapazität auch die Keimungsgeschwindigkeit für die Pflanzen von großer Bedeutung. Die Berechnung erfolgte nach der von Kotowski (1926) gegebenen Definition

$$CV = \frac{\Sigma n}{\Sigma(n \cdot d_n)} \cdot 100,$$

wobei n die Zahl der in d_n-Tagen gekeimten Samen, d_n die Zahl der Tage nach dem Säen (Tag der Aussaat = Tag 0) ist.

Tabelle 2. Keimungsgeschwindigkeit bei unterschiedlichen Zinkgaben. Die prozentuale mittlere Keimung ist durch Integration der Keimungszeiten aller einzelnen Samen erfaßt (Kotowski'scher Koeffizient der Keimungsgeschwindigkeit).

Versuchspflanzen	1	50	100	500	1000	10000 ppm Zn
Silene cucubalus var. humilis	20,3	20,6	21,3	19,8	19,1	18,6
Thlaspi alpestre ssp. calaminare	8,0	8,0	8,1	—	8,1	7,5
Minuartia verna ssp. hercynia	6,2	6,3	6,3	6,5	5,1	5,1
Viola calaminaria	4,1	4,3	4,4	4,1	3,8	0
Plantago lanceolata	26,4	27,9	27,6	—	27,0	24,4
Agrostis vulgaris	22,5	22,0	21,4	18,2	17,5	0
Epilobium angustifolium	15,9	15,1	14,7	0	0	0

Die Ergebnisse, die in Tabelle 2 zusammengestellt sind, zeigen nun, daß *Silene cucubalus* var. *humilis* durch eine große Keimungsgeschwindigkeit den besonderen Anforderungen einer Halde und ebenso der verwitternden schwermetallhaltigen Gesteine besser gerecht wird als *Minuartia verna* ssp. *hercynica*, die deshalb auch erst auf feinerdereicherem Substrat anzutreffen ist. Allgemein werden die Keimungsgeschwindigkeiten der Kennarten der Schwermetallrasen durch Konzentrationen bis zu 100 ppm Zink gefördert, wohingegen bereits die gleichen Zinkgaben auf *Epilobium angustifolium* und *Agrostis vulgaris* hemmend wirken. Dieser Befund stimmt auch mit den Ergebnissen von BAUMEISTER (1954) überein, der eine Förderung des Wachstums und der Photosynthese bei *Silene cucubalus* var. *humilis* unter dem Einfluß von 100 ppm Zink nachwies.

Außerdem zeichnen sich die Schwermetallpflanzen, abgesehen von *Silene cucubalus* var. *humilis*, neben der oben erwähnten kleinen Keimungskapazität auch durch eine geringe Keimungsgeschwindigkeit als Pflanzen konkurrenzarmer Standorte aus.

Neben der Kapazität und der Geschwindigkeit der Keimung ist die Lebensdauer der Keimlinge für die Vegetationsentwicklung von entscheidender Bedeutung. Berechnen wir die Überlebensrate nach abgeschlossener Keimung (Tab. 3), so läßt sich feststellen, daß die Vitalität bei allen Arten mit zunehmender Zinkkonzentration stark abnimmt, wobei aber die Schwermetallpflanzen ebenso wie *Agrostis vulgaris* eine größere ökologische Amplitude besitzen.

Tabelle 3. Überlebensrate gekeimter Samen bei unterschiedlichen Zinkgaben (Kontrollversuch mit 1 ppm Zink = 100%)

Versuchspflanzen	50	100	500	1000	10000	ppm Zn
Silene cucubalus var. humilis	99,7	94,4	71,4	12,2	6,3	
Minuartia verna ssp. hercynica	100,0	93,8	39,7	7,8	7,5	
Thlaspi alpestre ssp. calaminare	100,0	94,7	88,1	75,0	21,1	
Viola calaminaria	99,1	97,8	84,7	6,7	0	
Agrostis vulgaris	100,0	100,0	29,7	28,6	0	
Plantago lanceolata	52,8	35,2	2,5	0	0	
Epilobium angustifolium	31,8	12,5	0	0	0	

Aus diesen Versuchen läßt sich zum Teil die offene Vegetationsdecke der schwermetallhaltigen Böden erklären, da bei einem Gehalt von mehr als 1000 ppm Zink die Keimung deutlich gehemmt wird und von den meisten gekeimten Samen die Keimlinge innerhalb weniger Tage absterben.

Setzt man diese Keimlinge, die 5 Tage in einer Lösung von 10000 ppm Zink gewachsen waren, in eine Nährlösung mit 1 bis 500 ppm Zink, so erfolgt nach etwa zwei Wochen bei nicht zu stark geschädigten Keimlingen von *Silene cucubalus* var. *humilis* eine Weiterentwicklung. Hieraus kann also gefolgert werden, daß bei der Besiedlung von Haldenmaterial durch den Schwermetallgehalt des Bodens bei der Keimung bereits eine Selektion getroffen wird und daß selbst die Schwermetallökotypen von *Silene cucubalus* var. *humilis* und *Minuartia verna* ssp. *hercynica* bei Zinkkonzentrationen, die 10000 ppm übersteigen, zumindest in den ersten Stadien der Entwicklung auf ökologische Nischen angewiesen sind. Andererseits lassen sich aus diesen Befunden auch die langandauernden Initialstadien der Schwermetallpflanzengesellschaften erklären, deren ökologische Bedingungen nun gekennzeichnet werden sollen.

Während auf den natürlichen Standorten die Schwermetallpflanzengesellschaften ihre optimale Ausbildung erreicht haben, liegen bei der Besiedlung der anthropogen bedingten Flächen – Halden, Pingen und Pochsande – noch Initialstadien vor. Die Entwicklung dieser Gesellschaften zeigt in allen von mir untersuchten Gebieten die gleiche Sukzession, die vom *Silene-* und *Minuartia*-Stadium und dem *Euphrasia*-Stadium zu den in den einzelnen Gebieten floristisch unterschiedlich gekennzeichneten Assoziationen verläuft (ERNST 1964). Die einzelnen Sukzessionsstadien sind durch Unterschiede in der Wasserkapazität, Azidität und Temperaturleitfähigkeit und vor allem in der Schwermetallkonzentration charakterisiert.

Ein hoher Schwermetallgehalt, allgemeiner Nährstoffmangel und eine geringe Wasserkapazität des Haldenmaterials sind die entscheidenden exogenen Faktoren im *Silene*-Stadium, das auf feinerdearmem Ausgangssubstrat das Initialstadium der Schwermetallpflanzengesellschaften darstellt. Abgesehen von Kümmerformen einiger Krustenflechten kann in diesem Stadium von den höheren Pflanzen nur *Silene cucubalus* var. *humilis* gedeihen.

Ich konnte neben den weiter verbreiteten zink- und bleihaltigen Böden auch zwei stärker kupferhaltige Halden in die Untersuchungen einbeziehen, und zwar diejenigen von Niedermarsberg in Westfalen (Aufn. Nr. S8, Tab. 4) und des Bleisandgebietes von Mechernich in der Voreifel (Aufn. Nr. S9, Tab. 4). Die Wasserkapazität des Haldenmaterials ist mit Werten von 10 bis 20% gering. Die pH-Werte des Boden liegen je nach dem Ausgangsgestein im schwach sauren bis neutralen Bereich. Die Pflanzenanalysen haben nun gezeigt, daß die Quantitäten an Schwermetallen, die in phänologisch gleich alten Pflanzen angehäuft werden, von Art zu Art und von Organ zu Organ variieren, und daß sie außerdem die unterschiedlichen Zusammensetzungen, in denen diese Elemente im Boden auftreten, widerspiegeln. Da die Blätter der Pflanzen im allgemeinen die höchsten Schwermetallwerte aufweisen, sind diese zum Vergleich herangezogen worden.[1]

Tabelle 4. Wasserkapazität, Azidität und Schwermetallgehalt im *Silene* – Stadium

Aufnahme Nr.		S7	S8	S9
Wasserkapazität %		11,2	18,7	20,6
pH-Wert (aqua dest.)		6,9	5,3	6,4
pH-Wert (n/10 KCl)		6,6	5,0	6,1
Schwermetallgehalt des Bodens (ppm)	Zn	101900	4	6
	citr. Zn	7790	3	4
	Pb	83	15	551
	Cu	51	197	69
Schwermetallgehalt von *Silene cucubalus* var. *humilis* (ppm)	Zn	1520	183	178
	Pb	36	41	351
	Cu	28	146	62

[1] Bestimmung von Kupfer und Zink nach SCHAUMLÖFFEL (1960), von Blei nach RIEBARTSCH (1963).

Aus den Aufnahmen S7 bis S9 (Tab. 4) geht hervor, daß bei einem zinkreichen Substrat (S7) die Blätter von *Silene cucubalus* var. *humilis* einen etwa zehnfach höheren Zinkgehalt aufweisen als beim zinkärmeren, aber kupferreichen Material des Jittenberges bei Niedermarsberg (S8) und bei den blei- und kupferreichen Sanden von Mechernich (S9). Die beiden letzten Fundorte sind aber nur fragmentarisch erhalten und können deshalb in den weiteren Analysen nicht berücksichtigt werden.

Die Proben der Aufnahmen der Tabelle 4 entstammen folgenden Orten:

S7 Halde südlich der Bleikuhle bei Blankenrode in Westfalen
S8 Kupferschieferhalde des Jittenberges bei Niedermarsberg in Westfalen
S9 Bleisandfläche bei Roggendorf in der Voreifel

Als erstes Stadium auf feinerdereichen und als zweites Stadium auf den von *Silene cucubalus* var. *humilis* bereits besiedelten blockreichen schwermetallhaltigen Böden ist das *Minuartia*-Stadium mit *Minuartia verna* ssp. *hercynica* als Kennart zu verzeichnen. Die Wasserkapazität der Böden hat sich zum Teil verdoppelt. Der Gesamtzinkgehalt (40000 bis 146000 ppm) und das citronensäurelösliche Zink (5600 bis 47700 ppm) zeigen je nach dem Alter und der Aufbereitung des Halden-Materials eine große Varianz, die ebenso wie die unterschiedliche Zusammenzetzung der Elemente des Bodens im Metallgehalt der Blätter von *Minuartia verna* ssp. *hercynica* und *Silene cucubalus* var. *humilis* zu erkennen ist (Tab. 5).

Tabelle 5. Wasserkapazität, Azidität und Schwermetallgehalt im *Minuartia*-Stadium

Aufnahme Nr.		M7	M8	M9
Wasserkapazität %		30,8	25,3	31,5
pH-Wert (aqua dest.)		7,9	7,8	6,9
pH-Wert (n/10KCl)		7,6	7,4	6,4
Schwermetallgehalt des Bodens (ppm)	Zn	145900	43000	132800
	citr. Zn	33430	5610	47700
	Pb	3990	178	1280
	Cu	85	24	878
Schwermetallgehalt der Pflanzen (ppm)	Zn	—	900	2660
Silene cucubalus var. humilis	Pb	—	114	249
	Cu	—	13	14
Minuartia verna ssp. hercynica	Zn	5368	1850	9060
	Pb	1616	145	936
	Cu	51	21	68

Die Proben der Aufnahmen der Tabelle 5 sind folgenden Orten entnommen worden:

M7 Halde des Jauken in Kärnten
M8 Halde in Bleiberg in Kärnten
M9 Halde am Mte Castello in den Bergamasker Alpen

Als weitere Entwicklungsstufe zur Schwermetallpflanzengesellschaft ist das *Euphrasia*-Stadium zu erwähnen. Auf Grund der fortschreitenden Bodenbildung nimmt der Feinerdegehalt und die Wasserkapazität zu, während der Schwermetallanteil allmählich vermindert wird. Deshalb

Tabelle 6. Schwermetallgehalt im Euphrasia – Stadium am Pizzo Arera in den Bergamasker Alpen/Italien (ppm)

	Boden	Minuartia verna ssp. hercynica	Euphrasia salisburgensis	Thymus pulegioides	Viola dubyana
Zn	107700	3497	3114	620	5549
citr. Zn	45000	—	—	—	—
Pb	776	226	201	148	428
Cu	157	22	31	28	18

kann eine Reihe weiterer Arten mit einer relativ großen ökologischen Amplitude auf diesen schwermetallreichen Böden gedeihen. Zu diesen Arten gehören neben *Euphrasia stricta* bzw. *Euphrasia salisburgensis* in den Alpen, *Festuca ovina* ssp. *ovina*, *Agrostis vulgaris*, *Rumex acetosa* und verschiedene *Thymus*-Arten. Aus den Pflanzenanalysen, die in Tabelle 6 zusammengestellt sind, ist ersichtlich, wie unterschiedlich die einzelnen Arten die angebotenen Mengen an Schwermetallen bei gleichem phänologischen Zustand aufgenommen haben.

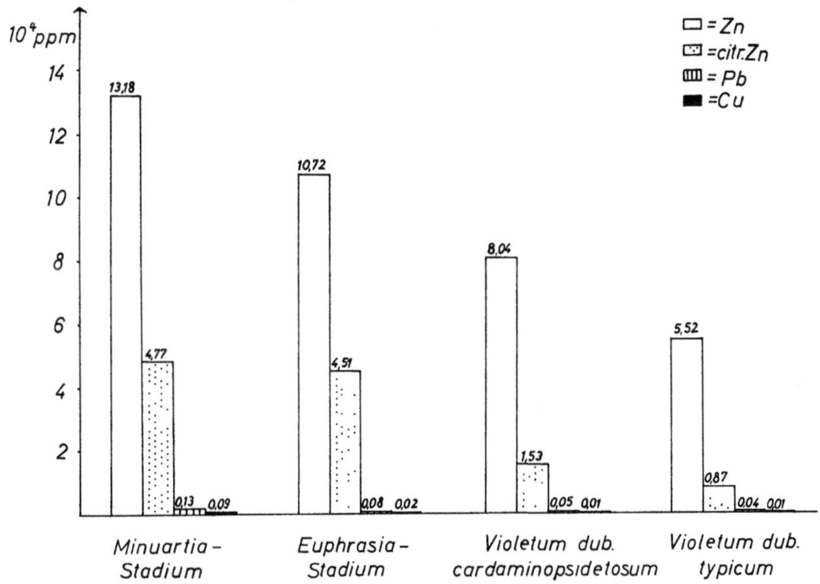

Abb. 1. Änderung der Schwermetallkonzentration in den einzelnen Stadien und Subassoziationen des Violetum dubyanae.

Bei der weiteren soziologischen Entwicklung setzt nun in den einzelnen Gebieten eine stärkere floristische Differenzierung ein, wobei die für die Schwermetallassoziationen charakteristischen Arten hinzukommen. Ökologisch ist diese Weiterentwicklung durch einen allgemeinen Rückgang des Schwermetallgehaltes gekennzeichnet, der mit einer Verminderung des pflanzenverfügbaren Anteiles dieser Elemente verbunden ist. Diese Verhältnisse seien an der Entwicklung des Violetum dubyanae der Bergamasker Alpen aufgezeigt (Abb. 1). Während der Schwermetallgehalt des Bodens vom *Minuartia*- zum *Euphrasia*-Stadium nur in geringem Umfang herabgesetzt ist, so ist er in der feuchten Subassoziation und ganz besonders in der Typischen Subassoziation des Violetum dubyanae deutlich vermindert. Doch reichen die Schwermetallkonzentrationen bei weitem noch aus, um die Pflanzen dieser Gesellschaften vor einer starken Konkurrenz anderer Arten zu bewahren.

Da die Schwermetallpflanzen das entsprechende Element mitunter proportional zum Gehalt im Boden anhäufen („accumulator plants" im Sinne ROBINSONS 1947), läßt sich diese ökologische Differenzierung bereits in der Pflanzenanalyse erfassen, wie ich es unter anderem an den Subassoziationen des Armerietum halleri des Westharzes zeigen konnte (Tab. 7). Dabei sei aber darauf aufmerksam gemacht, daß sich eine Art hinsichtlich dieser Beziehung in zwei verschiedenen Gebieten variabel verhalten kann und daß diese Relation in den Initialstadien keine Gültigkeit besitzt.

Tabelle 7. Relation zwischen Zinkgehalt der Blätter und citronensäurelöslichem Zink des Bodens im Armerietum halleri. Bei der Berechnung bildet der Zinkgehalt des Bodens jeweils die Bezugsbasis.

	Armerietum halleri			
	typicum	cladonietosum	achilletosum	⌀
Citr. Zink im Boden	7365 ppm	3460 ppm	1825 ppm	
	100%	45%	27%	
Zinkgehalt der Blätter von:				
Silene cucubalus var. humilis	3840 ppm	1621 ppm	905 ppm	
	52%	47%	49%	49%
Minuartia verna ssp. hercynica	8470 ppm	—	1682 ppm	
	114%	—	91%	102%
Armeria maritima ssp. halleri	6500 ppm	2496 ppm	1137 ppm	
	89%	73%	62%	74%

Diese Untersuchungen lassen den Schluß zu, daß für die Sukzession der Schwermetallrasen und für ihre Erhaltung die selektionierende Wirkung der Schwermetalle, d.h. in den untersuchten Gebieten die Wirkung des Zinks, von entscheidender Bedeutung ist, da dieses Element bereits bei der Keimung der Arten stark auslesend wirkt.

ZUSAMMENFASSUNG

In keimphysiologischen Versuchen werden die Wirkungen unterschiedlicher Zinkgaben von 1–50000 mg Zn/l auf einige Kennarten der Schwermetallrasen, *Silene cucubalus* var. *humilis, Minuartia verna* ssp. *hercynica, Thlaspi alpestre* ssp. *calaminare* und *Viola calaminaria,* auf die Begleiter *Agrostis vulgaris* und *Plantago lanceolata* sowie auf das gesellschaftsfremde *Epilobium angustifolium* untersucht. Dabei wird festgestellt, daß Konzentrationen von 100 ppm Zink auf die Kennarten der Schwermetallrasen im allgemeinen fördernd, hingegen höhere Konzentrationen auf die Keimungskapazität und -geschwindigkeit sowie auf die Vitalität der Pflanzen hemmend wirken.

Aus diesen Befunden wird die lange Dauer der Initialstadien und die offene Vegetationsdecke der Schwermetallrasen zu erklären versucht. Ferner wird gezeigt, daß im Laufe der Entwicklung der Schwermetallpflanzengesellschaften die Schwermetallkonzentrationen geringer werden und daß die Varianz in der Zusammensetzung und Quantität der Elemente im Boden auch durch die Pflanzenanalyse erfaßt werden können.

SUMMARY

Two lines of investigations have been pursued. The effects of various zinc concentrations on seed germination have been observed, the absorption of zinc, lead and copper by plants has been investigated, and the ecology of the succession of heavy metal associations has been studied.

Three conclusions have been drawn from this work. First, the seed germination of the characteristical plants in the heavy metal soils is promoted by concentrations of 100 ppm Zn, but higher amounts inhibited the germination velocity and capacity and injured the vitality of all examined species.

Second, it has been demonstrated that the development of the heavy metal associations is characterized by a diminution of the heavy metal concentrations.

Third, the soil content in heavy metal introduced quantitative differences in comparative analysis. Certain species of accumulator plants, depending on the quantity of heavy metal in soil, can be mapped as a guide to ecological researches.

LITERATUR

BAUMEISTER, W.: Über den Einfluß des Zinks bei Silene inflata Sm. – Ber. dtsch. bot. Ges. **67**: 205–213. Stuttgart 1954.

—, u. BURGHARDT, H.: Über den Einfluß des Zinks bei Silene inflata Sm. – Ber. dtsch. bot. Ges. **69**: 161–168. Stuttgart 1956.

ERNST, W.: Ökologisch-soziologische Untersuchungen der Schwermetallpflanzengesellschaften Mitteleuropas unter Einschluß der Alpen. – Inaug. Diss. Münster/Westf. – Idem: Abh. Landesmuseum Naturk. Münster in Westf. **27** (1): 1–54. Münster 1965.

KOTOWSKI, F.: Temperature relation to germination of vegetable seeds. – Proc. Amer. Soc. hort. Sci. **23**: 176–184. 1926.

MUNK, H.: Die Bestimmung kleinster Mengen Zink in Böden sowie pflanzlichen und tierischen Substanzen. – Diss. Gießen 1956.

RIEBARTSCH, K.: Zur Bestimmung von Blei in pflanzlichen Substanzen mit Dithizon. – Landw. Forsch. **16**: 290–295. Frankfurt/M. 1963.

ROBINSON, W. O., LAKIN, H. W. a. REICHEN, L. E.: The zinc content of plants on the Friedensville zinc slime ponds in relation to biogeochemical prospecting. – Econ. Geol. **42**: 572–582. 1947.

SCHAUMLÖFFEL, E.: Über die colorimetrische Bestimmung der Mikronährstoffe Kupfer, Zink, Kobalt, Mangan, Eisen und Molybdän aus einer Aschenlösung durch fraktionierte Extraktion. – Landw. Forsch. **13**: 278–286. Frankfurt/M. 1960.

SCHWANITZ, F. u. HAHN, H.: Genetisch-entwicklungsphysiologische Untersuchungen an Galmeipflanzen. – Z. Bot. **42**, I 179–190, II 459–471. Stuttgart 1954.

WACHSMANN, CL.: Wasserkulturversuche zur Wirkung von Blei, Kupfer und Zink auf die Gartenform und Schwermetallbiotypen von Silene inflata Sm. – Diss. Münster 1959.

A. APINIS:
Die Spurenelemente spielen eine sehr wichtige Rolle in der Landwirtschaft und dieselben Elemente haben in kleineren Mengen als Minimum-Faktoren in verschiedenen Pflanzengesellschaften Bedeutung, über die wir sehr wenig wissen. Es gibt aber Untersuchungen von russischen Ökologen, die dazu Wertvolles beigetragen haben.

J. J. BARKMAN:
Aus Ihrer Tabelle über die maximalen Zinkkonzentrationen, die in Experimenten von den Galmeipflanzen ertragen werden, erhellt eine auffällig hohe Empfindlichkeit diesem Element gegenüber bei *Viola calaminaria*, die sogar noch empfindlicher ist als einige nicht typische Begleiter. Ist vielleicht daraus zu erklären, daß diese Galmeipflanze bestimmten Schwermetallrasengesellschaften fehlt, z.B. im Harz, wo die Zinkgehalte im Boden zu hoch sein könnten?

W. ERNST:
Es hat sich bei den Untersuchungen gezeigt, daß man den Zinkgehalt der Pflanzen in den Initialstadien nicht korrelativ zu den typischen Pionierstadien mit den typischen Ausbildungen der Gesellschaft gleichsetzen darf. Es ist für eine Pflanze vom physiologischen Standpunkt unmöglich, das pflanzenverfügbare Zink bei Konzentrationen, die höher liegen als etwa 15–20000 ppm, in der gleichen Relation aufzunehmen wie die Konzentrationen, die unterhalb dieser Grenze liegen. Es hat sich deutlich gezeigt – besonders bei dem *Minuartia*- und dem *Silene*-Stadium, daß diese Pflanzen durch irgendeinen Mechanismus, der physiologisch noch nicht geklärt ist und der etliche Schwierigkeiten bei der Klärung bereitet, extrem hohe Gehalte des pflanzenverfügbaren Zinks nicht aufnehmen.[1]

Die Verbreitung von *Viola calaminaria* dürfte auf Grund der pollenanalytischen Untersuchung eventuell eine allgemeine Frage der pflanzengeographischen Verbreitung während der Eiszeit gewesen sein. Die Keimungskapazität und auch die Keimungsgeschwindigkeit dieser Art, da *Viola calaminaria* in Mitteleuropa doch als Eiszeitrelikt gedeutet werden muß, ist sehr wahrscheinlich auf Grund dieses starken Reliktcharakters so erniedrigt worden.

R. TÜXEN:
Es ist wiederholt bezweifelt worden, daß die Schwermetallgesellschaften eine selbständige Klasse seien. Man hat sie den Trockenrasen angeschlossen. Wenn darüber noch Zweifel bestanden haben, so sollten sie jetzt, nach den Untersuchungen von Herrn ERNST endgültig behoben sein. Denn auch die Ökologie und Physiologie dieser Pflanzengesellschaft ist so extrem einseitig, daß sie keiner anderen Klasse angeschlossen werden können und eine selbständige Einheit bilden.

[1] Anm. vgl. ERNST, W.: 1969. Ber. dtsch. bot. Ges. **81**.

J. WATTENDORF:
Die Erhöhung der Keimungsgeschwindigkeit durch Zink erschien mir möglicherweise nicht signifikant. Könnte dies kurz erläutert werden?

W. ERNST:
Die Unterschiede in der Keimungsgeschwindigkeit sind statistisch gesichert, da jede Untersuchungsserie mit 1000 Samen durchgeführt wurden. Die geringe, gesicherte Differenz ergibt sich aus der Berechnung der Keimungsgeschwindigkeit nach KOTOWSKI (1926), die für eine Keimungsgeschwindigkeit von 100% eine Keimung aller Samen am Tage nach der Aussaat erfordert.

MÖGLICHKEITEN ZUR KLÄRUNG VON ALLELOPATHIEERSCHEINUNGEN BEI AESCULUS HIPPOCASTANUM L.

von

ALEXANDER KOHLER, Berlin

(Kurzfassung des Referats)

In Parkanlagen ist oft eine auffallende Vegetationsarmut unter Roßkastanienbäumen zu beobachten. Bei gruppenweise stehenden Bäumen mag an dieser Erscheinung der durch den hohen Kronenschluß bedingte sehr geringe Lichtgenuß der Bodenvegetation beteiligt sein. Da aber auch unter einzeln stehenden Exemplaren mit besserer Lichtversorgung der Krautschicht oft der nackte Boden zu Tage tritt und selbst nach Fällen der Bäume eine Bepflanzung der Fläche oft Schwierigkeiten bereitet, mußten Allelopathie-Wirkungen von *Aesculus* doch in den Bereich des Möglichen gestellt werden, ähnlich wie sie bei *Juglans*-Arten von BODE (1958) nachgewiesen worden sind. Derartige Erscheinungen können auf verschiedenen Vorgängen beruhen:

1. auf Freiwerden von Kolinen aus dem Wurzelsystem,
2. auf der Auswaschung von Toxinen aus Laub und Borke durch Niederschläge,
3. auf der Freigabe von wirksamen Substanzen aus abgestoßenen Pflanzenteilen (Blätter, Fruchtschalen und Samen).

Die Untersuchungen beschäftigten sich mit den Wirkungen von herbstlichem Abfall und von einigen Inhaltsstoffen. Da häufig aus sehr empfindlichen physiologischen Versuchen wie Keim- und Wurzelwachstumstests auf Allelopathie-Wirkungen unter natürlichen Bedingungen geschlossen wurde, habe ich versucht das Problem von zwei Seiten aus anzugehen, vor allem auch um zu ergründen, inwieweit Keimtests für die Beurteilung einer Allelopathie-Wirkung brauchbar sind.

So wurden einerseits Freilandversuche und Topfversuche im Gewächshaus und andererseits Kulturversuche in Nährlösungen und *Aesculus*-Extrakten sowie Keimtests unter konstanten Temperaturbedingungen durchgeführt.

Für den Freilandversuch wurde auf verschiedenen Beeten im Herbst gefallenes Material von *Aesculus* (Blätter, Fruchtschalen und Samen) ausgelegt. Im darauffolgenden Frühling wurden Kresse-Samen eingesät; auf einem Teil der Beete wurde der *Aesculus*-Abfall entfernt, auf einem anderen Teil belassen. Unter den Ergebnissen dieser Freilandversuche scheint mir die Tatsache, daß in dem mit *Aesculus*-Fruchtschalen belegten Beet bis zum darauffolgenden Sommer *keinerlei* Pflanzenwuchs aufkommen konnte, ein deutlicher Beweis für die toxische Wirkung der *Aesculus*-Fruchtschalen zu sein.

Im Gewächshaus durchgeführte Versuchsserien mit Gemischen von zermahlenem herbstlichen *Aesculus*-Laub und -Fruchtschalen mit Humuserde, in denen *Helianthus annuus*-Pflanzen gezogen wurden, ergaben im Vergleich mit den Kontrollversuchen ebenfalls starke Hemmwirkungen. Keimversuche mit Radieschen-Samen in *Aesculus*-Blatt- und -Fruchtschalen-Kaltwasser-Extrakten zeigten aber, daß die Keimung nur bei sehr hohen Konzentrationen verhindert wird. Nachdem durch die Freiland- und Topfversuche eine Allelopathie-Wirkung von *Aesculus*-Blättern und -Fruchtschalen als erwiesen gelten konnte, wurde versucht, den stofflichen Ursachen näherzukommen. In der Literatur werden verschiedentlich zwei Gruppen von organischen Inhaltsstoffen von *Aesculus* als Koline genannt:

1. die Cumarinderivate Aesculin und Aesculetin,
2. Saponine, vor allem das Aescin.

Die Keimversuche mit diesen Stoffen ergaben unbedeutende Keimungsverzögerungen oder sogar Förderungen.

In Nährlösungen gezogene *Helianthus*-Pflanzen, denen Aesculin beigegeben worden war, waren in Wachstum gehemmt und zeigten Blattchlorosen, (wie sie auch bei Topfversuchen mit *Aesculus*-Material-Erdegemischen beobachtet worden waren). Als Ursache für diese Chlorosen konnte eine Störung des Eisenhaushaltes nachgewiesen werden. Wie wenig man nun diese Ergebnisse auf natürliche Verhältnisse übertragen kann, zeigten die folgenden Topfversuche: Töpfen mit *Helianthus*-Pflanzen wurden verschieden hohe Gaben von Aesculin und Aesculetin zugesetzt. Die so behandelten Pflanzen zeigten eine Wachstumsförderung, aber keine Hemmung noch Blattchlorosen, obwohl sie reichlich Aesculin bzw. Aesculetin aufgenommen und gespeichert hatten, wie durch papierchromatographische Analysen nachgewiesen werden konnte. So harrt das stoffliche Problem der Allelopathie-Wirkungen von *Aesculus* immer noch seiner Lösung.

Die bei den verschiedenen Versuchsanordnungen z.T. unterschiedlich ausgefallenen Ergebnisse dürften zeigen, daß das Problem der Allelopathie nicht etwa durch Keimversuche oder Gefäßversuche allein gelöst werden kann. Es müssen zumindest Untersuchungen mit Böden und unter Freilandbedingungen folgen.

ZUSAMMENFASSUNG

Durch Freiland- und Gefäßversuche mit *Helianthus annuus, Lepidium sativum* u.a. konnte gezeigt werden, daß von herbstlichem Abfall (Blättern und Fruchtschalen) von *Aesculus hippocastanum* allelopathische Wirkungen ausgehen. Ein Beweis, daß diese Wirkungen unter natürlichen Bedingungen durch die von manchen Autoren als Toxine angesehenen Cumarinderivate Aesculin und Aesculetin verursacht werden, konnte aber nicht erbracht werden, obwohl diese Stoffe von Pflanzen aufgenommen werden und in Blättern und Sprossen einige Zeit nachweisbar sind.

SUMMARY

Outdoor and laboratory experiments with *Helianthus annuus* and *Lepidium sativum* demonstrated allelopathic effects caused by leaf litter and carpels of *Aesculus hippocastanum*. Substances occurring in *Aesculus*, as aesculin and aesculetin (derivates of coumarin), are indeed absorbed by test plants, and may be traced even after some time. Although these substances are being regarded, by some authors, as toxins, there was under natural conditions no evidence that the effects mentioned were caused by them.

LITERATUR

BODE, H. R.: Beiträge zur Kenntnis allelopathischer Erscheinungen bei einigen Juglandaceen. – Planta **51**: 440–480. Berlin 1958.

KOHLER, A.: Über Wirkungen des herbstlichen Abfalls von *Aesculus hippocastanum* L. auf Keimung und Entwicklung höherer Pflanzen. – Sitzungsber. Ges. Naturforsch. Freunde Berlin (N.F.) **5**: 9–21. Berlin 1965a.

— Über den Einfluß von *Aesculus hippocastanum*-Inhaltsstoffen auf Keimung und Entwicklung höherer Pflanzen. – Ber. dtsch. bot. Ges. **78**: 58–67. Stuttgart 1965a.

J. P. VAN DEN BERGH:
Ehe man möglicherweise allelopathisch wirkende Stoffe isoliert und ihre Giftigkeit prüft, sollte doch zunächst feststehen, daß die eine Art die andere tatsächlich noch in anderer Weise beeinflußt, als bloß durch Kampf um Wachtumsfaktoren. Ob das der Fall ist, kann man untersuchen, indem man die angeblich allelopathisch wirkende Art und eine andere Art sowohl in verschiedenen Mischungsverhältnissen als auch beide in Reinkultur unter regelbaren Verhältnissen wachsen läßt.

Nur diejenigen Faktoren sollten studiert werden, die die Entwicklung und Verbreitung einer Art beschränken; das Studium von hundertundein anderen denkbaren Einflüssen ist Zeitverschwendung.

J. J. BARKMAN:
Im Anschluß an den Diskussionsbeitrag von Herrn VAN DEN BERGH sei bemerkt, daß die allelopathischen Einflüsse einer Art nicht unbedingt in Mischkultur untersucht zu werden brauchen. Falls eine Kontrolle ohne Zusatz von Wurzel- oder Blattextrakten vorhanden ist, kann dies auch gut in Reinkultur geprüft werden durch Hinzugabe von Extrakten der wirksamen Art. Vom pflanzensoziologischen Gesichtspunkt aus ist aber zu bedauern, daß die Versuche mit Blättern von *Aesculus* nicht durchgeführt worden sind mit Pflanzen, die zum natürlichen Unterwuchs der *Aesculus*-Bestände Südosteuropas gehören.

W. MÜLLER-STOLL:
Man kann sagen, daß es fast keine Pflanze gibt, aus deren Teilen – Blättern, Rinde, Wurzeln – man nicht allelopathisch aktive Stoffe isolieren kann. Sogar die Weizenwurzeln haben einen sehr starken Effekt auf Keimlinge. Aus Hecken-Gehölzen, *Syringa* oder *Sambucus* usw. haben

wir zahlreiche Stoffe erhalten, die außerordentlich stark keimungshemmend wirken. Man kann darum vermuten, daß ein Teil der Randwirkung von künstlichen Heckenanlagen auf benachbarte Felder auf diesen Effekten beruhen. Es ist fast überall ein Effekt zu finden, wenn man exakt untersucht. Eine ganz andere Frage ist, ob diese Stoffe unter natürlichen Umständen wirksam sind. Dabei findet man, daß in einem humosen oder tonhaltigen Substrat eine sehr schnelle und oft vollständige Entgiftung stattfindet infolge der Sorptionswirkung und infolge mikrobieller Umsetzungen. Der Entgiftungsgrad all dieser Stoffe ist sehr weitgehend. Ich glaube, daß die Vorstellungen, die man in der Landwirtschaft von sogenannter Bodenmüdigkeit hatte, eben doch zu einem großen Teil nicht ganz unberechtigt waren, weil durch langdauernde Monokultur solche Stoffe sich anreichern können und die Entgiftungskapazität des Substrates zurückgeht.

In sehr armen, sowohl natürlichen reinen Flechten-Kiefernwäldern als auch in Kiefernforsten, die auf extremen Sand-Substraten wurzeln und einen herrschenden Flechtenunterwuchs haben, weiß jeder Pflanzensoziologe, daß wir kaum Keimlinge von höheren Pflanzen finden. Es hat mich interessiert, ob diese Keimlingsarmut in den sandigen Kiefernwäldern und Kiefernforsten trotz vorhandener Bodenlücken und trotz genügenden Lichtgenusses auf solchen allelopathisch wirkenden Stoffen, insbesondere auf den Flechtensäuren beruht. Es ist bekannt, daß Flechtenextrakte sehr starke Hemm-Wirkungen ausüben.

In der Tat läßt sich im natürlichen Kiefernwald im Boden sowohl in der oberen Decke als auch bis zu einer bestimmten Tiefe eine keimhemmende Wirkung nachweisen. Wenn man solche Extrakte dann in humusreiche Erde gibt, wird die Keimhemmung sehr viel schwächer. Es findet hier eine Entgiftung statt. Wir haben auch gefunden, daß diese Extrakte nicht nur auf die Keimlinge der Pflanzen, sondern auch auf die Mikroflora des Bodens, die Bakterien, insbesondere auch auf *Acetobacter* außerordentlich stark hemmend wirken.

Die allelopathischen Effekte solcher Ausscheidungen müssen also nicht direkte Wurzel-Effekte sein, sondern sie können auch durch Veränderung der Boden-Mikroflora zustande kommen. Das ganze Ökosystem wird hier beeinflußt. Nur durch sorgfältige Versuche werden sich die Ursachen erkennen lassen. Neben den Flechten mit ihren Flechtensäuren, deren antibiotische Wirkung ja sehr leicht nachweisbar und bekannt ist, hat auch die Kiefernadel selbst, die Kiefern-Förna, die oberste Schicht eines Kiefernbestandes, einen außerordentlich ähnlichen, ja den gleichen Effekt, wie etwa eine Flechtenschicht. Also in diesem Falle, wo es sich um Böden handelt mit sehr geringer Sorptionskapazität, sind sicher solche Schadstoffe, d.h. allelopathisch wirkende Stoffe, von größerer Stabilität wie in humusreichen Böden. Je größer die Sorptionskapazität eines Bodens ist, je mehr Kolloide wirksam sind, umso mehr wird die Wirkung derartige allelopathischer, vor allem antibiotischer Stoffe abgepuffert, während in extremen Standorten ohne diese spezifischen Eigenschaften, ohne ein lebhaftes Mikrobenleben und genügend Bodenkolloide die Gefahr besteht, daß derartige Stoffe länger wirksam bleiben.

R. Tüxen:
Ich möchte zuerst an die ähnlich gerichteten Arbeiten von Prof. Winter erinnern, der leider vor einigen Jahren gestorben ist. Er stellte fest, daß einfache wässerige Auszüge von Stroh, also von den Rückständen der Ernte auf den Äckern, ähnliche Wirkungen haben können, wie sie eben von Prof. Müller-Stoll für Flechtensäure- und Kiefernadel-Extrakte geschildert worden sind.

Ich freue mich außerordentlich und bin sehr beeindruckt, von dem was Herr Müller-Stoll eben sagte. Denn das war nun wirklich endlich der Kern unserer Problematik unseres diesjährigen Symposion. Hier war von Gesellschaften, er sprach von Ökosystemen, die Rede. Ich habe schon lange darauf gewartet, daß wir endlich diese Fragen im Rahmen unserer soziologischen Einheiten einmal hören würden. Bei allem Respekt vor den Untersuchungen der Autökologen und Physiologen, die sie in Töpfen und mit Apparaten machen, betreffen sie aber eigentlich gar nicht die natürlichen Verhältnisse der experimentellen Pflanzensoziologie. Hier haben wir zum ersten Male von den Wirkungen allelopathischer Erscheinungen in der Gesellschaft gehört, und dafür bin ich Herrn Müller-Stoll ganz besonders dankbar.

A. Apinis:
Prof. Müller-Stoll hat das Fundamentale schon gesagt, das wir über allelopathische Erscheinungen wissen. Jede Pflanze hat irgend eine Allelopathie. Ich möchte nur noch auf einige mikrobiologische Erscheinungen hinweisen, die auch schon bekannt sind. Wenn wir ein Stückchen Humus oder Streu aus einem Nadelwald auf einer Agar-Platte prüfen, die mit einem Test-Organismus besät ist, sehen wir manchmal eine noch stärkere Wirkung als die von Penicillin auf andere Organismen, die im Boden sind. Wir sprechen heute von einer „Mikrostasis" des Bodens. Besonders die englischen Biologen wollen eine solche Ausdrucksweise benutzen. Das ist eine Erscheinung, wobei die Pilze durch verschiedene Böden im Wachstum gehemmt sind, wie man sehr leicht prüfen kann. Darüber ist schon eine kleine Literatur entstanden. Diese Stoffe, die aus Pflanzen stammen, können direkt antibiotisch wirken. Aber auch durch mikrobiologische, biochemische Umsetzung im Boden bilden sich Giftstoffe aus zunächst ungiftigen Pflanzenstoffen, wodurch eine Bodenmüdigkeit entstehen kann.

KEIMUNG UND PROTONEMAWACHSTUM VON MOOSEN BESTIMMTER GESELLSCHAFTEN IN ABHÄNGIGKEIT VOM pH-WERT

von

G. Philippi, Karlsruhe

In den Untersuchungen sollte geprüft werden, wie weit das Verhalten einzelner Arten bestimmter Gesellschaften gegenüber dem pH-Wert in der Natur sich auf ein Verhalten der Arten gegenüber dem pH-Wert im Experiment zurückführen läßt. Dazu wurden Arten schattiger saurer Erdraine, des morschen Holzes in schattiger Lage und des Rohhumus gewählt. Die pH-Werte der einzelnen Standorte unterscheiden sich teilweise deutlich. Die höchsten pH-Werte wurden an den Standorten saurer Erdraine (Ass.: Calypogeietum fissae, Nardietum scalaris, Verb.: Dicranellion heteromallae, Ordn.: Diplophylletalia albicantis) angetroffen (pH 4,9, auf verlehmten Löss bis pH 5,5). Die pH-Werte der Standorte des morschen Holzes (Ass.: Riccardio-Nowellietum curvifoliae, Riccardio-Scapanietum umbrosae, Verb.: Nowellion curvifoliae, Ordn.: Lepidozietalia reptantis) lagen bei pH 4,3 und somit deutlich niedriger als die der sauren Erdraine. Die niedrigsten pH-Werte der untersuchten Standorte wiesen die Rohhumusstandorte (Ass.: Tetraphidetum pellucidae, Telaraneetum trichocladis, Verb.: Tetraphidion pellucidae, Ordn.: Lepidozietalia reptantis) auf, an denen pH-Werte zwischen 3,9 und 4,3 gemessen wurden. (Die Messungen erfolgten alle im wässrigen Auszug). – Im Verlauf der Untersuchungen erwies es sich als sinnvoll, auch Moose von Kalkstandorten in die Untersuchungen mit einzubeziehen; die pH-Werte der Standorte der Kalkmoose lagen meist zwischen pH 7 und 8. – Bei den untersuchten Moosen handelt es sich um Arten mit einer engen ökologischen Amplitude.

Die Moose wurden unter konstanten Außenbedingungen (Temperatur 19–20°C, Lichtstärke 900 oder 1800 Lux, 14-Stundentag oder Dauerlicht) auf künstlichem Nährboden aus Sporen unter sterilen Bedingungen gezogen. Als Nährboden diente ein 2%iger Agar, der im Liter folgende Nährsalzmengen enthielt: 0,25 g KNO_3, 0,1 g KH_2PO_4, 0,1 g $CaCl_2$, 0,1 g $MgSO_4$. Die untersuchten Arten wuchsen auf diesem Nährboden gut. Die verwandten Nitrat- und Phosphatmengen sind wesentlich höher als die Nitrat- und Phosphatgehalte der natürlichen Standorte. Bei einigen Arten wurde das Wachstum bei abgestuften Nitratmengen von 1 mg/l bis 1 g/l untersucht; dabei konnten keine oder nur geringe Wachstumsdifferenzen festgestellt werden. Die hohen Phosphatmengen bewirkten eine gute Pufferung des Nährbodens. Spurenelemente brauchten dem Nährboden nicht zugesetzt werden, offenbar sind diese Stoffe wie auch Kalium-, Calcium-

und Magnesiumionen bereits in ausreichendem Maße im Agar enthalten. Wasserkulturen eigneten sich für die Untersuchungen nicht, da die untersuchten Moose hier oft ein atypisches Protonema-Wachstum zeigten. – Gemessen wurde nur die Protonema-Größe, das Wachstum der Moosstämmchen wurde nicht berücksichtigt, da diese ein starkes Streckungswachstum zeigten und sich von der Unterlage abhoben. Protonemen, die dicht beieinander lagen, wuchsen deutlich besser als einzeln liegende und wurden nicht ausgewertet. Auch bei dichter Lagerung der Protonemen konnte keine Entbasung oder Entsäuerung des Substrates festgestellt werden. – Verpilzte Schalen konnten nicht ausgewertet werden, da durch die Pilze der pH-Wert des Substrates regelmäßig nach der basischen Seite verschoben wurde.

Als Beispiel für die Keimung einer azidophilen Art in Abhängigkeit vom pH-Wert sei die Keimung der Sporen von *Solenostoma crenulatum* (Standort: saure Erdraine) kurz geschildert: bei pH 2,8 keimten die Sporen nicht, bei pH 3 keimten 60%; bei pH 5,5 bis pH 8,5 blieb die Keimrate konstant bei 80 bis 90%. Die Sporen der basiphilen Art *Ctenidium molluscum* keimten von pH 3,5 bis pH 9,5 gleichmäßig zu 70 bis 90%. Azidophile und basiphile Arten zeigen im Keimverhalten nur geringe Unterschiede; somit dürfte die Keimung keine Rolle für die unterschiedliche Besiedlung kalkhaltiger und kalkfreier Standorte spielen. – Ähnliche Ergebnisse erhielt man auch bei Untersuchungen der Keimung von Phanerogamen; allerdings darf man den komplizierten Keimungsvorgang eines Phanerogamen-Samens nicht mit dem relativ einfachen Vorgang der Sporenkeimung gleichsetzen.

Die Kurve für die Protonema-Größe in Abhängigkeit vom pH-Wert zeigt einen ganz charakteristischen Verlauf, wie er am Beispiel der azidophilen Art *Diplophyllum albicans* (Standort: saure Erdraine) gezeigt wurde: im sauren Bereich mit steigendem pH-Wert ein mäßig steiler Anstieg der Protonema-Größe bis zum Optimum bei pH 5,5 bis 6,5, ein steiler Abfall des Wachstums zum Neutralpunkt hin und bei pH-Werten größer als 7 ein asymptotisches Ausklingen des Wachstums. Derartige Kurvenverläufe traten bei den meisten der untersuchten azidophilen Arten auf. Zellphysiologische Ursachen für das bei verschiedenen pH-Werten unterschiedliche Wachstum sind nur wenig bekannt; im sauren Bereich wäre an eine Hemmung der Nitratreduktion, an eine Beeinflussung plasmatischer Strukturen oder an erschwerte Nährsalzaufnahme als Ursache für das geringe Wachstum zu denken, wie z.T. bei Algen nachgewiesen wurde; Ursache des geringen Wachstums azidophiler Arten bei basischen pH-Werten könnte eine erhöhte Atmung sein, wie sich nach Untersuchungen an Algen vermuten läßt. – Die Wachstums-Optima basiphiler Arten lagen meist bei pH-Werten über 7, auch hier war mehrfach mit steigendem pH-Wert ein steiler Wachstumsabfall zu beobachten.

Wesentliche Ergebnisse dieser experimentellen Untersuchungen waren folgende: nach der sauren Seite findet sich eine scharfe Begrenzung der Keimung und damit des Wachstums (meist bei pH 2,5 bis 3,5), das optimale Wachstum azidophiler Arten war meist bei pH 5,5 bis 6,5, bei basiphilen Arten bei pH (6–)7 bis 9 festzustellen. Azidophile Arten wuchsen auch bei basischer Reaktion, allerdings sehr langsam, und zeigten bei diesen pH-Werten eine geringe Resistenz gegenüber Erwärmung.

Die physiologische Amplitude, d.h. der pH-Bereich, in dem im Experiment die Pflanze wachsen konnte, reicht bei den meisten der untersuchten Arten von pH 3 bis pH 9; in der Natur dürften die Arten nur in einem engeren pH-Bereich zur Entwicklung kommen, da sie nur in diesem pH-Bereich den Umweltfaktoren und den Konkurrenten gewachsen sind. Es wurde deshalb der optimale physiologische Wachstumsbereich abgegrenzt und als der pH-Bereich definiert, in dem die Pflanze mehr als drei Viertel der maximalen Wachstumsrate (bei dem exponentiell verlaufenden Wachstum der Lebermoos-Protonemen) oder der maximalen Wachstumsgeschwindigkeit (bei dem annähernd linear verlaufenden Wachstum der Laubmoos-Protonemen) erreicht. Dieser pH-Wert dürfte den in der Natur möglichen Vorkommensbereich der Art umfassen. Diese (rechnerisch und graphisch ermittelten) optimalen Wachstumsbereiche beziehen sich zwar nur auf das Protonema-Wachstum, dürften sich jedoch auch auf das Wachstum der Moosstämmchen übertragen lassen.

Die Zusammenstellung der optimalen physiologischen Wachstumsbereiche zeigt, daß Kalk- und Kieselmoose durch Übergangstypen verbunden sind. Nach dieser Zusammenstellung müßten Kalk- neben Kieselmoosen auf saurem Substrat (dagegen nicht auf basischem) nebeneinander vorkommen. Bei Moosen kennen wir nur wenige derartige Vorkommen, so z.B. von *Ctenidium molluscum* oder *Riccardia pinguis* in sauren basenreichen Flachmoorgesellschaften wie im Bartsio–Caricetum fuscae neben azidophilen Arten wie *Sphagnum recurvum*, *Sph. palustre* oder *Carex fusca*. Bei Phanerogamen sind Vorkommen von Kalkpflanzen neben Kieselpflanzen auf gleichem Untergrund mehrfach bekannt. Für die lokal meist so deutliche Scheidung von Kalk- und Kieselpflanzen dürfte die Schwankung der Bodenazidität von besonderer Bedeutung sein. Nimmt man als mittleren pH-Wert eines sandigen Lehmbodens pH 5 an, so dürften die extremen pH-Werte im Jahresverlauf bei pH 4 und pH 6 liegen; bei den sauren pH-Werten sind die Kalkmoose in ihrem Wachstum gehemmt und werden aufgrund ihrer niederen Resistenz leicht durch Umweltfaktoren geschädigt. Die jährlichen pH-Schwankungen erklären auch, warum Kieselmoose nicht bei mittleren pH-Werten von 6 bis 6,5 anzutreffen sind, obwohl die meisten Arten bei diesen pH-Werten optimal wachsen: die pH-Schwankungen reichen bis zum Neutralpunkt oder sogar darüber hinaus; bei dieser Reaktion werden azidophile Moose leicht von Umweltfaktoren geschädigt.

Die untersuchten azidophilen Arten der sauren Erdraine und des Rohhumus zeigen einen gleichartigen optimalen Wuchsbereich, der meist von pH 3,5–4 bis pH 6,5–7 reicht. Auffallend ist, daß bei vielen der im stark sauren Bereich gut wachsenden Arten der optimale Wachstumsbereich bis nahe an den Neutralpunkt heran oder darüber hinaus reicht. Nur wenige der untersuchten Arten zeigen einen engen optimalen Wachstumsbereich, so z.B. *Telaranea trichoclados* (Standort: saurer Rohhumus). Derartige „stark azidophile" oder „stark basiphile" Arten dürften zumindest bei Moosen sehr selten sein; für die nach dem Verhalten in der Natur als „stark azidophil" oder „stark basiphil" angesprochenen Arten übernimmt man besser die von Ellenberg vorgeschlagenen Begriffe „azidotoleranter" und „basitoleranter" Arten. – Die meisten untersuchten Arten der sauren Erdraine könnten auch die niederen pH-Werte der Rohhumusstandorte gut ertragen, ebenso könnten die Arten des Rohhumus auch auf den Mineralböden wachsen. In diesem Fall dürfte die unterschiedliche Trockenresistenz die Ursache für die verschiedene Besiedlung der einzelnen Standorte sein: die Arten des Mineralbodens zeigen eine hohe, die Arten des Rohhumus eine niedere Trockenresistenz. – Die am Standort gemessenen pH-Werte liegen innerhalb der optimalen Wachstumsbereiche der einzelnen Arten.

Bei den Moosen des morschen Holzes fällt bei zahlreichen Arten das gute Wachstum bei neutralen und z.T. auch bei schwach basischen pH-Werten auf; der optimale Wachstumsbereich reicht oft über den Neutralpunkt hinaus, so bei *Lophocolea heterophylla* bis pH 7,2, bei *Buxbaumia viridis* bis pH 7,5 und bei *Dolichotheca seligeri* bis pH 7,7. Von den untersuchten Arten des morschen Holzes wuchsen nur *Nowellia curvifolia, Calypogeia suecica* und *Cephalozia media* bei pH-Werten zwischen 6,5 und 7 schlecht. Vielleicht können die Arten nur deshalb auf morschem Holz gedeihen, weil hier die Konkurrenz von Moosen und Pilzen fehlt; die Vegetationsbedeckung in den *Nowellia*-Gesellschaften beträgt oft nur 60%. (Die Vegetationsbedeckung in den Gesellschaften saurer Erdraine und des Rohhumus erreicht dagegen meist 100%). Vorkommen der Arten auf anderen Standorten als morschem Holz wurden nur ausnahmsweise beobachtet. – *Dolichotheca seligeri* und *Blepharostoma trichophyllum*, die in den *Nowellia*-Gesellschaften basenarmer Gebiete wie den Buntsandsteingebieten des Nordschwarzwaldes und den Granit- und Quarzitgebieten des Oberharzes fehlen, lassen zu diesem Verhalten im Gelände keine Parallelen im Experiment erkennen. – Die am Standort gemessenen pH-Werte (pH 4,3) lagen an der unteren Grenze des optimalen Wachstumsbereichs der einzelnen Arten, z.T. sogar außerhalb des optimalen Wachstumsbereichs.

Bei den untersuchten Kalkmoosen fallen zwei Gruppen von Arten auf: eine mit Wachstumsoptima zwischen pH 6 und 7 und einem Wachstumsabfall nahe dem Neutralpunkt (*Distichium capillaceum, Leiocolea badensis, L. bantriensis*) und eine mit Wachstumsoptima im stark basischen Bereich, bei deren Arten der Wachstumsabfall im stark basischen Bereich lag und nur andeutungsweise erfaßt wurde (*Ctenidium molluscum, Pellia fabbroniana*). Auch ökologisch unterscheiden sich diese Gruppen deutlich: die erste Gruppe von Arten findet sich an Gipsfelsen (im Solorino–Distichietum) und fehlt an Kalkfelsen, die zweite Gruppe von Arten ist vor allem an Kalkfelsen zu finden. Das unterschiedliche ökologische Verhalten findet seine Erklärung in den pH-Verhältnissen der beiden Standorte: eine gesättigte Gipslösung hat einen pH-Wert von 6,2 bis 6,6, eine Calciumcarbonat-Aufschwemmung einen pH-Wert über 8. (Im Solorino–Distichietum wurden meist pH-Werte um 7 gemessen, vermutlich weil der Gips immer noch etwas Kalk enthält).

Vergleicht man die pH-Werte des n/10 KCl-Auszuges der einzelnen Standorte, wie er gerade in bodenkundlichen Arbeiten angegeben wird, mit den optimalen Wachstumsbereichen der einzelnen Arten, so zeigt sich, daß er wesentlich zu tief liegt. So keimt *Scapania umbrosa*, eine charakteristische Art des Riccardio–Scapanietum auf morschem Holz, bei pH-Werten des morschen Holzes im n/10 KCl-Auszug (pH 3,35) überhaupt nicht, *Calypogeia neesiana*, eine charakteristische Art des frischen Rohhumus, erreicht bei den pH-Werten des Rohhumus im n/10 KCl-Auszug (pH 3,1 bis 3,4) weniger als die Hälfte der maximalen Wachstumsrate. Somit dürfte der pH-Wert des n/10 KCl-Auszuges nicht die realen pH-Verhältnisse des Bodens wiedergeben.

Die enge Bindung der Moose und wohl auch der Phanerogamen an bestimmte pH-Bereiche in der Natur dürfte oft auf unterschiedliche Wasserversorgung und unterschiedliche Konkurrenzverhältnisse der einzelnen Standorte zurückzuführen sein; nur in wenigen Fällen konnte die enge Bindung an einen bestimmten pH-Bereich in der Natur auf eine im Experiment realisierbare Abhängigkeit vom pH-Wert zurückgeführt werden.

ZUSAMMENFASSUNG

Sporenkeimung und Protonema-Wachstum von Moosen bestimmter Gesellschaften und ihre Abhängigkeit vom pH-Wert wurden experimentell untersucht. Azidophile wie basiphile Arten keimten im Bereich von pH 3,5 bis pH 9 gleichmäßig, dagegen zeigte das Wachstum eine deutliche Abhängigkeit vom pH-Wert. Das Wachstumsoptimum azidophiler Arten lag meist bei pH 6, das basiphiler Arten bei pH 7 bis 9. Die einzelnen Arten der Gesellschaften saurer Erdraine und des Rohhumus reagierten einheitlich; bei zahlreichen Arten des morschen Holzes war ein starkes Abweichen des ökologischen und des physiologischen Verhaltens festzustellen. Bei den untersuchten basiphilen Moosen konnte im Experiment eine Gruppe von Kalkmoosen und eine Gruppe von Gipsmoosen unterschieden werden.

SUMMARY

Spore germination, growth of protonemata and their dependance on pH-range of some moss species out of certain communities were investigated by means of experiment. Acidophilous as well as basiphilous species germinated uniformly in a pH-range of 3.5 to 9; whereas growth was distinctly dependent upon pH-range. The optimum increase of acidophilous species for the most part was in pH-range 6, the basiphilous species had their best growth near pH 7–9. The single species of communities in open acid ground and in raw-humus reacted uniformly, numerous species of rotten wood showed a strong divergence of ecological and physiological behaviour. In basiphilous mosses a group of limestone-mosses and another group of mosses on calcium sulphate rocks could be distinguished by physiological experiment.

LITERATUR

Philippi, G.: Sporenkeimung und Protonemawachstum von Moosen verschiedener Standorte in Abhängigkeit vom pH-Wert. – Flora, Abt. B. **156**: 319–349. Jena 1966.

Frau LORE STEUBING:
Zwischen physiologischen und ökologischen pH-Optimumkurven bestehen oft erhebliche Differenzen, die sich auf die im physiologischen Experiment ausgeschalteten Konkurrenzfaktoren zurückführen lassen. Wie weit decken sich die angeführten physiologischen Wachstumsmaxima mit den Befunden im Freien?

Da bei der pH-Messung im KCl-Bodenauszug die Austauschsäure miterfaßt wird, ist ein direkter Vergleich mit dem im physiologischen Experiment ermittelten pH-Anspruch – gemessen im wässrigen Kulturmedium – kaum möglich.

A. APINIS:
Ich freue mich sehr über die schönen Experimente von Herrn Dr. PHILIPPI, die er auf eine soziologische Basis gestellt hat. Das macht es uns leichter, Vergleiche und Schlüsse zu ziehen. Ich weiß nicht, welche Schwierigkeiten es gibt, ein physiologisches Experiment, das ziemlich leicht zu arrangieren ist, ökologisch zu deuten. Die Moosgesellschaften wachsen im Freien auf morschem Holz und auf Humusböden. In unseren Kolben und Schalen gibt es keinen Humus, auch kein Holz. Wahrscheinlich sind die Ernährungsverhältnisse dieser Moosgesellschaften im Freien anders als unter mineralischen Bedingungen im Experiment. Vielleicht sind auch phytosoziologische Wirkungen beteiligt. Sie haben die Gesellschaften doch nur auf Moospflanzen gegründet, die verschiedenen Pilze nicht berücksichtigt, die dabei sind, und die auch ernährungsphysiologisch sehr eng mit Moospflanzen verbunden sind. Wir wissen darüber gar nichts. Ich zweifle, ob es berechtigt ist, die Gesellschaften der Moospflanzen und der Pilze soziologisch zu trennen. Ich habe das 15 oder 20 Jahre geglaubt, aber jetzt kann ich es nicht mehr.

J. J. BARKMAN:
Durch Schwankungen im pH-Wert, wie sie in der Natur vorkommen, wäre zu erklären, warum die untersuchten Moosarten im Experiment bei konstanten pH-Werten eine größere pH-Amplitude aufzeigen, nicht aber warum das natürliche Vorkommen nur am extrem sauren Ende des experimentellen pH-Bereiches liegt.

Anschließend an die Bemerkungen von Prof. APINIS sei hingewiesen auf einen merkwürdigen Unterschied zwischen Moosen und Gefäßpflanzen. Während bei diesen die Keimlinge meistens höhere Standortsansprüche zeigen als die erwachsenen Pflanzen, gilt bei Moosen offenbar das umgekehrte (in Bezug auf Protonema und Gametophor).

W. MÜLLER-STOLL:
Ich glaube, daß wir auf Grund der von Herrn PHILIPPI vorgelegten Ergebnisse einen Vergleich zwischen dem experimentellen Befund und den in der Natur gemessenen pH-Werten gar nicht vornehmen können. Die pH-Werte in der Natur sind an Bodenproben ermittelt. Im Experiment wurde studiert das Wachstum der Moosvorkeime, die ausgestreut durch Sporen, nur an der Oberfläche der Agarhaut wachsen. Man müßte jetzt die Oberfläche der natürlichen Substrate studieren, an denen die Proto-

nemen sich entwickeln. Wenn ich aus morschen Holz einen Auszug mache, dann werden Oberfläche und Inneres vermischt, und ich messe ein Substrat, das nicht demjenigen der Mooskeimlinge entspricht. Ferner müßte auch geprüft werden, ob der pH-Bereich in den Ansprüchen der Moosprotonemen und der mit Rhizoiden versehenen Gametophyten (Moosstämmchen) gleich ist. Es nicht einmal wahrscheinlich, daß er überall gleich ist. Ich glaube, daß uns die Kulturbedingungen unter den ziemlich schwachen Lichtverhältnissen auch nicht unbedingt einen solchen Vergleich ratsam machen.

S. GUPTA:
Perhaps it will be good if we could consider the recent experiments done on different mosses in the laboratory of Prof. ANDERSON and in our laboratories at Delhi. It is known, that not only pH but the concentration of carbohydrate in the substratum is very important.

A. APINIS:
Wir kennen ja die ökologischen pH-Bereiche für viele verschiedene Arten recht gut. Wenn wir sie im Experiment prüfen, dann bekommen wir z.B. bei *Sphagnum* eine bestimmte Kurve. Aber wenn wir dieses *Sphagnum* weiter kultivieren, so daß auch die *Sphagnum*-Pflanze zum Vorschein kommt, können wir beobachten, daß die *Sphagnum*-Pflanzen nur in einem engen Bereich (nicht über pH = 5) vorkommen, z.B. bei *Sphagnum recurvum*. Wenn wir *Dicranum scoparium* züchten, so bekommen wir eine Kurve, die sogar in den alkalischen Bereich übergreift. Aber die Entwicklung der Moospflanze vollzieht sich niemals im neutralen oder alkalischen Gebiet. Es handelt sich dabei also um ein konstitutionelles Verhalten der Arten.

G. PHILIPPI:
Es ist bekannt, daß physiologisches und ökologisches Verhalten meist abweichen. Jedoch wissen wir über das Verhältnis des physiologischen zum ökologischen Verhalten wenig. Die Bedingungen, unter denen das physiologische Verhalten untersucht wird, haben mit denen am Standort wenig gemeinsam.

Die Differenzierung des Stämmchens scheint in erster Linie von dem Wachstum des Protonemas abhängig zu sein; in den Experimenten erfolgte sie bei den meisten pH-Stufen, allerdings verschieden rasch. Das Wachstum des Moos-Stämmchen dürfte gegenüber dem pH-Wert das gleiche Verhalten zeigen wie das Wachstum des Protonemas, wie sich aus den bisherigen Untersuchungen vermuten läßt. Über die Differenzierung der Gametangien unter kontrollierten Bedingungen ist praktisch nichts bekannt.

DAS STOMATÄRE VERHALTEN DER PFLANZEN IN BEZIEHUNG ZU VEGETATIONSTYP UND STANDORT

Untersuchungen in Wäldern und Ersatzgesellschaften

von

Erich Hübl, Wien

Die Bewegungen der Schließzellen sind in hohem Maße von der Umwelt abhängig. Die Abhängigkeit ist jedoch nicht unmittelbar, sondern wird über ein kompliziertes enzymatisches Geschehen wirksam. Welche Umweltfaktoren eine Rolle spielen, wurde schon von den ersten Beobachtern im 19. Jhdt. zu klären versucht. Heute steht es außer Zweifel, daß Änderungen der Lichtintensität und der Wasserversorgung die Hauptursache der Veränderung von Spaltöffnungsweiten sind. Dies steht im Einklang mit ihrer Funktion die Transpiration der Pflanzen zu regeln und daneben die Versorgung mit CO_2 sicherzustellen. Die Wirkung von Licht und Wasser wurde von Stålfelt (1929) erstmals exakt erfaßt und definiert. Eine Reihe anderer Faktoren, die ebenfalls Einfluß nehmen, konnten erst in letzter Zeit endgültig geklärt werden. (Es sei hier auf die neuesten Arbeiten von Stålfelt, Mouravieff und Karvé verwiesen). Auch ein endogener Rhythmus, der unter normalen Bedingungen meist von den umweltbedingten Reaktionen überlagert wird, konnte nachgewiesen werden.

Neben der exakten physiologischen Untersuchung im Laboratorium hat man sich auch schon frühzeitig von ökologischer Seite her mit dem stomatären Verhalten beschäftigt. Einer der ersten war E. Stahl der 1894 in seiner Schrift „Einige Versuche über Transpiration und Assimilation" sehr wertvolle Beobachtungen über die Schließzellenbewegungen mitteilte. Loftfield stellte dann 1921 verschiedene Typen des stomatären Verhaltens auf, hauptsächlich in Hinblick auf die mehr oder weniger große Neigung der untersuchten Arten ihre Spalten in der Nacht zu schließen. Später ist dieser Typisierungsversuch viel kritisiert worden. Andere Beobachter verwiesen darauf, daß die Typen nicht konstant seien und bei ein und derselben Pflanze mehrere Verhaltenstypen auftreten könnten. Dies ist sicher richtig. Trotzdem bleibt die Tatsache bestehen, daß sich verschiedene Arten unter gleichen Bedingungen verschieden verhalten können und daß gewisse Verhaltensweisen unter bestimmten Bedingungen bei den einzelnen Arten mehr oder weniger konstant wiederkehren. Dies beweist u.a. die bisher genaueste Freilandbeobachtung an einer einzelnen Art, die F. Weber (1923) an *Aesculus hippocastanum* während einer ganzen Vegetationsperiode durchgeführt hat.

Meine eigenen Untersuchungen zielten neben der Erfassung des Verhaltens einzelner Arten auch darauf ab, aus der Summe der Verhaltensweisen möglichst vieler Arten standörtliche Unterschiede herauszuarbeiten. Zur Feststellung der Stomata-Weite bediente ich mich der Infiltrationsmethode, die darauf beruht, auf Grund des mehr oder weniger guten Eindringens verschieden viskoser Flüssigkeiten durch die Spaltöffnungen in das Blattinnere den Öffnungsgrad abzuschätzen. Meine Untersuchungen wurden in einem Flachmoorgebiet östlich des Neusiedlersees, in verschiedenen Vegetationseinheiten am Alpenostrand südwestlich von Wien und in den Alpen durchgeführt. Die nassen Wiesen östlich des Neusiedlersees sind wahrscheinlich den Verbänden Calthion und Molinion zuzuordnen. Die Beobachtungen am Alpenostrand erstreckten sich auf Trockenrasen der Verbände Festucion vallesiacae und Bromion, ferner auf einen Kalkbuchenwald (Cephalanthero-Fagion). Im Alpengebiet wurden die Untersuchungen hauptsächlich auf einem 1200 m hoch gelegenen Holzschlag (Epilobion angustifolii und Fragarion vescae) ausgeführt. Der Holzschlag liegt in der Buchen-Tannenstufe am Wiener Schneeberg in den niederösterreichischen Voralpen.

Zur Charakterisierung des stomatären Verhaltens hat sich, wie bei den LOFTFIELD'schen Typen, die Neigung zu nächtlichem Spaltenschluß am besten geeignet. Um eine Übersicht zu gewinnen habe ich, rein willkürlich, die Pflanzen in drei Gruppen eingeteilt: 1. Arten mit starker nächtlicher Schließtendenz, 2. Arten mit schwacher nächtlicher Schließtendenz, 3. Arten mit wechselnder Schließtendenz.

Als starke nächtliche Schließtendenz wird ein Verhalten betrachtet, bei dem ständig die tiefsten Infiltrationswerte der Nacht tiefer liegen als die halben höchsten Tageswerte, als schwache Schließtendenz, wenn sie dauernd höher liegen, als wechselnde Schließtendenz, wenn bald das eine, bald das andere Verhalten beobachtet wurde.

Zum Vergleich der Standorte habe ich jeweils aus den Infiltrationswerten aller zu einer bestimmten Zeit untersuchten Arten einen Mittelwert gebildet, ferner einen Quotienten aus dem höchsten Infiltrationsmittelwert der Tagesuntersuchung durch den tiefsten Infiltrationsmittelwert der Nachtuntersuchung. Hierbei ergaben sich die niedrigsten Quotienten für die Holzschlagvegetation am Schneeberg und die Sumpfwiesen, die höchsten für die Trockenrasen, während die Werte des Kalkbuchenwaldes dazwischen liegen.

Beim Vergleich der einzelnen Arten zeigt sich, daß solche mit wechselnder Schließtendenz überall vorherrschen. Nur in Felssteppen und Trockenrasen waren diejenigen mit dauernd starker nächtlicher Schließtendenz fast ebenso stark vertreten, wogegen Arten mit schwacher nächtlicher Schließtendenz überall in der Minderheit sind, relativ am stärksten aber im Gebirge und in feuchten Lagen der Ebene vertreten sind. So haben z.B. *Veratrum album*, *Gentiana austriaca* und *Parnassia palustris* eine extrem geringe nächtliche Schließtendenz. Sie sind im östlichen Österreich Gebirgspflanzen, die in der Ebene auf Flachmoore beschränkt bleiben und hier zum Teil als Glazialrelikte gedeutet werden. *Gentiana austriaca* tritt zwar gelegentlich auch in nicht zu extremen Trockenrasen auf, meidet aber durch ihre herbstliche Entwicklung die heißeste Zeit des Jahres.

Die genetisch bedingte schwache nächtliche Schließtendenz von Pflanzen kühl-feuchter Standorte steht damit im Einklang, daß Kühle und Feuchtigkeit überhaupt den durch Dunkelheit bedingten Spaltenschluß verlangsamen. Man hat den nächtlichen Spaltenschluß als Maßnahme gedeutet um das bei der nächtlichen Atmung erzeugte CO_2 für die Assimilation während des Tages festzuhalten. Dies steht im Einklang mit der Beobachtung, daß erhöhte CO_2-Zufuhr die Spaltenverengung fördert. Mir scheint der ökologische Sinn des nächtlichen Spaltenschlusses auch darin zu liegen, während der Nacht Wasser zu sparen, da während dieser Zeit die Assimilation ruht und ein Offenhalten der Spalten für die CO_2-Aufnahme nicht nötig ist. Es ist jedenfalls auffallend, daß ganze Gattungen, wie z.B. *Gentiana*, wo bei mehreren Arten die schwache nächtliche Schließtendenz nachgewiesen ist, das warme Tiefland fast vollständig meiden, oder hier nur in sehr feuchten Gesellschaften oder nicht während der heißesten Zeit auftreten.

Obwohl das stomatäre Verhalten der Pflanzen vielen Faktoren unterworfen ist und sich im einzelnen oft schwer deuten läßt, liefert seine Beobachtung doch zusätzliche Kriterien zur ökologischen Charakteristik sowohl von Einzelpflanzen wie von Pflanzengesellschaften.

ZUSAMMENFASSUNG

Mit Hilfe der Infiltrationsmethode wurde der Öffnungszustand der Stomata einer möglichst großen Anzahl von Pflanzen in verschiedenen Gesellschaften untersucht. Auf Grund der mehr oder weniger großen Neigung die Spalten in der Nacht zu schließen wurden drei Gruppen unterschieden: 1. Arten mit starker, 2. Arten mit schwacher und 3. Arten mit wechselnder Schließtendenz. Arten mit schwacher nächtlicher Schließtendenz treten vorwiegend auf feuchten und kühlen Standorten auf.

Zum Vergleich verschiedener Vegetationseinheiten wurden Infiltrations-Mittelwerte aus den Ergebnissen an allen untersuchten Arten gebildet. Der Quotient aus höchstem Tagesmittelwert gebrochen durch tiefsten Nachtmittelwert ist Ausdruck des Ausmaßes der durchschnittlichen Stomata-Bewegung eines Bestandes. Die höchsten Quotienten wurden in Trockenrasen, die niedrigsten im Gebirge und in Sumpfwiesen der Ebene erreicht. Der im Kalk-Buchenwald erzielte Wert steht dazwischen.

SUMMARY

The state of opening of the stomata was investigated with the infiltration-method on a great number of plants.

Based on the more or less inclination for closing the stomata at night, three groups of species were distinguished: species with strong inclination for night-closing, species with weak inclination for night-closing, species with varying inclination for night-closing. Species with weak inclination for night-closing prefer moist and cool biotops.

To compare various vegetation-units, averages of the infiltration-values from all investigated species of a plant-community were formed. The quotient of the highest value of a day and the lowest of a night expresses the average dimension of stomatal-movement in a community.

The highest quotients were found for dry grass-lands, the lowest for mountain-communities and marshy meadows in the plain. The quotients of a limestone-beechwood are intermediary.

LITERATUR

HÜBL, E.: Über das stomatäre Verhalten von Pflanzen verschiedener Standorte im Alpengebiet und auf Sumpfwiesen der Ebene. – Sitzber. Österr. Akad. Wiss. Math.-Nat. Kl., Abt. I **172** (1, 2): 1–84. Wien 1963.

— Vergleichende Beobachtungen des stomatären Verhaltens verschiedener Pflanzen in Trockenrasen und Laubwäldern am Alpenostrand.-Österr. Bot. Z. **110** (5): 556–607. Wien 1963.

KARVÉ, A.: Die Wirkung verschiedener Lichtqualitäten auf die Öffnungsbewegung der Stomata. – Z. f. Botanik **49**: 47–72. Stuttgart 1961.

LOFTFIELD, G.: The behaviour of stomata. – Carnegie Inst. Publ. **314**. 1921.

MOURAVIEFF, I.: Action du CO_2 et de la lumière sur l'appareil stomatique séparé du mesophylle. II. – Expériences avec les stomates maintenus sur des milieux complexes. – Le Botaniste **40**: 195–212. Bordeaux 1956.

— Action du CO_2 et de la lumière sur l'appareil stomatique séparé du mesophylle. Expériences sur Allium ursinum L. – Le Botaniste **41**: 1–12. Bordeaux 1957.

STAHL, E.: Einige Versuche über Transpiration und Assimilation. – Botan. Z. **52**: 117–145. Leipzig 1894.

STÅLFELT, M. G.: Die Abhängigkeit der Spaltöffnungsreaktionen von der Wasserbilanz. – Planta **8**: 287–340. Berlin 1929.

— Die stomatäre Transpiration und die Physiologie der Spaltöffnungen. – In W. RUHLAND: Handbuch der Pflanzenphysiologie III: 351–426. Berlin-Göttingen-Heidelberg 1956.

— The effect of the water deficit on the stomatal movements in a carbon dioxide-free atmosphere. – Physiologia plantarum **14**: 826–843. Kopenhagen 1961.

— Diurnal dark reactions in the stomatal movements. – Physiologia plantarum **16**: 756–766. Kopenhagen 1963.

— Die Abhängigkeit des osmotischen Potentials der Stomatazellen vom Wasserzustand der Pflanze. – Protoplasma **57** (HÖFLER-Festschrift): 719–729. Wien 1963.

WEBER, F.: Zur Physiologie der Spaltöffnungsbewegung. Der Öffnungszustand der Stomata von Aesculus hippocastanum während einer ganzen Vegetationsperiode. – Österr. Bot. Z. **72**: 43–49. Wien und Leipzig 1923.

BODENKUNDLICHE BELEGE DURCH DAS BOHRSTOCK-LACKABZUGSVERFAHREN IM LANGFRISTIGEN PFLANZENSOZIOLOGISCHEN EXPERIMENT

von

HELLMUT VON GLAHN, Kiel

BODENKUNDLICHE BELEGE IM LANGFRISTIGEN PFLANZENSOZIOLOGISCHEN EXPERIMENT

Dieser Beitrag gilt der Frage, wie man im Rahmen bestimmter langfristiger pflanzensoziologischer Freiland-Experimente notwendiges bodenkundliches Belegmaterial gewinnen kann und ob sich dafür in gewissem Umfange ein hier näher darzustellendes Bohrstock-Lackabzugsverfahren eignet.

Zum langfristigen vegetationskundlichen Experiment gehört die Dauerfläche, die unter veränderten Standortsbedingungen gehalten und über Jahre beobachtet wird.

Es gilt als selbstverständlich, daß man in bestimmten Zeitabständen die Vegetationsaufnahmen der Dauerflächen wiederholt, um für eine spätere Auswertung die erforderlichen Belege zu besitzen. Da aber eine Änderung der Standortsverhältnisse durch das Experiment nicht nur die Vegetationssiedlung, sondern auch den dazugehörigen konkreten Einzelboden, das *Pedon*, trifft, wird es notwendig, auch seine Veränderungen festzuhalten. Der Vegetationsaufnahme ist eine „Bodenaufnahme" an die Seite zu stellen.

Streng genommen zielt das pflanzensoziologische Freiland-Experiment niemals auf eine Fläche, sondern stets auf einen dreidimensionalen Geländeausschnitt, der von den höchsten Spitzen der Vegetation bis in das Ausgangsmaterial des dazugehörigen Pedons reicht. Einen solchen Körper nennt JENNY (1958) (nach LAATSCH und SCHLICHTING 1959, p. 99) *Tessera*. In Anlehnung an den geläufigeren Biochoren-Begriff PALLMANNS (1948) könnte man auch von Einzel-Biochoren oder „Biochoren-Individuen" sprechen. Pflanzensoziologische Experimente, in denen eine gegebene Vegetation unter veränderten Standortsbedingungen gehalten wird, werden folglich nicht an Dauer-Flächen, sondern an Dauer-Tesserae durchgeführt. Mithin sind pflanzensoziologische Experimente immer zugleich biochorenkundliche Versuche.

Inhalt und Umfang einer Bodenaufnahme im Rahmen eines pflanzensoziologischen Freiland-Experiments werden stets abhängig sein von den Fragestellungen, unter denen es angelaufen ist. Je feiner und differenzierter die Probleme sind, desto feiner und differenzierter muß auch die Bodenaufnahme ausfallen. Beispielsweise ist eine Profilbeschreibung, die üblicherweise den Grundstock jeder Bodenaufnahme bildet, unzureichend, wenn die Auswirkungen eines Düngungsversuches auf den Boden miterfaßt werden sollen, da relativ schwache Eingriffe in die Standortsverhältnisse zunächst keinen optisch feststellbaren Eindruck im Profil erkennen lassen. Sobald aber tiefere Eingriffe in die Standortsverhältnisse erfolgen, finden sie auch im Bodenprofil ihren sichtbaren Niederschlag. W. L. Kubiëna (1948, p. 15) hat feststellen können, daß sich z.B. nach Eingriffen in den Wasserhaushalt Gleyprofile innerhalb weniger Jahre in Braunerdeprofile umwandeln können.

Voraussetzung für eine Bodenaufnahme und deren Wiederholung ist im Normalfall ein genügend großer Bodeneinschlag. Jeder Einschlag führt aber zwangsläufig zu einer Störung der Dauer-Tesserae. Damit wird die Bodenaufnahme, die eigentlich im Dienste des pflanzensoziologischen Experiments stehen soll, gleichzeitig zu seinem Unsicherheitsfaktor, der sich um so mehr auswirken muß, je kleinflächiger das Vegetations- und Standortsmosaik des Versuchsgebietes ist.

Diese Tatsache führt zu der Frage, ob man bodenkundliches Belegmaterial auch auf anderem Wege gewinnen kann. Wir möchten hier deshalb ein Verfahren, das sich in einem anderen Zusammenhang bereits bewährt hat und von dem wir erwarten, daß es auch bei vielen pflanzensoziologischen Experimenten mit Erfolg eingesetzt werden kann, darstellen und abschließend mit dem Blick auf die Möglichkeiten und Grenzen seines Anwendungsbereiches diskutieren. Es handelt sich um ein Bohrstock-Lackabzugsverfahren, das in Anlehnung an die Lackfilmmethode von E. Voigt (1936 u. 1949) und R. Tüxen (1957a) entwickelt worden ist. Ziel dieses Verfahrens ist es, ein zwar schmales, aber doch unverfälschtes Bodenprofil mit Hilfe eines Bohrstocks auszuheben und durch Lack zu fixieren.

DARSTELLUNG DES BOHRSTOCK–LACKABZUGS-VERFAHRENS

1. Die Entnahme des Stockprofils: Das wichtigste Arbeitsgerät ist ein guter Bohrstock. Bei der Auswahl sollte man darauf achten, daß er genügend groß und stabil ist. Wir haben für unsere Untersuchungen eine Spezialanfertigung benutzt. Der Hauptteil dieses Bohrstocks besteht aus einem 25 mm starken Stahlstab, in den eine 120 cm lange, 20 mm breite und etwa 10 mm tiefe Proberinne (Nute) eingefräst worden ist. Oben steckt der Stab in einem kräftigen, etwa 10 cm langen Kopfstück. Der Abstand vom oberen Ende der Proberinne bis zum Kopf beträgt zirka 8 cm. In der Mitte des Kopfes befindet sich eine Bohrung, durch die ein 45 cm langer Querstab geführt werden kann, der an einem Ende angeschrägt und so bemessen ist, daß er zum Säubern der Proberinne benutzt werden kann. Unterhalb der Proberinne läuft der Bohrstock in einer etwa 7 cm langen Spitze aus.

Einen einwandfreien Lackabzug kann man nur herstellen, wenn man in der Proberinne des Bohrstocks ein „Klein-Pedon" mit einem unverfälschten Profilbild zu Tage fördert. Ein einfaches Eintreiben und Herausziehen wie bei einer Standortserkundung genügt hier nicht mehr. Zweckmäßigerweise sticht man zunächst an der Entnahmestelle mit einem kleinen Feldspaten eine Sode aus dem Humuskörper heraus. Dann setzt man den Bohrstock in das entstandene Loch und treibt ihn so weit in den Boden ein, bis sich die Oberkante der Proberinne in Höhe der Bodenoberfläche befindet.

Infolge unsicher geführter Hammerschläge gerät der Bohrstock leicht in kurze und schnelle Schwingungen, so daß um ihn herum ein spitzkegeliges Loch entsteht, durch das Material aus den oberen Bodenhorizonten nach unten rieseln und das Profilbild völlig verderben kann. Um die störenden Bohrstockschwingungen zu vermeiden, haben wir statt des gebräuchlichen großen Holzhammers einen 30 cm langen und 1250 g schweren Eisenfäustel benutzt. Den Kopf des Bohrstocks kann man leicht vor Schäden schützen, indem man ihn mit einem schlagunempfindlichen Material abdeckt.

Um das Bodenmaterial sicher in den Bohrstock zu bekommen, faßt man ihn so am Querstab, daß man gleichzeitig der Proberinne gegenübersteht. Dann zieht man das Gerät leicht auf sich zu und dreht es unter der eintretenden Spannung mehrfach herum. Auch beim anschließenden langsamen Herausziehen wird der Bohrer in gleicher Richtung weitergedreht, aber er darf jetzt nicht mehr gespannt werden, weil sonst lagefremdes Material in die horizontgerechte Füllung der Bohrernute eindringen könnte.

2. *Die Präparation des Stockprofils und die Bodenaufnahme:* Nach dem Herausziehen des Bohrstocks muß einerseits der Lackabzug vorbereitet, andererseits aber unfixiertes Probematerial für die Bodenaufnahme entnommen werden. Es ist vorteilhaft, wenn für diese Arbeitsschritte eine brettartige Unterlage zur Verfügung steht. Wir haben dafür einen sehr flachen Kasten aus wetterfestem Sperrholz benutzt, in dem gleichzeitig die fertigen Lackabzüge und der Bohrstock transportiert werden können. Auf der Seite des Kastens, die als Arbeitsplatte dienen soll, befindet sich ein fest aufgeklebtes Maßband.

Zunächst wird der gefüllte Bohrstock parallel zum Maßband auf den Arbeitskasten gelegt. Dann überträgt man den Teil des Humuskörpers, der nicht mit dem Stock, sondern mit einem kleinen Feldspaten entnommen worden ist, lagegetreu in den frei gebliebenen oberen Abschnitt der Bohrernute. Damit auch die A_L-, A_F-, A_H- und A_h-Horizonte in der nötigen Kleinheit unzerstört übertragen werden können, schneidet man sie mit einer Schere und einem Messer paßgerecht aus der Sode heraus.

Sobald sich der Humuskörper in der Bohrernute befindet, hebt man mit einem kleinen (zugespitzten) Messer die oberflächlichen Verschmutzungen vorsichtig vom Hauptteil des Profils ab. Auch schwache Profilverfälschungen, die zuweilen an den Nuträndern durch herabgerutschtes Bodenmaterial entstehen können, lassen sich ohne Nachteile für den späteren Abzug mit der Messerspitze herausheben.

Der Säuberung folgt die Glättung. Dabei kann man eine etwa 2 mm dicke Schicht der Bodenmasse vom Profil abtragen. Kleinere Steine, die aus der Präparationsfläche ragen, bleiben in ihrer natürlichen Lage. Den Abtrag legt man als Untersuchungsmaterial, der Entnahmetiefe entsprechend, neben das Maßband. Benötigt man eine größere Menge von

Untersuchungsmaterial, so muß man den Bohrstock zweimal eintreiben. Für eine einfache Bodenaufnahme genügt aber erfahrungsgemäß das beim Glätten gewonnene Material. Anschließend wird das im Bohrstock befindliche schmale Pedon profilmorphologisch beschrieben und das abgetragene Material horizontweise mit Hilfe der üblichen Geländemethoden auf Mineralbestand (T, K, S, Q), Bodenart, Humusform, Humusmenge, Gefügeform und andere auffällige Merkmale hin analysiert.

3. Das Trocknen des Stockprofils: Im Gegensatz zur herkömmlichen Lackfilmmethode wird der Anwendungsbereich des Bohrstock-Lackabzugsverfahrens durch Bodenfeuchte und Bodennässe kaum eingeschränkt. Selbst von nassesten Gleyen und Anmooren lassen sich ohne Schwierigkeiten Lackprofile herstellen, weil man das Klein-Pedon außerhalb des Einflußbereiches der Pedosphäre trocknen kann.

Im Hinblick auf die spätere Fixierung sollte man beim Bohrstock-Lackabzugsverfahren auch bei sehr günstigen Wetterbedingungen auf eine einfache Lufttrocknung verzichten.

Als Hilfsmittel benötigt man eine Lötlampe. Am besten haben sich bei unseren Arbeiten die mit Butan-Kartuschen gefüllten „campinggaz"-Brenner (in Verbindung mit der engsten Brenndüse) bewährt.

Zum Trocknen wird der Bohrstock waagerecht so gelagert, daß man mit der Brennerflamme seinen „Rücken" mühelos erreichen kann. Am einfachsten steckt man zwei y-förmig gegabelte Stöcke in die Erde und legt den Bohrer mit Kopf und Spitze in je eine der Gabeln. Dann erwärmt man den Bohrstockrücken so lange, bis das Pedon in der Nute völlig trocken ist. Man darf dabei die Hitze nie zu lange auf einen Punkt wirken lassen. Am besten bewegt man die Flamme auf etwa 20 cm Bohrstocklänge langsam hin und her, bis das Profil in diesem Abschnitt trocken ist. Sehr tonhaltige Böden sollte man wegen ihrer größeren Neigung zur Schwundrißbildung nie zu plötzlich erwärmen. Wenn man entsprechend vorsichtig mit dem Brenner umgeht, unterscheiden sich die auftretenden Absonderungsstrukturen nicht von den Gefügeformen, die derselben Bodenbildung auch bei natürlicher Trocknung in situ eigen sind.

Nach Abschluß der Trocknung muß man unter Umständen den zuerst behandelten Stockabschnitt nachwärmen, damit das Kleinprofil auf seiner ganzen Länge zum Vorteil der folgenden Arbeitsschritte optimal temperiert ist.

4. Die Fixierung des Stockprofils: Zur Fixierung benutzen wir am besten den von R. Tüxen (1957a) erprobten und empfohlenen Speziallack der Temperol-Werke Hamburg-Wandsbek. Die einzelnen Fixierungsstufen des Bohrstock-Lackabzugsverfahrens können naturgemäß nicht voll mit denen der allgemeinen Lackfilmmethode übereinstimmen. Ein erstes Einsprühen mit acetonverdünntem Lack muß am Bohrstock unbedingt unterbleiben. Leichte und wenig bindige Böden werden, wie zahlreiche Versuche gezeigt haben, selbst bei Anwendung einer mundbetätigten Fixativspritze (Fixateur) aus der Bohrernute herausgeblasen. Außerdem verschmutzt der Bohrstock so stark, daß alle weiteren Arbeitsschritte behindert sind.

Das Fixieren beginnt deshalb mit dem Auflegen einer 4 cm breiten Mullbinde auf das präparierte Kleinprofil. Man befestigt die Binde am besten so, daß man sie unten auf die Stockspitze spießt, dann mäßig straff über das Profil legt und am oberen Stockteil mit einem Lacktropfen anklebt.

Beim ersten Einlacken bringt man mit einem kleinen Flachpinsel das Fixierungsmittel (3 Teile Lack, 5 Teile Aceton) auf diejenigen Partien der Mullbinde, die das Kleinprofil bedecken. Dabei muß mehr getupft als gestrichen werden. Man setzt den Pinsel immer wieder, von unten nach oben fortschreitend, auf die Rinnenmitte und drückt ihn dann leicht gegen die Rinnenränder aus. Auf diese Weise gelangt kaum Lack außerhalb der Nute auf den Bohrstock, es dringt aber genügend viel durch das Gewebe der Mullbinde bis in den Boden ein, um dessen kleinste Teilchen fest miteinander verkleben zu können. Liegt beim Beginn des Fixierens die Bohrstock- und Bodentemperatur wesentlich über 56°C (= Siedepunkt des Acetons), so schäumt das Lackgemisch stark auf. Man muß dann mit dem Einlacken warten und durch kleine Zwischenversuche darauf achten, daß der Stock nicht zu stark abkühlt.

Durch die im Bohrstock gespeicherte Wärme ist die Trocknungszeit so kurz, daß man sofort mit einem weniger verdünnten Lack (Mischungsverhältnis 1 : 1) nachfixieren kann. Jetzt sollte man nicht tupfen, sondern zügig streichen. Es geht hier darum, die Mullbinde fest mit dem Boden zu verkleben. Nötigenfalls muß man sie an den Stellen, wo der Kontakt zum Boden fehlt, leicht mit den Fingern andrücken. In manchen Fällen ist es sogar günstig, wenn man unter leichtem Druck mehrfach mit der Daumenkuppe über die frisch bestrichenen Stellen fährt. Der zweite Trocknungsvorgang verläuft etwas langsamer als der erste, er dauert aber selten länger als 5 bis 10 Minuten.

5. *Das Herausnehmen des Stockprofils:* Der richtige Zeitpunkt für die Entnahme ist dann gekommen, wenn der Lack auf der Mullbinde an keiner Stelle mehr trüb-glasig, sondern überall milchig-weiß aussieht. Außerdem muß das Profil so hart sein, daß es bei Fingerdruck nicht mehr nachgibt.

Zur Vorbereitung der Entnahme muß die Mullbinde zunächst randlich durch seitliches Hochziehen an all den Stellen vom Stab gelöst werden, an denen sie unbeabsichtigt mit diesem verklebt worden ist. Man sollte dabei sehr behutsam vorgehen, weil das Profil in diesem Zustand noch leicht Schaden nehmen kann.

Die endgültige Entnahme darf niemals – wie bei der herkömmlichen Lackfilmmethode – durch Abziehen erfolgen, weil das Fixierungsmittel an vielen Stellen, vor allen Dingen am dünneren Rande, die Bodenmasse durchdringt und damit eine Verklebung gegen die Innenfläche der Stockrinne bewirkt. Man stößt deshalb das fixierte Kleinpedon mit einem flachen Messer oder einem Hohleisen aus der Proberinne heraus. Vor seiner weiteren Behandlung sollte es noch einige Minuten trocknen. In dieser Zeit reinigt man den Bohrstock. Die Grobreste stößt man mit dem Querstab heraus, während alle anhaftenden Feinreste mit einem in Aceton getränkten Lappen gelöst und abgeputzt werden.

6. Die Nachbehandlung des Stockprofils: Wenn die Abzüge aus dem Bohrstock kommen, sind sie meistens nicht plan, sondern gewölbt und gekrümmt. Außerdem zeigen sie – besonders bei tonigem Material – noch kein sauberes Profilbild, weil die Fläche, die sich jetzt dem Betrachter bietet, durch die halbrunde Rinnenform der Bohrernute so „geprägt" worden ist, daß Gefügestrukturen, Horizontgrenzen und Farbzeichnungen kaum zu erkennen sind. Es muß deshalb das Ziel einer Nachbehandlung sein, einerseits das Profilbild freizulegen und andererseits alle Wölbungen und Krümmungen aus dem Abzug zu bringen.

Beide Ziele lassen sich in einem Arbeitsgang erreichen, wenn man den Abzug noch im Gelände, also bevor der Fixierlack extrem erhärtet ist, auf weißen Zeichenkarton klebt.

Entsprechend den Abmessungen des Bohrstocks und des Transportkastens haben wir vor Beginn der Geländearbeit Kartontafeln von 125 cm Länge und 18 cm Breite eingerichtet. Auf jeder Tafel sind durch Bleistiftstriche vier Klebebahnen von je 4 cm Breite markiert und an den beiden Längsrändern nicht zu beklebende Schutzstreifen von 1 cm Breite freigelassen worden.

Die Kartontafel wird auf dem Arbeitsbrett mit Wäscheklammern befestigt. Zum Aufkleben des Abzuges sollte man nicht den Bodenlack, sondern einen elastischen Alleskleber (z.B. Uhu) verwenden. Nachdem die Aufnahmenummer am oberen Kartonrand notiert worden ist, bestreicht man eine der vorher markierten 4 cm breiten Bahnen zunächst im oberen Drittel mäßig stark mit Klebstoff. Dann legt man das Profilband mit seiner Mullbindenseite in den noch nicht angetrockneten Kleber, richtet es zwischen den Bleistiftstrichen aus und drückt es mit den Fingern an, damit ein Teil des noch weichen Klebstoffs als Kontaktschicht auf die Mullbinde übertragen wird.

Beim folgenden endgültigen Anheften wird zugleich das Profilbild freigelegt. Man drückt mit den Fingern der linken Hand den Abzug fest gegen die Unterlage, während man mit der rechten Hand die Schneide eines Messers so ansetzt, daß überschüssiges Bodenmaterial abspringt. Sobald man das erste Drittel des Abzugs auf diese Weise angeheftet und gesäubert hat, klappt man den freien Abschnitt einfach nach oben, bestreicht das nächste Drittel und verfährt wie vorher. – Nach einiger Übung kann man diese Arbeitsphase in zwei Teilschritten schaffen.

Wo der Lackabzug kleine Schäden zeigt, sollte man sie gleich hier beheben. Nachdem man einen Tropfen Klebstoff in die auszufüllende Lücke gegeben hat, drückt man einfach mit dem Messer von den Seiten her etwas Bodenmaterial in die Schadstelle.

Sobald der Lackabzug angeheftet, auf seiner Oberfläche bearbeitet und ausgebessert ist, hebt man die Kartontafel einfach an und schüttelt, klopft und bläst die losen Bodenteile ab. Wo es nötig erscheint, folgt eine kurze Nachreinigung.

Nach dieser Behandlung kann man die Abzüge ohne besondere Vorsicht transportieren und aufbewahren.

7. Das Sammeln und Aufbewahren der Stockprofile: Vor der endgültigen Aufnahme in die Sammlung werden die Lackabzüge sauber aus dem

Karton herausgeschnitten, so daß überstehende Mullbindenreste wegfallen, das Kleinprofil aber auf seiner Rückseite einen Kartonstreifen zur Verstärkung behält. In dieser Form kann man die Bohrstock-Lackabzüge nach den verschiedensten Ordnungsgesichtspunkten auf Sammelplatten nebeneinanderkleben.

Für unsere Sammlung haben wir Spanplatten von 1 cm Stärke benutzt, die mit einer Kunststoffdispersionsfarbe weiß gestrichen sind. Auf dem Plattenrand sind schwarze Leisten von 2 cm Breite und 1 cm Stärke mit ihrer Breitseite befestigt, so daß ein Rahmen entstanden ist, der zugleich Seitenwand einer sehr flachen (1 cm tiefen) „Kiste" ist. In diesem Rahmen haben wir die Lackabzüge sorgfältig mit einem Kontaktkleber (Pattex) auf dem weißen Grund unter ihrer Nummer befestigt. Jeweils zwei Platten, die mit ihren Rahmen gegeneinander verschraubt sind, bilden einen staubdichten Aufbewahrungskasten.

MÖGLICHKEITEN UND GRENZEN DER ANWENDUNG

Das Bohrstock-Lackabzugsverfahren haben wir zunächst entwickelt, um dem Problem der Korrelation zwischen Vegetations- und Bodentypen auf einer statistisch genügend breiten Basis nachgehen zu können. Wenn nämlich der Satz, jeder Vegetationstyp habe seinen eigenen Bodentyp, richtig ist, dann müssen Stockabzüge gleichen Typs nebeneinander erscheinen, wenn man sie in derselben Reihenfolge aufklebt, in der die dazugehörigen Bestandsaufnahmen in der sauber differenzierten Vegetationstabelle stehen. (Wir haben inzwischen auf der Grundlage von 765 Vegetationsanalysen und 235 Bohrstock-Lackabzügen eine auf allen Stufen parallellaufende vegetations- und bodentypologische Gliederung der holsteinischen Wälder erarbeiten können und bestätigen damit die von R. Tüxen seit Jahrzehnten vertretene Auffassung über das Verhältnis von Vegetations- zu Bodentypen).

Welche Anwendungsmöglichkeiten sich für das Bohrstock-Lackabzugsverfahren in der experimentellen Pflanzensoziologie und in anderen Teildisziplinen der Vegetationskunde ergeben könnten, wird deutlich, wenn man eine Sammlungstafel betrachtet, auf der zahlreiche Abzüge geordnet sind. Man wird sehen, daß dieses Verfahren – wie bisher kein anderes – die Möglichkeit bietet, ein überaus umfangreiches authentisches Belegmaterial aus der Pedosphäre synoptisch auf engstem Raume zum Vergleich zu vereinigen.

Derartige Vergleichszusammenstellungen können unter den verschiedensten Gesichtspunkten erfolgen. Da in den langfristigen Versuchen der experimentellen Pflanzensoziologie Dauer-Tesserae unter veränderten Standortsbedingungen gehalten werden, wird die Anordnung hier vorwiegend chronologisch orientiert sein müssen. Auf Grund der eingangs zitierten Beobachtungen von W. L. Kubiëna (1948) müßte es z.B. leicht möglich sein, nach einer Grundwassersenkung den Typenwandel von einem Gley zu braunerdeartigen Bodenbildungen mit allen Zwischenstufen in einer Profilreihe dokumentarisch festzuhalten. Ähnliche Möglichkeiten zur Anwendung des Bohrstock-Lackabzugsverfahrens bieten sich an vielen Stellen.

Wenn man bedenkt, daß heute weite Teile unserer Landschaft nicht unter wissenschaftlichen Fragestellungen, sondern aus wirtschaftlichen Erwägungen „Experimentierflächen" sind, drängt sich geradezu die Notwendigkeit auf, die Verhältnisse vor und nach dem Eingriff auf einfachem und schnellem Wege dokumentarisch festzuhalten. Auch hier bietet sich das Bohrstock-Lackabzugsverfahren an.

Der Anwendungsbereich des Bohrstock-Lackabzugsverfahrens findet überall dort seine Grenze, wo es auf Merkmale ankommt, die man nicht mehr makromorphologisch aus der Horizontierung, Färbung, Gefügeform usw. ablesen kann.

Die Aussagefähigkeit einer Sammlungstafel mit geordneten Bohrstock-Lackabzügen läßt sich noch wesentlich erhöhen, wenn man die parallel zu den Abzügen angefertigten Bodenaufnahmen (Profilbeschreibungen) tabellarisch wie Vegetationsaufnahmen verarbeitet (vergl. v. GLAHN u. J. TÜXEN 1963 sowie v. GLAHN 1965 u. 1968). Man erhält auf diese Weise Tabellen, in denen lokal gefaßte Bodentypen (oder auch Stufen und Phasen) nebeneinander stehen und voneinander durch Differential-Merkmalsblöcke unterschieden sind.

Ein Vergleich der Anwendungsbereiche der herkömmlichen Lackfilmmethode mit denen des Bohrstock-Lackabzugsverfahrens läßt einige grundsätzliche Unterschiede deutlich werden. W. L. KUBIËNA (1953, p. 352) sagt von der traditionellen Lackfilmmethode, daß sie „in sehr vollkommener Weise" Bodenbildungen zur Anschauung bringen könne, aber nicht gleichzeitig zu Untersuchungszwecken geeignet sei. Der durch kein anderes Hilfsmittel zu übertreffende Wert der großen „Abziehbilder des Bodens" liegt also auf didaktischem Gebiet.

Dieser Veranschaulichungswert fehlt den Bohrstock-Lackabzügen. – Zwar kann man auch sie – wie die großen „Abziehbilder" – nicht untersuchen; aber sie stehen unmittelbar im Dienst von Untersuchungen, weil sie – synoptisch in größerer Zahl unter einem bestimmten Gesichtspunkt aufgereiht – selbst ein Untersuchungsergebnis ausdrücken.

Nachdem sich das Bohrstock-Lackabzugsverfahren bei vergleichenden vegetations- und bodentypologischen Untersuchungen bewährt hat, darf erwartet werden, daß es auch in der experimentellen Pflanzensoziologie und in anderen Teilgebieten der Vegetationskunde gute Dienste leisten wird.

ZUSAMMENFASSUNG

Ausgehend von der Tatsache, daß jede experimentelle Beeinflussung von Standortsverhältnissen nicht nur eine Vegetationssiedlung, sondern gleichzeitig das dazugehörige Pedon trifft, wird gefragt, wie man authentisches Belegmaterial für die zu erwartenden bodentypologischen Veränderungsstufen sichern kann.

Für jene langfristigen Feldversuche, in denen tiefgreifende Veränderungen der Standortsbedingungen erfolgen, wird ein Bohrstock-Lackabzugsverfahren angeboten und in seinen einzelnen Arbeitsschritten dargestellt. Ursprünglich ist das Verfahren entwickelt worden, um auf zahlenmäßig breiter Grundlage Fragen nach den Korrelationen zwischen Vegetations- und Bodentypen verfolgen zu können.

Nach der Darstellung des Verfahrens werden in einem Schlußkapitel Möglichkeiten und Grenzen seiner Anwendung skizziert.

SUMMARY

A phytosociological field experiment influences not only the concrete plant community, but also the corresponding pedon. A method was therefore needed which would allow the recording and demonstrating of soil typological modifications brought about by larger environmental changes (for example, a sinking of the water table).

This paper describes a method by which narrow pedons are obtained through the use of a percussion corer and prepared by means of the lacquer peel technique to yield permanent soil profile records.

Through the use of this method, it is possible to obtain repeated profiles from the same sample point at various time intervals. When the lacquer peels are glued to a board in chronological order, the alteration steps may be viewed synoptically.

This method has already proved its value in studies involving the correlations between vegetation types and soil types. It seems probable that it will be equally as useful in the field of experimental phytosociology.

(Translated by ROBERT S. NEWTON)

LITERATUR

ETTER, H.: Grundsätzliche Betrachtungen zur Beschreibung und Kennzeichnung der Biochore. – Schweiz. Z. f. Forstwesen **105**. Bern 1954.

GLAHN, H. v.: Der Begriff des Vegetationstyps im Rahmen eines allgemeinen naturwissenschaftlichen Typenbegriffes. – Ber. geobot. Inst. ETH, Stiftg. Rübel **36**. Zürich 1965. – Ebenfalls erschienen in: Pflanzensoziologische Systematik. Bericht über das Internationale Symposium in Stolzenau/Weser 1964. Den Haag 1968.

—, u. TÜXEN, J.: Salzpflanzengesellschaften und ihre Böden im Lüneburger Kalkbruch vor dem Bardowicker Tore. – Jahrb. naturw. Ver. Fürstentum Lüneburg **28**. Lüneburg 1963.

JENNY, H.: (Zitiert nach LAATSCH u. SCHLICHTING 1959). – Ecology **39**. Durham, N.C. 1958.

KUBIËNA, W. L.: Entwicklungslehre des Bodens. – Wien 1948.

— Bestimmungsbuch und Systematik der Böden Europas. – Stuttgart 1953.

LAATSCH, W. u. SCHLICHTING, E.: Bodentypus und Bodensystematik. – Z. Pflanzenernähr., Düngung, Bodenkunde **87**. Berlin 1959.

PALLMANN, H.: Bodenkunde und Pflanzensoziologie. – Kultur- und Staatswissenschaftliche Schriften **60**. Zürich 1948.

TÜXEN, R.: Ein vereinfachtes Verfahren zur Herstellung von Lackabzügen von Bodenprofilen. – Mitt. flor.-soz. Arbeitsgem. N.F. **6/7**. Stolzenau/Weser 1957a.

— Die Schrift des Bodens. – Angew. Pflanzensoz. **14**. Stolzenau/Weser 1957b.

VOIGT, E.: Die Übertragung von Bodenprofilen auf Lackfilm. – Z. Dtsch. Geol. Ges. **88** (5). Hannover 1936.

— Die Anwendung der Lackfilm-Methode bei der Bergung geologischer und bodenkundlicher Profile. – Mitt. a. d. Geolog. Staatsinst. in Hamburg **19**. Hamburg. 1949.

R. Tüxen:
Die großen Lackabzüge haben für mich in erster Linie wissenschaftlichen Wert für die vergleichende Makromorphologie: Sie geben Einblicke in den Aufbau und in die Genese der Böden. Das schätze ich noch höher als ihren didaktischen Wert. Natürlich ist auch dieser nicht zu bestreiten! Aber man lernt erst „lesen", wenn man die Profile miteinander vergleicht.

H. v. Glahn:
Ich bezweifle durchaus nicht den wissenschaftlichen Wert der großen Lackabzüge. Ich wollte nur betonen daß die großen Lackabzüge besser die Merkmale zur Anschauung bringen, sie sind einfacher zu „lesen" und drängen sich daher als ein didaktisch wesentliches Hilfsmittel auf. Bei den kleinen ist nicht sehr viel aus dem einzelnen Profil herauszulesen sondern erst aus der großen Zahl.

Bei der Anwendung dieses Verfahrens zeigt sich ganz deutlich, daß eine enge Korrellation zwischen Boden und Vegetation besteht. Wie man hier typologische Zustände nebeneinanderstellen kann, meine ich, daß man im pflanzensoziologischen Experiment auch die zeitlichen Zustände bewahren und dann nebeneinander betrachten kann.

VERSCHIEDENE RICHTUNGEN UND EINIGE ERGEBNISSE DER EXPERIMENTELLEN UNTERSUCHUNG VON PHYTOZÖNOSEN DER DUNKELNADELHOLZ-TAIGA

von

V. G. Karpov, Leningrad

Die theoretischen Grundlagen und die Aufgaben der experimentellen Erforschung der Pflanzengesellschaften sind in der letzten Zeit in den Arbeiten von V. N. Sukatschev (1956, 1959, 1964), A. P. Schennikov (1942, 1960), H. Ellenberg (1950, 1954), R. Knapp (1954, 1960), J. Harper (1961), R. Bornkamm (1963), F. Milthorpe (1961) und vieler anderer Gelehrten erörtert worden.

Die Hauptrichtungen und die Methoden der experimentellen Untersuchung der Pflanzengesellschaften sind gegenwärtig mehr oder weniger klar. Diese Richtungen und Methoden ergeben sich aus der Natur der Phytozönosen selbst als einem spezifischen Niveau der Organisation der höheren und niederen Pflanzen auf der Erde.

Die Pflanzengesellschaften stellen in sich sehr komplizierte dynamische Systeme der Population der Pflanzen dar, welche untereinander, sowie mit dem Ökotop mit sehr verschiedenartigen biozönotischen und ökologischen Verhältnissen verbunden sind. Unzweifelhaft verfügen diese biozönotischen Systeme über ihre eigenen spezifischen Entwicklungsgesetzmäßigkeiten. Es ist aber überdies klar, daß man diese Systeme nur in Verbindung mit den Einheiten einer höheren Ordnung – Biogeozönosen oder Ökosystemen – betrachten soll. Wenn man den letzten Umstand berücksichtigt, so wird es selbstverständlich, daß eine experimentelle Erforschung der Phytozönose vielseitig sein soll und alle komplizierten und verschiedenartigen Verbindungen der Pflanzengesellschaft mit den anderen Komponenten der biogeozönotischen Systeme – wie es Atmosphäre, Boden, Tierwelt und Mikroorganismen sind – umfassen soll.

Solche Einstellung entspricht am besten der Hauptaufgabe der experimentellen Phytozönologie, und diese Hauptaufgabe besteht darin, daß man die wesentlichsten Hauptformen der Verbindungen und Wechselwirkungen zwischen den Komponenten der Pflanzengesellschaft aufdeckt und ihre Bedeutung in der Formierung bestimmter phytozönotischer Strukturen aufklärt.

Die Haupttriebkräfte und Faktoren, welche für die Entstehung und Formierung der Phytozönosen verantwortlich sind, sind die komplizierten und verschiedenartigen Mechanismen der Wechselwirkung zwischen den Pflanzen, sowie zwischen diesen und der Umgebung. Also – jede experimentelle Erforschung der Pflanzengesellschaft soll auf die Lösung und Präzisierung zweier Hauptfragen zurückgeführt werden und zwar: auf die Analyse der Rolle von Faktoren der physikalischen Ökotope in der Formierung der Phytozönosen eines bestimmten Artbestandes und Struktur und anderseits auf das Studium der Bedeutung der Wechselbeziehungen zwischen den Pflanzen in der Formierung bestimmter phytozönotischer Strukturen. Diese Hauptrichtungen der experimentellen Erforschung der Pflanzengesellschaft sind eng und unzertrennlich miteinander verbunden. Die physiologisch wirkenden Regime des Ökotops und die biozönotischen Verhältnisse zwischen den Pflanzen sind in ihrer formierenden und gestaltenden Einwirkung auf die Phytozönose eng und unzertrennbar untereinander verbunden, und zwischen ihnen besteht eine ununterbrochene Wechselwirkung. Diesen Umstand soll man nie außer acht lassen. Aber bei der kausalen Analyse der Pflanzengesellschaft soll der Geobotaniker als Experimentator immer entscheiden – was für Faktoren den Anteil dieser oder jener Pflanzenpopulation im Bestand der Phytozönose beschränken – ob es sich um die ungünstigen Faktoren des Ökotops handelt oder um die Konkurrenz seitens der anderen Pflanzenarten, um die Faktoren, die für das Wachstum notwendig sind. Worin besteht der Mechanismus der ungünstigen Einwirkungen einer Pflanzen-Population auf die andere, und wie wird er durch die Umgebung realisiert? Mit anderen Worten – bei dem experimentellen Studium der Phytozönose soll man vor allem die Frage nach dem Verhältnis zwischen dem ökologischen und biozönotischen Optimum des Gedeihens von Pflanzen, aus welchen die Phytozönose besteht, entscheiden.

Alle diese, sowie viele andere Fragen sollen am Beispiel von ganz bestimmten taxonomischen Einheiten der Vegetation – Assoziationen – experimentell erforscht werden. Damit kann man eine vereinfachte Interpretation des Bestandes und der Struktur der Phytozönose als einer direkten und unmittelbaren Widerspiegelung nur eines Komplexes des physiologisch wirkenden Regimes des Ökotops in der Vegetation vermeiden.

Um mir weitere allgemeine Überlegungen zu ersparen, werde ich mir erlauben, einige Ergebnisse der experimentellen Erforschung der Phytozönosen von Dunkelnadelholz-Taiga des europäischen Teils der Sovjetunion zu erörtern. Im Rahmen eines kurzen Vortrages kann man selbstverständlich keine volle und ausführliche Besprechung aller hier berührten Fragen geben. Es handelt sich hier vielmehr um eine Illustration der Hauptrichtungen unserer Forschung und nicht um eine erschöpfende Darlegung der Ergebnisse dieser Arbeiten, welche bereits früher veröffentlicht wurden (KARPOV 1960, 1961, 1962, 1964).

1. DER BESTAND UND DIE SYNUSIALE STRUKTUR DER PHYTOZÖNOSEN VON DUNKELNADELHOLZ–TAIGA IN DER EXPERIMENTELLEN BELEUCHTUNG

Die allerwichtigste Aufgabe der experimentellen Phytozönologie ist die Feststellung der Ursachen für die Differenzierung der Walddecke in eine Reihe von Wald-Assoziationen, welche dem Artbestand und der synusialen Struktur nach voneinander abgesondert sind. Manche Typen der phytozönotischen Strukturen sind in Zeit und Raum höchst beständig. Solche Strukturen besitzen zweifellos eine Fähigkeit zur Selbstregulation.

Diese Eigenschaft äußert sich einerseits in der Gleichartigkeit der Reaktionen dieser Strukturen auf verschiedene Formen der äußeren Einwirkungen und anderseits in der Fähigkeit zur Wiederherstellung der ihnen eigenen Züge des Bestandes und der Struktur und zur Erhaltung dieser Züge über eine längere Zeit. Als Beispiel solcher Gesellschaften können die Phytozönosen des Typus Piceetum myrtillosum dienen. Das Areal der Gesellschaften dieser Art ist sehr weit und im ganzen Gebiet der Verbreitung der Taiga-Wälder aus *Picea* Arten sind diese Phytozönosen höchst gleichartig. Es ist aber merkwürdig, daß wir solchen Phytozönosen auch außerhalb der ununterbrochenen Verbreitungszone der Taiga-Wälder begegnen, z.B. im Kaukasus sowie in den Bergen von Mittel- und Südeuropa. So schreibt N. V. Dylis (1964) über eine außerordentliche Ähnlichkeit der phytozönotischen Struktur der Piceeta myrtillosa im Rodopgebirge in Bulgarien und der Zone der Taiga-Wälder des Europäischen Teils der Sovjetunion. Indessen sind die allgemeinen physikalisch-geographischen und Bodenverhältnisse der Gestaltung dieser geographisch einander vertretenden Assoziationen vollkommen verschieden. In den Grenzen eines phytogeographischen Bereichs kommen die Gesellschaften von Piceetum myrtillosum öfters in Kontakt mit Waldgesellschaften eines völlig anderen floristischen Bestandes und synusialer Struktur. Auch in diesem Falle tritt ihre außerordentliche Abgeschlossenheit und Isoliertheit ihres floristischen Bestandes und der synusialen Struktur von anderen Waldgesellschaften auf.

Bei der Erforschung solcher Phytozönosen taucht unwillkürlich die Frage auf; Worin besteht eigentlich der komplizierte innere Mechanismus, unter dessen strenger Auswahl sich aus heterogenen floristischen und ökologischen Elementen stabile und gut balancierte phytozönotische Systeme bilden? Insbesondere ist es wichtig zu erkennen – welche Faktoren das Eindringen vieler Pflanzenarten in den Bestand der Phytozönosen dieses Typus beschränken und worin der Mechanismus besteht, welcher die Beständigkeit ihres Artbestandes und der Struktur aufrecht erhält.

Bei der experimentellen Erforschung dieser Frage führten wir in den Bestand von Piceetum myrtillosum verschiedene Arten von Kräutern und die Sämlinge von Baumarten ein, welche im Bestand der Phytozönosen dieses Typus fehlen. Zu diesen Kräutern gehören solche Arten wie *Aegopodium podagraria, Pulmonaria obscura, Ajuga reptans, Asarum europaeum, Festuca silvatica* u.a. Von Baumarten haben wir in den Bestand von Piceeta myrtillosa die Sämlinge von *Quercus robur, Fraxinus excelsior, Acer platanoides, Tilia cordata* eingeführt. Alle diese Arten sind den borealen Wäldern der Taiga-Zone genetisch und phytozönotisch fremd, und das phytozönotische Optimum ihres Gedeihens befindet sich in den Gesellschaften von Piceeta composita oder in den Assoziationen der breitblättrigen Baumarten.

Die Anpflanzung und die Saat der Pflanzen in den Gesellschaften von Piceetum myrtillosum hat man einerseits auf Parzellen durchgeführt, welche von dem Einfluß der Baumwurzeln nicht isoliert waren (Kontrolle) und anderseits auf Parzellen, an deren Rand in Gräben ein Abhacken der Baumwurzeln stattfand (Experiment). Es ist bekannt, daß das letzte Verfahren, und zwar die Ausschaltung des Einflusses der Baumwurzeln, welches K. FRICKE im Jahre 1904 eingeführt hatte, öfters in der Praxis der experimentellen Phytozönologie verwendet wird. Dieses Verfahren ist aber in methodischer Hinsicht nicht einwandfrei. Wie die Forschungen von L. ROMELL und C. MALMSTRÖM (1945) in Schweden gezeigt haben, erhalten wir im Falle der Graben-Parzellen den doppelten Effekt. Die Verbesserung des Nahrungsregimes des Bodens solcher Parzellen erfolgt sowohl als Ergebnis der Beseitigung des Abfangens der Nährstoffe seitens der Baumwurzeln als auch als Folge der Bodenbereicherung mit den Produkten des Zerfalls und der Mineralisation der Wurzelsysteme. Der letzte Effekt ist aber in den Verhältnissen des feuchten Klimas der Taiga-Zone mit häufigen und reichen Niederschlägen sehr gering. Wie unser Studium bewiesen hat, werden hier die Produkte des Zerfalls und der Mineralisation der Wurzelsysteme ziemlich schnell aus der Bodenschicht, die von den Wurzeln durchdrungen ist, ausgewaschen, und entstellen im allgemeinen die Ergebnisse der Experimente solcher Art nur sehr wenig.

Die Experimente, welche wiederholt und in verschiedenen Bereichen der Taiga-Zone durchgeführt wurden, haben äußerst ähnliche und interessante Resultate aufgewiesen. Es hat sich herausgestellt, daß viele Eigentümlichkeiten des floristischen Bestandes und der synusialen Struktur der niederen Stufen des Piceetum myrtillosum durch sehr starke Konkurrenz zwischen den Wurzeln von Bäumen, Kräutern und kleinen Sträuchern um die Elemente der Mineralnahrung, hauptsächlich um die beweglichen Formen des Stickstoffes bedingt sind. Alle Arten der nemoralen Kräuter und die Sämlinge der breitblättrigen Baumarten haben in den Gesellschaften dieser Typen die Konkurrenz seitens der Baumwurzeln nicht ausgehalten und gingen im zweiten oder dritten Jahr des Experimentes zugrunde. Dabei zeigten sie auffallend ähnliche und klar ausgeprägte Merkmale eines starken Stickstoffmangels. So waren die Blätter von *Pulmonaria obscura, Ajuga reptans, Aegopodium podagraria* in diesem Falle klein und grün-gelb oder gelb gefärbt. Bei den Gräsern (z.B. bei *Festuca silvatica, Milium effusum* äußerten sich die Symptome des Stickstoffmangels in der gelben Färbung der Blattspitzen und dem nachfolgenden Massensterben der Keimlinge. Eine ähnliche Reaktion kann man auch bei den Sämlingen der breitblättrigen Baumarten beobachten. Die Sämlinge der Gemeinen Esche (*Fraxinus excelsior*) und der Kleinblättrigen Linde (*Tilia cordata*) gingen in der Konkurrenz mit den Baumwurzeln im dritten oder vierten Jahr des Experimentes zugrunde. Die Sämlinge der Stiel-Eiche (*Quercus robur*) zeigten eine größere Widerstandskraft in der Konkurrenz mit den Wurzeln der Fichtenbäume. Doch weisen sie trotzdem in der Konkurrenz mit den Baumwurzeln einen schlechten Wuchs und alle Merkmale der Störungen in der Stickstoffversorgung auf.

In den Parzellen, welche von der Einwirkung der Baumwurzeln des Fichtenbestandes isoliert waren, wachsen alle Arten der Kräuter und die Sämlinge der breitblättrigen Baumarten ganz erfolgreich bereits im Laufe von 7 Jahren. Viele Kräuterarten vermehren sich hier sowohl vegetativ als auch mit Samen und verbreiten sich infolgedessen auf den Parzellen sehr intensiv. Man muß hinzufügen, daß die Methode der Blätter-Analyse die Richtigkeit der Interpretation der Ursachen für das Absterben der oben aufgezählten Arten als Folge des Abfangens der beweglichen Stickstoffverbindungen seitens der Baumwurzeln bestätigt. Die Konzentration des Stickstoffes in den Blättern von Pflanzen, welche im Kontakt mit Baumwurzeln wachsen, erreicht die kritisch niedrigen Größen und ist in der Regel anderthalb oder zweimal kleiner als bei den Versuchspflanzen; so kann man daraus die Schlußfolgerung ziehen, daß im Grunde der großen morphologischen Sonderheit und Beständigkeit des Artbestandes des Piceetum myrtillosum eine hohe Spannung der Konkurrenz zwischen den Wurzelsystemen um die Nährstoffe des Bodens, vor allem um die Stickstoffverbindungen, liegt. Und gerade diese Intensität dient als eine der wichtigsten biozönotischen Barrieren, welche das Eindringen vieler Arten in den Bestand der Phytozönosen dieses Typen beschränkt, obwohl gerade für diese Phytozönosen eine niedrige Dichte der Besiedelung der unteren Stufen mit Kräutern und kleinen Sträuchen charakteristisch ist, und, wie es scheint, eine große Anzahl freier ökologischer Nischen existiert. Als Beweis können auch andere Experimente dienen, welche zeigen, daß beim Ausschalten des Einflusses von Baumwurzeln die Dichte der typischen Taiga-Kräuter und kleiner Sträucher sich in den Phytozönosen dieses Typus bedeutend vergrößert (ROMELL 1933; KARPOV 1958, 1962). Man darf annehmen, daß die extreme Intensität des Wettbewerbes zwischen den Baumwurzeln in den Phytozönosen dieses Typus auf Böden existiert, welche verschiedene morphologische Strukturen aufweisen, aber dem Komplex des physiologisch wirkenden Regime des Ökotops nach, besonders was das Stickstoffregime betrifft, ähnlich sind. Es wäre äußerst wünschenswert den geographischen Diapason solcher Art Experimente zu erweitern und dieselben in verschiedenen Teilen des geographischen Areals des Piceetum myrtillosum durchzuführen. Solche experimentellen Forschungen würden zu der richtigen Bestimmung der taxonomischen Stellung solcher konvergierenden phytozönotischen Strukturen beitragen.

2. DER MECHANISMUS IM WECHSEL VON PHYTOZÖNOSEN DER DUNKELNADELHOLZ–TAIGA, WIE ER IM EXPERIMENT DARGESTELLT WIRD

Die Fragen der experimentellen Erforschung der sekundären Sukzessionen von Phytozönosen der Dunkelnadelholz-Taiga stellen eine andere wichtige Richtung unserer Forschungen dar. Als Objekte solcher Experimente dienen jetzt nicht die einzelnen Pflanzengesellschaften, sondern die bestimmten Sukzessionsreihen der Wald-Phytozönosen. Diese Reihen schließen die Pioniergesellschaften der Initialphasen und Stadien der Sukzessionen auf den offenen Holzschlägen, die serialen Assoziationen der kleinblättrigen Baumarten und der Klimax-Fichten Phytozönosen ein. Die allgemeinen Gesetzmäßigkeiten der sekundären Sukzessionen in der Taiga-Zone sind derzeit mehr oder weniger erforscht worden und in einer Reihe von Arbeiten, welche den Problemen der Statik und Dynamik der Dunkelnadelholz-Taiga gewidmet sind, erläutert. Es hat sich herausgestellt, daß in den Fällen, wo der Verlauf des Phytozönosen-Wechsels nicht durch wiederholte Einwirkungen des Menschen gestört und entstellt wird, diese Sukzessionen ziemlich gleichartig verlaufen. Diese Gleichartigkeit äußert sich nicht nur in der gleichen Reihenfolge und in der gleichen Dauer der Hauptphasen und -Stadien der Sukzession, sondern auch darin, daß der Prozeß des Wechselns immer zu der Entwicklung bestimmter phytozönotischer Strukturen, z.B. Piceetum myrtillosum führt. Man darf behaupten, daß auch hier die ganze Zeit dieselben Mechanismen wirken, welche den Verlauf der Sukzessionen ziemlich streng regulieren und leiten und welche die Wiederherstellung des bestimmten Artbestandes und der synusialen Struktur von Phytozönosen der Dunkelnadelholz-Taiga herbeiführen. Ein solcher Mechanismus ist die Konkurrenz zwischen den Populationen, welche die Edifikator-Synusien bilden, die ihrerseits die Sukzessionsreihen der Gesellschaften zusammensetzen.

Bei dem experimentellen Studium des Mechanismus der Konkurrenzverhältnisse unter den Pflanzen in den Sukzessionsreihen des Myrtillus–Typus sind wir wieder auf die außerordentlich große Bedeutung der Konkurrenz zwischen den Wurzelsystemen in der Gestaltung der Struktur und der Dynamik der Phytozönosen der Dunkelnadelholz-Taiga gestoßen. Dabei soll man selbstverständlich die Bedeutung der Konkurrenz zwischen den Pflanzen um das Licht und um die anderen Faktoren des Mikroklimas nicht unterschätzen. Aber die Rolle dieser Formen in den Wechselwirkungen zwischen den Pflanzen-Populationen während des Verlaufes der sekundären Sukzessionen ist mehr beschränkt im Vergleich zu dem leitenden und organisierenden Einfluß der Konkurrenz zwischen den Wurzelsystemen der Edifikatoren und Dominanten, welche in den Bestand der Pflanzengesellschaften verschiedener Phasen und Stadien der Sukzession eingehen. Diese Schlußfolgerung paßt, dem Anschein nach, nicht in den Rahmen der gewöhnlichen und weiterverbreiteten Vorstellungen über den Mechanismus der Bewegungskräfte der gegenwärtigen Sukzessionen in der Taiga-Zone. Sie befindet sich aber im vollen Einklang mit den Tatsachen und wird von den experimentellen Daten bestätigt. Als Beweis kann der erstaunliche Effekt dienen, welchen wir in einer Experiment-Serie mit dem Abhacken der Wurzelsysteme in Gräben in den serialen Assoziationen der kleinblättrigen Wälder der Heidelbeer-Serie erhielten. In diesen Experimenten ist es uns gelungen die Sukzessionsrichtung umzukehren und unter dem Vorhang von dichten und geschlossenen Birkenbeständen die Strukturelemente der Pionier-Gesellschaften der offenen Holzschläge nachzubilden. Dieser Effekt wurde nur auf Kosten der regelmäßigen Entfernung der Unterstreu und der Ausschaltung des Einflusses der Baumwurzeln erzielt, ohne irgendeine Störung des Lichtregimes der Waldphytozönose herbeizuführen. Bei der Entfernung nur der Unterstreu und des frischen Abfalls der Birkenblätter erschienen die Sämlinge der Pionierarten der Kräuter in großer Anzahl. Aber, da sie den Wettbewerb mit den Baumwurzeln nicht aushielten, trat in der zweiten Hälfte der Vegetation ihr massenhaftes Absterben ein. Dabei konnte man bei ihnen die Merkmale eines starken Stickstoffmangels beobachten.

Eine weitere Entwicklung dieser Experimente waren die Umpflanzung und die Saat der Pionier-Arten der Kräuter im Rahmen der Sukzessionsreihen. Die Arten, welche den Kräutergesellschaften des Initial-Stadiums der Sukzession eigen waren, hat man in den Bestand der unteren Stufen von Birken- und Fichten-Phytozönosen der späteren Sukzessionsstadien eingeführt. Die Saat und die Anpflanzungen hat man nach demselben Experiment-Schema durchgeführt, über das ich schon früher sprach. Als Kontrolle dienten die Saat und Pflanzung der Unkräuter und der Wiesenkräuter auf dem offenen Holzschlag.

Es hat sich herausgestellt, daß das biozönotische Optimum des Wachstums und der Entwicklung aller Pionier-Arten der Kräuter sich in den Saaten auf dem offenen Holzschlag befindet. Mit dem Fortschreiten der Sukzession bis zu dem Stadium der Birken- und Fichtenwälder verschlechtern sich die Bedingungen des Wachstums und der Entwicklung für Kräuter sehr bedeutend. Dabei können solche Arten, wie *Chamaenerium angustifolium, Deschampsia caespitosa, Dactylis glomerata, Agrostis vulgaris* und viele andere erfolgreich wachsen und sich vermehren innerhalb der Wald-Phytozönosen, aber nur dann, wenn sie von der Konkurrenz der Baumwurzeln geschützt sind. Beim Wettbewerb mit den Baumwurzeln gingen sowohl die Sämlinge als auch erwachsene Pflanzen dieser Kräuterarten zugrunde. Bei der Verwendung von Methoden der Blatt-Diagnostik und der Blatt-Analyse konnte man beweisen, daß ihr Absterben im Kontakt mit den Baumwurzeln durch starken Stickstoffmangel bedingt ist.

Experimente ebensolcher Art wurden für das Studium des Mechanismus der Wechselbeziehungen zwischen den Populationen der Nadelbäume und kleinblättrigen und breitblättrigen Baumarten in den ursprünglichen und abgeleiteten Phytozönosen der Dunkelnadelholz-Taiga durchgeführt. Diese Experimente illustrieren besonders klar, wie kompliziert und verschiedenartig der Mechanismus der Unterdrückung und der Verdrängung der neuen Generationen der Fichte und der breitblättrigen Baumarten aus dem Bestand der Wald-Phytozönosen sein kann. Zum Beispiel werden im Piceetum myrtillosum die Sämlinge der breitblättrigen Baumarten unterdrückt und gehen infolge der starken Konkurrenz der Wurzeln des Fichtenbestandes zugrunde. Im Gegenteil gewinnt in der Struktur von komplizierten Phytozönosen wie dem Piceetum oxalidoso-dryopteriosum die Konkurrenz um das Licht eine entscheidende Bedeutung im Mechanismus der Unterdrückung der Sämlinge. Sogar im Rahmen einer Sukzessionsreihe der Waldgesellschaften kann der Mechanismus der Unterdrückung von Sämlingen der breitblättrigen Baumarten verschiedenen Charakter besitzen. So werden in den serialen Assoziationen der Birke die Sämlinge der breitblättrigen Baumarten unterdrückt und wachsen schlecht wegen des Abfangens der Nährstoffe des Bodens durch die Baumwurzeln. In den ursprünglichen Fichten-Phytozönosen derselben Sukzessions-Serie liegt die Ursache eines schlechten Wachstums der Sämlinge derselben Arten im Lichtmangel.

Derzeit wissen wir noch sehr wenig über die Faktoren und biologischen Mechanismen, welche die Dichte der Populationen in Waldphytozönosen regulieren und kontrollieren. Eines ist klar, daß diese Frage keine universale Lösung hat und haben kann. Die Struktur und die Dynamik der Wald-Phytozönosen wird von einer sehr komplizierten Gesamtheit der physikalischen Faktoren des Ökotops und der biozönotischen Verhältnisse der Phytozönose reguliert und kontrolliert. Die quantitativen und qualitativen Äußerungen dieser Faktoren hängen davon ab, welche Eigenschaften die Arten haben, welche die Phytozönose zusammenstellen, wie die verschiedenen physiologisch wirkenden Regime des Ökotops untereinander vereinigt sind, in welchen Wechselbeziehungen sie zueinander stehen und welchen Einfluß sie auf die physiologischen Prozesse und auf den Lebenszustand der untereinander konkurrierenden Arten ausüben. In den Naturgesellschaften variieren die quantitativen und qualitativen Verhältnisse zwischen diesen Faktoren in sehr weiten Grenzen. Deswegen müssen wir die Anwesenheit einer großen Anzahl der verschiedenartigen Faktoren und Mechanismen, welche die Differenzierung der Walddecke in verschiedene Typen der phytozönotischen Strukturen bestimmen, in Betracht ziehen. In einigen Typen der Zönosen wird die verhältnismäßige Stabilität und die Selbstregulation des Bestandes und der Struktur hauptsächlich durch die leitende Bedeutung der Konkurrenz zwischen den Pflanzen um das Licht erreicht. In den anderen Typen der Wald-Phytozönosen wird eine bestimmte Beständigkeit ihres Artbestandes und der Struktur hauptsächlich infolge der Konkurrenz der Wurzelsysteme der Pflanzen um die Bodenfeuchtigkeit oder verschiedene Nährstoffe erreicht. Dabei spielen in der Gestaltung der Pflanzengesellschaften auch andere Formen der milieubildenden und biozönotischen Verbindungen und die Wechselwirkungen zwischen den Pflanzen-Populationen eine wichtige Rolle. Eigentlich sollten alle herausgefundenen und festgestellten niedrigen taxonomischen Einheiten der Walddecke einer experimentellen Erforschung unterzogen werden um die wichtigsten Kräfte und Faktoren festzustellen, welche diese taxonomischen Einheiten organisieren und formieren. Diese Aufgabe ist äußerst schwierig. Bei ihrer Lösung treten verschiedene Schwierigkeiten und Kompliziertheiten methodischen und technischen Charakters auf. Aber es ist auch selbstverständlich, daß die Lösung dieser Aufgabe den Hauptinhalt der experimentellen Phytozönologie bilden soll.

Die planmäßige und systematische experimentelle Untersuchung der Pflanzengesellschaft soll dazu beitragen, daß die Phytozönologie eine exakte Wissenschaft wird, und daß ihre wichtigsten theoretischen und praktischen Aufgaben gelöst werden.

LITERATUR

BORNKAMM, R.: Erscheinungem der Konkurrenz zwischen höheren Pflanzen und ihre begriffliche Fassung. – Ber. Geobot. Inst. ETH, Stiftg. Rübel, **34**: 83–107. Zürich 1963.

DYLIS, N. V.: V knigje „Osnovy ljesnoj biogeozenologii": 487–500, M. isd. „Nauka". 1964.
ELLENBERG, H.: Kausale Pflanzensoziologie auf physiologischer Grundlage. – Ber. dtsch. Bot. Ges. **68**: 25–31. Stuttgart 1950.
— Über einige Fortschritte in der Kausalen Vegetationskunde. – Vegetatio **5/6**: 199–211. Den Haag 1954.
HARPER, J.: Approaches to the study of plant competition. – Sympos. Soc. Exper. Biol. **15**: 1–39. 1961.
KARPOV, V. G.: Konkurjenzija kornjej drjevostoja i strojenije travjano-kustarnitschkogo jurusa v tajoshnych ljesach. – Dokl. AN SSSR **119** (2): 375–378. 1958.
— Opyt ekspjerimjental'nogo rjeschenija njekotorych voprosov fitozenologii jelovogo ljesa. – Dokl. AN SSSR **182** (3): 711–714. 1960.
— Javljenija rjevjersii sukzessii i ich znatschenije dlja rjeschenija njekotorych probjlem dinamiki ljesnogo pokrova v tajoshnoj sonje. – Dokl. AN SSSR **139**: 1241–1245. 1961.
— Njekotorye voprosy fitozenologii jelovych ljesov v ekspjerimjental'nom osvjeschtschenii. – Soobschtschenije Labor. Ljesovjedjenija, vyp. **8**: 35–61. 1962.
— Novye ekspjerimjental'nye dannye o mechanismje smjen ljesnych soobschtschestv v tajoshnoj sonje. – Bot. Shurnal **49** (8): 1101–1118. 1964.
KNAPP, R.: Experimentelle Soziologie höherer Pflanzen. – Stuttgart 1954.
MILTHORPE, F.: The nature and analysis of competition between plants of different species. – Sympos. Soc. Exper. Biol. **15**: 330–355. 1961.
ROMELL, L. G.: A trenching experiment in spruce forest and its bearing on problem of mycotrophy. – Svensk. bot. Tidskr. **38**: 89–99. Uppsala 1938.
— a. MALMSTRÖM, C.: The ecology of lichen-pine forest. – Medd. Skogsförs.-Anst. **34**: 543–625. Stockholm 1945.
SCHENNIKOV, A. P.: Prirodnye faktory rasprjedjeljenija rastjenij v ekspjerimjental'nom osvjeschtschenii. – Shurn. obschtsch. biol. **3** (5–6): 331–361. 1942.
— Sadatschi laboratorii ekspjerimjental'noj geobotaniki botanitscheskogo instituta An SSSR. – Trudy BIN AN SSSR, serija geobotanika, vypusk **14**: 6–11. 1963.
SUKATSCHOV, V. N.: Novye dannye po ekspjerimjental'nomy isutscheniju vsaimootnoschenij rastjenij. – Bjull. MSIP, otd. biol. **64** (4): 521–543. 1956.
— Njekotorych sovrjemjennych probljemach isutschenija rastitel'nogo pokrova. – Bot. Shurn. **41** (4): 427–445. 1959/1960.
— V knigje „Osnovy ljesnoj biogeozenologii", 5–49. – M. isd. „Nauka". 1964.

M.	=	Moskva (Moskau)
vyp.	=	vypusk = Lieferung, Ausgabe
isd.	=	Verlag
Dokl.	=	Doklady = Berichte
Bot. Shurn.	=	Botanitscheskij Shurnal = Botanische Zeitschrift
MSIP	=	Moskovskoje Soobschtschestvo Ispytatel'jej Prirody = Moskauer Naturwissenschaftliche (Naturforschende) Gesellschaft
Trudy	=	Arbeiten

EXPERIMENTELLE UNTERSUCHUNG ÜBER DIE WIRKUNG DER KRAUTSCHICHT AUF DIE VERJÜNGUNG VON LARIX DAHURICA TURCZ

von

V. N. WIPPER, Uspenskoje, UdSSR
Laboratorium für Waldkunde der Akademie der Wissenschaften der UdSSR.

Experimentelle Untersuchungen über die Wirkung der Krautschicht auf die Verjüngung von *Larix dahurica* wurden unter stationären Bedingungen in den Lärchenwäldern von Mittel-Jakutien durchgeführt.

Experimentelle Untersuchungen der Wechselbeziehungen zwischen den Pflanzen der unteren Schicht, den Bäumen und dem Anwuchs führte man zur Aufklärung der Gründe durch, welche die Verjüngung der Lärche hemmen, und zur Beurteilung der Konkurrenz um Licht, Feuchtigkeit und Nährstoffe zwischen den Komponenten der Lärchenwälder. Zur Klärung dieser Fragen wurde eine Reihe von Versuchsflächen angelegt, wo neben Lärchen-Ansaat, auch Entfernen der Streu, dieser oder jener vorherrschenden Arten der unteren Schicht, Umgraben des Bodens auf 30–35 cm und Isolierung von Wurzeln der Mutterbäume durchgeführt wurde.

Auf allen Flächen (2 × 2 m groß) führte man eine Kartierung, Messung des Zuwachses, der Höhe des Aufschlages von Holzarten und der Arten der Krautschicht durch; man stellte die oberirdische Masse, den Vorrat an Samen in der Streu und in den oberen Bodenhorizonten fest; man führte Ausgrabungen und Aufzeichnungen der Wurzeln durch; man bestimmte die Bodenbelastung durch die Wurzeln des Aufschlages, der ausgewachsenen Bäume, einiger Arten des Unterholzes und der Krautschicht; man führte phänologische Beobachtungen durch; man schenkte ferner der Fruktifikation der dominierenden Pflanzen der Krautschicht Aufmerksamkeit. Außerdem untersuchte man Transpiration, Blattgrüngehalt, Streuzersetzung, chemische Zusammensetzung der Pflanzen und des Bodens. Gleichzeitig wurden phytoklimatische Beobachtungen über die Temperatur und Feuchtigkeit der Luft und des Bodens, über die Beleuchtung, über die Windgeschwindigkeit, die Verdunstung und das Zurückhalten der Niederschläge durch das Kronendach, das Unterholz und einzelne Vertreter der Krautschicht gemacht.

Das Klima Mittel-Jakutiens ist ausgesprochen kontinental, gekennzeichnet durch einen harten, anhaltenden schneearmen Winter und den kurzen heißen Sommer, dessen erste Hälfte sehr trocken ist. Bei der Durchschnittsjahresmenge der Niederschläge von 170–200 mm ist die zweite Hälfte der Vegetationsperiode am feuchtesten, da dann 75–90 mm Niederschläge, d.h. fast die Hälfte der Jahresnorm fallen. Der wärmste und einzige Monat im Jahr ohne Fröste ist der Juli, in dem die Lufttemperatur oft bis + 28–30° steigt, und eine starke Erwärmung der Oberfläche des Bodens sogar unter dem Kronendach hervorruft. Unter diesen

Bedingungen sind auf dem leicht wellenförmigen Relief auf dem Taiga-Frostboden Lariceta limnoso-vacciniosa verbreitet, die als Grundobjekt der Untersuchungen dienten. Der Baumbestand im Wald dieses Typus wird durch die Dahurische Lärche von 18 m Höhe mit einem Durchmesser von 16 cm im Alter von 130 Jahren gebildet.

Im Bestand des schwach entwickelten Unterholzes mit 0,5 bis 1,0 m Höhe herrschen einige Arten von Weiden (*Salix raddeana* Laksch, *S. xerophila* Floder, *S. floderusii* Nakai), *Rosa acicularis* Lindl. und *Ribes pauciflorum* Turcz.

Die Krautschicht ist gut entwickelt und bedeckt bis 80% Fläche. In ihrem Bestand herrschen: *Vaccinium vitis-idaea* L., *Arctous erythrocarpa* Small., *Pyrola incarnata* Fisch, die große Horste bilden. Sie nehmen alle Teile des Mikroreliefs an den durch das Kronendach beschatteten Plätzen ein; in den Lücken und am Rande wachsen sie in den Niederungen. Die zweite Gruppe bilden die Arten, die für stärker belichtete Plätze charakteristisch sind (*Limnas stelleri* Trin., *Lathyrus humilis* Fisch., *Vicia amoena* Fisch.). Sie sind durch eine genügend hohe Stufe der Abundanz (cop [1]) gekennzeichnet und an die Lücken gebunden, wo sie hauptsächlich die Erhöhungen des Mikroreliefs einnehmen. Unter dem Kronendach sind diese Arten merklich (vor allem in der generativen Fortpflanzung) unterdrückt.

Die Streudicke wechselt zwischen 3 und 6 cm. Ihr Vorrat in absolut trockenem Zustand beträgt 18 t pro 1 ha.

Die natürliche Verjüngung im Walde ist in der Regel ungenügend. Obwohl in einzelnen Jahren nach einer reichen Fruktifikation der Lärche zahlreiche Selbstbesamung aufkommt (bis 50 000 Keimlinge pro 1 ha), findet man Nachwuchs nur vereinzelt: er ist stark unterdrückt und überschreitet im Alter 20–25 Jahre nicht eine Höhe von 25 cm, bei nur 2000–3000 Individuen pro 1 ha. Ganz anders ist das Bild auf einzelnen kleinen Flächen mit aufgelichteter Krautschicht oder auf abgebrannten Flächen, wo sich die Menge des Nachwuchses um das Mehrfache vergrößert.

Ähnliche Erscheinungen findet man auf den Aushiebplätzen im Walde desselben Typus.

Das Fehlen ausgesprochener Unterschiede zwischen der Zahl der Aufschläge auf den Aushiebplätzen und im Wald sowohl auch die für diese Bedingungen gemeinsame Gesetzmäßigkeit, die durch das Auftreten einer großen Zahl der Aufschläge von Holzarten auf den mineralisierten Flächen zum Vorschein kommt, geben keinen Grund den Lichthaushalt als den Faktor zu betrachten, der sich im ökologischen Minimum befindet und den Verjüngungsvorgang im Wald beschränkt. Obwohl die Belichtungsstufe der Bodenoberfläche unter dem Kronendach im Durchschnitt im Juni und Juli 20–25% der freien Fläche erreicht, wirkt das Abfangen des Lichtes durch die Pflanzen in den angeführten Grenzen verhältnismäßig wenig auf die Entwicklung des Lärchenaufschlags.

Die Analyse der Dynamik der natürlichen Lärchenverjüngung im Wald zeugt von der scharfen Verminderung der Zahl der Aufschläge und des Nachwuchses im Laufe von zwei Etappen (erstes, zweites, und viertes Jahr) und von der negativen Wirkung der Krautschicht und der Streu auf die quantitative Seite dieser Vorgänge. Im Laufe des ersten Lebensjahres gehen auf allen Flächen, wo sich die Wirkung der Pflanzendecke und der Streu zeigt, bis 50% der Aufschläge zugrunde, auf der umgegrabenen Fläche aber mit der abgehobenen Krautschicht und Streu und auf den umgegrabenen Flächen, (wo die Wirkung der Pflanzen und der Streu beseitigt ist) kommt dieser Vorgang viel schwächer zur Geltung.

Besonders scharf ist der Vorgang des Ausfalls der Aufschläge im Laufe des ersten Sommers auf der umgegrabenen Fläche sichtbar, wo die Krautschicht und die Streu im natürlichen Zustand erhalten sind. Auf dieser Fläche bleiben bis zum Herbst nur 30% der im Frühling aufgekommenen Aufschläge, sogar weniger, als auf einer gleichen Fläche, ohne Isolierung der Wurzeln von ausgewachsenen Bäumen.

Die Experimente stellen die negative Rolle der Krautschicht in den ersten Lebensetappen der Aufschläge heraus, was mit dem Charakter der Wurzellage zusammenhängt. Während die Wurzeln und Wurzelstöcke der Arten in der Krautschicht sich in der Streu und in den oberen 5 cm des Bodens konzentrieren, befindet sich die Grundmasse der tätigen Wurzelenden der Lärche (mit einem Durchmesser von 1 mm) unter der Streu, wo sie die Bodenschicht bis 40–50 cm durchdringen.

Nach Isolierung der Wurzeln von Lärchenbäumen wächst die Krautschicht intensiv und nimmt zu in Abundanz, Höhe und Nachwuchs. Das Gewicht der Grünmasse verdoppelt sich fast. Das macht die Wurzelkonkurrenz schärfer und führt, wie schon gezeigt wurde, zum größten Ausfall der Lärchenaufschläge im ersten Lebensjahr.

Besonders ungünstige Zustände für die Lärchenaufschläge bilden sich am Anfang des Sommers, in der Periode ihrer Keimung. Die erste Hälfte des Juni ist durch die größten Temperaturamplituden gekennzeichnet: am Tage erwärmt sich die Oberfläche des Bodens bis 25–30° (manchmal sogar bis 40°), in der Nacht sinkt die Temperatur bis 0–1°. Die relative Luftfeuchtigkeit in den Tagesstunden übersteigt oft zu dieser Zeit nicht 15–20%. Aber der entscheidende Faktor ist das Wasserdefizit des Bodens, das mit der geringer Menge der Niederschläge, die in dieser Periode fallen, und mit dem maximalen Wasserverbrauch durch die Pflanzen am Anfang ihrer Vegetation verbunden ist. In der ersten Hälfte des Juni kann der für die Lärchenaufschläge zugängliche Wasservorrat in der ausgetrockneten Streu, wo die Feuchtigkeit nur 3–6% des Volumens erreicht, vollkommen ausgeschöpft sein. Im Laufe der verschärften Konkurrenz um die Feuchtigkeit hauptsächlich durch die Wurzeln der Arten aus der Krautschicht, welche die ganze Streu durchdringen, wird die Wasserbilanz der Aufschläge gestört, und sie kommen in der trocknenden Streu um, bevor ihre Wurzeln den Boden erreichen.

Der günstigere hydrothermische Haushalt des Bodens in der zweiten Hälfte der Vegetationsperiode hilft zur Erhaltung der überlebenden Aufschläge. Aber auch in dieser Periode bleibt der Wasserhaushalt des Bodens genügend gespannt, besonders wenn man in Betracht zieht, daß in Juli und August meistens die Regenmenge nicht 2 mm übersteigt, wovon noch ein bedeutender Teil durch die Oberfläche der Pflanzen zurückgehalten und verdunstet wird.

Die nächste kritische Phase im Leben des Nachwuchses tritt im vierten Jahr auf, wenn die Wurzeln der überlebenden Exemplare desselben den

Entwicklungsstand der Grundmasse der tätigen Oberfläche der Wurzeln von Mutterbäumen erreichen. In dieser Periode ist auf den Flächen, wo der Nachwuchs sich unter Bedingungen der Konkurrenz mit den Baumwurzeln entwickelt, sein Ausfall um 2–4 mal größer, als auf den Flächen mit den abgehauenen Wurzeln. Ein kleineres Prozent umgekommenen Nachwuchses findet man auf der umgegrabenen Fläche, wo die Wirkung der Krautschicht und der Streu beseitigt wurde. Ein ganz anderes Bild zeigt sich auf den Flächen, wo die Wirkung der Baumwurzeln beseitigt wurde. Hier ist im Laufe der letzten drei Jahre der Ausfall gleichmäßig und relativ klein. Das hängt damit zusammen, daß im vierten Jahr die Wurzeln des Lärchen-Nachwuchses durch die Schicht der tätigen Wurzeln der Krautschicht kommen und sich dem Bereich ihrer Wirkung entziehen.

Das wird auch durch die Veränderung der Höhe, des Gewichtes der Wurzeln, der Sprößlinge und der Nadeln der Lärche auf verschiedenen Versuchsflächen bestätigt. Auf den Flächen mit den abgeschlagenen Wurzeln von ausgewachsenen Bäumen dringen die Wurzeln des Lärchennachwuchses im vierten Jahr bis zu einer Tiefe von 4–5 cm durch und kommen nicht über die Grenzen der Verbreitungszone der Grundmasse der Wurzeln von der Krautschicht, die durch einen unbeständigen Wasserhaushalt gekennzeichnet wird.

Die Wirkung der Wurzelkonkurrenz bestimmt den schwachen Höhenzuwachs, die schwache Benadelung und das Gewicht der ober- und unterirdischen Teile des Nachwuchses. Viel besser in allen Merkmalen entwickelt sich der Nachwuchs auf der umgegrabenen Fläche, wo die Wirkung der Krautschicht und der Streu beseitigt ist. Aber im vierten Jahr, wenn die Nachwuchswurzeln in den Wirkungsbereich der Wurzeln von Mutterbäumen eindringen, wird der Höhenzuwachs etwas kleiner.

Auf den Flächen mit der Isolierung der Wurzeln von ausgewachsenen Bäumen, wo auch die Wirkung der Krautschicht beseitigt wurde, wird der Zuwachs mit jedem Jahr größer; unter diesen Bedingungen erreicht der Nachwuchs größte Dimensionen und größte Masse, und seine Wurzeln dringen in den Boden doppelt so tief, wie auf den nicht umgegrabenen Flächen und erreichen die Horizonte mit einem beständigeren Wasservorrat. Der Nachwuchs, der sich auf den isolierten Flächen, aber mit der unberührten Krautschicht und Streu entwickelt, wird, wie schon gezeigt wurde, unter der Wirkung der Konkurrenz mit den Pflanzen der Krautschicht sehr unterdrückt und gibt in den ersten Lebensjahren keinen merklichen Zuwachs. Im vierten Jahr, wenn er den Wirkungsbereich der Wurzeln der Krautschicht verläßt, macht sein Zuwachs einen Sprung, indem er 5–6 cm erreicht, d.h. ungefähr dieselbe Größe wie auf übrigen isolierten Flächen.

Neben der anhaltenden scharfen Konkurrenz um das Wasser ist in dieser Lebensetappe des Nachwuchses, wenn er räumlich den Kontakt mit den Wurzeln der Mutterbäume aufnimmt, der Hauptgrund seines Ausfalls das Abfangen der Mineralnahrung durch die Wurzeln der ausgewachsenen Bäume.

Die Wurzelwirkung der ausgewachsenen Bäume auf die Mineral-Ernährung der Aufschläge und die Arten der Krautschicht kann man gut beim Vergleich der Menge von Nährstoffen verfolgen, die in den Pflanzen im natürlichen Zustand und auf den Flächen enthalten sind, die von der Wirkung der Wurzeln der ausgewachsenen Bäume isoliert worden sind. Auf den Flächen, wo die Konkurrenz mit den Lärchenwurzeln beseitigt ist, verbrauchen die Pflanzen der Krautschicht mehr Nährstoffe: bei ihnen sind der Aschen-, Phosphor- und Stickstoffgehalt größer.

Mittelbar zeugt auch die Zunahme des Blattgrüngehaltes in den Pflanzen von der Verbesserung der Bedingungen der Fotosynthese auf den Flächen mit den abgehauenen Baumwurzeln.

Der Wassergehalt des Bodens sowohl im Walde als auch auf den Aushiebflächen unterscheidet sich wesentlich auf den Flächen mit dem Vorherrschen in der Krautschicht dieser oder jener Art. Wenn man den gesamten Wasserverbrauch auf den Flächen mit dem Vorherrschen von *Arctous erythrocarpa* und *Vaccinium vitis-idaea* vergleicht, so ergeben sich folgende Unterschiede: der Gesamt-Wasserverbrauch während der Vegetationsperiode auf der Fläche mit *Arctous erythrocarpa* war 209 mm, auf der Fläche mit *Vaccinium vitis-idaea* 148 mm, auf der danebenliegenden Fläche, wo die Wurzeln der Bäume abgehauen wurden, mit der Krautschicht aus *Arctous erythrocarpa* 171 mm, und mit *Vaccinium vitis-idaea* 137 mm.

Dieser Befund spiegelt sich auch bei der Analyse der Transpirationsintensität von verschiedenen Arten der Krautschicht wider.

Die Unterschiede in der Transpirationsintensität erlauben drei Artengruppen zu unterscheiden. Zu der ersten gehören die typischen Waldarten *Pyrola incarnata* und *Vaccinium vitis-idaea*, die durch die niedrigste Transpirationsintensität gekennzeichnet sind, welche etwas größer auf den Aushiebflächen wird. Der zweiten Gruppe gehören die Arten an, die den Rändern (*Lathyrus humilis*) und mehr aufgelichteten Lärchenwäldern (*Arctous erythrocarpa*) eigen sind. Sie benutzen für die Transpiration Wasser aus einem größeren Bodenraum und sind durch größere Transpirationsintensität gekennzeichnet. Die dritte Gruppe schließt die am stärksten xerophytischen Arten ein: *Festuca jacutica, Limnas stelleri*, die weniger transpirieren als die Vertreter der vorgenannten Gruppe und deren Transpirationsintensität auf den Aushiebflächen kleiner wird. Das letzte ist damit verbunden, daß ihre Wurzelsysteme in den oberen Bodenhorizonten konzentriert sind, welche auf den Aushiebflächen schnell austrocknen, wo die Verdunstung um 3–5 mal größer ist als im Walde. Auf die Verminderung des zugänglichen Wasservorrats in den oberen Bodenhorizonten reagieren diese Arten mit der Verminderung der Transpirationsintensität.

Eine differenzierte Wirkung der Krautschicht auf die Veränderung der Umwelt der Aufschläge von Holzarten ist auch bei der Analyse der Intensität der mikrobiologischen Vorgänge gut verfolgbar, die auf verschiedenen Versuchsflächen im Walde und auf den Aushiebflächen entstehen.

Die Isolation der Wirkung der Wurzeln von ausgewachsenen Lärchenbäumen führt zur Zunahme der Alkalireaktion des Bodens und fördert die Entwicklung der bakteriellen Vorgänge. Das kann man gut auf der isolierten Fläche mit *Pyrola incarnata* und auf der umgegrabenen Fläche verfolgen. Etwas ganz anderes sieht man auf der Fläche, wo *Arctous erythrocarpa* dominiert. Trotz des Abhauens der Wurzeln der ausgewachsenen Lärchenbäume nimmt hier die Bodenazidität etwas zu, was durch die Vermehrung der Zahl der Pilze, besonders *Penicillium*, begleitet wird. Es ist anzunehmen, daß diese Erscheinung mit der negativen Rolle von *Arctous erythrocarpa* für die Lärchenverjüngung verbunden ist.

So verjüngt sich in den trockenen Gebieten Mittel-Jakutiens in den Lariceta limnoso-vacciniosa die Lärche ungenügend. Soweit durch das Kronendach der lichten Lärchenwälder eine genügende Menge des Lichtes (25–30% von der offenen Fläche) durchdringt, muß man die Ursache des erheblichen Unterganges der Lärchenaufschläge im ersten Lebensjahr in der Austrocknung der Streu hauptsächlich durch die Wurzeln der Pflanzen der Krautschicht suchen. Verschiedene Arten der Krautschicht, die den Wasserhaushalt der oberen Horizonte negativ verändern, wirken verschiedenartig auf die Veränderung der Umwelt der Aufschläge der Holzarten. Die Analyse der Intensität der Lebenstätigkeitsvorgänge von einzelnen Arten der Krautschicht zeugt von der ungünstigen Wirkung von *Arctous erythrocarpa* auf die Entwicklung der Lärchenaufschläge.

Die kritische Phase tritt im 3.–5. Jahr ein, wenn die Wurzelsysteme des überlebenden Nachwuchses die Entwicklungshöhe der Grundmasse der tätigen Oberfläche von Wurzeln der Mutterbäume erreichen. Im Ergebnis der intensiven Wurzelkonkurrenz und des Abfangens der Elemente der Mineralnahrung durch die Wurzeln der ausgewachsenen Bäume verstärkt sich wieder der Nachwuchsabfall. Der danach überlebende Nachwuchs kann keine wesentliche Rolle in der Bewaldung der Aushiebflächen spielen, da er sehr unterdrückt (im Alter von 20–25 Jahre übersteigt er 15–25 cm nicht) und zahlenmäßig unwesentlich ist (2000–3000 pro 1 ha).

SUMMARY

In arid regions of the Central Yakutija in Lariceta limnoso-vacciniosa, larch reforestation is unsatisfactory. The research was carried out to investigate the interrelation among the plants of the lower layer, the crown-cover and the regrowth to find the reasons which prevent the reforestation of larch; to value the degree of competition for light, humidity and nutritional substances among the components of the larch forests. Since sufficient light penetrates through the canopy of the larch forests (25–30% of the open place), the reason of the great loss of the first year larch seedlings probably lies in the withering of the forest litter stimulated by the roots of the plants of the herb layer. Producing negative influence upon the change of the hydroregime of the upper soil horizon, various species of the herb layer influence differently upon the change of the habitat of the seedlings of the woody plants. The analysis of the vitality of several species of the herb layer shows that *Arctous erythrocarpa* exerts unfavourable influence upon the growth of the larch seedlings.

Critical phase comes in the 3–5-th year when the root systems of the preserved regrowth reach the level of the development of the principal mass of the active root surface of the parent trees. The new increase of the fall off of the regrowth is observed, when the intensive root competition and take up of the elements of the mineral nutrition by the roots of the adult trees takes place. The preserved regrowth is not important in the afforestation of the felling area since it is heavily depressed (20–25 years plants reach only 15–25 cm) and insignificant in quantity (2000–3000 per hectare).

SUKZESSION DER WALDPHYTOZÖNOSEN IM ZUSAMMENHANG MIT DER BODENENTWICKLUNG AUF AMPHIBOLITEN

von

MIROSLAVA HUSOVÁ, Průhonice

In der heutigen Geobotanik gewinnt die Lehre über die Bodenentwicklung, deren Anfänge bei PALLMANN (1942) liegen, und die KUBIËNA (1948) ausführlich bearbeitete, immer mehr an Bedeutung.

Durch die Einwirkung der Vegetation in einem bestimmten Gebiet auf einem bestimmten Muttergestein verläuft eine komplizierte Entwicklung des Bodens. Sie beginnt bei einem primitiven Bodentyp mit einer geringen Differenzierung des Bodenprofils und schreitet bis zu einem vollkommen differenzierten Klimaxtyp fort. Unter natürlichen Bedingungen entspricht dem Boden in einem bestimmten Stadium der Bodenentwicklung ein bestimmtes Stadium einer natürlichen Vegetationssukzession, die durch eine bestimmte Vegetationseinheit repräsentiert wird.

In dieser Arbeit werden die synökologischen Beziehungen der Sukzession der natürlichen Waldgesellschaften und der Entwicklung ihrer Böden im Gebirge Branschauer Wald im Westböhmen behandelt. Die verwendeten Methoden sind in der Arbeit MORAVCOVÁ-HUSOVÁ 1963 angegeben, die Beschreibung der behandelten Waldphytozönosen enthält die Arbeit MORAVCOVÁ-HUSOVÁ 1964 und HUSOVÁ 1968.

Im studierten Gebiet mit reich gegliedertem Meso- und Mikrorelief und dem damit zusammenhängenden Wechsel des Meso- und Mikroklimas, welche die Bildung mannigfaltiger Bodenstadien bedingten, machte die Natur selbst ein ausgedehntes Experiment, dessen künstliche Nachahmung sich den menschlichen Möglichkeiten entzieht. Dieses Gebiet bietet daher ein klassisches Objekt für das Studium der gegebenen Problematik.

Das untersuchte Gebiet liegt in Seehöhen von 450 bis 720 m, das man klimatisch in zwei Abschnitte teilen kann, die durch verschiedene jährliche Niederschlagsmengen gekennzeichnet sind: in einen trockeneren Teil mit einem jährlichen Mittel an Niederschlägen von 600 bis 700 mm und einen feuchteren mit einem Mittel von 700 bis 800 mm. Die Sukzession der natürlichen Waldvegetation des trockeneren Teiles tendiert zum Eichen-Hainbuchenwald (Verband Carpinion), im feuchteren zum Buchenwald (Verband Fagion). Das Muttergestein der untersuchten Bodentypen wird von basischen Amphibolit-Gesteinen gebildet, die zu den mineralkräftigen Gesteinen mit einem höheren Vorrat von Kalzium und Magnesium gehören; sie kennzeichnen sich jedoch durch eine spezifische Verwitterungsart, die zur Bildung steinigen bis blockigen Schuttes führt. Infolge der großen Mannigfaltigkeit des Reliefs bildeten sich im Gebiete

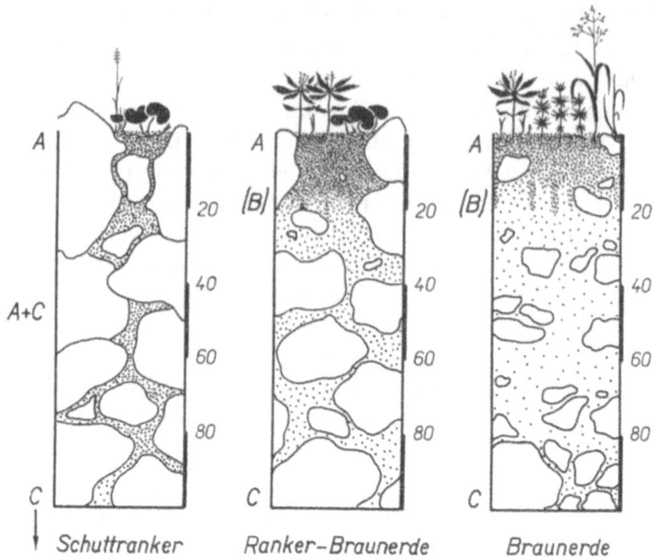

Abb. 1. Stadien der Bodenentwicklung auf Amphiboliten. (Del. K. Kopecký).

Schuttströme verschiedenen Alters mit Böden einer verschiedenen pedogenetischen Entwicklungsstufe – angefangen vom Schuttranker mit einer geringen Differenzierung des Bodenprofils (A/C-Profil) über eine Ranker-Braunerde mit einem bereits differenzierten Braunerde – (B) – Horizont, bis zu einer sehr skelettreichen, eutrophen oder mesotrophen Braunerde.

Das Anfangsstadium der Bodenentwicklung auf Amphibolit-Schutt – der Schuttranker – ist ein zweiphasiger Boden mit einem A/C-Profil. Hier ist bisher noch keine zusammenhängende Schicht einer Feinerde entwickelt, die mit einem überwiegend organischen Anteil nur in einigen Lücken zwischen den Schuttblöcken angehäuft ist; im Profil sind jedoch noch viele freie Zwischenräume zwischen den Blöcken. Im Unterschied von den von Kubiëna (1953) beschriebenen Ranker-Subtypen besitzt dieser Boden jedoch eine bedeutende physiologische Tiefe, so daß eine Entwicklung der Baumschicht ermöglicht wird. Die extremen Bodenbedingungen gestatten jedoch das Wachsen nur einiger sogenannter Schutthölzer (Esche, Linde und Ahorne), welche diesen Wuchsbedingungen angepaßt sind; Klimax-Hölzer fehlen.

Die Baumschicht der auf Schuttranker wachsenden Phytozönosen ist bereits geschlossen, auch die Moosschicht auf den Schuttblöcken ist vollkommen entwickelt, die Krautschicht besteht jedoch nur aus wenigen, in Steinlücken verstreuten nitrophilen Arten. Mit einer fortschreitenden Verringerung des Grobskelettes im Profil und der Bildung mineralischer Feinerde entstehen zusammenhängende Bodenhorizonte, was ein Aufkommen von Klimax-Hölzern ermöglicht – je nach den klimatischen Bedingungen entweder von Eiche, Hainbuche oder Buche, deren Dominanz und Vitalität sich mit der Bodenentwicklung zum Klimaxtyp allmählich erhöht – während die Schutthölzer zurücktreten.

In der Krautschicht verringert sich in der Richtung der Entwicklung zum Klimax die Zahl der anspruchsvolleren Arten, insbesonders nitrophile und humikole Arten treten zurück.

Die Ranker-Braunerde bildet das weitere Stadium der pedogenetischen Reihe der Bodenentwicklung auf Amphiboliten. Es ist dies ein dreiphasiger Bodentyp, bei dem es bereits zu einer intensiveren Bildung von mineralischer Feinerde und der Differenzierung des Braunerde-(B)-Horizontes kam, wo infolge der chemischen Verwitterung des Muttergesteines Tonmineralien und braungefärbte Verbindungen des dreiwertigen Eisen entstehen. Das ganze Bodenprofil ist jedoch noch mit Blockskelett, auch mit Blöcken, die über den Boden hervorragen durchsetzt. Der obere Humushorizont ist sehr mächtig, 20–30 cm stark und besteht aus einem nährstoffreichen, größtenteils *Arthropoden*-Humus. Die Baumschicht der auf diesen Bodentyp entwickelten Phytozönosen besteht vorwiegend aus Schutthölzern, aber auch verstreute Klimax-Hölzer wie Eiche, Hainbuche oder Buche kommen hinzu. Die Krautschicht ist bereits vollkommen geschlossen und artenreich.

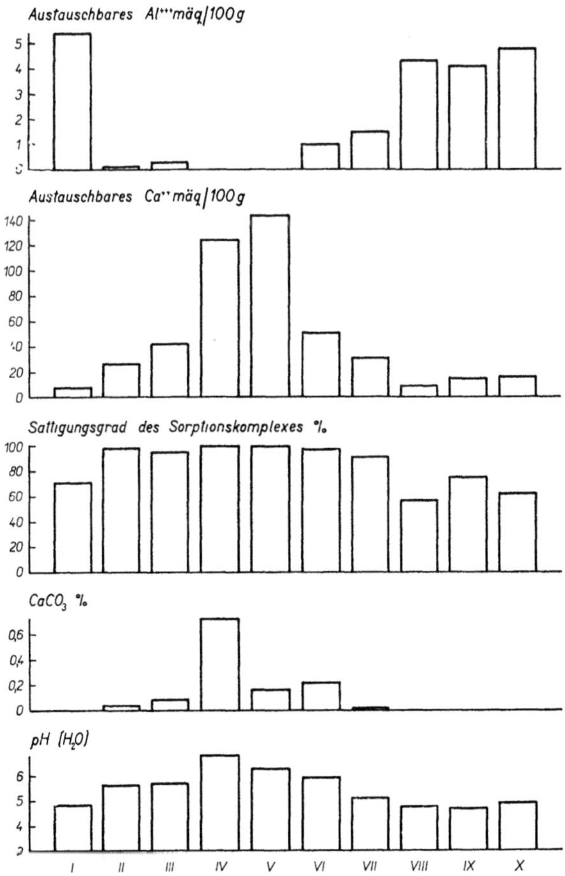

Abb. 2 u. 3. Durchschnittswerte einiger Bodeneigenschaften einzelner Waldassoziationen. (Del. K. Kopecký).

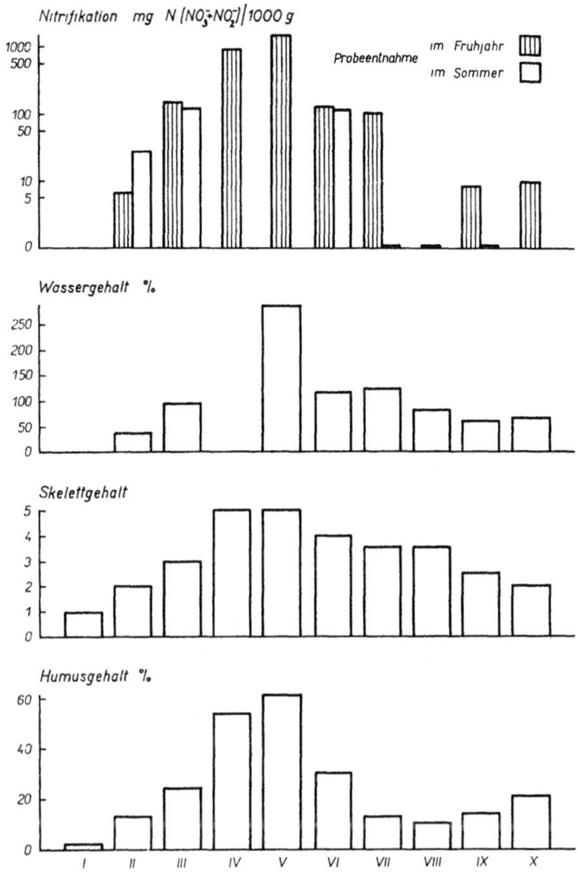

I. Querco-Carpinetum, Eichen-Hainbuchenwald; Bodentyp eutrophe Braunerde.

II. Cynancho-Tilietum, Eichen-Linden-Mischwald; Bodentyp eutrophe Braunerde.

III. Aceri-Carpinetum typicum, Schuttwald mit vereinzelter Eiche und Hainbuche; vorherrschender Bodentyp Ranker-Braunerde.

IV. Aceri-Carpinetum initiale, Anfangsstadium des Schuttwaldes mit vorherrschender Esche, Sommerlinde und Ahorn, ohne Klimax-Hölzer; Bodentyp Schuttranker.

V. Fago-Aceretum initiale, Schuttwald mit vorherrschender Esche, Ahorn, Linde und Bergulme ohne Vertretung von Buche; Bodentyp Schuttranker.

VI. Fago-Aceretum lunarietosum, Schuttwald mit Buche, in Unterwuchs mit vorherrschender *Lunaria rediviva*; Bodentyp am Übergang zwischen dem Schuttranker und der Ranker-Braunerde.

VII. Fago-Aceretum typicum, Schuttwald mit eingestreuter Buche; Bodentyp Ranker-Braunerde.

VIII. Fago-Aceretum festucetosum altissimae, Schuttmischwald mit Buche, im Unterwuchs herrscht *Festuca altissima* vor; Bodentyp Ranker-Braunerde.

IX. Krautreicher Buchenwald, im Unterwuchs sichtlicher Rückgang der nitrophilen Arten; Bodentyp eutrophe Braunerde.

X. Festuco altissimae-Fagetum, reiner Klimax-Buchenwald, im Unterwuchs mit *Festuca altissima*; Bodentyp mesotrophe Braunerde.

Das weitere Stadium, das Endstadium der Bodenentwicklung auf Amphiboliten, die unter den Klimax-Gesellschaften entwickelte Braunerde, ist tiefgründig und sehr skelettreich, von gewöhnlich eutrophem bis mesotrophem Charakter.

Die Sukzession der natürlichen Waldvegetation im östlichen, trockeneren Gebietsteil verläuft vom Initialstadium Aceri–Carpinetum initiale über das Aceri–Carpinetum typicum bis zum Klimax-Querco–Carpinetum. Im feuchteren Gebietsteil wird das Anfangsstadium der Sukzession der Waldvegetation von der Subassoziation Fago–Aceretum initiale gebildet und verläuft weiter über das Fago–Aceretum lunarietosum, Fago–Aceretum festucetosum altissimae und Fago–Aceretum typicum bis zum Klimax-Buchenwald, der durch das Festuco altissimae–Fagetum repräsentiert wird. Die Bodenentwicklung unter den natürlichen Waldphytozönosen in beiden Gebieten verläuft vom Schuttranker über eine Ranker-Braunerde bis zur Klimax-Braunerde.

Zum Studium der Sukzessionsstadien einzelner phytozönologisch-pedologischen Reihen wurden einige charakteristische Eigenschaften der A-Horizonte der einzelnen Bodentypen und Subtypen gewählt, an denen es möglich war die Sukzessionsfolge zu demonstrieren. Diese Bodeneigenschaften weisen ein charakteristisches Steigen oder Sinken in der Sukzessionsfolge von Initialgesellschaften zum Klimax auf.

Im Abb. 2 sind die Studienergebnisse zusammengefaßt, aus denen ersichtlich ist, daß sich in den Entwicklungsreihen von Schuttranker zur Braunerde der Skelettgehalt fortlaufend verringert. Den höchsten Skelettgehalt wiesen die Schuttranker unter den Initialstadien – Aceri–Carpinetum initiale und Fago–Aceretum initiale auf, den niedrigsten die Klimax-Braunerden unter den Buchenbeständen, dem Querco–Carpinetum und dem Cynancho–Tilietum.

Eine charakteristische Abstufung bei den einzelnen Entwicklungsstadien zeigt die Azidität ihrer Rhizosphären, die einen deutlichen Zusammenhang mit dem Gehalt an basischen Austausch-Kationen im Sorptionskomplex, und mit dem gegenseitigen Verhältnis der Ca^{++}- und Mg^{++}-Ionen zu den H^{+}- und Al^{+++}-Ionen erkennen läßt. In den Sukzessionsreihen von den Initialstadien zum Klimax verringert sich der Gehalt an Ca^{++}- und Mg^{++}-Ionen, gleichzeitig erhöht sich der Gehalt an Al^{+++}- und H^{+}-Ionen und die Azidität in den A-Horizonten.

Der Gehalt an Ca^{++}-Ionen in den A-Horizonten bei Initial-Waldgesellschaften übersteigt insgesamt 100 mäq. Im Vergleich mit dem Sorptionskomplex der russischen Tschernosem (nach den Analysen von GEDROJC s. VILENSKIJ 1950, p. 276), die 45 mäq. Ca^{++} und 8,3 mäq. Mg^{++} enthielten, besitzen unsere Böden etwa zweimal mehr Ca^{++}- und Mg^{++}-Ionen. Die Azidität der A-Horizonte der Böden der Initial-Waldgesellschaften bewegt sich bei pH 6,0 bis 6,5; bei Klimax-Gesellschaften sinkt dagegen der pH-Wert bis auf pH 4,8 bis 4,5. In den Sukzessionsreihen vom Aceri–Carpinetum initiale zum Querco–Carpinetum und vom Fago–Aceretum initiale zum Buchenwald verkleinert sich fortlaufend die Mächtigkeit der Humusschicht im Profil und der Humusgehalt in den Rhizosphären. Vom Humusgehalt des Bodens hängt bis zu einem gewissen Grade auch der Wassergehalt ab. Die Schuttranker der Initial-Phytozönosen mit dem höchsten Humusgehalt weisen auch den höchsten, Klimax-Braunerden unter Buchenbeständen und Eichen-Hainbuchenbeständen dagegen den niedrigsten Wassergehalt auf.

Sehr markante ökologische Unterschiede zwischen den einzelnen Sukzessionsstadien der Waldgesellschaften zeigen sich in der Nitrifikationsfähigkeit ihrer Böden. In den Sukzessionsreihen vom Schuttranker zur Klimax-Braunerde verringert sich die Nitrifikationsfähigkeit deutlich. Die höchste Nitrifikation wurde in den A-Horizonten der Schuttranker unter Initialstadien der Waldbestände – Aceri–Carpinetum initiale und Fago–Aceretum initiale festgestellt, eine etwas niedrigere beim Bodentyp am Übergang zwischen dem Schuttranker und der Ranker-Braunerde, unter dem Schuttwald mit *Lunaria rediviva* im Unterwuchs. Die A-Horizonte der Ranker-Braunerden unter den Beständen der Dauer-Subklimaxassoziationen – Aceri–Carpinetum typicum, Fago–Aceretum typicum und Fago-Aceretum festucetosum altissimae nitrifizierten schwächer; in einigen Bodenproben wurden nur Nitrat-Spuren festgestellt. Eine schwächere Nitrifikation wurde auch im A-Horizonte der eutrophen Braunerde unter dem Bestand des Cynancho–Tilietum festgestellt, wogegen die A-Horizonte der Klimax-Braunerden unter Buchenbeständen nur eine sehr geringe Nitratbildung zeigen; bei der Bodenprobe aus dem A-Horizont unter einem Eichen-Hainbuchenwald war der Nitrifikationstest vollkommen negativ.

ZUSAMMENFASSUNG

Aus den Ergebnissen der Beobachtung der gegenseitigen Interaktion der Sukzession der Waldvegetation mit der Bodenentwicklung kann man folgende Schlußfolgerungen ziehen:

1. Der Boden entwickelt sich durch fortlaufende Umwandlungen vom primitiveren, morphologisch weniger differenzierten Bodentyp mit einer vollkommeneren, morphologischen Differenzierung.

2. Der Einfluß der Amphibolite als basisches Muttergestein machte sich mit höchster Intensität in den Initialstadien der Bodenentwicklung mit dem höchsten Gehalt an Basen geltend, in der Entwicklungsrichtung zum Klimax verringert sich der Einfluß des Muttergesteines; diese Gesetzmäßigkeit wird wahrscheinlich für alle Gesteinsarten mit ausgeprägtem Chemismus gelten.

3. In der Entwicklungsreihe vom Initial- zum Klimaxstadium verschlechtern sich einige Bodeneigenschaften:

a. Der Gehalt an basischen Ionen sinkt im Sorptionskomplex,
b. Die Azidität steigt,
c. Die Mächtigkeit des Humushorizontes verringert sich im Profil, in welchem der Hauptvorrat der den Pflanzen zugänglichen Nährstoffen konzentriert ist,
d. Die biologische Aktivität sinkt; insbesonders verringert sich die Nitrifikationsfähigkeit der oberen Bodenhorizonte.

4. Auf der anderen Seite, in der Entwicklungsreihe vom Initial- zum

Klimaxstadium verbessert sich jedoch der Boden durch eine Verringerung des Skelettgehaltes und Erhöhung der Menge an Feinerde; dadurch verbessern sich die Bedingungen für die Entwicklung des Wurzelsystems der Klimax-Hölzer.

Bei der Anlage eines phytozönologischen Experiments muß man die festgestellten Schlußfolgerungen in dem Sinne respektieren, daß man zur Erreichung von reproduktionsfähigen ökologischen Resultaten Phytozönosen vom gleichen Typ des Muttergesteines und auf einem Boden mit gleicher Entwicklungsstufe wählen muß.

SUMMARY

The following conclusions can be drawn from the study of mutual interaction between the succession of the forest communities and the development of soils:

1. The development of soil goes on by the gradually transition from the more simple soil type, morphologically less differentiated, to the type with a more complicated differentiation of the profile.

2. The influence of amphibolites as the basic parent rock manifests itself with the highest intensity in initial soil stages, which possess the highest content of bases; with the development towards the climax the influence of the parent rock declines; this rule can be applied probably to all parent rocks with the special chemical properties.

3. A gradual deterioration of some soil properties occurs in the development sere from the initial stage to the climax:

a. the content of basic ions in the exchange complex decreases,

b. the acidity increases,

c. the thickness of the humus horizon, in which the main amount of nutrients accessible to plants is concentrated, declines,

d. the biological activity declines, especially the nitrifying ability of the upper soil horizons decreases.

4. On the other hand, in sere from the initial stage to the climax, the amelioration of soil conditions as to the decrease of contents of the rough skeleton and the increase of the amount of fine soil material can be observed. As a result of this fact the conditions for the development of the root system of the climax wood species are ameliorated.

The gained conclusions are to be taken into consideration in this respect: in order to get reproducible ecological results, in starting the phytosociological experiment it is necessary to choose the plant community on the same parent rock and on the same stage of the pedogenetic development.

LITERATUR

HUSOVÁ, M.: Synökologische Studie der Waldgesellschaften auf Amphibolitgesteinen. – Prag 1968.

KUBIËNA, W.: Entwicklungslehre des Bodens. – Wien 1948.

— Bestimmungsbuch und Systematik der Böden Europas. – Stuttgart 1953.

MORAVCOVÁ-HUSOVÁ, M.: Nitrifikace v různých vývojových stadiích půd.

(Nitrifikation in verschiedenen Entwicklungsstadien der Böden). – Rostlinná výroba **9** (36): 845–851. Praha 1963.
— Die Fagetalia-Gesellschaften des Gebirges Branschauer Wald (Branžovský hvozd) in Westböhmen. – Preslia **36**: 272–288. Praha 1964.
PALLMANN, H.: Grundzüge der Bodenbildung. – Schweiz. Landw. Monatshefte **22**: 1–24. 1942.
VILENSKIJ, D. G.: Počvovedenie (Bodenkunde). – Moskva 1950.

R. TÜXEN:
Ich freue mich außerordentlich über das eben gehörte und möchte herzlich zu den Ergebnissen gratulieren! Darf ich zwei Fragen stellen? Kann man in einem Gebiet mit starkem Relief von *einer* Klimax-Gesellschaft sprechen, oder ist diese nicht viel mehr nach den verschiedenen Expositionen: N-, S-, O-, W-Richtung, stark modifiziert? In dem Sinne, wie DIEMONT und ich vor vielen Jahren vom Klimaxschwarm gesprochen haben. Wir ziehen heute vor, in diesen Fällen von der potentiellen natürlichen Vegetation zu sprechen und meinen damit alle die Variationsmöglichkeiten, die sich innerhalb eines solchen Schlußgesellschafts-Schwarmes ergeben.

Als wir vor 30 Jahren hier in den Bergen die Klimax suchten, haben wir die sauren Buchenwälder, das heutige Luzulo–Fagetum, für anthropogen beeinflußt gehalten und der Eiche eine sicherlich zu große natürliche Bedeutung zugeschrieben. Wir glaubten, daß das Querco–Carpinetum als Klimaxgesellschaft viel weiter verbreitet sei. Man weiß heute, daß dies ein Irrtum war, und daß die Buche eine größere Bedeutung hat, und daß das Fagion in weiterem Sinne weiter verbreitet ist, als wir es damals angenommen haben. Es scheint mir aber, daß die heutige Auffassung, z.B. meiner ehemaligen Mitarbeiter, vielleicht unter dem Einfluß der Pollenanalyse und der Waldgeschichte jetzt nach der anderen Seite zu weit ausgeschlagen ist. Danach soll in großen Gebieten im westlichen Europa und auch hier bei uns auf trockenen Böden das Querco–Carpinetum anthropogen und nur auf feuchten Böden natürlich sein. Das kann ich nur schwer glauben. Darum ist es mir bemerkenswert, daß Frau HUSOVÁ von einem Fagetum–Klimax in verschiedenen Ausbildungen und andererseits vom Querco–Carpinetum eindeutig als Klimax, d.h. einer natürlichen Schluß-Gesellschaft gesprochen hat. Ich weiß wohl, daß das Gebiet viel kontinentaler ist als bei uns, aber ich möchte fragen, ob nicht auch bei uns das Querco–Carpinetum als Klimax zu bewerten sei.

Frau MIROSLAVA HUSOVÁ:
Die Frage des Klimax wurde schon oft diskutiert. In meinem Fall handelt es sich um natürliche Gesellschaften in Naturschutzgebieten. Hier sind natürliche Bedingungen. Die Sukzession tendiert im trockenen Gebiet zum Querco–Carpinetum, im feuchten Gebiet zum Fagetum. Der Hauptfaktor, der die Sukzessionsfolge beeinflußt, ist hier das Klima. Der Faktor, der die Schnelligkeit der Sukzession reguliert, ist das Muttergestein, der basische Amphibolith. Die Wirkung des Amphibolith-Gesteins spiegelt sich am stärksten in den Initialstadien und wird nur noch sehr wenig in den Klimaxstadien bemerkbar.

LAUBSTREUNUTZUNGS-VERSUCHE IN WALDGESELLSCHAFTEN DES WIENERWALDES

von

MAX ONNO
(Forstliche Bundes-Versuchsanstalt, Wien-Schönbrunn)

Die Bedeutung der Laubstreu als „Dünger des Waldes" ist seit Jahrzehnten Allgemeingut und experimentell verankert. In forstlichen Fachblättern besteht hierüber eine umfangreiche Literatur. AICHINGER konnte in Kärnten auch einen Einfluß auf die krautige Pflanzendecke feststellen. Um zu verfolgen, ob und inwieweit sich aus den Veränderungen der krautigen Vegetation infolge von Streuentnahme solche des Bodenszustandes ablesen lassen, wurden im Rahmen eines Forschungsauftrages der Forstlichen Bundes-Versuchsanstalt einige Versuche ausgeführt, zuerst im Garten der Forstlichen Bundes-Versuchsanstalt bei deren altem Gebäude in Mariabrunn und dann an einigen Stellen des freien Wienerwaldes.

I. VERSUCHE IN MARIABRUNN

Die Ergebnisse der Versuche im Mariabrunner Garten sind in meiner Arbeit „Versuch über den Einfluß der Laubstreu auf Boden und Vegetation", (Centralbl. f. d. ges. Forstwesen *78* (2): 105–117. 1961) niedergelegt, die auch die wichtigsten Literaturangaben enthält. Es möge daher genügen, darüber kurz zu berichten.

Das an das alte Anstaltsgebäude nördlich angrenzende Arboretum liegt auf altem Auboden des südlich vorüberfließenden Wienflusses, im XIV. Wiener Stadtbezirk nahe dem westlichen Stadtrand. Die nördlich und südlich anschließenden Hänge tragen teilweise noch dem Querco-Carpinetum angehörige Bestände des Wienerwaldes. Der Baumbestand des in 220 m Seehöhe gelegenen Arboretums besteht aus verschiedenen Laub- und Nadelhölzern der nördlichen gemäßigten Zone. Der krautige Unterwuchs gehört der Hartholzau (gewöhnlich „harte Au" genannt, Ficario-Ulmetum R. Knapp) an und ist im März–April überaus reich an blühenden Geophyten. Später nehmen Gräser und andere Wiesenstauden die Oberhand.

Bis zum Herbst 1949 wurde im ganzen Garten alljährlich im Herbst das abgefallene Baumlaub mit Holzrechen ausgerecht. Seit dem Herbst 1950 (Versuchsbeginn) wurde auf einigen Teilflächen das Laub liegen gelassen. Als empfindlichster Zeiger erwies sich die krautige Vegetation des Erstfrühlings-Aspektes (Vollblüte von *Anemone nemorosa* zweite März- bis erste Aprilhälfte). Um die genannte Zeit führte ich alljährlich eine Vegetationsaufnahme auf den streugenutzten und streubelassenen Gartenflächen aus. Die Aufnahme aus dem Jahre 1958 zeigte schon deutlich einen höheren Anteil der frischen und mullreichen Boden anzeigenden Pflanzen im KRISO'schen Standortsspektrum für die streubelassenen Flächen. (Tabellen 1 und 2 der angeführten Arbeit). (In Tab. 1 sind die Ziffern der Deckungsgrade für die streubelassenen Flächen C, D, O_2 kursiv gedruckt).

Zeigerwerte nach KRISO (Tab. 1)

1. Wasserhaushalt: t = trocken, tf = trocken bis frisch, f = frisch, → = sickerfeucht od. wasserzügig, n = naß, w = wechselfeucht, x = indifferent.
2. Bodenkraft: a = arm, g = gering, m = mittel, kr = mineralkräftig, rei = nährstoffreich, x = indifferent./N = nitrophil.
3. Humus, Kalk und Säuregrad: K = kalkhold od.-stet, mK = mildhumos-kalkhold, M = Mullpflanze, mh = mildhumos, sh = sauerhumos, s = sauer, ss = stark sauer, x = indifferent.

Äußerlich waren die streubelassenen Flächen schon durch üppiges Gedeihen von *Anemone nemorosa* gekennzeichnet.

Gegenwärtig wird die Fläche O_2 wieder mit streugenutzt und die Rückentwicklung der Vegetation verfolgt. Voraussichtlich wird der Versuch bis zum Jahre 1968 fortgesetzt werden.

2. VERSUCHE IM FREIEN WIENERWALD

Die Versuchsflächen waren von mir im Frühjahr 1962 ausgewählt und Vegetationsaufnahmen in der Ausgangslage durchgeführt worden. Streunutzungen sind bisher zweimal, jeweils nach Abschluß des Laubfalls im November 1963 und 1964 erfolgt. Dabei wird jeweils auf einer Fläche mit ursprünglich homogener Vegetation die eine Hälfte naturbelassen, auf der anderen Hälfte wird das im Herbst abfallende Laub (einschließlich der bis dahin abgestorbenen und am Boden liegenden Nadeln) mit Holzrechen zusammengescharrt und außerhalb der Versuchsfläche abgelagert. Die streugenutzte Flächenhälfte (Minusfläche) hat jeweils einen Inhalt von etwa 300–400 m^2, die belassene (Plusfläche) ist etwa ebenso groß. (Eisenrechen wurden nur auf der von dichtem Wurzelwerk der Schneeheide (*Erica carnea*) durchzogenenen Fläche G_3 zu Hilfe genommen).

Die Versuchsflächen sind wie folgt gelegen:

I. Revier Großau, Forstverwaltung Merkenstein (Thermenalpen = Kalkzone des südlichen Wienerwaldes).

Fläche G_1. Revierabteilung 44a, Schwarzensee. Terra fusca. Bestand Schwarzkiefer, Buche, Hainbuche. Exposition NW. Neigung 12°. Mittelgründig, steinig, frisch. Gehört zum Abieti–Fagetum mit Übergreifen des Querco–Carpinetum. Primula–Asperula–Typ nach HUFNAGL. Seehöhe ca. 450 m.

Fläche G_2. Revierabt. 32c, Hanfland. Braunlehm mittel tief auf jungpannonischem Flysch-Schotter, zu schwachem Pseudogley überprägt. Exposition N, Neigung 10°. Sehr dicht mit leichterem Oberboden, mäßiger Wasserstau, der leichtere Horizont 20–40 cm. Bestand Buche mit Fichte, dem Hainbuchen-Stieleichenwald (Querco–Carpinetum) der Talsohle angehörig. Primula-Asperula–Typ. Seehöhe ca. 400 m.

Tabelle 1. Standortsspektra nach dem Erstfrühlingsaspekt 1949 und 1958 im Mariabrunner botanischen Garten

Feld	A		B		C		D		E		N		O	O_1	O_2	P		Q	
Jahr 19..	49	58	49	58	49	*58*	49	*58*	49	58	49	58	49	58	*58*	49	58	49	58
t	5,9		3,3							2,9	9,3	2,4	4,6	2,8		7,6		7,1	
tf		4,9	10,0	3,2	7,0	*0,8*	15,4	*7,2*	15,8	17,7	14,0	9,8	9,1	2,8	*5,1*	7,6	25,0		8,0
f	35,3	32,8	26,7	40,4	14,1	*29,3*	33,3	**65,5**	26,3	**35,3**	**34,9**	**41,5**	27,3	**47,2**	***62,7***	**38,6**	**37,5**	35,7	**48,0**
→	58,8	62,3	60,0	56,4	78,9	***69,9***	51,3	*27,3*	57,9	**44,1**	**41,8**	**46,3**	59,0	**47,2**	*32,2*	**46,2**	**37,5**	57,2	**44,0**
n																			
w																			
x																			
	100	100	100	100	100	*100*	100	100	100	100	100	100	100	100	*100*	100	100	100	100
a																			
g																			
m								*1,8*			4,6								
kr	17,6	32,0	13,3	8,5	8,5	*2,4*	15,4	*7,3*	24,1	17,7	14,0	9,8	18,0	22,2	*6,8*	7,6	29,2	14,2	16,0
rei	**41,2**	**32,8**	**38,4**	**46,8**	62,0	***61,1***	**46,2**	***72,7***	26,3	**41,2**	**39,5**	58,5	**41,0**	**44,5**	***76,2***	**46,2**	45,8	**42,9**	**44,0**
m/N																	4,2		
kr/N		0,8		1,1				*1,8*		3,0									
rei/N	**35,3**	**33,6**	**45,0**	**41,5**	26,8	*5,7*	**38,4**	*14,6*	**52,6**	**38,1**	**39,5**	29,3	**41,0**	**33,3**	*17,0*	**46,2**	16,7	**42,9**	**36,0**
x	5,9	0,8	3,3	2,1	2,7	*0,8*		*1,8*			2,4	2,4					4,1		4,0
	100	100	100	100	100	*100*	100	*100*	100	100	100	100	100	100	*100*	100	100	100	100
K																			
mK	14,7	5,7	13,3	4,3	14,1	*2,4*	10,3	*10,9*	10,5	11,8	18,6	12,2	13,7	13,9	*3,4*		16,6	14,3	8,0
M	17,7	31,2	20,0	40,4	16,9	*27,7*	20,7	***60,0***	21,1	26,4	14,0	26,8	18,1	25,0	***62,7***	15,3	**41,7**	21,4	28,0
mh	58,8	61,5	58,4	53,2	69,0	***68,3***	58,8	*25,5*	63,1	58,8	67,4	58,6	68,2	58,3	*32,2*	84,7	**41,7**	64,3	60,0
sh	8,8	1,6	8,3	2,1		*1,6*	10,2	*3,6*	5,3	3,0		2,4		2,8	*1,7*				4,0
s																			
ss																			
x																			
	100	100	100	100	100	*100*	100	*100*	100	100	100	100	100	100	*100*	100	100	100	100
f: ↓	0,60	0,53	0,44	0,72	0,18	*0,42*	0,65	*2,40*	0,45	0,80	0,83	0,90	0,46	1,00	*1,95*	0,84	1,00	0,62	1,09
§		−12		+64		*+133*		*+270*		+78		+9		+118	*+324*		+19		+76

§ ... Zu- oder Abnahme des Wertes f: → vom Frühjahr 1949 zum Frühjahr 1958 in Prozent des Wertes 1949

Tabelle 2. Aufnahmen des Herbstaspektes (Gräserbestand) auf den Streunutzungs-Versuchsflächen im Lainzer Tiergarten (Wienerwald-Flyschzone) am 27. Oktober 1964 (1 Jahr nach Versuchsbeginn)

Fl. + = streubelassene Flächen (Kolonnen eingerahmt)
Fl. – = streugenutzte Flächen

	L1		L2	
	Fl. +	Fl. –	Fl. +	Fl. –
Brachypodium silvaticum	2.3	+	3.4	—
Poa nemoralis	—	1.2	1.2	3.5
Festuca gigantea	—	—	+	—
Deschampsia caespitosa	2.3	1.2	—	+
Calamagrostis arundinacea	2.3	—	—	—
Dactylis polygama	1.2	2.3	—	—

Tabelle 3. Anzahl der Bodentiere auf 1 l Boden bezw. auflagernde Streu (Aufgenommen von Prof. Dr. ELSE JAHN)

Zeit	L_1+		L_1-		L_2+		L_2-		G_1+		G_1-		G_2+		G_2-		G_3+		G_3-	
	B	St	B	St	B	St	B	St	B	St	B	St	B	St	B	St	B	St	B	St
11.11.63	80	33	—	—	7	7	—	—	132	48	—	—	47	28	—	—	129	3	—	—
14.4.63	62	4	11	—	13	2	16	—	28	25	25	—	34	100	25	—	78	41	57	—
28.10.64	65	33	32	22	31	37	16	14	75	98	68	48	252	71	75	24	145	53	109	34

Erklärungen:

L = Lainzer Tiergarten (Flyschzone)
G = Revier Großau (FV. Merkenstein) (Kalkzone)
Versuchsflächen: L_1, L_2; G_1, G_2, G_3

B = Boden, St = Streu
+ ohne Streunutzung (eingerahmt). — mit Streunutzung

Versuchsbeginn (erste Streunutzung auf den — Flächen) Nov. 1963

Fläche G3. Revierabt. 26k. Niederschlatten. Sonnseitiger, ausgehagerter Hang, zum Eichen-Hainbuchenwald (Querco-Carpinetum) gehörig. Exposition S, Neigung 10°. Bestand Eiche-Hainbuche-Tanne-Edelkastanie. Braunlehm wie auf der vorigen Fläche, aber mäßig trocken, leichter und stark steinig. Luzula albida-Typ. Seehöhe ca. 350 m.

(Bodenkundliche und typologische Beschreibungen nach den Aufzeichnungen meines Amtskollegen Dr. WALTER KILIAN).

II. Revier Lainz, Forstverwaltung Lainz (Lainzer Tiergarten, Wienerwald, Flyschzone).

Fläche L1. Revierabteilung 30e, Augustinerwald. Bestand Trauben- und Zerreiche, Hainbuche (Querco-Carpinetum). Eichen über 200-jährig, Exposition SW, Neigung etwa 5°. Seehöhe ca. 300 m.

Fläche L2. Revierabteilung 26i. Schottenwald. Exposition N, Neigung 15°. Bestand Buche, 140–200-jährig (Abieti-Fagetum, in der Nähe auch ältere Tannen, die aber im Gebiete dem „Tannensterben" ausgesetzt sind). Seehöhe ca. 450 m.

Die Begehung im Oktober 1964, die wegen der vorgeschrittenen Jahreszeit keine vollständige Vegetationsaufnahme mehr erlaubte, ließ folgenden Befund erkennen:

Zwischen den streubelassenen (Plus-) und den streugenutzten (Minus-) flächen im *Lainzer Tiergarten* (L1, L2) war schon, ein Jahr nach Versuchsbeginn, ein wesentlicher, auf den ersten Blick auffallender Unterschied in der Vegetation zu erkennen. Die nährstoff- und basenreichen Mullboden anzeigende Waldzwenke (*Brachypodium silvaticum*) hatte sich in beiden Flächenpaaren ganz auf die Plusfläche zurückgezogen, dort einen hohen Deckungsgrad erreichend. Auf den Minusflächen hatten sich dafür andere, weniger empfindliche Gräser ausgebreitet, vor allem *Poa nemoralis* und *Dactylis polygama*. (Tab. 2).

Im Revier Großau war nur auf dem Flächenpaar G3 ein Unterschied bemerkbar. Hier war die Schneeheide (*Erica carnea*) seit der vorigen Begehung im April 1964 auf der Minusfläche stark zurückgegangen. Diese Art ist bekanntlich stark kalkhold, vielleicht hatte aber auch die mechanische Schädigung des Wurzelwerkes durch den Eisenrechen mitgewirkt. Dafür hatte sich nun die Waldzwenke auf der Minusfläche relativ ausbreiten können. Auf den Flächenpaaren G1 und G2 hatte sich noch kein wesentlicher Unterschied gezeigt. (Allerdings hatte die Waldzwenke wiederum auf den Plusflächen einen etwas höheren Deckungsgrad). Einerseits mögen die Böden der Kalkzone (über Kalk- und Dolomitunterlage) besser gegen Nährstoffverlust gepuffert sein als die der Flyschzone, anderseits macht sich in diesen Mischbeständen (im Gegensatz zu den reinen Laubholzbeständen des Lainzer Tiergartens) wohl auch die ganzjährig anfallende Nadelstreu geltend. Zur genaueren Klärung soll der Versuch noch bis 1968 fortgesetzt werden.

Durch Herrn Dipl. Ing. KLAUS STEFAN wurde die Menge der dem Boden durch die Streuentnahme entzogenen Nährstoffe festgestellt.

Je 5 Streuproben von jeder Versuchsfläche wurden im Nov. 1964 in Meßzylindern entnommen, (jede Probe von 1 qm Boden) getrocknet, das Trockengewicht bestimmt und auf den Gehalt an den wichtigsten Pflanzennährstoffen analysiert. Das Ergebnis ist wie folgt. (Die angeführten

Mittelwerte des Trockengewichtes aus je 5 Proben bezeichnen also die im Mittel von 1 qm entnommene Laubmenge, allerdings mit beträchtlicher Streuung). Zur chemischen Analyse wurde aus den 5 Teilproben jeweils eine Mischprobe nach gleichen Gewichtsteilen genommen. Die Mischung erfolgte nach Zerkleinerung der Proben. Die hohen und z.T. sehr hohen Aschenwerte lassen darauf schließen, daß bei der Entnahme außer der Streu auch Teile des Bodens in die Probe gelangten. Die Multiplikation der mittleren Streumenge pro qm mit der Gesamtfläche ergab die annähernde Gesamtstreuentnahme.

Fläche	trock. Streu insges. entn. kg	trock. Streu g/qm		N	P_2O_5	K_2O	CaO	MgO	Asche
G1	294	735,4	a	0,82	0,10	0,21	1,83	0,29	4,84
			b	6,03	0,73	1,54	14,28	2,13	35,57
G2	239	683,0	a	1,04	0,22	0,50	2,55	0,52	25,00
			b	7,10	1,50	3,41	17,41	3,55	170,75
G3	113	378,4	a	0,79	0,11	0,23	2,58	0,38	8,26
			b	2,99	0,42	0,86	9,76	1,44	31,22
L1	150	357,0	a	1,17	0,13	0,36	2,80	0,37	12,50
			b	4,18	0,46	1,29	10,00	1,32	44,62
L2	204	583,4	a	1,03	0,06	0,30	2,59	0,49	14,30
			b	6,01	0,35	1,75	15,11	2,86	83,43

a = Gehalte in % der Trockensubstanz.
b = Gehalt in g auf je 1 qm Waldboden.

Frau Prof. ELSE JAHN führt periodisch Auszählungen der Bodentiere in Plus- und Minusflächen durch. Die Auszählung im Oktober 1964 ergab schon eine 1,1- bis 3,3-fache (durchschnittlich doppelte) zahlenmäßige Menge des Bodentierbesatzes in den Plusflächen gegenüber den zugehörigen Minusflächen (Tab. 3). Doch sind noch eine Reihe von Jahren fortgesetzte Zählungen notwendig, um ein endgültiges Urteil abzugeben.

Zur Ergänzung habe ich auf Anregung von Herrn Hofrat POCKBERGER auch Vegetationsuntersuchungen auf alten Streunutzungsflächen am Troppberg (Flyschzone des Wienerwaldes, Revier Hintertullnerbach) eingeleitet (heutiger Baumbestand Buche mit Beimengung von Weißkiefer und Traubeneiche, dem Querco–Carpinetum in seiner Grenzausbildung gegen das Fagetum angehörig). Hier wurden schon im Sommer 1962 einerseits 3 Flächen untersucht, auf denen bis 1958 ein Bauernservitut für Streunutzung bestand, andererseits eine der einen dieser Flächen (T2) nahe benachbarte Fläche (T3), auf der niemals Streunutzung erfolgt war. Vegetationsaufnahme und Standortsspektrum ergaben deutliche Unterschiede in Richtung auf einen besseren Bodenzustand unter T3. Die Aufwärtsentwicklung der Vegetation soll untersucht und wiederum sollen Bodentierauszählungen einbezogen werden.

NACHTRÄGLICHE BEMERKUNG (20.1.1968)

Die Laubstreuentnahme auf den Minusflächen ist seither alljährlich, zuletzt im November 1967, durchgeführt worden. Die bisher ausgeführten Vegetationsaufnahmen und sonstigen Untersuchungen in den im Text angeführten Richtungen, einschließlich einer Bodenuntersuchung durch Herrn Dr. W. KILIAN, haben den oben ausgesprochenen Befund, d.h. den günstigen Einfluß der Laubstreu auf den Bodenzustand und die Verarmung durch ihre Entnahme, im ganzen bestätigt. In der Vegetationsperiode 1968 sollen nochmals Vegetations- und Bodenkleintierbesatz-Aufnahmen ausgeführt und über die gesamten Ergebnisse an anderer Stelle ausführlich berichtet werden.

ZUSAMMENFASSUNG

Mehrjährige Streurechversuche in verschiedenen Teilen des Wienerwaldes verbunden mit vergleichenden Untersuchungen der Vegetationsdecke, des Bodenkleintierbesatzes und der chemischen Bodenzusammensetzung auf den streugenutzten und benachbarten ungenutzten Flächenteilen haben erwiesen, daß die Laubstreu wesentlich zur Erhaltung des günstigen Bodenzustandes beiträgt und ihre Entnahme, wie sie besonders früher oft für die Bauernwirtschaft ausgeübt wurde, in einem je nach den lokalen Bodenverhältnissen verschiedenen Grade zur Verarmung führt.

SUMMARY

Litter removal experiments, carried on through several years in various parts of the Wienerwald, with parallel comparative studies of the vegetative cover, soil microfauna and chemical composition of soil in plots with and without litter removal, have shown that leaf litter essentially contributes to preservation of the favorable state of soil, and that its removal as practised especially in past times for farming purposes, leads to impoverishment in a varying degree, according to local soil conditions.

ÜBER DIE WIRKUNG DES ABFLÄMMENS VON WEGRAINEN (DAUERQUADRAT-BEOBACHTUNGEN)

von

F. RUNGE, Münster (Westf.)

Im März und Anfang April, manchmal noch im Mai verunzieren schwarze Flächen viele Wegböschungen, Straßenränder, Eisenbahn- und Kanaldämme und Bachufer. Die Rasen werden hier im allgemeinen in Trockenperioden abgeflämmt, um die vorjährigen, vertrockneten Stengel und Halme zu verbrennen und um den Graswuchs zu fördern. Auch flämmt man die Rasen ab, um Unkräuter und Sträucher zu bekämpfen und um Insektenherde und Feldmäuse zu vernichten.

Auch in den Niederlanden habe ich Mitte April 1964 viele abgeflämmte Straßenränder zwischen der deutsch-holländischen Grenze und dem Polder Ost-Flevoland gesehen.

In einem Merkblatt des Arbeitskreises der Landschaftsanwälte wird „gegen die schädliche Unsitte des Abbrennens von Böschungen" vorgegangen. Im Merkblatt wird darauf hingewiesen, daß Feuer die Flachwurzler vernichte, daß aber grobe Unkräuter mit tiefreichenden Wurzeln, Wurzelknollen und Ausläufern erhalten bleiben, daß die Bodendecke lückenhaft werde, daß Besenginster, Schwarzdorn und Hundsrose als Tiefwurzler durch das Abbrennen sogar gefördert werden.

In mehreren Vorträgen, auch auf dem vorjährigen Stolzenauer Symposion, hat R. TÜXEN auf die Unsitte des „Flämmens" hingewiesen. Der Rainfarn (*Tanacetum vulgare*), den man durch das Abbrennen bekämpfen wolle, breite sich aus. TÜXEN bezeichnete *Tanacetum* geradezu als „Brandpflanze".

Die gegenteilige Meinung vertritt ELLENBERG in seinem 1963 erschienenen Buche „Vegetation Mitteleuropas mit den Alpen". ELLENBERG schreibt (p. 612): „Wenn die Schäfer im Spätwinter die toten Blätter von *Brachypodium pinnatum* und anderen Gräsern an besonnten Trockenhängen abbrennen, um ihren Tieren in dieser magersten Zeit des Jahres mehr Futter zu verschaffen, dann fördern sie also tatsächlich das Hervorsprießen junger Triebe aus dem nunmehr unbeschatteten Boden". Und: „Meist führt man das Grasbrennen heute aus Gewohnheit durch, ohne daran zu denken, daß es einst vor allem ein Kampfmittel des Schäfers gegen vordringende strauchige Weideunkräuter war. Der Naturschützer sollte sich diesen Zusammenhang klarmachen, bevor er gegen das hier und dort noch übliche Abbrennen der Trockenrasen zu Felde zieht".

In der Literatur habe ich nirgendwo gefunden, daß auf ein- und derselben abgebrannten Fläche Untersuchungen durchgeführt wurden, die sich über mehrere Jahre erstreckten.

Um die Sukzession auf solchen, nicht von mir, sondern von anderen Personen abgeflämmten Flächen zu verfolgen, habe ich im April 1962 3 Dauerquadrate in frisch abgebrannten, also in kohlschwarzen Rasen an einem Wegrand, einer Kanal- und einer Eisenbahnböschung angelegt, indem ich die Flächen mit je 4 tief in die Erde geschlagenen Eisenstäben abgrenzte. Im Juli jedes der 3 folgenden Jahre habe ich die inzwischen erschienenen Pflanzen ausgezählt bzw. ihren Deckungsgrad geschätzt. Die Untersuchungen sind noch nicht abgeschlossen, doch zeigen sich die ersten Ergebnisse bereits sehr deutlich.

An einem Wegrand im Norden Münsters wurde ein schlecht ausgebildetes Arrhenatheretum elatioris in jedem Frühjahr im März oder April, also vor jeder soziologischen Aufnahme, total abgebrannt. Die Rasen bedeckten aber im Juli, also zur Zeit der Aufnahme, wieder 100%.

Aus der Tabelle 1 ergibt sich:

1. Zugenommen haben oder gleichgeblieben sind alle Geophyten, also Stauden, deren Überwinterungsorgane im Boden liegen, sowie mit einer Ausnahme (*Lamium album*) alle Hemikryptophyten, also Stauden, deren Winterknospen hart an der Erdoberfläche liegen, soweit sie unterirdische

Tabelle 1. Dauerquadrat an einem Wegrand im Norden von Münster (Westf.): Schlecht ausgebildetes Arrhenatheretum elatioris. ½ qm. 54 m NN. Expos. SSE 16°. – Wurde in jedem Frühjahr, also vor jeder Aufnahme (auch vor der ersten) total abgeflämmt, und zwar im März 1962, Anfang April 1963, Anfang März 1964. – Soziolog. Aufnahmen am 28.7.62, 5.7.63 und 3.7.64. Bedeckung in allen Jahren z.Zt. der Aufnahme 100%. Wurde im Juli 1963 gemäht.

Aufnahmejahr	1962	63	64
Geophyten (Überwinterungsorgane im Boden, mit unterird. Ausläufern):			
Equisetum arv., Zahl der Pfl.	2	4	4
Cirsium arv., Zahl der Pfl.	1	1	3
Poa prat., Bedeckung in %	5	5	5
Hemikryptophyten (Winterknospen hart an der Erdoberfläche):			
mit unterirdischen Ausläufern („Wurzelkriecher"):			
Sonchus arv., Zahl d. Pflanzen	—	1	1
Agrostis gigantea, Bed. in %	10	20	50
Achillea millef., Bed. in %	5	5	5
Lamium album, Zahl d. Pfl.	13°	5°	1°
übrige Hemikryptophyten:			
Arrhenatherum el., Bed. in %	30	40	40
Dactylis glomerata, Bed. in %	5	5	10
Trifolium medium, Bed. in %	10	15	5
Vicia cracca, Zahl der Pfl.	—	4	—
Achillea ptarmica, Zahl d. Pfl.	1°	1°	1°
Taraxacum offic., Zahl d. Pfl.	4°	1°	—
Therophyten (überwintern meist als Samen):			
Vicia hirsuta, Zahl d. Pfl.	2	1	—
Sonstige:			
Moose, Bedeck. in %	5	5	5
Mycena spec., Zahl d. Fruchtk.	2	4	—

Ausläufer besitzen. Ein „Wurzelkriecher", *Sonchus arvensis*, tauchte neu auf.

2. Gefördert wurden also die schlimmen Unkräuter *Equisetum arvense, Cirsium arvense* und *Sonchus arvensis*.

3. Gefördert wurden oder gleichgeblieben sind aber auch zwei wertvolle Futtergräser mit unterirdischen Ausläufern, nämlich *Agrostis gigantea* und *Poa pratensis*.

4. Die übrigen Hemikryptophyten verhalten sich verschieden.

5. Die Fläche enthält auffallend wenige Therophyten, also einjährige Kräuter, die meist als Samen überwintern. Es ist nämlich anzunehmen, daß der Rasen schon früher abgeflämmt wurde und früher vorhandene Therophyten dem Brande zum Opfer fielen. Der einzige Therophyt, *Vicia*

Tabelle 2. Dauerquadrat an einer Kalkmergelhalde am Damm der Eisenbahnlinie Münster-Osnabrück („Schleusenberg"). Schlecht ausgebildetes Arrhenatheretum elatioris. 2 qm. 56 m NN. Expos. NW 40°. – Wurde in jedem Frühjahr abgeflämmt, aber im Frühjahr 1963 nur zur Hälfte, nämlich im März 1962, Anfang April 1963 und Anfang März 1964. – Soziolog. Aufnahmen am 29.7.62, 5.7.63 und 3.7.64. Bedeckung in allen Jahren z.Zt. der Aufnahme 100%. Die Zunahme von Equisetum pal., Daucus carota, Tussilago und der Moose erfolgte 1963 vornehmlich auf der abgeflämmten Fläche.

Aufnahmejahr	1962	63	64
Geophyten:			
Equisetum pal., Bedeck. in %	30	40	45
Equisetum pal., Zahl d. Stengel	51	62	68
Poa pratensis, Bedeck. in %	10	10	10
Hemikryptophyten			
mit unterirdischen Ausläufern:			
Convolvulus arvensis, Bed. in %	15	15	20
Convolvulus arv., Zahl d. Pfl.	17	18	21
Tussilago farf., Zahl d. Blätter	—	2	12
Tussilago farf., Bedeck. in %	—	1	5
übrige Hemikryptophyten:			
Arrhenatherum el., Bedeck. in %	40	40	45
Centaurea jacea, Zahl d. Pfl.	2	2	3
Daucus carota, Zahl d. Pfl.	3	4	4
Potentilla reptans, Zahl d. Pfl.	21	12	15
Heracleum sph., Zahl d. Pfl.	—	—	1
Anthriscus silv., Zahl d. Pfl.	—	—	3
Rumex acetosa, Zahl d. Pfl.	1	1°	1
Senecio jacob., Zahl d. Pfl.	4	4	4
Senecio jacob., Zahl d. blüh. Pfl.	1	2	1
Plantago lanceol., Zahl d. Pfl.	—	1	1
Dactylis glomer., Bedeck. in %	15	10	5
Melilotus offic., Zahl d. Pfl.	3°	2°	2
Bromus erectus, Bedeck. in %	5	2	—
Picris hierac., Zahl d. Pfl.	5	2	2
Lathyrus prat., Zahl d. Pfl.	4	8	5
Taraxacum off., Zahl d. Pfl.	2	2	1
Therophyten:			
Sisymbrium off., Zahl d. Pfl.	—	—	1
Lactuca scariola Kl., Zahl	2	—	—
Sonstige:			
Moose, Bedeck. in %	10	20	10

hirsuta, nahm von Jahr zu Jahr ab. Neue Therophyten tauchten in den 3 Jahren nicht auf.

6. Die Zahl der Pilze schwankte, wohl nicht infolge des Abbrennens, sondern vielmehr nach der gerade vorhandenen Boden- und Luftfeuchtigkeit.

In der Nähe des Dauerquadrats wuchs der Rainfarn (*Tanacetum vulgare*). Er rückte von Jahr zu Jahr dem Quadrat näher.

An einer Kalkmergelhalde am Damm der Eisenbahnlinie Münster-Osnabrück wurde in jedem Frühjahr ein ebenfalls schlecht ausgeprägtes Arrhenatheretum elatioris abgeflämmt. Aber im Frühjahr 1963 brannte das Dauerquadrat nur zur Hälfte ab, die andere Hälfte blieb verschont. Auch hier bedeckten die Rasen im Juli aller Jahre den Boden zu 100%.

Aus der Tabelle 2 ergibt sich:

1. Die meisten Geophyten und Hemikryptophyten mit unterirdischen Ausläufern nahmen zu, nur *Poa pratensis* blieb wie auch in der ersten Tabelle etwa gleich. Ein Wurzelkriecher tauchte 1963 neu auf, nämlich *Tussilago farfara*, und zwar auf dem abgeflämmten Teil des Quadrats.

2. Gefördert wurden also „wüste" Unkräuter wie *Equisetum palustre, Convolvulus arvensis* und *Tussilago farfara.*

3. Die übrigen Hemikryptophyten schwankten unregelmäßig. Ihre Zahl ist besonders groß. Vielleicht kann man daraus schließen, daß der Rasen nicht in jedem Frühjahr abgebrannt wurde.

4. Die Therophyten sind nur sehr spärlich vertreten, da, wie anzunehmen ist, schon vor 1962 geflämmt wurde.

5. Die Moose wurden durch das Abflämmen vermindert. Im Jahre, wo das Quadrat nur halb abgeflämmt wurde, dehnten sie sich etwas aus, und zwar gerade auf dem nicht abgebrannten Teil.

Auf einer Kalkmergelböschung des Dortmund-Ems-Kanals unterhalb der Schleuse Münster wurde ein schlecht ausgebildetes Arrhenatheretum elatioris im März 1962 und 1964 abgeflämmt, nicht im Frühjahr 1963 (Tabelle 3).

Hier zeigte sich im Juli der betreffenden Jahre:

1. Nach dem Abbrennen 1962 und 1964 war die Pflanzendecke noch im Juli ein wenig lückig.

2. Der Deckungsgrad des einzigen Geophyten, *Poa pratensis*, blieb auch hier in allen Jahren gleich.

3. Das wurzelkriechende *Tanacetum vulgare* dehnte sich nach den Bränden von 1962 und 1964 aus, im Jahre 1963, wo nicht geflämmt wurde, ging es etwas zurück.

4. Ein Wurzelkriecher, *Convolvulus arvensis*, trat 1963, also allerdings im Jahre, wo nicht geflämmt wurde, neu auf und vermehrte sich nach dem Abbrennen 1964.

5. Die Zahl bzw. der Deckungsgrad der übrigen Hemikryptophyten schwankte unregelmäßig. Mehrere Pflanzen nahmen von Jahr zu Jahr gleichmäßig zu, andere ab.

6. Die Zahl der Therophyten und Chamaephyten, also der Stauden, deren Winterknospen über der Erdoberfläche liegen, ist auffallend gering, da der Rasen sicherlich schon früher abgeflämmt wurde.

Tabelle 3. Dauerquadrat auf einem Kalkmergelhang, Böschung des Dortmund-Ems-Kanals dicht unterhalb der Schleuse Münster. Schlecht ausgebildetes Arrthenatheretum elatioris. 2 qm. 54 m NN. Expos. W 35°. – Wurde abgeflämmt März 1962 und Mitte März 1964, also nicht vor der Aufnahme 1963. – Soziolog. Aufnahmen am 29.7.62, 5.7.63 und 3.7.64. Wurde im Juli oder August 1963 gemäht.

Aufnahmejahr	1962	63	64
Bedeck. z.Zt. d. Aufnahme in %	90	100	90
Geophyten:			
Poa pratensis, Bedeck. in %	10	10	10
Hemikryptophyten mit unterirdischen Ausläufern:			
Tanacetum vulg., Zahl d. Pfl.	18	16	19
Achillea millefol., Zahl d. Pfl.	9	8	6
Convolvulus arv. Zahl d. Pfl.	—	1	2
übrige Hemikryptophyten:			
Briza media, Zahl d. Halme	2	5	7
Dactylis glom., Zahl d. Halme	4	9	10
Picris hierac., Zahl d. Pfl.	1	4°	4°
Trifolium medium, Bedeck. in %	2	5	5
Chrysanthemum leuc., Zahl d. Pfl.	—	4	9
Chrysanth. leuc., Zahl d. blüh. Pfl.	—	—	5
Arrhenatherum elat., Bed. in %	40	40	40
Pimpinella sax., Zahl d. Pfl.	8	7	8
Melilotus off., Zahl d. Pfl.	2	—	2
Melilotus off., Zahl d. blüh. Pfl.	1	—	—
Plantago lanceol., Zahl d. Pfl.	1	4	3
Plantago lanc., Zahl d. blüh. Pfl.	—	2	1
Anthyllis vulner., Zahl d. Pfl.	—	1	—
Taraxacum off., Zahl d. Pfl.	—	1	—
Daucus carota Kl., Zahl	6	5	4
Therophyten:			
Medicago lupul., Zahl d. Pfl.	5	30	—
Vicia hirsuta, Zahl d. Pfl.	3	1	1
Senecio viscosus, Zahl d. Pfl.	1°	—	—
Chamaephyten:			
Artemisia vulg., Kl., Zahl	4	3	—
Artemisia vulg., Zahl d. gr. Pfl.	—	—	1
Sonstige:			
Moose, Bedeck. in %	<1	2	<1

7. Der Therophyt *Medicago lupulina* breitete sich 1963, also in dem Jahre, wo nicht abgeflämmt wurde, kräftig aus, verschwand aber infolge des Abflämmens 1964 wieder.

8. Moose sind in den Jahren, in denen geflämmt wurde, schwächer vertreten als 1963, wo nicht gebrannt wurde.

ZUSAMMENFASSUNG

1. Die Geophyten und wurzelkriechenden Hemikryptophyten werden, wie anzunehmen war, durch das Abflämmen tatsächlich kaum geschädigt. Sie nehmen nach dem Brennen im allgemeinen zu.

Diese Arten überstehen das Flämmen tief im Boden, der zudem im März und April noch recht feucht ist, sehr gut. Sie können sich deshalb ausbreiten, weil ihre Sprosse im Frühjahr nach dem Flämmen schnell emporschießen und dort noch kaum Konkurrenzpflanzen antreffen.

Zu diesen Pflanzen gehören in den Dauerquadraten die lästigen Unkräuter *Tussilago farfara, Convolvulus arvensis, Cirsium arvense, Equisetum arvense* und *palustre* und *Sonchus arvensis*, an anderen Stellen auch *Agropyrum repens, Urtica dioica, Aegopodium podagraria* und *Rubus fruticosus*. Auch das wurzelkriechende *Tanacetum* wird durch das Abbrennen gefördert.

Aber auch wurzelkriechende wertvolle Futtergräser wie *Poa pratensis* und *Agrostis gigantea* werden durch das Abflämmen kaum oder gar nicht geschädigt, vielleicht sogar gefördert.

2. Die Hemikryptophyten, die nicht Wurzelkriecher sind, verhalten sich verschieden: Beispielsweise vermehrte sich das wertvolle *Arrhenatherum elatius*, das nach KLAPP (1939) selten ganz kurze unterirdische Ausläufer bildet, infolge des Abbrennens. Andererseits nahm die wertvolle *Dactylis glomerata* in einem Dauerquadrat wohl infolge des Flämmens zu, im anderen Dauerquadrat ab. *Taraxacum officinale* aber litt durch das Brennen. Hier spielt vielleicht die Intensität oder der Zeitpunkt des Flämmens eine größere Rolle.

3. Dagegen werden die Therophyten, die meist als Samen überwintern, durch das Flämmen im allgemeinen geschädigt. Die Samen werden nämlich alle oder doch großenteils angesengt oder verbrannt. Das konnte ich an einem anderen Wegrand beobachten, wo Maiskörner von einem Wagen gefallen waren. Alle Maiskörner waren auf der abgeflämmten Fläche angesengt, zu 90% sogar völlig verkohlt. Auch auf anderen, noch schwarzen Brandflächen sieht man wenige Wochen nach dem Brande auffallend wenige Keimlinge. Die Therophyten, deren Samen erst nach dem Brande auf die verkohlte Fläche gelangen oder doch den Brand überstehen, keimen zwar schnell, aber die Keimlinge werden meist von den schon kräftigen Sprossen der Wurzelkriecher erdrückt.

4. Vergleicht man im April oder Mai die Zahl der jungen Triebe auf den abgeflämmten Flächen und auf den direkt daneben liegenden, nicht abgebrannten Flächen, so stellt man fest, daß auf den nicht abgeflämmten Flächen zwischen den vorjährigen Halmen, Stengeln und Blättern zumindest ebenso viele, meist sogar erheblich mehr junge Triebe hervorsprießen als auf den abgebrannten Flächen. Auf den schwarzen, verkohlten Flächen treten die jungen, grünen Triebe aber sehr viel deutlicher in Erscheinung.

Kehren wir zu den eingangs erwähnten Ansichten der verschiedenen Autoren zurück:

Die Ansicht von TÜXEN, daß *Tanacetum* durch das Abflämmen gefördert wird, trifft nach meinen Untersuchungen zu.

Die im Merkblatt der Landschaftsanwälte dargelegte Ansicht muß ebenfalls als im großen und ganzen zutreffend bezeichnet werden. Allerdings konnte ich die Bemerkung, daß die Bodendecke lückenhaft wird, nur in einem der 3 Fälle bestätigen. Im allgemeinen schließt sich die Pflanzendecke im Sommer nach dem Flämmen wieder vollkommen zusammen. Auch glaube ich nicht, daß durch das Brennen sämtliche Flachwurzler geschädigt werden.

Die Ansicht ELLENBERGS, daß durch das Abbrennen das Hervorsprießen junger Triebe aus dem nunmehr unbeschatteten Boden gefördert wird, trifft insofern zu, als das Hervorsprießen der jungen Triebe der Geophyten und anderen Wurzelkriecher gefördert wird. Dazu gehören aber auch die unerwünschten groben Unkräuter.

SUMMARY

The effect of burning of the sward in three permanent quadrats, situated respectively on a roadside, on a railway embankment and a canal embankment is examined. Burning generally promoted the Geophytes and those Hemicryptophytes which have creeping roots. Plants which show an increased abundance include the weed species *Cirsium arvense, Sonchus arvensis, Convolvulus arvensis, Equisetum arvense, Equisetum palustre* and *Tussilago farfara* and also the valuable fodder-grasses *Poa pratensis* and *Agrostis gigantea. Arrhenatherum elatius* also seems to increase. Burning on the other hand, generally damages and causes a subsequent decrease in the abundance of the Therophytes.

J. J. BARKMAN:
Es ist gut, daß diese Frage an Dauerquadraten beobachtet worden ist. Ich glaube, daß das Abbrennen vom Standpunkt des Naturschutzes allgemein abzulehnen ist. Aber in bescheidenem Maße differenziert es die Landschaft, weil es für bestimmte Gesellschaften notwendig ist, die sonst von Sträuchern überwuchert werden, wie z.B. die Heide oder die *Sarothamnus*-Bestände. Wenn man eine Maßnahme, die Jahrhunderte lang gemacht worden ist, plötzlich einstellt, tritt aber eine Störung ein. Man muß nicht glauben, daß man dann eine viel reichere Vegetation erhält, sondern man bekommt eine Störungsgesellschaft.

V. WESTHOFF:
Die Meinungsverschiedenheiten zwischen TÜXEN und ELLENBERG, die Dr. RUNGE gesehen hat, sind nur scheinbar. Es handelt sich um verschiedene Dinge. Ich bin mit TÜXEN und mit ELLENBERG einverstanden: Sie haben beide recht. ELLENBERG meint, daß die halbnatürlichen Gesellschaften des mittel- und westeuropäischen Raumes, wie die Kalk-Trockenheiden, die Hochstaudenfluren und die Magerwiesen und auch Schilfbestände nicht erhalten bleiben, wenn nicht die extensive alte Wirtschaftsform (Weiden, Mähen oder Brennen) beibehalten wird. Wir haben in unserem Naturschutzinstitut viele Untersuchungen über diese Frage auch mit Dauerquadraten ausgeführt. Es ist ganz klar, wie allgemein bekannt ist, daß man die Heide, das Calluno-Genistetum nicht erhalten kann, wenn es nicht gebrannt wird: zwar nicht jährlich, wie an den Wegrainen, sondern einmal in etwa 10–15 Jahren. Das haben die Schäfer von jeher gemacht, und es wäre etwas unvorsichtig zu sagen, daß ein Schäfer eine Dummheit macht. Die Leute vom Lande wissen ganz gut, was sie tun. Sie machen das nicht umsonst. Wir sollten sehr vorsichtig sein als

Naturschützer und Landschaftspfleger zu sagen, daß die Leute etwas falsch getan haben. Es wäre gefährlich eine herkömmliche Wirtschaftsweise auf einmal abzuändern, weil wir denken, daß wir es besser wissen. Es ist einer der Grundsätze unserer Naturschutzarbeit, sorgfältig zu beobachten, was die Leute immer getan haben und zu versuchen, das weiter zu führen, soweit es möglich ist. Wenn es nicht möglich ist, dann gleicht man die Maßnahmen der alten Wirtschaftsweise so viel wie irgend möglich an.

Die Trockenheiden, die Brometalia-Gesellschaften, von denen ELLENBERG besonders spricht, die alten extensiv bewirtschafteten halbnatürlichen Gesellschaften, sind heute in größter Gefahr. Sie sind im Verschwinden. Herr THEO MÜLLER kann uns davon gute Beispiele zeigen. Sie gehören nicht mehr in die heutige Agrarökonomie; sie werden ausgeschaltet und sie gehen dann ein. Damit werden die sehr schönen Pflanzengesellschaften mit ihrem *Orchideen*-Reichtum bedroht. Was muß man tun? Man muß die billigste und die extensivste Pflegemaßnahme fördern, die darauf hinzielt, diese Gesellschaften zu erhalten. Das ist eben das Feuer. Man kann ja doch kaum etwas anderes machen. Das ist schon aus ökonomischen Gründen für den Naturschutz unmöglich. Das schließt natürlich nicht aus, daß Herr RUNGE ganz recht hat, wenn er sagt, daß das jährliche Abflämmen der Wegraine in den Kulturgebieten eine Unsitte ist, indem es ja die Verunkrautung und den Rainfarn (*Tanacetum*) fördert. Aber das sind zwei verschiedene Probleme.

R. TÜXEN:
Ich gehöre zwar nicht zu den Brandstiftern, möchte aber doch vieles unterstreichen, was eben Freund WESTHOFF gesagt hat. Wenn ELLENBERGS und meine Meinung von Herrn RUNGE gegenübergestellt wurden, so ist das vielleicht nicht ganz richtig. Denn auf dem Rasen, wo *Brachypodium pinnatum* wächst, kann natürlich niemals *Tanacetum* hochkommen. Meine Beobachtung, daß *Tanacetum* durch den Brand gefördert wird, bezieht sich ausschließlich auf den Bereich der potentiellen Vegetation des Fago-Quercetum. Dort gibt es niemals *Brachypodium pinnatum*. So sind also diese beiden Beispiele nicht unmittelbar gegeneinander zu stellen, sondern sie sind Vorgänge an verschiedenen Standorten und als solche zu werten. Ich möchte mich fast den Äußerungen von WESTHOFF anschließen, wenn auch nicht ganz. Wenn die Heide oder eine Mesobromion-Vegetation erhalten werden sollen, so ist das Feuer zwar unter den heutigen ökonomischen Verhältnissen der einzig mögliche, aber doch nicht ein vollkommener Ersatz. Ich habe auch bei einer Exkursion in der Schwäbischen Alb, zur Erhaltung der Mesobromion-Flächen, die heute nicht mehr beweidet werden, nicht ohne Bedenken das Feuer vorgeschlagen. Aber es ist ein gefährlicher Ersatz. Denn mit Feuer kann man kein Leben erzeugen! Man kann vielleicht unwünschtes Leben abbremsen, aber man tötet zu viel. Was unsere Straßenraine betrifft, so werden sie erst seit der Zeit gebrannt, seit wir so faul geworden sind, d.h. diskreter ausgedrückt, seit wir „Mangel an Arbeitskräften" haben. *Tanacetum* hat sich ungeheuer vermehrt, seit wir unsere Raine brennen. Ich

bin Herrn RUNGE dankbar für den Nachweis, daß sich auch minderwertige Geophyten nach dem Brande vermehren.

In der letzten Tabelle von Dr. RUNGE hatte *Artemisia* abgenommen und war ganz verschwunden. Das Tanaceto-Artemisietum, in dem auf alten Schuttflächen neben *Artemisia vulgaris* auch *Tanacetum* wächst, enthält an Wegrainen, die oft gebrannt werden, zwar Unmengen von *Tanacetum*, die von Jahr zu Jahr zunehmen, aber keine *Artemisia*. *Artemisia* erweist sich also als brandfeindlich und aus dem Tanaceto-Artemisietum könnte *Artemisia* herausgebrannt worden sein, so daß nur noch die *Tanacetum*-Fazies auf den Brandflächen übrig bleibt.

J. FEISE:
Wir dürfen nicht nur die Pflanzen, wir müssen auch die Tiere beobachten. Ich habe einen verbrannten Igel in einem Rain gefunden. – Man müßte die Wirkung des Abflämmens auch chemisch untersuchen (Nährstoffhaushalt). Ich denke daran, daß auch Stroh auf dem Acker verbrannt wird. Ich bin dagegen, weil ich Humus gewinnen will. Man sagt aber, daß durch das Verbrennen von Stroh Asche anfällt mit viel Kali, das gleichzeitig dem Boden Elektrolyte zuführt und ihn dadurch lockert. Dadurch soll eine Gare entstehen. Man glaubt also die Bodenbearbeitung so vereinfachen zu können. Ich bin aber sehr skeptisch. Die ganze Umwelt wird nämlich verändert, und als Naturschützer möchte ich sagen, es täte mir sehr leid, wenn durch das Brennen die Raine vernichtet werden. In diesen Feldrainen wachsen und gedeihen nach TISCHLER nicht etwa Ungeziefer und Unkräuter, die nachher unseren Acker belästigen. Es gibt in den Rainen sogar Tiere, die auf unserer Seite stehen im Kampf gegen Schädlinge, die sich auf dem Acker sonst ausbreiten können. Die Unkräuter, die Herr RUNGE festgestellt hat, kommen sehr selten oder gar nicht auf dem Acker vor.

Vierjährige Versuche in Süd-Schottland mit Abbrennen von Pfeifengrasreichen Beständen zeigten Ertragsminderungen; dabei wurde das unempfindlichere Pfeifengras gefördert!

W. HABER:
Es wäre vielleicht angebracht, auch den Verlauf des Brennens zu beobachten. Er hängt ja sehr vom Wind ab. Wenn bei starkem Wind das Feuer über die Fläche hinweghuscht, richtet es sicher weniger Schaden an als an windschwachen Tagen. Dann frißt sich das Feuer richtig in den Boden hinein. Ich kann mir vorstellen, daß dann die Folgen noch viel stärker sind.

R. TÜXEN:
Die folgende Geschichte möge zeigen, wie wenig die Bevölkerung, die dieses Flämmen an den Straßen ausübt, über die eigentlichen Zusammenhänge orientiert ist. Man glaubt also die Unkräuter zu vernichten. Aber die Leute ahnen oft nicht, was sie tun. Ich möchte dafür ein zoologisches Beispiel nennen: Wir haben den ganzen Winter von unserem Fenster aus in unserem und dem Nachbargarten ein Hermelin beobachtet. Es war zunächst braun und wurde dann weiß. Dieses Tier war der vollkommene

Ausdruck für Vorsicht und Beweglichkeit. In einer unglaublichen Geschwindigkeit verschwand es in den Löchern der Wühlratten, denen es nachstellte. Eines Tages war es verschwunden. Eine Nachbarsfrau erklärte uns, bei ihr hätten die Marder im Garten den Porree aufgefressen, aber ihr Mann habe zwei gefangen. Das waren zwei Hermeline. Der Porree war von den Wühlratten aufgefressen worden, und die Wühlratten waren von dem Hermelin dezimiert worden. Dafür mußte es sterben. So sind also die naturwissenschaftlichen Vorstellungen unserer lieben Landsleute hier. Darum brennen sie auch die Raine ab und rösten die Igel!

V. Westhoff:
Auch ich will hier nicht als Brandstifter gewertet werden. Wenn das Feuer als Naturschutzmaßnahme angewandt wird, soll das nur gemacht werden, wenn es, wie ich schon sagte, von jeher üblich war. Man soll es nicht da einführen, wo es früher nicht gebraucht wurde. In den Fällen, wo es immer angewandt wurde, ist es auch notwendig. Früher wurde die Tierwelt allerdings zu wenig berücksichtigt. Wenn wir aus Naturschutzgründen Feuer verwenden, geschieht es immer mit größter Vorsicht bei sehr nassen Wetterlagen im frühen Frühling, und die Untersuchungen haben nachgewiesen, daß die Fauna dadurch sehr wenig geschädigt wird.

J. Luchterhandt:
Ich möchte darauf hinweisen, daß das Abbrennen wahrscheinlich sehr viel verbreiteter ist, als angenommen wird. Im südlichen Ruhrgebiet habe ich es auf den Wiesen und an den Feldrainen gesehen. Vor allem habe ich es in Griechenland gesehen.

Gibt es vielleicht Gründe, die dafür sprechen, daß das Abflämmen gemacht wird? Da wird z.B. bei der Eisenbahn gesagt, das Abflämmen sei notwendig, damit im Frühjahr das trockene Gras an den Dämmen der Eisenbahn nicht durch die Lokomotiven entzündet wird und dadurch die benachbarten Wälder oder Felder abbrennen. Es ist zwar eine Verfügung erlassen worden, daß mit dem 15. März das Abbrennen zu unterbleiben hat, weil dann im Grase die Vögel anfangen zu nisten. Die Praxis sieht aber gänzlich anders aus. Zunächst sind meine Bemühungen die Dämme aufzuforsten bei der Eisenbahn während meiner Dienstzeit nicht gelungen, ebensowenig wie die Unsitte des Abbrennens abzustellen. Ich habe es von vornherein als Wirkung reiner Bürokratie betrachtet und bin erfreut, daß ich hier ernste Stimmen höre, nach denen es nicht so schädlich sein soll, wie man es vielleicht annimmt. Aber die Pyromanie ist zweifellos da, und sie wird durch Mundpropaganda von Bahnmeister zu Bahnmeister fortgegeben und hat die merkwürdigsten Gründe. Sobald im Winter eine Rotte keine Arbeit hat, wird sie ausgeschickt und muß die Dämme abbrennen. So wird das Geld des Volkes unter die Leute gebracht. Der andere Grund, der immer wieder vorgeschoben wird, ist der, daß man prophylaktisch abbrennt, damit die Lokomotiven das nicht besorgen. Aber man hat nicht nur altes Gras, sondern ganze Pflanzungen abgebrannt, und das hat mich einigermaßen gestört. Es ist mir nicht möglich gewesen, die Brenn-Vorschrift, die von der Hauptverwaltung der Bundesbahn bearbeitet wird, zu ändern. Es ist auch kein Trost für mich gewesen, daß wenn ich einzelne Bahnmeister zur Verantwortung gezogen habe, wenn sie abbrannten, einer mir sagte: „Ich mache es nicht wieder." Denn beim Abbrennen ist der ganze Wald vom Nachbarn auch mit aufgebrannt, und wir haben dafür so etwa 20–30000.— DM. bezahlen müssen. Merkwürdigerweise zahlt die Bundesbahn das Geld, ohne mit der Wimper zu zucken, ändert aber nicht ihre Vorschrift. (Zwischenruf: Sie hat ohnedies Defizit!) Jetzt wird die Bundesbahn elektrifiziert und verdieselt: Diese Dieselfahrzeuge und die elektrischen Lokomotiven liefern keine Funken!

In absehbarer Zeit werden also die Lokomotiven die Dämme nicht mehr abbrennen. Es wäre deshalb schön, wenn von außen her sich Stimmen erheben würden, welche die Bundesbahn darauf aufmerksam machten, daß dieses Argument künftig nicht mehr zieht. Man sollte also zugunsten der Vegetation das Abbrennen unterlassen.

Hat das Abbrennen auf die Bodengare einen erheblichen Einfluß?

F. Runge:

Der Ansicht, daß das Abbrennen der *Calluna*-Heide notwendig ist, um sie zu erhalten, möchte ich weitgehend zustimmen. Denn das Abbrennen der *Calluna*-Heide ist m.E. sogar noch besser als das Abweiden mit Heidschnucken. Gegenüber dem Abbrennen der Kalk-Halbtrockenrasen, um sie zu erhalten und um zu verhindern, daß sie verstrauchen, bin ich allerdings etwas skeptisch. Ich bezweifele, daß man das tatsächlich mit dem Abbrennen erreichen kann. Wenn unsere Halbtrockenrasen sich mit Strauchwuchs überziehen, dann treten nach meinen Beobachtungen in erster Linie *Prunus spinosa*, *Rosa canina*, *Rosa dumetorum* u.a. auf. Das sind aber gerade die Pflanzen mit tiefen Ausläufern. Andererseits wird aber auch *Brachypodium pinnatum*, das ebenfalls unterirdische Ausläufer bildet, durch das Brennen gefördert.

In einem Merkblatt wird m.E. mit Recht darauf hingewiesen, daß diese Sträucher sogar gefördert werden durch das Flämmen. Sehr deutlich kann man das an Brombeersträuchern beobachten. Wenn ein Brombeergebüsch abgeflämmt wird, dann ist zunächst alles schwarz, und die Brombeersträucher sterben ab. Aber bald kommen neue dunkelrote Schosse aus dem Boden. Die Brombeere wird also genau wie die Schlehe und die Rosen durch das Flämmen vermehrt.

Daß *Artemisia vulgaris* brandfeindlich ist, glaube ich auch. Das geht aus meinen Untersuchungen hervor. Ich habe auch bei Schnecken festgestellt, daß sie nach dem Abflämmen weniger werden. Beim Abflämmen der Wegraine wird mitunter die ganze Streudecke aus den abgestorbenen Halmen und Blättern bis auf den mineralischen Untergrund verbrannt, oft aber auch nicht. Oft gibt es eine Schicht von 1–2 cm, die ganz feucht ist, die das Brennen übersteht. Ich vermute, daß manche Hemikryptophyten und auch Therophyten in dieser feuchten unteren Streulage erhalten bleiben. Ich habe kürzlich aus der dünnen, sehr feuchten Streuschicht eines solchen abgeflämmten Rasens, die durch das Feuer wohl kaum beeinträchtigt wurde, lebende Keimlinge herausgeholt.

Positive Gründe für das Flämmen gibt es m.E. tatsächlich. Aber man muß vorsichtig sein. Ich kann mir z.B. denken, daß das Abflämmen einer

Glatthaferwiese (Arrhenatheretum) oder eines *Brachypodium pinnatum*-Rasens sogar förderlich sein kann. Denn *Brachypodium* gehört auch zu den Wurzelkriechern. Aber wenn man einen Wegrand abflämmt, in dem schon einige dieser wüsten Unkräuter vorkommen, dann kann es passieren, daß diese damit vermehrt werden. Ich habe das an einem Brennessel-Bestand an einem Bahndamm verfolgt. Die Eisenbahn flämmt in der Tat in erster Linie vorsorglich ab, um eine Ausbreitung von Feuer zu verhindern.

J. J. Barkman:
Besonders im Mittelmeergebiet wachsen Vegetationstypen, die es ohne das Feuer überhaupt nicht geben würde.

DAS DUVENSTEDTER BROOK BEI HAMBURG ALS EXPERIMENTIERFELD – ERHALTENDE UND AUFBAUENDE EINGRIFFE IN EIN NATURSCHUTZGEBIET

von

JES TÜXEN, Oldenburg

I. DAS NATURSCHUTZGEBIET „DUVENSTEDTER BROOK"

An der Nordspitze der Freien und Hansestadt Hamburg liegt das rund 830 ha große Naturschutzgebiet „Duvenstedter Brook", dessen Vegetation im Maßstab 1 : 5000 in den Jahren 1963 und 1964 mit Studenten der Pädagogischen Hochschule Lüneburg kartiert wurde. Zwei größere Vegetationskomplexe lassen sich unterscheiden. In der westlichen Hälfte herrschen Heiden vom Typ des Calluno-Genistetum und vor allem des Ericetum, in die zahlreiche kleine und kleinste Hochmoore eingestreut sind. Diese Teillandschaft ist mehr oder weniger stark entwässert, so daß gerade die Hochmoore stark geschädigt oder ganz zerstört sind. Auch sind auf den trockeneren Rücken im Wuchsgebiet des Quercion robori-petraeae erst in jüngster Zeit Aufforstungen vorgenommen worden, in denen z.B. *Pinus nigra* und *Alnus incana* besonders störend empfunden werden. – In der östlichen Hälfte des Brooks wachsen naße Querco-Carpineten und Carici-Alneten, die viel weniger unter Entwässerung zu leiden haben und im ganzen recht natürlich erhalten sind. Freilich sind auch hier gesellschaftsfremde Holzarten häufig, unter denen *Picea sitchensis* auf Alnetum-Standorten besonders abschreckende Bilder zeigt. Landwirtschaftliche Nutzungsflächen, vor allem Gründländereien sind im Ostteil des Brooks verbreitet, während Ackerland vorwiegend im Westen größere Flächen einnimmt.

Noch im vorigen Jahrhundert wurde das Brook extensiv genutzt. Plaggenhieb im Ericetum und Torfstich im Sphagnetum magellanici und im Alnetum haben deutlich sichtbare Wunden in der Landschaft hinterlassen. Das Studium der Torfstich-Verlandung ergab aufschlußreiche Einblicke in die Gesellschaftsentwicklung. Unter anderem zeigte sich, daß primäre und sekundäre Sukzessionen in Hochmooren nicht zu derselben Schlußgesellschaft führen.

Ein weiterer Faktor ist der überstarke Wildbesatz des Brooks (Rot-, Dam- und Rehwild), dessen Einflüsse auf die Vegetation zwar nie exakt untersucht sind, aber nicht unterschätzt werden sollten. Nicht zuletzt wegen des Wildes ist das Naturschutzgebiet ein beliebter Ausflugsort der erholungsuchenden Hamburger, die, solange sie auf den Wegen bleiben, gern gesehene Gäste sind.

Für den Naturwissenschaftler aber liegt der Wert des Brooks als Naturschutzgebiet zunächst darin, daß viele in ihrer Existenz bedrohte Pflanzengesellschaften hier noch in z.T. großer Ausdehnung erhalten sind. Auch der floristische Reichtum ist beträchtlich; wir haben bei der Kartierung z.B. 7 *Orchideen*, 14 *Carex*-Arten und 21 *Sphagnum*-Sippen gefunden.

II. GESTALTUNGSPRINZIPIEN FÜR NATURSCHUTZGEBIETE

Die noch vielfach herrschenden Ansichten über die Aufgaben des Naturschutzes lassen sich am besten in einem Bilde umschreiben, das zugleich die eigentlich erschreckende Sinnlosigkeit bloßer Schutzbestrebungen offenbar werden läßt: Man stelle sich vor, daß heute die Trümmer eines historisch und kunstgeschichtlich wertvollen Bauwerks für alle Zeiten liegen blieben und geschützt würden. Niemand würde sich für solche Ideen begeistern können. Nach dem Kriege sind z.B. in Polen alte Städte mit großen Anstrengungen nach den alten Plänen wieder aufgebaut und unter Schutz gestellt worden (ZACHWATOWICZ und BIEGAŃSKI 1956).

Von einigen vielversprechenden Ansätzen [1] abgesehen, bewahrt der Naturschutz mit mehr oder weniger großem Erfolg Erhaltenes, in viel größerem Umfang aber durch den Menschen Umgestaltetes und Verunstaltetes, mit einem Wort Ruinen der Natur. Zweifellos ist es sinnvoller zu retten, was zu retten ist, als schließlich gar nichts zu haben. Wir dürfen aber dabei nicht stehen bleiben. Genau so wenig wie das zitierte Bauwerk allein seines wissenschaftlichen Wertes wegen erhaltungswürdig ist, sind es auch Gegenstände der Natur. Pädagogische Inhalte und Gehalte, Möglichkeiten der Erholung und vor allem die unverfälschte harmonische Schönheit einer natürlichen Landschaft sind ebenso hoch einzuschätzen wie die Bedeutung eines Naturschutzgebietes als wissenschaftliche Fundgrube.

Da in Mitteleuropa wohl kaum ein Naturschutzgebiet solchen Anforderungen völlig gerecht wird, ergibt sich die Notwendigkeit, solche Oasen völlig natürlicher, d.h. vom Menschen unberührter Landschaftsräume wieder herzustellen bzw. sie unter Umständen auch neu zu schaffen. Die Vegetation dieser Schutzgebiete sollte in großem Umfang in den realen natürlichen Zustand versetzt werden. Nur solche Ersatzgesellschaften, die in ihrem Fortbestand bedroht sind, verdienen Erhaltung und besondere Pflege. Wo die Oberflächenformen selbst zerstört sind, müssen diese notfalls unter Einsatz moderner technischer Mittel möglichst naturentsprechend wieder hergestellt werden. Im Naturpark „Harburger Berge" wurde das verwüstete Naturschutzgebiet „Fischbecker Heide" z.T. mit Hilfe von Planierraupen neugestaltet und nach vegetationskundlicher Anleitung durch PREISING erfolgreich begrünt (EHLERS 1963).

Ein auf solche Weise auszuheilendes und aufzubauendes Schutzgebiet ist in doppelter Weise ein regelrechtes Experimentierfeld für den Vegetationskundler. Erstens ist von vornherein gar nicht immer eindeutig zu entscheiden, welches der billigste, schnellste und vor allem nachhaltigste Weg zur Erzeugung der realen natürlichen Vegetation ist. Unter ständiger Kontrolle müssen Erfahrungen gesammelt werden, die bei späteren Pro-

[1] Wir nennen den Ausbau des Naturparks „Lüneburger Heide" oder die Neugestaltung des NSG „Fischbecker Heide" bei Harburg (EHLERS 1963).

jekten angewandt werden können. Zweitens sind bei solchem Vorhaben stets spezielle Einsichten in den Aufbau und die Funktion von Vegetationstypen in einmaliger Fülle zu gewinnen. Solche Erkenntnismöglichkeiten sind leicht zu vermehren, in dem auch zu Fragen, die nicht unmittelbar mit der Ausgestaltung des Schutzgebietes zusammenhängen, besondere Versuche angesetzt werden können.

III. DER AUSBAU DES NATURSCHUTZGEBIETES „DUVENSTEDTER BROOK"

Das Duvenstedter Brook ist ein sehr geeignetes Objekt, diese Gedanken in die Tat umzusetzen, zumal auch die Hamburger Naturschutzbehörde unseren Vorschlägen in großzügiger Weise entgegenkommt. Dafür sei auch an dieser Stelle gedankt.

Für die spezielle Gestaltung des Schutzgebietes wurde ein umfassendes Programm aufgestellt, das in Planungskarten 1 : 5000 niedergelegt ist. Folgende Einzelmaßnahmen werden gefordert.

1. Gründliche Umgestaltung des Wasserhaushalts

In der Ericetum-Landschaft sind alle Entwässerungsgräben mit Sand und Torf so zuzuwerfen, daß sich in den aufgefüllten Gräben das gleiche Bodenprofil wie in der Umgebung einstellen kann. Die Vorfluter müssen stillgelegt werden, damit der dem Ericetum eigene Grundwasserstand und damit sein spezifischer Wasserhaushalt so schnell wie möglich wieder hergestellt werden. Auch in der Alnetum-Landschaft ist hier und da ein Wasseraufstau notwendig. Das alljährlich durchgeführte „Reinigen" der Gräben muß grundsätzlich unterbleiben.

2. Abholzung und Aufforstung

Alle gesellschaftsfremden Holzarten müssen schrittweise entfernt und sofort ersetzt werden. Im allgemeinen sind bei Aufforstungen nur gesellschaftseigene Bäume und Sträucher zugelassen. Ein Abtransport der gefällten Nadelhölzer ist notwendig; Laubhölzer sollten an Ort und Stelle liegenbleiben.

3. Verbot landwirtschaftlicher Nutzung

In besonders naturnahen Gebietsteilen und dort, wo die Landwirtschaft eine Gefährdung des Schutzwürdigen darstellt, muß jede Nutzung in Zukunft unterbleiben. Die anfallenden Flächen sind nach und nach zu bewalden.

Dem Grad der Gefährdung bzw. der Erhaltung der Vegetation entsprechend wurde das Brook in Einzelgebiete aufgeteilt, die verschieden behandelt werden müssen. Da, wo natürliche Vegetationstypen noch fast heil erhalten geblieben sind, ist die Neuregulierung des Wasserhaushalts fast die einzige, aber vordringliche Maßnahme. In diesen Schutzgebieten im engeren Sinne ist zweckmäßig mit solchen zu beginnen, deren Ausheilung am leichtesten erscheint. Dort, wo die Schäden größer sind, können später die hier gewonnenen Erfahrungen sinnvoll ausgenutzt werden.

Um diese Schutzgebiete sind Pufferzonen von möglichst mehr als 100 m Breite vorgesehen, die vordringlich aufzuforsten sind. Die Notwendigkeit solcher Schutzgürtel läßt sich besonders eindrucksvoll an den Hochmooren des Brooks nachweisen, die tief in die Quercion-Landschaft eingebettet liegen. Dort, wo der angrenzende Wald in Ackerland verwandelt ist, eutrophiert das Grundwasser aus den hochliegenden, gut gedüngten Äckern die Ränder des Hochmoores so stark, daß heute dort das Carici-Agrostidetum caninae oder das Salici-Franguletum wächst. Wenn aber an dasselbe Moor Kiefernforsten stoßen, reicht das Sphagnetum magellanici ungestört bis an den Fuß der Wälder.

Einige z.T. recht große Flächen im Brook sind heute so stark abgewandelt oder gar zerstört, daß eine Wiederherstellung nicht lohnen würde. Gegen eine sparsame Verwendung von Gehölzen wie *Pinus silvestris* und *Quercus rubra* im Wuchsgebiet des Quercion robori-petraeae bestehen keine Bedenken, solange solche nicht schutzwürdigen Gebiete weit genug von *Ericeten* und Hochmooren entfernt sind.

Die vegetationskundliche Kontrolle aller durchzuführenden Maßnahmen wird auf zweifache Weise geschehen. Die reichhaltigsten und am besten erhaltenen Schutzgebiete ersten Ranges mit Ericeten, Hoch- und Niedermoorgesellschaften und Assoziationen des Magnocaricion und Alnion sollen in Zwischenräumen von fünf bis zehn Jahren immer wieder neu kartiert werden. So lassen sich eintretende Verschiebungen der Vegetationsgrenzen und das Verschwinden bzw. Neuauftreten bestimmter Vegetationstypen räumlich exakt festhalten. Die zu erwartenden Änderungen im Artinventar der Gesellschaften und der Ersatz von Vegetationstypen sind an etwa 130 im Gelände festgelegten Testflächen qualitativ und quantitativ zu beobachten. Etwa 80 dieser Teststationen sind mit Grundwasser-Beobachtungsrohren ausgestattet, die wöchentlich abgelesen werden. Zunächst in jährlichen Abständen sollen auf allen 130 Dauerflächen genaue Vegetationsaufnahmen und Bodenaufnahmen angefertigt werden. Das durch von Glahn auf diesem Symposion vorgetragene Verfahren zur Herstellung von Lackabzügen vom Bohrstock ist für unsere Zwecke hervorragend geeignet und wird zu jeder Vegetationsaufnahme den zugehörigen Bodenzustand dokumentarisch festlegen.

Auf den meisten unserer Testflächen lassen sich die Auswirkungen der Hebung des Grundwasserstandes studieren. Etwa 50 Dauerflächen dienen der Lösung besonderer Probleme. In den potentiellen Wuchsgebieten der Waldgesellschaften müssen die Auswirkungen der Aufforstungsmaßnahmen verfolgt werden. Einige Quadrate im Grünland sollen sich selbst überlassen bleiben, um die natürliche Wiederbewaldung beobachten zu können.

Zusätzlich zu diesen Lösungsmöglichkeiten für zunächst ganz praktische Fragen bietet sich dem experimentierenden Vegetationskundler die einmalig günstige Gelegenheit, weitere Probleme zu studieren, die im Folgenden genannt seien.

Obwohl sich viele Autoren heute darüber einig sind, daß das Ericetum tetralicis baumfähig ist, also wenigstens zum Teil keine reine Zwergstrauchheide darstellt, ist immer noch niemand in der Lage, dieses „Park-Ericetum", wie wir es nennen wollen, mit vegetationskundlichen Methoden zu beschreiben. Dieser noch recht hypothetische Naturzustand des Ericetum ist nicht nur synmorphologisch interessant, er unterliegt auch einem zeitlichen, witterungsbedingten Hin- und Herpendeln. Die Dauerbeobachtung von Testflächen, die gegen Wildverbiß eingezäunt sind, soll dieses Problem lösen helfen (vergl. ELLENBERG 1963, p. 647).

Um Füllmaterial für die Entwässerungsgräben im Ericetum und Sphagnetum magellanici zu gewinnen, soll in einem bereits vernichteten Hochmoor ein größerer Torfstich neu angelegt werden, der dann liegengelassen wird. Seine Wiederbesiedlung und die Abfolge der Vegetationstypen können dann von Anfang an mit allen vegetationskundlichen und bodenkundlichen Belegen auf lange Zeiträume hinaus verfolgt werden. Zu dem gleichen Zweck sind auch ein oder zwei neue Torfstiche im Carici–Alnetum notwendig, um dem Sparganietum minimi und anderen seltenen Wassergesellschaften eine Möglichkeit zum Fortbestehen zu geben.

Schließlich sollen in Heiden und Waldgesellschaften die Einflüsse des Wildverbisses auf die Zusammensetzung der Vegetationsdecke studiert werden. Dazu werden jeweils zwei Testflächen auf dem gleichen Standort unmittelbar nebeneinander eingerichtet, von denen eine wildsicher eingegattert wird. Solche Wildzäune wirken in der Landschaft am besten, wenn sie mit lebenden Hecken aus bodenständigen Holzarten verblendet werden.

IV. ÜBER DIE BEDEUTUNG NATÜRLICH GESTALTETER SCHUTZGEBIETE

Das Fernziel aller dieser Maßnahmen, die nach Jahrzehnten erst brauchbare Ergebnisse liefern werden, ist ein doppeltes. Es soll eine möglichst natürliche Landschaft aufgebaut werden, in der höchstens Ersatzgesellschaften I. Grades kleinflächig zugelassen sind. Sie wird zwar durch Fußwege erschlossen sein, aber die Grenzen der Formationen und Vegetationstypen werden im Endzustand des Ausbaus nirgendwo mehr schematisch verlaufen. Ein solches Schutzgebiet wird der Erholung, der Belehrung und der Wissenschaft dienen. Es wird durch „Ausheilung" einer zwar schwer „kranken", aber dennoch „lebenden" Landschaft geschaffen. R. TÜXEN hat oft darauf hingewiesen, daß dieses Ziel auch dann verwirklicht werden kann, wenn die zu schaffenden Vegetationstypen in dem zu gestaltenden Gelände völlig fehlen. Seine Pflanzensoziologischen Gärten in Hannover und Bremen legen davon Zeugnis ab (R. TÜXEN 1940 u. 1947). Ein dritter Garten dieser Art ist mit konsequenter Berücksichtigung der hier dargelegten Gedanken unter der wissenschaftlichen Leitung des Verfassers im Aufbau.

Der zweite Grund für die Schaffung einer solchen realen Naturlandschaft liegt in der überragenden Bedeutung einer solchen Einrichtung als Experimentierfeld. Grundlegende Erkenntnisse über Bau und Funktion von Vegetationstypen lassen sich kaum gewinnen, wenn man mit ihren Bruchstücken, den Pflanzenarten, einzeln oder in Kombination zu mehreren Versuche anstellt. Ein Vegetationstyp ist stets mehr als die Summe seiner Teile. Die Qualitäten und Quantitäten dieses „mehr" können meiner Überzeugung nach nur durch Experimente am Vegetationstyp in seiner „lebenden" Ganzheit erkannt werden.

ZUSAMMENFASSUNG

Für das Hamburger Naturschutzgebiet „Duvenstedter Brook" werden Maßnahmen begründet und beschrieben, die die z.T. zerstörte Vegetation wieder in den natürlichen Zustand überführen sollen. Einblicke in Bau und Funktion von Pflanzengesellschaften lassen sich am besten durch die Ausheilung oder die künstliche Begründung von Assoziationsindividuen, d.h. durch Experimente mit der lebenden Pflanzengesellschaft gewinnen.

SUMMARY

Measures, which shall transmit the partly destroyed vegetation of the Hamburgian nature reserve „Duvenstedter Brook" in the natural state, are established and described. Insight into constitution and function of plant communities is at best obtained by the curing or the artificial foundation of association individuals, i.e. by experiments with the living plant community.

LITERATUR

EHLERS, M.: Naturpark Harburger Berge. Stand der Einrichtungsmaßnahmen am 31.12.1962. – Elbe u. Heide 1963 (3): 22–23. 1963.

ELLENBERG, H.: Die Vegetation Mitteleuropas mit den Alpen. In: Walter, H. Einführung in die Phytologie. IV (2). – Stuttgart 1963.

TÜXEN, J.: Vegetationstypen im Naturschutzgebiet „Duvenstedter Brook" der Freien und Hansestadt Hamburg. – Hamburg 1967.

TÜXEN, R.: Der Pflanzensoziologische Garten der Hansestadt Bremen. – Der Schlüssel **5**: 49–53. Bremen 1940.

— Der Pflanzensoziologische Garten in Hannover und seine bisherige Entwicklung. – 94.–98. Jber. naturhist. Ges. Hannover f. 1942/43 bis 1946/47: p. 113–287. Hannover 1947.

ZACHWATOWICZ, J. et BIEGAŃSKI, P.: Die Altstadt in Warschau. – Warszawa 1956.

V. WESTHOFF:

Ich möchte zuerst Herrn JES TÜXEN herzlich gratulieren zu seinem schönen Arbeitsziel und den bisherigen Ergebnissen und den Möglichkeiten, die er hat. Ich wundere mich aber etwas über seine prinzipiellen Auseinandersetzungen. Er hat den Naturschutz angegriffen, wie er sagt, in etwas harten Worten. Der Naturschutz möchte sich verteidigen, vielleicht auch mit etwas harten Worten. Es ist schon mehr als 25 Jahre her, daß die Englische Nature Conservancy und der Niederländische Naturschutz übereinstimmen über den wirklichen Zweck des Naturschutzes. Herr JES TÜXEN stellt einander gegenüber:

1. Die Erhaltung völlig menschenfreier Landschaften als wissenschaftliche Fundgrube, wo nur die Natur waltet und

2. Harmonie und Schönheit der Landschaft zur Erholung. Der wirkliche Zweck des modernen Naturschutzes ist ja ganz einfach die Erhaltung der Mannigfaltigkeit der Pflanzen- und Tierwelt, die Erhaltung der Arten

und ihrer Umwelt, die Erhaltung der Mannigfaltigkeit der ökologischen Verhältnisse. Das bedeutet ja das Wort Naturschutz. Es wäre nach unseren westeuropäischen Ansichten etwas romantisch und überholt, den Menschen völlig ausschließen zu wollen. Der Mensch gehört zu der Natur, Er hat von jeher dazu gehört. Der Mensch hat nicht nur die Natur verarmt, er hat sie auch bereichert. Die meisten Landschaften, die wir auf der Welt kennen, enthalten ja Vegetationstypen, die Sie, etwas abwertend, Ersatzgesellschaften nennen. Wir nennen sie besser halb-natürliche Gesellschaften (semi-natural landscape) mit dem Nachdruck auf dem Positiven. Das sind also Landschaften – auch ELLENBERG hat dafür einen ungefähr gleichbedeutenden Terminus gefunden – wo das Vegetationsbild vom Menschen bedingt ist, obwohl die Flora und die Fauna da spontan und einheimisch sind. Das sind ja unsere meisten Heiden, unsere Trockenrasen und Magerwiesen, unsere Triften und Fluren, unsere Halden, unsere Gebüsche. Der Großteil der europäischen Vegetation besteht aus halbnatürlichen Landschaften. Ein Großteil unserer Flora und Fauna,unserer Arten lebt eben in diesen halbnatürlichen Landschaften und ist daher von ihnen bedingt. Der Mensch ist ja immer dagewesen, und das ist auch der Grund, daß die potentielle natürliche Vegetation, wie Prof. TÜXEN immer schon mit vollem Recht betonte, etwas ganz anderes ist als die ursprüngliche Vegetation. Der Mensch ist nicht daraus wegzudenken. Wenn wir also von Naturschutz sprechen, von der Erhaltung von Pflanzen und Tieren, dann erhalten wir die Umwelt und auch die semi-natural landscape in ihrer Eigenart. Wirklich naturnahe Landschaften als solche schützen zu können, ist wunderbar. Was Herr TÜXEN in der Praxis getan hat, kann ich nur bewundern und ihm ganz beistimmen. Es kommt hauptsächlich darauf an – es ist das Gleiche, was man in Westeuropa auch macht – daß man die störenden Einflüsse so viel wie möglich beseitigt und das, was den biologischen Reichtum verarmt, zu entfernen versucht. Aber wenn man den Menschen ganz ausschalten will und die sogenannten Ersatzgesellschaften also prinzipiell nicht anerkennt, würde der biologische Reichtum der Natur zum großen Teil verschwinden. Das ist auch eine Gefahr des Vegetarismus, die häufig nicht erkannt wird. Die Vegetarier wollen ja alle Viehzucht ausschließen und mehr Korn essen. Dann verschwinden aber tausende von Tierarten auf der Welt. Das kann ihr Ziel aber nicht sein. Ich habe freilich niemals in vegetarischen Zeitschriften diese Konsequenz gesehen. In der Praxis bin ich mit Herrn JES TÜXEN einverstanden, in der Theorie aber gar nicht.

R. TÜXEN:
Ich möchte vorschlagen, den Ausdruck „Vegetationstypus" für unsere Einheiten nicht zu benützen. Vegetationstypus ist so vielseitig und damit wenig sagend. Wir meinen etwas ganz bestimmtes: wir meinen Pflanzengesellschaften. Vegetationstypus ist aber zugleich ein physiognomischer oder rein geographischer Begriff. Für Pflanzengesellschaft gibt es in jeder Sprache ein entsprechendes Wort. Wir meinen damit etwas klar Definiertes, nämlich eine Arten-Kombination. Mir liegt daran, daß wir ganz klar definierte Worte und Begriffe gebrauchen.

Der Begriff *Ersatzgesellschaft* hat gar nichts mit einer Wertung im Sinne des Naturschutzes zu tun. Eine Ersatzgesellschaft kann von höchstem Wert für den Naturschutz sein. Das Wort ist also nicht aufzufassen wie ein schlechter Ersatz für das Echte. Sondern das Wort Ersatzgesellschaften ist eine deutsche Übersetzung von Substitutions-Gesellschaft. Unter Ersatzgesellschaft möchte ich eine Pflanzengesellschaft verstehen, die anstelle der potentiell natürlichen Gesellschaft jetzt vorhanden ist und diese substituiert. Ich habe das Wort gewählt aus der Chemie. Wenn man einen Wald durch eine Wiese ersetzt, so ist das auch eine Substitution. In diesem rein dynamischen Sinne, aber nicht im Sinne einer qualitativen Wertung ist das Wort Substitutions- oder Ersatzgesellschaft zu verstehen. Der Begriff Ersatzgesellschaft soll einen dynamischen Sinn haben.

Ich möchte fragen, welche Autoren darüber einig sind, daß das Ericetum mehr oder weniger bewaldet sein kann. Ich muß gestehen, daß mir diese Literatur entgangen zu sein scheint. Aber ich kann ein Beispiel dafür angeben, das nicht veröffentlich ist. Westlich von Stolzenau gibt ein mehr oder weniger quellenbedingtes Ericetum-Gebiet auf einem langgestreckten Moränenhügel, wo in einem feuchten Ericetum sphagnetosum, ja sogar im Sphagnetum papillosi mit Quellstellen mit Rhynchosporetum, mit Caricion fuscae-Gesellschaften einzelne Kiefern der forma *turfosa* stehen. Ich würde nichts dagegen einwenden können, wenn jemand sagen würde, diese Kiefern seien hier spontan. Hier wäre also von Kiefern von 3–5 m Höhe bestandenes Ericetum.

H. DIEMONT:
Herr JES TÜXEN hat uns ein Naturschutzgebiet gezeigt. Ich möchte fragen, wem dieses Naturschutzgebiet gehört. Ist es in einer Hand, oder hat es verschiedene Eigentümer?

JES TÜXEN:
Es gehört zum größten Teil der Stadt Hamburg, aber auch einige private Grundstücke liegen darin.

H. DIEMONT:
Das ganze Gebiet in eine Hand zu bringen, ist die erste Voraussetzung, worauf erst alle anderen Maßnahmen folgen können. Wenn dieses Ziel nicht zu erreichen ist, dann wird das Gebiet ganz vom Menschen überschwemmt. Das ist eine Erfahrung, die wir in Holland gewonnen haben.

A. APINIS:
Ich möchte auf ein Naturschutzgebiet aus dem Baltikum hinweisen, wo *Erica tetralix* unweit des Meeres auf Sandböden wächst. Auch dort kommen in dem *Erica*-Bestand einzelne Kiefern vor.

W. MÜLLER-STOLL:
Wir haben im westlichen Brandenburg, in der Priegnitz genau dieselben trockenen Ericeten wie hier. Das ist ja eine Fortsetzung der Lüneburger Heide. In der Niederlausitz aber wird *Erica tetralix* zu einer primären Kiefern-Waldpflanze offener Stellen.

J. Wolterson:
Wenn ich gut verstanden habe, ist es die Absicht, in diesem Naturschutzgebiet wieder einen vom Menschen unberührten natürlichen Zustand zu schaffen. Dabei habe ich zu meinem Erstaunen gehört, daß es dort einen ungeheuren Wildbestand gibt. Wenn es irgendwo einen menschlichen Einfluß gibt, der auf die Natur sehr große Wirkung hat, ist es wohl der Wildbestand. Es wäre also vorzuziehen, daß auch hier eine sehr straffe Regulation eingeführt wird, aber wie man das machen wird, ist mir nicht ganz klar. Denn wenn man die Jäger hineingehen läßt, ist die menschliche Wirkung wieder da. Ich glaube, daß in diesem nordwestdeutschen Gebiet früher auch Biber gewesen sind. Die sollte man auch wieder in dieses Alnetum hineinbringen. Ich weiß allerdings, daß es sehr gewagt ist, in einem Lande voller Jäger etwas über Naturschutz und Wild zu sagen.

V. Westhoff:
Zu meiner Bemerkung über den Terminus „Ersatzgesellschaft" hat Prof. Tüxen die Anwendung dieses Begriffes in der Pflanzensoziologie erläutert. Im Interesse der allgemeinen Übereinstimmung unserer wissenschaftlichen Begriffe möchte ich betonen, daß wir in der Vegetationskunde den Begriff „Ersatzgesellschaft", der ja von Tüxen geprägt worden ist, in den Niederlanden immer genau in dem von ihm erwähnten Sinne verwenden; nur verwenden wir statt des deutschen Wortes eine holländische Übersetzung, nämlich „vervangingsgezelschap". Meine Bemerkung deutete nur daraufhin, daß das deutsche Wort „Ersatz", wenn in anderen europäischen Sprachen als *solches* (also als deutsches Wort) verwendet, immer nur eine herabwertende Bedeutung hat, also etwas Minderwertiges meint (z.B. Kaffee-Ersatz). Im angewandten Bereich, und vor allem auf dem Gebiete des Naturschutzes, wo normative (und daher emotionelle) Momente mit im Spiel sind, kann der Terminus „Ersatzgesellschaft" daher leicht zu Mißverständnissen führen. Im Interesse des allgemeineuropäischen Sprachgebrauchs wäre daher der neutrale und objektive Terminus „Substitutionsgesellschaft" vielleicht dem Worte „Ersatzgesellschaft" vorzuziehen.

H. v. Glahn:
Herr Prof. Tüxen hat von der Verwendung des Begriffes Vegetationstyp abgeraten. Der Begriff der Pflanzengesellschaft und der Begriff des Vegetationstypus stehen einander ja zunächst nicht entgegen. Im vorigen Jahr ist hier ein Referat verlesen worden, in dem ich über den Begriff des Vegetationstypus im Rahmen eines allgemeinen naturwissenschaftlichen Typenbegriffes berichtet habe.[1] Ich bin an den Begriff des Vegetationstyps durch Herrn Prof. Raabe gekommen und fand bei Braun-Blanquet (Grundfragen und Aufgaben der Pflanzensoziologie. – Vistas in Botany. London 1959), daß man einen Typus wiederholt vorkommen-

[1] Vgl. Glahn, H. v.: Der Begriff des Vegetationstyps im Rahmen eines allgemeinen naturwissenschaftlichen Typenbegriffs. – Ber. Geobot. Inst. E.T.H. Stiftg. Rübel, Zürich 36: 14–27. Zürich 1965. Desgl. in Tüxen, R. (Edit.): Pflanzensoziologische Systematik. – Ber. Intern. Sympos. in Stolzenau 1964: 1–14. Den Haag 1968.

der Artenverbindungen, die wir Pflanzengesellschaften nennen, am besten mit dem neutralen Ausdruck Vegetationstyp belegen solle. Darüber war ich sehr erstaunt. Ich meine, aber das möchte ich sehr vorsichtig formulieren, daß wir zwei Weisen haben, nach denen wir das sinnesphysiologisch einkommende Rohmaterial verarbeiten. Einmal können wir von den Besonderheiten von Einzelbeständen abstrahieren. Diese Abstraktion führt zu dem Begriff der Pflanzengesellschaft. Auf der anderen Seite aber nehmen wir Bilder in uns auf, wir integrieren sie. Diesen Prozess hat KRETSCHMER als „anschauliche Integration" bezeichnet. Ihr Ergebnis ist ganz allgemein ein Typenbegriff. Die allgemeinste Typen-Definition, die ich gefunden habe, ist die von KRETSCHMER, und sie lautet etwa: „Ein Typus für naturwissenschaftliche Dinge ist das maximale korrelative Konzentrat empirischer Realitäten". Solche empirischen Realitäten sind ja auch die Artenverbindungen, die wir integrieren, oder z.B. Bodenmerkmale, und am Ende kommt, wenn wir solche Bilder formelhaft verarbeiten, immer ein Typus heraus. Wenn wir aber von Einzelbeständen abstrahieren, dann kommt immer das heraus, was wir eine Pflanzen-Gesellschaft nennen. Das sind ja nur Ausdrücke zweier Wege. Ich würde mich sehr gerne belehren lassen, aber nachdem BRAUN-BLANQUET sich in seinem Londoner Vortrag auch zu diesem Ausdruck bekannt hat, stehe ich nicht an, ihn auch zu benutzen.

W. MÜLLER-STOLL:
Die wissenschaftmethodische Bemerkung ist selbstverständlich richtig: Das ist ein Typus. In diesem Sinne ist eine Pflanzengesellschaft in der Art, wie sie erarbeitet wird, auch ein Typus. Trotzdem ist es nicht zweckmäßig, diesen Ausdruck Vegetationstypus zu benutzen, weil große Schulen und weit ausgedehnte Arbeitsgruppen unter einem Vegetationstyp oder einem Waldtyp etwas völlig anderes verstehen wie das, was wir unter einer Pflanzengesellschaft oder gar Assoziation verstehen. Die Waldtypologie hat völlig andere Methoden und andere Ziele, so daß eine Verwendung des allgemeinen Ausdrucks Vegetationstypus im Sinne einer Assoziation zu ständigen Mißverständnissen und Verwirrung, führt.

R. TÜXEN:
Die Pflanzengesellschaft ist *ein* Vegetationstypus, aber der Vegetationstypus ist viel mehr als eine Pflanzengesellschaft.

J. J. BARKMAN:
Man muß eine Assoziation im Zentrum ihres Areals studieren. Ich glaube gerne, daß im Mecklenburgischen und Brandenburgischen *Erica* unter lockerem Baumwuchs vorkommt. Das ist ja bei *Calluna* auch der Fall. Aber das Zentrum dieser Gesellschaften befindet sich in Holland. Ich glaube, daß bei uns das Ericetum, das auf mineralischem Boden wächst, keinen Baumwuchs zuläßt. Wir haben allerdings einige *Erica*-Heiden, wo wohl Kiefern keimen. Aber nach etwa 5 Jahren gehen sie ein.

J. J. MOORE:
Dr. WESTHOFF hat sehr gut gesagt, daß der Mensch in die Landschaft und

Vegetation gehört. Wir haben das in West-Irland gesehen. Es gibt dort tausende ha von blanked bogs, die ganz unberührt scheinen. Kein Mensch ist zu sehen. Aber an Hand von Pollen-Analysen haben wir festgestellt, daß diese Vegetation sich mit dem neolithischen Ackerbau eingestellt hat. Vorher war kein Moor da. Das Moor wurde vom Menschen bedingt. In jeder Probe findet man Kohle-Stückchen, es wurde jedes Jahr oder alle paar Jahre gebrannt, obwohl man keinen Menschen sehen kann.

Zur Ericetum-Frage möchte ich als Moorforscher sagen, daß es sehr schön wäre, wenn das natürliche Ericetum Bäume (Kiefern) hätte. Im nördlichen Rußland und in Finland findet man am Rande der Hochmoore die *Ledum*-Gesellschaft, die ich Ledetalia palustris nennen möchte und im Westen die Ericetalia. Ob die Kiefer dazu gehört, weiß ich nicht. Es wäre schön, wenn sie darin vorkäme.

A. Herms:
Ich habe eine Frage zur Begründung und zum Begriff des Naturschutzes überhaupt. Zunächst war bei allen Fragen und Bemerkungen, die wir zu diesem Referat und Thema hörten, als Selbstverständlichkeit vorausgesetzt, daß Naturschutz nötig sei. Aber ich möchte trotzdem fragen, wozu eigentlich? Daß es in einigen Fällen interessant ist, Vegetationseinheiten zu erhalten, damit man sie genauer beobachten kann, ist verständlich. Aber genügt es, die Landschaft zu einem Museum zu machen und stagnieren zu lassen, was einmal geworden ist? Oder festzuhalten, was geworden ist unter Einflüssen, die sich dauernd verändern können und dauernd verändert haben? Müßte man den Begriff nicht vielmehr dahin erweitern, daß Naturschutz eine allgemeine Verantwortung des Menschen im Umgang mit der Natur bedeuten muß, wobei nicht eine bestimmte, gewordene Form zu schützen ist, in dem Sinne, daß sie erhalten werden muß wie in einem Museum, sondern daß ihre Existenz, die Entwicklung ihres Potentials weiterhin möglich ist und geschützt wird vor Einflüssen, die das natürliche Leben überhaupt unmöglich machen würden, wie etwa die Ausdehnung von Siedlungsflächen oder sonstigen technischen Experimente, von denen es in unserer Zivilisation genug gibt? In dem Sinne wäre z.B. die Landwirtschaft als solche eine Angelegenheit des Naturschutzes, wobei der extreme Umgang mit dem Boden, der die Bodenfruchtbarkeit und ihren Aufbau nicht berücksichtigt, dem Naturschutz entgegengesetzt wäre. Aber eine richtige Pflege der Bodenfruchtbarkeit, die da etwas aufbaut, könnte eigentlich das Zentralproblem des Naturschutzes in diesem erweiterten Sinne darstellen. Insofern wäre das eigentlich ein sehr viel umfangreicheres Anliegen, nicht einer kleinen Clique, die für wissenschaftliche Interessen oder für Heimatkundler in den Museen etwas reserviert, sondern die die Grundlagen dieses Lebens zu erhalten hat. Ich glaube, die Begründung, warum Naturschutz überhaupt nötig ist, und was unter dem Begriff zu verstehen ist, wurde hier noch nicht klar genug formuliert. Ich möchte hier nur umschreiben, in welcher erweiterten Richtung man darüber nachdenken möchte (Beifall).

J. Feise:
Für mich ist der Grundsatz, nach dem ich arbeite: Ich habe die Ver-

pflichtung, alles Leben zu erhalten, ob es Pflanze, Tier oder Mensch ist. Das steht schon bei PAULUS im Römerbrief, Kap. 8 und auch im 2. Kapitel, 15 des 1. Buches MOOSES: Der Garten Eden wurde uns gegeben, damit die Menschen ihn bebauen und bewahren sollen (Beifall).

JES TÜXEN:
Wenn ich Herrn HERMS recht verstanden habe, wollte er auf das hinaus, was wir Landschaftspflege und Landschaftsgestaltung nennen. Ich habe meine Aufgabe nicht darin gesehen, eine Definition dessen zu geben, was wir unter Naturschutz verstehen. Ich habe nicht die Absicht, nur die reine Natur in ihrer großen Mannigfaltigkeit zu erhalten. Ich will den Menschen nicht ausschließen. Ich möchte auch Ersatzgesellschaften haben in diesem Naturschutzgebiet. Ich will z.B. etwa Calluna-Heide dort unter Umständen sogar wieder aufbauen, mindestens aber pflegen und erhalten. Zu diesen Ersatzgesellschaften gehören meiner Meinung nach, ich komme darauf zurück, auch gewisse Teile des Ericetum. Wenn es ein „Baum-Ericetum" gibt, dann sind sicher Teile daraus eben Ericetum-Ersatzgesellschaften dieser hypothetischen Baum-Ericeten, und auch diese will ich erhalten. Ich will auch Trittrasen haben und alles das, was an den Wegrändern wächst. Die Wege sind da, und sie sollen auch da sein. Ich möchte nur nicht gerade, daß wir Grünlandgesellschaften, die wir überall finden können, oder Ackerflächen mit Ackerunkraut-Gesellschaften in einem solchen Gebiet nun auch noch besonders pflegen. Ich wurde aufgefordert, etwas über die Profile der Ericeten zu sagen. Vielleicht darf ich meinen Vater zitieren. 1937 war bei ihm zu lesen, daß das Bodenprofil der Ericeten keinen Ortstein habe. In den „Pflanzengesellschaften oligotropher Heidetümpel Nordwestdeutschlands" (Veröff. Geobot. Inst. Rübel 33. Zürich 1958) und in verschiedenen Auflagen der „Schrift des Bodens" steht eindeutig zu lesen, daß das Bodenprofil des Ericetum ein Humus-Gleypodsol ist. Beides ist bisher richtig! Wir haben im Brook – unter Ericetum sowohl unter trockenem als auch nassem – eine Anmoor-Auflage, dann manchmal einen A_h-Horizont, der auch fehlen kann. Darunter folgt der Bleich-Horizont, unter dem sehr stark verdichtete rötlich-braune „Orterde" liegt, die durch Fulvosäuren gebildet ist. Es besteht keine Ähnlichkeit mit den Humus-Gleypodsol-Profilen, wie sie in der „Schrift des Bodens" abgebildet sind. Die Bleichhorizonte, die A_e-Horizonte, sind höchstens angedeutet. So schlohweiße Bleichhorizonte wie in den Humus-Gleypodsolen finden wir überhaupt nicht. Manchmal gibt es nur wenige Bleichkörner in einer dunklen, fast schwarzen Grundsubstanz. Darunter folgen dann hellere Sande, hellere B-Horizonte. Jedenfalls sehen diese Profile völlig anders aus als die Humus-Gleypodsole. Ich habe den Eindruck, als ob solche Profile 1937 in den Pflanzengesellschaften NW-Deutschlands gemeint waren. Diese Hochmoore des Duvenstedter Brooks sind alle sehr klein, liegen noch in Senken (Ausblasungswannen?). Sie sind noch nicht darüber hinausgewachsen. Wenn man aber die Moore ansieht, in deren Umgebung die Humus-Gleypodsole unter Ericetum gefunden sind, so sind es jedes Mal große Hochmoore bis zu mehreren Quadratkilometer Größe. Darin sind wahrscheinlich die Ursachen zur Ausbildung dieser extremen

Gleypodsole zu suchen: Je größer ein Hochmoor ist, desto mehr kann an humusreichem Wasser seitlich ablaufen, desto mehr wird die Umgebung der Moore vernäßt, und dieses humusreiche Wasser ist es, was diesen Ortstein bildet. Es gibt hier keinen Eisen-Ortstein, sondern nur reinen Humus-Ortstein. Wenn man ihn glüht, wird er schlohweiß.

Die Autoren, die zu der Frage des bewaldeten oder nicht bewaldeten Ericetum sich geäußert haben, sind TÜXEN (1958) und ELLENBERG in der „Vegetation Mitteleuropas," wo unter dem Ericetum-Abschnitt (p. 647) gerade auf das Duvenstedter Brook eingegangen wird.

ELLENBERG hat im Duvenstedter Brook beobachtet, daß nur in der Nähe der großen Wege – es gibt einen großen Fahrweg mitten hinein in den Kern des Gebietes – einzelne größere Birken standen. Sonst waren die Ericeten praktisch baumfrei. 1963 und 1964, als wir dort arbeiteten, gab es kaum einen Fleck im Ericetum der nicht mindestens Birken (nie Kiefern) von etwa Kniehöhe hatte. Je trockener das Ericetum, desto höher wachsen auch die Bäume auf. Die Schwierigkeit ist freilich, daß man nicht weiß, wie weit schon entwässert wurde. Aber ich würde sagen, in einem noch nicht entwässerten Ericetum sind bei genügender Trockenheit Birken bis zu einer Höhe von 2–3 m möglich.

Wenn ich ELLENBERGS Erfahrungen mit den unsrigen verglichen habe, so wird daraus vielleicht etwas deutlich: Es scheint nicht grundsätzlich so zu sein, daß das Ericetum in seinem trockenen Flügel Bäume hat und in seinem nassen Flügel keine. Ich glaube vielmehr, daß die Niederschlags-Häufigkeit mehrerer Jahre Einflüsse ausübt auf die Baumfähigkeit der Ericeten. Wenn es mehrere feuchte Jahre hintereinander gegeben hat, werden die Bäume wahrscheinlich alle ertrinken und wahrscheinlich auch vergiftet werden durch die dann stärker werdende Schwefelwasserstoff-Entwicklung in den Böden der Ericeten. Wenn aber dann wieder eine Folge von trockenen Jahren kommt und das Wasser sinkt, dann werden auch wieder die kleinen Birken Wuchsbedingungen finden. Man muß sich vorstellen, daß, wenn eine solche Birke größer wird, ihr Wurzelraum auch immer größer wird. Damit wird die Birke, die eine sehr hohe Transpirationsleistung hat, gewissermaßen einen Trichter in den Grundwasserhorizont hineinsaugen. Die Birke bereitet sich gewissermaßen ihr Bett selbst.

Es ist also ein ökologisches, ein zeitliches und ganz sicher auch ein geographisches Problem. In den blanked bogs in Irland oder Schottland gibt es nirgendwo, wenigstens nicht auf den Ericeten, Bäume. Wir liegen hier in Nordwestdeutschland vielleicht in einem Grenzbereich. Die Hochmoore sind unter atlantischen Bedingungen immer baumfrei. Je weiter wir nach Osten in den kontinentalen Bereich kommen, desto mehr Waldhochmoore sind zu finden. Ich glaube, daß auch bei den Ericeten eine ähnliche Erscheinung zu beobachten ist. Hamburg liegt vielleicht schon sehr deutlich im Grenzbereich der bewaldeten Hochmoore. Wir haben von Prof. MÜLLER-STOLL von bewaldeten Ericeten gehört und schließlich folgen daran anschließend dann, nicht unbedingt vergleichbar, die *Ledum*-Kiefern-Wälder des Ostens. Wir sind aber von einer Lösung des Ericetum-Problems im Moment noch weit entfernt. Darum ist, um exakte Unterlagen zu gewinnen, der Plan gefaßt worden, im Duvenstedter Brook solche Dauerflächen einzurichten.

ÜBER DIE VERBREITUNG VON HALOPHYTEN AN EINEM SALZSTANDORT IM MITTELEUROPÄISCHEN BINNENLAND

von

HEINRICH DAPPER, Berlin

Im Rahmen einer größeren Arbeit (DAPPER 1964) wurde an einem oberhessischen Salzstandort, bei Münzenberg (Meßtischblatt Butzbach 5518) gelegen, 1963 die Verbreitung der drei Halophyten *Juncus gerardii, Glaux maritima* und *Triglochin maritimum* untersucht. Die drei genannten Arten wurden zu diesem Zweck im Maßstab 1 : 200 kartiert, der Boden hinsichtlich des Kochsalzgehaltes und der Feuchteverhältnisse geprüft. Bei der Kartierung erfaßte man jede der genannten Arten auf einer 79 m langen und 30 m breiten Fläche, die in Quadratmetern aufgeteilt war, nach einem 5-Punkte-System (1 sehr wenig vorhanden, 2 wenig vorhanden, 3 genügend vorhanden, 4 viel vorhanden, 5 sehr viel vorhanden). Die Verteilung der Bodenarten (sandiger Staubschluff, staubschluffiger Lehm, sandiger Lehm) veranschaulicht Abbildung 1a. Nach der Anwesenheit von NaCl im Bodenwasser ließ sich das Gebiet in einen glykischen, glykisch-halischen und in einen halischen Teil gliedern (glykisch $<$ 0,2–0,5%, glykisch-halisch 0,6–0,8%, halisch 0,9–1,8% NaCl im Bodenwasser) (Abb. 1b). Abbildung 1c zeigt die Fließrichtung der Sole. Die Pfeile gehen von dem Punkt aus, in dessen Höhe die Salzquelle lag. Sie sagen jedoch

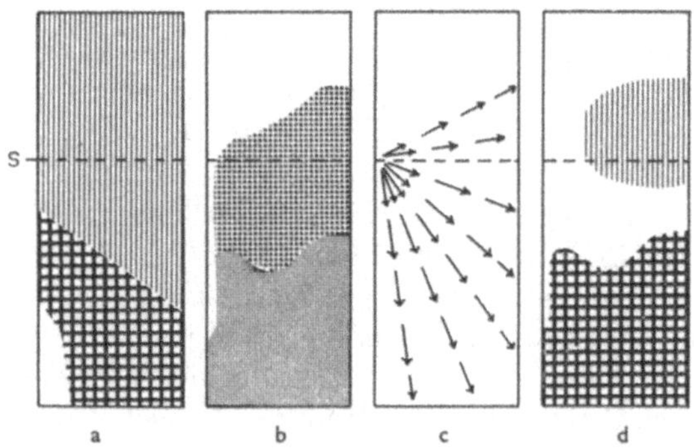

Abb. 1a. Verteilung der Bodenarten. (schraffiert: sandiger Staubschluff, kariert: staubschluffiger Lehm, weiß: sandiger Lehm).
Abb. 1b. Gebietseinteilung nach dem Salzfaktor. (weiß: glykisch, grob punktiert: glykisch-halisch, fein punktiert: halisch).
Abb. 1c. Wirkung der Salzquelle auf das angrenzende Gebiet. (Fließrichtung der Sole).
Abb. 1d. Bodenfeuchteverhältnisse (20.5.1963). (weiß: 40–45% des Frischgewichtes, schraffiert: 46–50% des Frischgewichtes, kariert: 51–70% des Frischgewichtes). S = Höhe der Salzquelle.

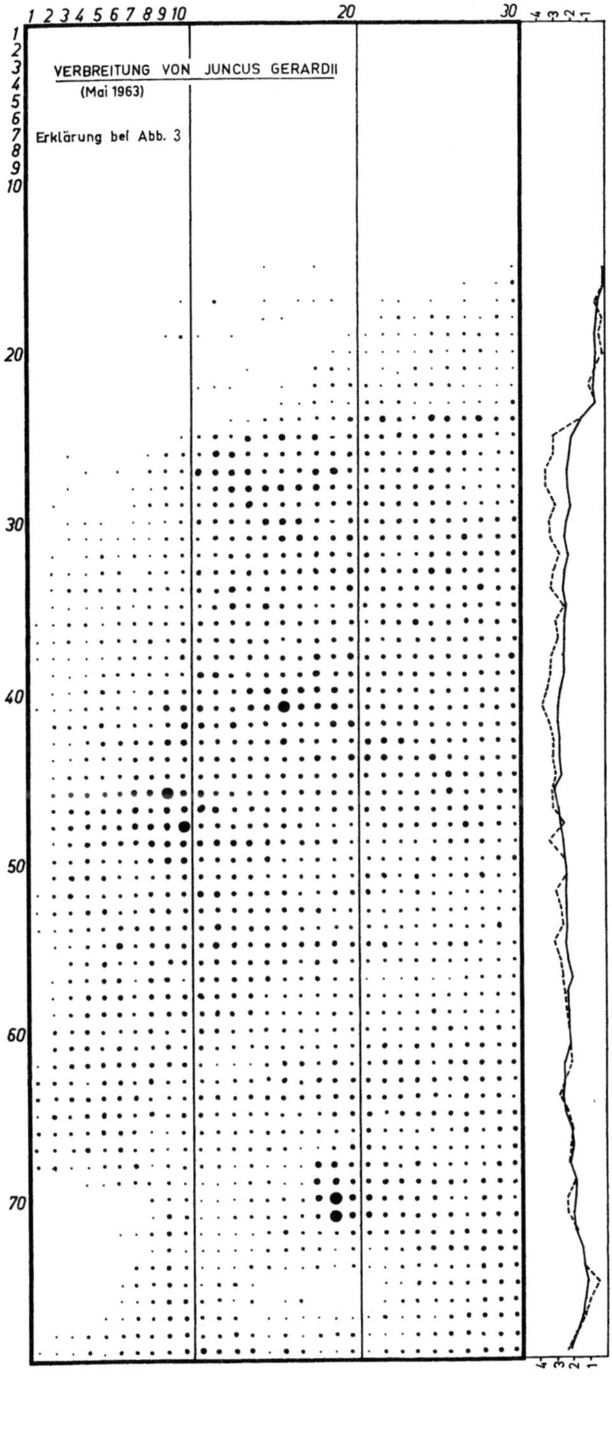

Abb. 2. Karte von der Verbreitung von *Juncus gerardii* im Untersuchungsgebiet (aus DAPPER 1964).

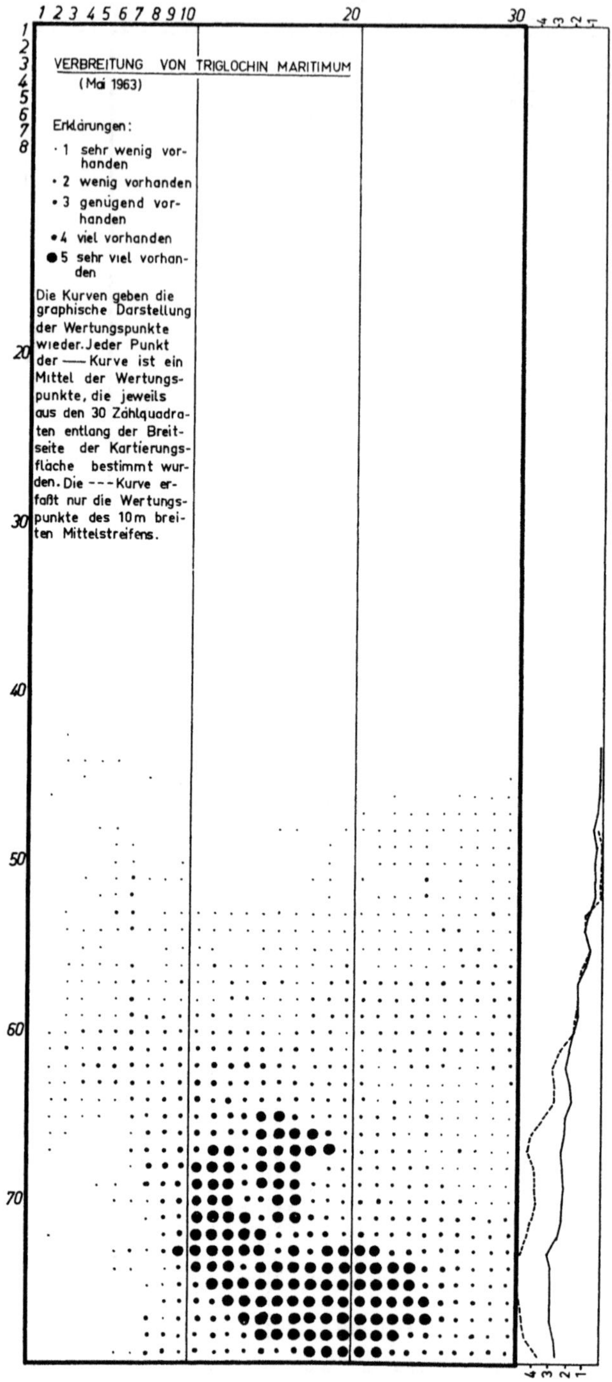

Abb. 3. Karte von der Verbreitung von *Triglochin maritimum* im Untersuchungsgebiet (aus DAPPER 1964).

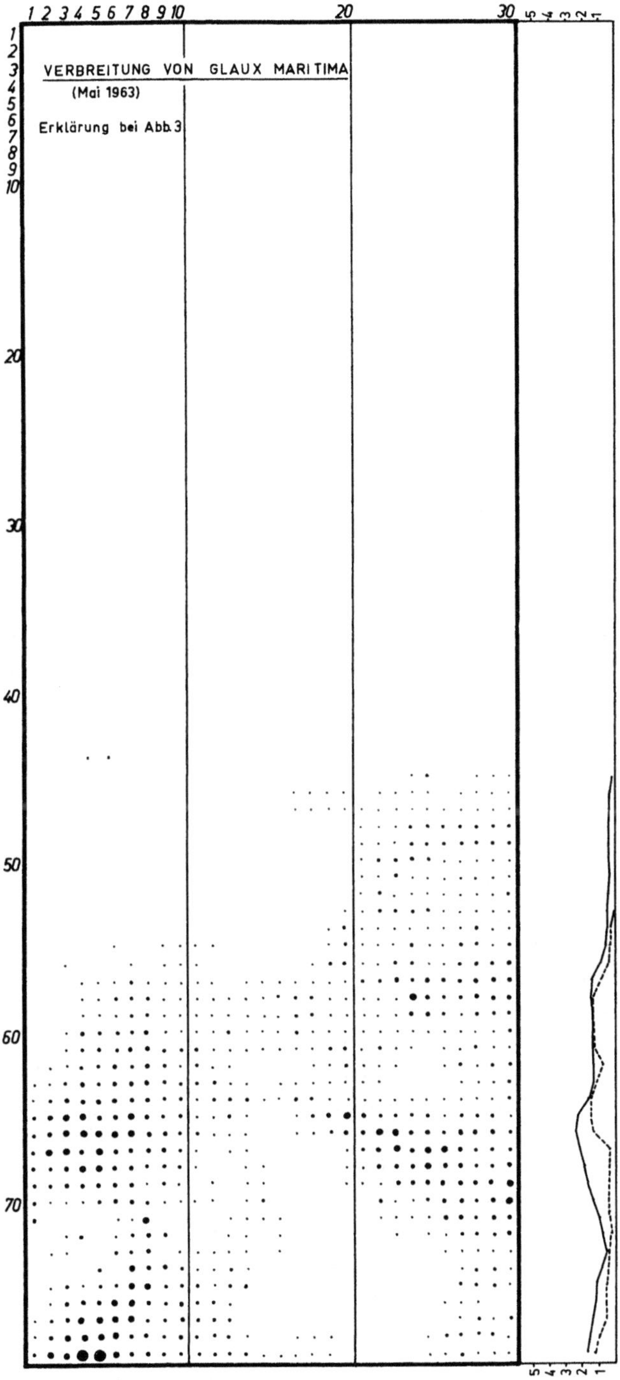

Abb. 4. Karte von der Verbreitung von *Glaux maritima* im Untersuchungsgebiet (aus DAPPER 1964).

nichts über die Stärke der Versalzung aus. Über die Bodenfeuchteverhältnisse unterrichtet Abbildung 1d. Der untere Teil, der kariert gekennzeichnet ist, wies den stärksten Wassergehalt auf (bis 70% des Frischgewichtes).

Die erste Art-Karte (Abb. 2) zeigt, daß *Juncus gerardii* (*Juncaceae*) am Münzenberger Standort kein ausgesprochener Halophyt war. Die Salzbinse kam im Untersuchungsgebiet auch auf leicht versalzten Böden vor und stellte ein Verbindungsglied zwischen glykischen und halischen Gesellschaften dar. *Juncus gerardii* gedieh bei 0,49% NaCl im Bodenwasser ebenso wie bei 1,81%. Es muß betont werden, daß der letzte Wert nicht der höchste gemessene an dieser Stelle war. Die Salzbinse konnte also in einem weiten Kochsalz-Konzentrationsbereich wachsen. Ihr Hauptverbreitungsgebiet lag am Münzenberger Standort aber zwischen 0,6 und 0,9% NaCl. Es muß allerdings berücksichtigt werden, daß das Wachstum dieser Pflanze nicht an allen Lokalitäten gleich gut war. Während durchschnittlich eine Blattlänge von 24,1 cm erreicht wurde, waren die Pflanzen auf den am stärksten versalzten Stellen kleiner. Hier wurden nur 16,5 cm im Mittel (100 Messungen) festgestellt.

Triglochin maritimum (*Juncaginaceae*) verhielt sich völlig anders (Abb. 3). Diese Pflanze beschränkte sich auf die salzhaltigsten und feuchtesten Stellen des Geländes, was sich mit den Angaben EVANSS (1953) und GILLNERS (1960) für andere Gebiete deckt. Zugleich wurde der anmoorige, stark von organischer Substanz durchsetzte Boden bevorzugt. Beinahe in Reinkultur kam *Triglochin* an einer Stelle vor, wo der Boden 39% organische Substanz (durch Glühverlust bestimmt) und 1,81% Kochsalz enthielt. Allerdings war hier das Wachstum, nach der Blattlänge beurteilt, nicht optimal. Während die Durchschnittslänge der Blätter bei 31,05 cm lag, waren dort 15 und 16 cm keine Seltenheit.

Auch *Glaux maritima* (*Primulaceae*) war ein echter Halophyt. Wie Abbildung 4 verdeutlicht, schlossen dennoch *Glaux* und *Triglochin* fast einander aus. Überall da, wo *Glaux* sehr reichlich vorkam, war der Dreizack spärlich oder überhaupt nicht vorhanden und umgekehrt. Die Korngrößenbestimmung des Bodens ergab an der Stelle, die den üppigsten *Glaux*-Bewuchs aufwies, sandigen Lehm. Beide, *Glaux* und *Triglochin*, aber lieben Böden mit schluffigem Anteil (STEUBING 1948). Das Substrat konnte also kaum der selektierende Faktor sein. Vielleicht wirkte sich aber die Abnahme der Lichtintensität bei Anwesenheit von *Triglochin*, *Phragmites* und anderer ebenfalls hochwüchsiger Pflanzen auf das zierliche Milchkraut negativ aus. *Glaux* ist kleinwüchsig und kriecht auf der Bodenoberfläche, ohne sich emporzurichten. GILLNER (1960, S. 158) nannte *Glaux* eine weidebegünstigte Pflanze.

ZUSAMMENFASSUNG

Bei ökologischen Untersuchungen an einem Salzstandort im mitteleuropäischen Binnenland wurde hinsichtlich der Verbreitung der Pflanzen folgendes festgestellt:

1) *Juncus gerardii* stellte ein Verbindungsglied zwischen glykischen und halischen Pflanzengesellschaften dar.

2) *Triglochin maritimum* und *Glaux maritima* erwiesen sich als echte Halophyten.
3) *Triglochin* und *Glaux* schlossen am Standort fast einander aus.
4) Es wird vermutet, daß die Konkurrenz hierbei eine Rolle spielte.

SUMMARY

In the course of ecological investigations on a salty habitat in the inland of Middle Europe it has been established concerning the distribution of plants:

1) *Juncus gerardii* represented a connecting link between glycic and halic plant communities.
2) *Triglochin maritimum* and *Glaux maritima* turned out to be real halophytes.
3) *Triglochin* almost replaced *Glaux* and vice versa at this habitat.
4) It is supposed that the competition has been an effective factor there.

LITERATUR

DAPPER, H.: Der Kreislauf des Chlorids, dargestellt an einem binnenländischen Halophytenstandort. – Diss. Gießen (1964).

EVANS, L. T.: The ecology of the halophytic vegetation of Lake Ellesmere, New Zealand. – J. Ecol. **41**: 106–122. Cambridge 1953.

GILLNER, V.: Vegetations- und Standortsuntersuchungen in den Strandwiesen der schwedischen Westküste. – Acta phytogeograph. suec. **43**: 1–198. Uppsala 1960.

STEUBING, L.: Einfluß der Brandung auf die Sandstrandvegetation. – Z. Naturforsch. **3**b: 293–298. Tübingen 1948.

W. MÜLLER-STOLL:

Wenn ich jetzt hier etwas Kritisches sage, ist damit nicht gemeint, daß ich die Richtigkeit der Beobachtungen anzweifle. Aber ich habe ganz deutlich den Eindruck aus meinen Erfahrungen in vielen Salzgebieten, daß die hier gewonnenen Ergebnisse aus den Münzenberger Wiesen keine Verallgemeinerung gestatten. Gerade *Triglochin maritimum* kommt noch bei sehr minimalen Salzgehalten vor und greift bis in den ausgesprochenen glykischen Bereich über, während das gerade *Juncus gerardii* sonst nicht tut. *Juncus gerardii* ist in pflanzensoziologischer Hinsicht viel enger an ausgesprochene Salzgesellschaften gebunden als *Triglochin maritimum*, das auch in Molinietalia-Wiesen übergreift und sich dort sehr lange hält. Mir ist eine Arbeit von KOLKWITZ in Erinnerung, der sich einmal mit den Keimungsbedingungen von Halophyten und mit dem Vorkommen von halophilen Pflanzen an lückigen Standorten beschäftigt hat. Er hat gefunden, daß eben gerade *Triglochin* noch bei sehr niedrigen Salzgehalten sich entwickelt, allerdings durch Salz auch gefördert wird. Also eine Verallgemeinerung lassen die vorgetragenen Beobachtungen nicht zu. Die Münzenberger Wiesen sind, als ich dort gearbeitet habe, Mähwiesen gewesen, während die Salzmarschen in der Regel Weiden sind.

Das spielt sicher eine große Rolle für die gegenseitigen Beziehungen der aufbauenden Arten. Daß z.B. das Milchkraut (*Glaux maritima*) und *Triglochin* sich hier ausschließen, was sie sonst nicht tun, hängt sicherlich zusammen mit der sehr üppigen Entwicklung, die *Triglochin* auf diesen Mähwiesen, vor allem in kleinen Bodensenken, erreicht, während infolge des Mähwiesencharakters *Glaux* nur an Stellen wachsen kann, wo eine genügende Polsterbildung und eine Durchlichtung des Bestandes auftritt. Zur Beurteilung der Sache darf man nicht aus den Augen lassen, daß das Substrat, auf dem Ihre Bestände stehen, für eine Salzwiese ungewöhnlich ist. Diese Gesellschaften sind sonst Salzmoor-Pflanzen auf Sand-Schluffböden, die von einer Salzquelle durchtränkt werden.

V. WESTHOFF:
In den beweideten Gebieten der ausgedehnten Salzmarschen auf den Friesischen Inseln kommen *Triglochin* und *Glaux* normal zusammen im Armerion vor. Aber in unbeweideten Flächen gehen sie auseinander. *Triglochin* sucht die durchfeuchteten Stellen, während *Glaux* die trockenen und luftreichen Stellen vorzieht. Es kann vorkommen, daß man sie zusammen findet, aber die Korrellation ist viel kleiner als in unbeweideten Beständen.

K.-TH. SCHREITLING:
Salzanalysen müssen wir ganzjährig in möglichst gleichmäßigen Zyklen durchführen. Ich habe bei Untersuchungen von Binnensalzstellen gefunden, daß es in diesen Salzgesellschaften vor allem in der *Triglochin*-Gesellschaft praktisch bis zur Aussüßung kommen kann, daß aber im Sommer bei sehr starker Verdunstung und Trockenheit des Bodens eine sehr starke Salzanreicherung eintreten kann. Zum anderen möchte ich zu diesen drei Gruppen erwähnen, daß nach meiner Ansicht auch dem Schwefel eine ganz erhöhte Bedeutung zukommen kann. Darüber habe ich nicht sehr viele, vor allem keine periodischen Messungen gefunden. Es ist entscheidend, daß wir nicht nur die Sulfat-Mengen, sondern daß wir auch den Schwefelwasserstoff bestimmen. Wir finden vielfach an diesen Binnensalzstellen ein sogenanntes Sulfuretum, das aus verschiedenen Schwefelbakterien besteht. Ich habe an diesen Stellen Temperatursummen-Messungen durchgeführt und festgestellt, daß gerade an diesen Grenzbezirken die Temperaturen im Frühjahr fast um 1–2° höher als in den anderen Bereichen sind.

G. BEEFTINK:
Ich bin mit Prof. MÜLLER-STOLL ganz einverstanden; aber ich wollte noch zu Dr. WESTHOFF hinzufügen, daß auf den beweideten Flächen *Juncus gerardii* dominiert und auf den unbeweideten *Festuca rubra*. Das ist ein sehr deutlicher Unterschied, besonders, wenn die Bodenverhältnisse dieselben sind.

Weiß Herr Dr. DAPPER etwas über die Schwankungen des Salzgehaltes während des Jahres? Ich glaube, sie sind sehr wichtig für die Verteilung von *Triglochin* und *Glaux*. Ich habe im Schelde-Ästuar gefunden, daß *Triglochin maritima* sich im Puccinellietum maritimae an den

Stellen mit der Maximal-Amplitude des Salzgehaltes optimal entwickelt. Diese Schwankungen werden verursacht durch Einflüsse von Schwankungen im Salzgehalt des Flutwassers einerseits und des Klimas andererseits.

H. DAPPER:
Ich habe meine Ergebnisse nicht verallgemeinern wollen, sondern sie gelten nur für diesen Münzenberger Standort. Über den Schwefel habe ich keine Unterlagen. Aber ich würde vorschlagen, bei einer weiteren Bearbeitung auch das Eisen zu untersuchen. Denn gerade weite Teile aus diesem Gebiet waren stark von Eisen durchsetzt. Auch Schwefel wird dort vorhanden sein. Das ging schon aus dem H_2S-Geruch hervor.

Den jährlichen Gang des Kochsalzgehaltes habe ich von März bis Januar des darauf folgenden Jahres untersucht und festgestellt, daß Schwankungen beim halischen Teil praktisch überhaupt nicht vorhanden waren, während geringe Schwankungen beim glykischen Teil vorkamen. Die Mindestwerte beim halischen Teil lagen unter 1% und die höchsten über 2%, bei dem glykischen Teil war der niedrigste Gehalt etwa bei 0,5%–0,4%; an anderen Stellen war er noch tiefer.

Ich habe auch Untersuchungen über die Evapotranspiration gemacht mit Hilfe von Lysimeteranlagen.

LANGJÄHRIGE BEOBACHTUNGEN AN AUSSÜSSUNGS-DAUERPROBEFLÄCHEN BEWEIDETER UND UNBEWEIDETER VEGETATION AN DER EHEMALIGEN ZUIDERZEE

von

V. Westhoff
Reichsinstitut für Grundlagenforschung des Naturschutzes (RIVON), Zeist, Niederlande. RIVON-Mitteilung Nr. 309.
Derzeit: Botanisch Laboratorium, Universiteit Nijmegen, Niederlande

Am Anfang meiner Ausführungen möchte ich darauf hinweisen, daß ich diesen Vortrag zugleich im Namen meines Kollegen und Freundes Adriani halte. Dr. Adriani hat nämlich die bodenkundliche Forschung übernommen.

Als wir das Thema „Experimentelle Pflanzensoziologie" erwogen, dachten wir nicht so sehr an Erträge in Doppelzentnern oder den Einfluß des Saponin-Gehaltes von *Aesculus* auf Radieschen, sondern vielmehr an experimentelle Sukzessionsforschung in Dauerquadraten. Zwar hat Herr von Glahn eben die Meinung geäußert, Experimente an Dauerflächen seien keine pflanzensoziologischen Experimente, sondern Biochoren-Experimente. Diese Auffassung ist für mich neu. Ich wage es trotzdem, meine hier erwähnte Arbeit auch weiterhin als pflanzensoziologische Experimente zu deuten.

Wie in anderen Ländern werden auch in den Niederlanden seit Jahrzehnten Sukzessionen erforscht mit Hilfe von Dauerquadraten in der Vegetation. Weil unser wasserreiches an der Meeresküste gelegenes, von großen Flüssen durchquertes und stark vom Menschen umgelagertes Land relativ viele Pioniergesellschaften und daher viele ziemlich rasch verlaufenden Sukzessionen aufweist, ist eine solche Forschung bei uns derart angebracht, daß zur Zeit schon etwa 500 Dauerquadrate regelmäßig studiert werden, größtenteils für die Grundlagenforschung des Naturschutzes. Diese Sukzessionsforschung ist jedoch in der Mehrzahl der Fälle nicht experimentell. Experimentelle Sukzessionsforschung nennen wir Sukzessionsforschung mit Hilfe von Dauerquadraten in einer Vegetation, in welcher ganz bestimmte kontrollierbare menschliche Eingriffe stattfinden in dem Sinne, daß der Mensch die Situation bewußt abändert, und zwar vorzugsweise derart, daß zugleich eine Vergleichsfläche in unbeeinflußter Lage studiert werden kann. Es kann sein, daß diese Eingriffe speziell für den Zweck der Forschung unternommen werden; dieses war der Fall bei der ersten experimentellen Sukzessionsforschung in den Niederlanden, über welche ich hier sprechen will. Es mag aber auch sein, daß der Eingriff praktischen Zwecken dient, z.B. als Pflegemaßnahmen für den Naturschutz, und daß die Dauerquadratforschung diese Lage nur ausnützt. Dies war der Fall bei vielen unserer experimentellen Sukzessionsforschungen, unter Anderen bei derjenigen im Übergangsmoor Korenburgerveen bei Winterswijk, deren Ergebnisse ich 1952 zusammen mit meinem Mitarbeiter J. van Dijk veröffentlicht habe. Schließlich mag der Eingriff auch ohne oder gar gegen den Willen des Forschers stattfinden, kann jedoch nichtsdestoweniger von ihm ausgenützt werden, wie das z.B. der Fall war bei dem im Kriege zerstörten ehemaligen Rheinmündungs-Schutzgebiet De Beer bei Hoek van Holland. Die wichtige Strukturtheorie der ökologischen Grenzbereiche meines Mitarbeiters C. G. van Leeuwen verdankt dessen Erforschung ihr Entstehen. Es kann also selbst ein Krieg noch irgend etwas Gutes hervorbringen.

Die ersten niederländischen Dauerquadrate sollen uns weiterhin beschäftigen. Sie wurden 1933 und 1936 von unseren Kollegen G. Kruseman und J. Vlieger angelegt und zwar auf damals brackischen, jährlich gemähten und nach der Mahd beweideten Grünländern. Die 1933 angelegten Flächen finden sich im Außendeichsgelände bei IJdoorn, der ehemaligen Zuiderzee entlang, unweit nördlich von Amsterdam, in einem Naturschutzgebiet; die 1936 angelegten liegen in brackischem feuchtem Grünland auf der Nordseeinsel Texel, aber innerhalb der Deiche, im Naturschutzgebiet Waalenburg. Sie wurden 1938 durch weitere Dauerflächen im vergleichbaren Naturschutzgebiet Dijkmanshuizen, gleichfalls auf Texel, ergänzt.

Die Wahl des Anfangsjahres 1933 hängt damit zusammen, daß damals die damalige Zuiderzee abgeriegelt wurde und daselbst sich also eine allmähliche, jedoch ziemlich rasch verlaufende Aussüßung vollzog. Vom Anfang an wurde in jedem Bereich eine der 100 m^2 großen Dauerflächen völlig unberührt gelassen. Jegliche Mahd, Beweidung oder sonstige Eingriffe wurden eingestellt. Der Zweck war, den Einfluß der Beendigung der Mahd und der Weide auf das Vorkommen von Halophyten zu erforschen und zwar *sowohl* an einem Standort, wo der Salzgehalt des Bodens sich ungefähr gleich bleiben würde, also auf Texel, *als auch* an einem Standort, der in Aussüßung begriffen war, also nahe IJdoorn. Indem man das Vorkommen der meisten Halophyten vielfach derart erklärt, daß diese Arten sich wegen der fehlenden Konkurrenz bestimmter salzmeidender Arten erhalten können, möchte man erwarten, daß jene Halophyten sich in völlig unberührter Vegetation, wo dieser Wettbewerb stärker wäre, weniger gut erhalten könnten als in Wiesen und Weiden. Mit dem Zweck, den Einfluß der Aussüßung von der Folgen der Ausschaltung des Wettbewerbes trennen zu können, wurden zugleich in jedem Forschungsgebiet neben den erwähnten Versuchsflächen Kontrollflächen angelegt in Beständen, die nach wie vor gemäht und beweidet wurden.

Es war zu erwarten – und diese Erwartung wurde auch bestätigt – daß die Sukzession sich in den ersten Jahren rascher vollziehen würde als später. Nach dem jähen Umbruch der Umweltverhältnisse wurde ein Gleichgewicht zerstört. In dem nicht ausgesüßten, also in dieser Beziehung nicht geänderten Standort auf Texel hat sich tatsächlich allmählich ein neues Gleichgewicht eingestellt. In dem unberührten Aussüßungsquadrat bei IJdoorn ist aber überraschenderweise bis heute noch immer kein neues Gleichgewicht eingetreten. Obwohl die Halophyten daselbst schon längst verschwunden sind, bleibt die Vegetation dieser Stelle großen Schwankungen unterworfen.

Die Dauerflächen wurden von 1933 bis 1945 aufgenommen von Kruse-

MAN und VLIEGER, nachher bis 1964 von mir, z.T. zusammen mit KRUSEMAN oder VLIEGER und mit meinen Mitarbeitern J. VAN DIJK und später Fräulein L. BERGMAN.

Die Vegetation auf jedem untersuchten Gelände war beim Anfang des Experimentes nahezu gleich und bestand aus 11 Arten bei IJdoorn, 16 Arten auf Texel. Dominant waren *Festuca rubra* bzw. *Juncus gerardii*. Daneben traten auf: *Plantago maritima, Armeria maritima, Glaux maritima, Triglochin maritimum, Aster tripolium, Agrostis stolonifera* subvar. *salina, Alopecurus bulbosus* und in kleiner Menge *Phragmites communis, Leontodon autumnalis, Trifolium repens, Poa trivialis,* auf Texel dazu u.a. *Euphrasia litoralis, Lotus tenuifolius* und *Potentilla anserina*. Es lag also eine Gesellschaft des Juncetum gerardii aus dem Armerion-Verbande vor, und zwar in einer besonderen Form, charakteristisch für brackische Groden, welche sich entweder innerhalb des Meeresdeiches oder der ehemaligen Zuiderzee entlang finden, Sie haben gemein, daß sie nicht mehr von reinem Meerwasser erreicht werden und besitzen einen wassergesättigten Boden. Trennarten dieser Gesellschaft sind *Alopecurus bulbosus, Phragmites communis* und *Lotus tenuifolius*. Man könnte sie Variante von Alopecurus bulbosus nennen; sie ist jedenfalls der von RAABE (1950) beschriebenen Subassoziation von Leontodon autumnalis sehr nahe verwandt. Auf diese syntaxonomische Frage will ich aber nicht weiter eingehen. Wichtig ist nur, zu erwähnen, daß die meisten gemeinsamen Trennarten, wie *Leontodon autumnalis, Trifolium repens* und *Potentilla anserina,* Arten des Agropyro-Rumicion-Verbandes der instabilen Grenzbereichsstandorte darstellen. Der Salzgehalt des Bodens in der Fläche bei IJdoorn betrug 1934 5 g NaCl pro Liter Bodenwasser, also nach den Ergebnissen von W. G. BEEFTINK und mir ein normaler Mittelwert einer Armerion-Gesellschaft. 1937 war dieser Wert schon auf 0,5 g, also bis auf ein Zehntel herabgesunken. Dieser Wert hat sich seitdem mit gewissen Schwankungen in dem beweideten Bestand erhalten und liegt noch immer an der unteren Grenze des Salzbereiches des Armerion. In der unbeweideten Fläche ist er aber in Zusammenhang mit gewissen Bodenänderungen, auf die ich noch zurückkomme, stärker und zwar bis auf etwa 0,15 g abgesunken.

ERGEBNISSE

Die Sukzession auf den nicht mehr gemähten oder beweideten Dauerflächen verlief nun im Aussüßungsgelände bei IJdoorn tatsächlich so, daß die Halophyten innerhalb weniger Jahre ganz verschwunden waren, während sie sich aber in der angrenzenden Weide zum Teil bis auf heute erhalten haben. Auf Einzelheiten komme ich noch zurück. Dieses Ergebnis stimmt überein mit der Erfahrung, daß sich auch sonst an beweideten IJsselmeerküsten gewisse Halophyten erhalten haben, und zwar *Juncus gerardii* und *Armeria maritima* stellenweise sogar mit größerer Abundanz.

In den nicht mehr gemähten oder beweideten Dauerflächen in dem nicht ausgesüßten Gelände auf Texel dagegen sind zwar *fast* alle Halophyten verschwunden, jedoch nicht alle. Von den 9 Halophyten, welche sich hier 1936 vorfanden, hat sich nämlich *einer* mit ungefähr gleichbleibender Abundanz erhalten und zwar *Juncus gerardii*. In der angrenzenden Mähweide auf Texel haben die Halophyten sich normal erhalten, wie auch nicht anders zu erwarten war, da die Verhältnisse sich hier nicht wesentlich geändert haben.

Es ist nun interessant, daß die Sukzession in der unberührt gebliebenen Dauerfläche auf Texel ganz anders verlief als in der vergleichbaren Fläche im Aussüßungsbereich von IJdoorn. Auf Texel hat sich schließlich eine artenarme homogene Gesellschaft eingestellt, in welcher die Artenzahl von 16 auf 8 herabsank. *Festuca rubra* ist daselbst jetzt dominant, *Juncus gerardii* subdominant; abundant sind *Agrostis stolonifera, Potentilla anserina, Phragmites communis* und das 1948 zuerst aufgetretene *Ophioglossum vulgatum*. Pflanzensoziologisch ist diese Gesellschaft als eine verarmte Zwischenstufe zwischen Juncetum gerardii und einen Agropyro-Rumicion-Gesellschaft zu deuten.

Die Artenzahl der unberührten Aussüßungsfläche bei IJdoorn dagegen stieg an von 11 Arten (1936) bis 24 (1950), 28 (1956) auf 35 (1960), um 1964 auf 30 herabzusinken. Die floristische Zusammensetzung hat sich aber völlig geändert. Von den ursprünglichen Arten erhielt sich nur eine, und zwar *Phragmites communis*, das von Abundanz 1 zu zehnjähriger absoluter Dominanz zwischen 1940 und 1950 anstieg und jetzt mit 4,4 vorkommt. Drei andere der ursprünglichen Arten sind nach längerem Verschwinden zurückgekehrt, und zwar *Poa trivialis*, jetzt dominant in der unteren Feldschicht, *Trifolium repens* und *Festuca rubra*, letztere allerdings in einer anderen Kleinart. Der heutige Charakter des Bestandes ist jedoch der einer Hochstaudenflur, in welcher *Sonchus paluster* den Aspekt bedingt, dem sich Arten wie *Epilobium hirsutum, E. parviflorum, Angelica sylvestris, Valeriana officinalis, Eupatorium cannabinum, Cirsium palustre, Stachys sylvatica, Iris pseudacorus, Galium aparine, Urtica dioica* und *Calystegia sepium* beigesellen. Mit zum Teil geringer Abundanz treten weiterhin einige Arten des Agropyro-Rumicion crispi und des Calthion-Verbandes auf. Diese Gesellschaft wäre etwa als Sonchus paluster-Assoziation dem Angelicion litoralis-Verbande zuzuordnen, der seinerseits zu der Ordnung Convolvuletalia sepii und der Klasse Artemisietea zu stellen ist. Diese Sonchus paluster-Assoziation kommt weiterhin im Westen unseres Landes als Uferbestände von oligohalinen Gewässern ziemlich häufig vor.

Es ist merkwürdig, daß sich bis jetzt in der hier erwähnten Probefläche noch keine einzige Holzart angesiedelt hat, obwohl der Standort jetzt z.B. für *Salix*-Arten oder *Sambucus nigra* günstig scheint. Die Sukzession zum Walde bleibt aber aus. Ich komme auch darauf noch kurz zurück.

Es ist noch von Bedeutung, den Verlauf der Aussüßung bei IJdoorn noch etwas näher zu betrachten. In der unberührten Dauerfläche verschwand zuerst *Triglochin maritima*, und zwar 1935, also zwei Jahre nach dem Anfang; 1937 waren alle anderen Halophyten eingegangen bis auf winzige Überreste von *Juncus gerardii*, der 1941 aber endgültig versagte. Bemerkenswert ist das kurzfristige Erscheinen der mesohalinen Art *Apium graveolens* 1937 bis 1938, während *Sonchus paluster* sich im nächsten Jahre 1939 ansiedelte. Nun findet sich an den mesohalinen holländischen Poldergewässern ein Ufersaum mit *Apium graveolens*, an den oligohalinen, also schwächer brackischen, jedoch ein solcher mit *Sonchus paluster*. Diese Verhältnisse stimmen also genau mit dem Verlauf der hier erwähnten Sukzession überein.

In dem beweideten Bestand bei IJdoorn dagegen hat der Halophyt *Juncus gerardii* sich nicht nur bis heute erhalten, sondern sich sogar viel breiter gemacht, von 1953 bis 1957 mit Deckungsgrad 4 bis 5, jetzt noch mit 3, im Zusammenhang mit gleichzeitiger Verringerung von *Festuca rubra* von 5 bis 2. Sehr auffällig ist, daß das hier erst 1953 verschwundene *Triglochin maritimum* 1964 vital blühend zurückgekehrt war. Diese Erscheinung hängt wohl zusammen mit einer allmählichen Versumpfung dieses Geländes, welche auch aus der Ansiedlung von *Eriophorum angustifolium* und *Galium palustre* (1958), *Festuca arundinacea* und *Scutellaria galericulata* (1962) und *Glyceria fluitans* und *Juncus articulatus* (1964) erkennbar wird. Diese Versumpfung und die wachsende Sauerstoffarmut des Bodens sind wohl auch für die Dominanz von *Juncus gerardii* verantwortlich. Das merkwürdige Auftreten von *Triglochin maritimum* auf kaum oder nicht brackischen, aber anmoorigen Böden oder gar Zwischenmooren, manchmal weit von der Küste entfernt, habe ich auch anderswo in den Niederlanden beobachtet, sowie auch in Finnland und auf Neufundland in Canada.

Aus den bisher erwähnten Ergebnissen bekommt man tatsächlich den Eindruck, daß das Vorkommen der hier ursprünglich wachsenden Halophyten des Armerion-Verbandes von der Konkurrenz anderer und zwar stärkerer Arten bedingt sei. Bei Konkurrenzmangel sind jene Arten im Stande sich zu erhalten, z.T. sogar trotz Aussüßung des Standortes. Bei starker Konkurrenz jedoch, nämlich wenn nicht mehr gemäht oder geweidet wird, können sie sich *nicht* erhalten, und zwar bei Aussüßung gar nicht, bei gleichbleibendem Salzgehalt aber mit Ausnahme von *Juncus gerardii* auch nicht.

Man sollte mit einer derartigen Schlußfolgerung jedoch vorsichtig sein. Erstens ist es möglich, daß in den unberührten Probeflächen nicht die stärkere Konkurrenz, sondern eben die jähe völlige Umänderung der bedingenden Standortsfaktoren, also die Störung als solche, das Verschwinden der Halophyten bedingt habe. Wir kennen ja zahlreiche Beispiele, die zeigen, daß viele Arten für derartige Störungen besonders empfindlich sind. Es sei denn auch darauf hingewiesen, daß eben *Juncus gerardii* ein Störungszeiger ist und Affinität zum Agropyro–Rumicion zeigt. Daher auch mein allgemeiner Vorbehalt bezüglich des Wertens von pflanzensoziologischen Experimenten überhaupt: jedes Experiment ist an sich eine Störung und wird daher von manchen Arten gar nicht ertragen. Dies ist zwar kein Grund von Experimenten abzusehen; man soll aber die Frage sorgfältiger stellen als es meistens geschieht und die Ergebnisse sehr kritisch betrachten. Zweitens muß betont werden, daß die beiden Aussüßungsdauerflächen, die beweidete und die unbeweidete, sich nicht nur in diesem anthropogenen Faktor, sondern als Konsequenz desselben jetzt auch bodenkundlich unterscheiden. Der Boden des beweideten Bestandes ist ein schwerer, verdichteter, luftarmer, wassergesättigter Ton; der ursprünglich damit völlig identische Boden des unbeweideten Bestandes jedoch hat sich allmählich zu einem ausgezeichneten lockeren, milden, gut durchlüfteten Humusboden entwickelt, wo die Auswaschung rascher stattfindet und der Salzgehalt jetzt nur ein Drittel desjenigen von dem angrenzenden Bestande beträgt. Es ist daher nicht möglich, die Folgen des Konkurrenzunterschiedes völlig von denjenigen der dadurch mitbedingten Bodenentwicklung zu trennen.

Ich möchte meine Ausführungen schließen mit einer Erfahrung aus IJdoorn, die zeigt, welche Überraschungen die Dauerquadrat-Forschung uns bieten mag. Während unseres Besuches im September 1956 bemerkten wir zu unserem jähen Schrecken, daß das Gitter der unberührten Probefläche örtlich zerstört war und daß einige weibliche Rinder darin herumgetrampelt hatten, wie aus Trittspuren, Fraß und „*Boviclax pratensis*" ersichtlich war. Die Aufnahme schien den Eindruck einer Katastrophe zu bestätigen. Die Vegetation erschien auf einmal so stark abgeändert, daß die Vermutung auftauchte, die weiblichen Rinder hätten da schon längere Zeit gelebt wie ein Gott in Frankreich. So hatte *Epilobium hirsutum* sich verringert von Deckungsgrad 3 bis 1, *Galium aparine* von 2 bis +, während dagegen *Poa trivialis* von 1 bis 5, *Holcus lanatus* von 0 bis 2, *Cirsium arvense* von 1 bis 2 angestiegen waren. Neu waren auch *Ranunculus repens* und *Trifolium repens*. Natürlich wurde sofort der Aufseher zur Verantwortung gezogen. Dieser bedauernswerte aber zuverlässige Mann versicherte uns aber, die weibliche Rinder seien nur einen Tag, und zwar eben gestern, in das Dauerquadrat eingebrochen; er käme täglich dorthin und habe die Rinder sofort entfernt. So war es also unmöglich, diese bedeutende Änderung der Vegetation diesem verzeihlichen Seitensprung zuzuschreiben. Der Aufseher hatte jedoch eine andere Erklärung. Im strengen Winter 1955–1956 hatte während einiger Monate eine Eiskruste auf dem Boden gelegen, welche die Vegetation weitgehend zerstört hatte. Außerdem hatten zahlreiche Mäuse nach dem Absinken des Wassers im Frühjahr von 1956 unter der noch nicht geschmolzenen Eiskruste gelebt und daselbst die Pflanzenwurzeln aufgefressen. Nach dem Eintreten des Tauwetters war das Gelände nahezu nackt. Die Hochstauden hatten daher stark abgenommen; andere Arten jedoch hatten den neuen Standort ausgenützt, indem sie sich ansiedelten oder stark vermehrten. Beachtenswert war auch das Auftreten einer aus drei Arten bestehenden Moosschicht mit *Brachythecium rutabulum*, *Eurhynchium stokesii* und *Amblystegium*, nachdem zuvor niemals Moose aufgefunden waren. Das schon erwähnte auffällige Fehlen jeder Ansiedlung von Holzarten mag auch diesem biotischen Mäuse-Faktor zuzuschreiben sein.

Wir sehen also, daß Sukzessionsforschung an Dauerquadraten merkwürdige und unerwartete Überraschungen bieten kann. Es mag außerdem klar werden, wieviel aufschlußreicher solche Forschung wird, wenn man in der Lage ist das Untersuchungsgelände mit größerer Frequenz zu besuchen. Leider ist das nicht oft möglich, weil wir in unserem Lande nicht sechs, sondern 500 Dauerflächen studieren.

SUMMARY

Experimental succession research during 32 years on permanent quadrat plots in grazed viz. untouched vegetation on desalinating clay soil at the coast of the former Zuyder Zee (Holland), as compared to a similar couple of quadrats on permanently brackish soil on the island of Texel.

In 1933 (Ydoorn near Amsterdam, Zuyder Zee coast) and 1936 (island of Texel) four permanent quadrat plots were established in a slightly brackish salt marsh which was yearly mown and (afterwards) grazed. Each plot covers 10 × 10 meters; the two plots of Ydoorn are adjacent to each other, those of Texel also. The numbers of species were 11 and 16 respectively. Codominants were *Festuca rubra* and *Juncus gerardii;* abundant and frequent species: *Plantago maritima, Glaux maritima, Armeria maritima, Triglochin maritimum, Aster tripolium, Agrostis stolonifera* subvar. *salina, Alopecurus bulbosus;* sparse salt tolerant glycophytes a.o. *Phragmites communis, Leontodon autumnalis, Trifolium repens, Poa trivialis.* This community is to be designed as Juncetum gerardii with some species of Agropyro–Rumicion crispi; it is characteristic of an inner salt marsh on water-logged soil never inundated by plain sea.

One of both plots near Ydoorn as well as on Texel has kept its grazing regime; whereas, the adjacent plot of both pairs has been enclosed and excluded from any kind of human influence.

The main purpose of this experiment was the study of the consequences of the gradual desalination of the Zuyder Zee coast after the construction of the enclosing dam cutting off the Zuyder Zee from the North Sea. In 1933, the Ydoorn soil contained 5 g NaCl/l; in 1963 the grazed plot contained 0.5 g NaCl/l, the ungrazed 0.15 g.

The vegetation succession on the 4 quadrats has been studied by qualitative analysis by the BRAUN-BLANQUET method. From 1933–1945 it was investigated once a year, afterwards once in two or three years.

The grazed Texel plot, undergoing no habitat change, served as a control; it has shown no succession, as was expected. The three other plots underwent a sudden habitat disturbance; they presented a vegetation succession which was rapid during the first years, but slowed down gradually. The ungrazed Texel quadrat attained an equilibrium after about 15 years. Here the halophytes disappeared except *Juncus gerardii,* which even retained its original abundance; the number of species decreased from 16 to 8. It has to be stressed that this habitat was not desalinated, so that the decrease of halophytes can be considered to be only a consequence of the stopping of mowing and grazing.

In the desalinating grazed plot near Ydoorn some halophytes, chiefly *Juncus gerardii,* have maintained up to the present time; the same phenomenon has been observed elsewhere at the coast of the former Zuyder Zee. However, on the untouched desalinating quadrat all halophytes completely disappeared within 8 years. The number of species increased 11 in 1933, 24 in 1950, 28 in 1956, 35 in 1960, and decreased again to 30 in 1964. The only species which has maintained itself has been *Phragmites communis.* Since 1939 a tall herb community of *Sonchus paluster* with *Epilobium hirsutum, Angelica sylvestris, Valeriana officinalis, Calystegia sepium* etc. is developing (Sonchus paluster association, alliance Angelicion litoralis, order Convolvuletalia sepium, class Artemisietea vulgaris). No trees or shrubs are coming in, which has to be ascribed to disturbing influence of ice in winter and of feeding by a large population of voles.

The conclusion might be drawn that halophytes – as has often been presumed – are dependent on competition; during desalination part of them sustain themselves if grazing persists; however, when competition is strong, viz. after finishing of mowing and grazing, they don't maintain themselves at all during desalination, and they hardly do (only *Juncus gerardii*) if ecosystem remains salt. This conclusion, however, is not necessarily valid. In the first place it is possible that the halophytes did not disappear by increasing competition, but by the disturbance shock effect, caused by the sudden end of the mowing and grazing regime. In general, each field experiment is an ecosystem disturbance which many species cannot endure. The causal complex of such an effect may be complicated; as yet, it has hardly been studied at all. Secondly, it has to be considered that the soil structure of the ungrazed desalinating plot has developed quite differently from that of the grazed one.

R. TÜXEN:
Ich möchte die Jugend bitten, so schnell wie möglich Dauerflächen anzulegen. Was man in der Jugend in dieser Richtung versäumt hat, das kann man nie mehr nachholen! Und die Befunde von Freund WESTHOFF decken sich etwa mit den Beobachtungen von W. CHRISTIANSEN auf der Lotseninsel in Schleimünde (Schleswig-Holstein) und auch mit unseren eigenen. Alle unsere sogenannten Sukzessionsschemata sind eigentlich Phantasie! Es ist in Wirklichkeit ganz, ganz anders, und zwar so überraschend anders, daß oftmals niemand auf den Gedanken kommen konnte daß sich eine bestimmte Fläche, wie das auch in Holland war, so entwickeln würde, wie es dann geschehen ist.

DIE ENTWICKLUNG DES PFLANZENSOZIOLOGISCHEN GARTENS IN HANNOVER

von

R. TÜXEN, Todenmann

Diese Schrift wird demnächst in Vegetatio erscheinen.

Der Verfasser schilderte an Hand von Lichtbildern und Tabellen die auf Dauerbeobachtungsflächen festgestellten floristischen und physiognomischen Veränderungen der Wald-, Wiesen-, Moor- und Wassergesellschaften des unter seiner Leitung 1929 angelegten pflanzensoziologischen Gartens im Schulgarten der Stadt Hannover.

Bei der darauf folgenden Besichtigung des Geländes konnten den Symposionsteilnehmern leider nicht mehr die prachtvollen Verlandungs-Biozönosen des Teiches gezeigt werden, da sie – ohne Wissen des Verfassers – vom Leiter des Schulgartens ausgebaggert worden waren, um eine vergrößerte freie Wasserfläche zu schaffen. Damit hat der pflanzensoziologische Garten in Hannover sein natürlichstes Kernstück eingebüßt.

LITERATUR

TÜXEN, R.: Der Pflanzensoziologische Garten in Hannover und seine bisherige Entwicklung. Jahresber. Naturhist. Ges. zu Hannover 94–98 f. d. Jahre 1942/43–1946/**47**: 113–287. Hannover.

NEUWAHL DES PRÄSIDENTEN UND VON DREI VIZEPRÄSIDENTEN DER INTERNATIONALEN VEREINIGUNG FÜR VEGETATIONSKUNDE

Auf Vorschlag des Sekretärs der Internationalen Vereinigung für Vegetationskunde wurde anstelle des verstorbenen Präsidenten Dr. W. C. DE LEEUW, Leiden, Herr Prof. Dr. Dr. h.c. JEAN LEBRUN zum Präsidenten der Vereinigung gewählt. Prof. LEBRUN hat die Wahl angenommen.

Zum Vizepräsidenten wurden die Herren
Prof. Dr. W. S. BENNINGHOFF, Ann Arbor, Michigan, USA
Prof. Dr. WLADYSŁAW MATUSKIEWICZ, Warszawa, Polen und
Prof. Dr. TOKIO SUZUKI, Ooita, Japan
gewählt.

Am 13. April 1965 gaben der Kreis Grafschaft Schaumburg, die Stadt Rinteln und die Firma Stoevesandt, Rinteln für die Symposion-Teilnehmer einen Empfang im Ratskeller in Rinteln.

Im Anschluß daran fand ein offentlicher Vortrag von Dr. E. SCHÄFER,

Hannover „Als Biologe im heutigen Indien. Wechsel und Wandel einer Landschaft" (mit Farbbildern) statt.

Bericht über das Symposion „Experimentelle Pflanzensoziologie"
LONDO, G., SCHROEVERS, P. en WESTHOFF, V.
Rapport inzake het symposion „Experimentelle Pflanzensoziologie" van de Internationale Vereniging voor Vegetatiekunde, gehouden te Rinteln aan de Weser, West-Duitsland, van 12 tot 15 april 1965. 10 pp. Zeist, 1965 (Mskr. vervielf.)

GPSR Compliance

The European Union's (EU) General Product Safety Regulation (GPSR) is a set of rules that requires consumer products to be safe and our obligations to ensure this.

If you have any concerns about our products, you can contact us on ProductSafety@springernature.com

In case Publisher is established outside the EU, the EU authorized representative is:

Springer Nature Customer Service Center GmbH
Europaplatz 3
69115 Heidelberg, Germany

Batch number: 10607222

Printed by Printforce, the Netherlands